"十三五"国家重点出版物出版规划项目

面向可持续发展的土建类工程教育丛书

21世纪高等教育建筑环境与能源应用工程系列规划教材

建筑设备施工安装技术

第 2 版

主编 邵宗义 邹声华 郑小兵

参编 晋欣桥 赵晓东 韩 晶

　　　 张 叶 刘 洁

主审 吴德绳 宋 波

机械工业出版社

本书在第 1 版的基础上，结合现行规范、标准以及新技术、新材料、新工艺、新设备等对相关内容进行了更新。

本书系统介绍了建筑设备施工安装技术和方法，其中包括供暖、通风空调、热源设备、空调冷源设备、建筑室内外给水排水和燃气管道与设备的安装等，并介绍了施工安装中常用材料和管子的加工、连接，以及管道与设备的防腐、保温技术和方法等。

本书图文并茂，内容翔实，不仅可以作为高等院校建筑环境与能源应用工程等专业的教材，也可作为建筑设备安装企业的培训教材，并可供相关设计、施工单位的工程技术人员参考。

本书配有 PPT 电子课件，免费提供给选用本书作为教材的授课教师，需要者请登录机械工业出版社教育服务网（www.cmpedu.com）注册下载，或根据书末"信息反馈表"索取。

图书在版编目（CIP）数据

建筑设备施工安装技术/邵宗义，邹声华，郑小兵主编. —2 版. —北京：机械工业出版社，2019.5（2023.6 重印）

（面向可持续发展的土建类工程教育丛书）

"十三五"国家重点出版物出版规划项目　21 世纪高等教育建筑环境与能源应用工程系列规划教材

ISBN 978-7-111-62559-9

Ⅰ.①建… Ⅱ.①邵… ②邹… ③郑… Ⅲ.①房屋建筑设备-设备安装-高等学校-教材　Ⅳ.①TU8

中国版本图书馆 CIP 数据核字（2019）第 077021 号

机械工业出版社（北京市百万庄大街 22 号　邮政编码 100037）
策划编辑：刘　涛　责任编辑：刘　涛　于伟蓉
责任校对：王明欣　封面设计：陈　沛
责任印制：单爱军
唐山三艺印务有限公司印刷
2023 年 6 月第 2 版第 6 次印刷
184mm×260mm · 25 印张 · 666 千字
标准书号：ISBN 978-7-111-62559-9
定价：59.80 元

电话服务　　　　　　　　网络服务
客服电话：010-88361066　机 工 官 网：www.cmpbook.com
　　　　　010-88379833　机 工 官 博：weibo.com/cmp1952
　　　　　010-68326294　金 书 网：www.golden-book.com
封底无防伪标均为盗版　机工教育服务网：www.cmpedu.com

序

建筑环境与设备工程（2012年更名为建筑环境与能源应用工程）专业是教育部在1998年颁布的全国普通高等学校本科专业目录中将原"供热通风与空调工程"专业和"城市燃气供应"专业进行调整、拓宽而组建的新专业。专业的调整不是简单的名称的变化，而是学科科研与技术发展，以及随着经济的发展和人民生活水平的提高，赋予了这个专业新的内涵和新的元素，创造健康、舒适、安全、方便的人居环境是21世纪本专业的重要任务。同时，节约能源、保护环境是这个专业及相关产业可持续发展的基本条件。它们和建筑环境与设备工程（建筑环境与能源应用工程）专业的学科科研与技术发展总是密切相关，不可忽视。

新专业的组建及其内涵的定位，首先是由社会需求决定的，也是和社会经济状况及科学技术的发展水平相关的。我国的经济持续高速发展和大规模建设需要大批高素质的本专业人才，专业的发展和重新定位必然导致培养目标的调整和整个课程体系的改革。培养"厚基础、宽口径、富有创新能力"符合注册公用设备工程师执业资格要求，并能与国际接轨的多规格的专业人才是本专业教学改革的目的。

机械工业出版社本着为教学服务，为国家建设事业培养专业技术人才，特别是为培养工程应用型和技术管理型人才做贡献的愿望，积极探索本专业调整和过渡期的教材建设，组织有关院校具有丰富教学经验的教师编写了这套建筑环境与设备工程（建筑环境与能源应用工程）专业系列教材。

这套系列教材的编写以"概念准确、基础扎实、突出应用、淡化过程"为基本原则，突出特点是既照顾学科体系的完整，保证学生有坚实的数理科学基础，又重视工程教育，加强工程实践的训练环节，培养学生正确判断和解决工程实际问题的能力，同时注重加强学生综合能力和素质的培养，以满足21世纪我国建设事业对专业人才的要求。

我深信，这套系列教材的出版，将对我国建筑环境与设备工程（建筑环境与能源应用工程）专业人才的培养发生积极的作用，会为我国建设事业做出一定的贡献。

陈在康

第2版前言

"建筑设备施工安装技术"是按照高等学校建筑环境与能源应用工程学科专业指导委员会编制的《高等学校建筑环境与能源应用工程本科指导性专业规范》要求设置的一门主要专业课程，也是一门应用性较强的专业课程。学生通过本课程的学习，可以掌握建筑设备安装工程的材料、工艺流程、工程做法以及施工质量验收等相关知识。本书将多门专业课程的知识按照工程分工的方法进行组合，形成了新的知识架构，这样有利于强化学生的工程意识，可有效地缩短从学生到工程技术人员转化的时间。本书所涉及的内容也是注册设备工程师和公用设备安装人员职称考核的内容。

第1版出版以来，受到广大使用者的欢迎。但由于出版时间相对较长，除了一些传统的技术和知识外，新的法规、规范、技术措施的发布和实施，新材料、新工艺、新技术、新设备的应用，都迫切需要对书中的相关内容进行更新。为此，笔者依据这些变化，对书中相关内容进行了有针对性的调整：第一，按照新的材料、技术和工艺标准，调整了相关章节的专业内容，并补充了新的内容；第二，按照新发布的规范，调整了各专业施工及施工质量验收方面的内容以及技术要求；第三，按照施工安装工程领域的分工情况，调整了部分章节的名称和内容；第四，将原第10章"建筑设备安装的新工艺、新技术、新设备和新变化"，调整到相关的章节。具体调整如下：

1) 将第1章章名调整为"材料、附件及阀门、仪表"。按照现行规范调整了材料的参数、标准，补充了新的阀门、仪表内容。

2) 第2章的内容按照新规范进行了部分调整。

3) 第3章章名调整为"供暖系统的安装"，增加了地板辐射供暖的内容。

4) 第4章章名调整为"热源设备的安装"，并将燃气燃油锅炉和直燃机以及换热站安装的内容并入该章。

5) 第5章的内容按照新的规范进行了调整，并将变风量系统等内容调整至本章。

6) 第6章章名调整为"空调冷热源设备及管道的安装"，并按照现行规范对部分内容进行了调整，将热泵机组的安装列入本章。

7) 第7章章名调整为"建筑给水排水管道及设备的安装"，并按照现行的规范进行了内容调整。

8）按照现行规范和技术措施以及新的工艺，对第 8 章、第 9 章内容进行了全面的修订。

本书由北京建筑大学、上海交通大学、湖南科技大学、河南城建学院、长春工程学院、嘉兴学院、北京市设备安装工程集团有限公司等共同编写。北京建筑大学邵宗义、湖南科技大学邹声华、北京市设备安装工程集团有限公司郑小兵任主编。邵宗义、郑小兵整理，邵宗义统稿。参加编写的有上海交通大学晋欣桥、河南城建学院赵晓东、长春工程学院韩晶、嘉兴学院张叶、河南省综合评标专家库专家刘洁。著名暖通专家、北京建筑设计研究院有限公司顾问总工吴德绳和中国建筑科学研究院教授级高工宋波担任本书主审。

在本书编写过程中，得到了许多设计、施工、科研和产品生产单位资深专业技术人员的精心指导，在此，对专家和同行们给予的大力支持表示衷心的感谢！

在本书编写过程中，引用了许多文献资料（数据、图表、图片和产品样本等），谨向有关文献的作者和单位表示衷心的感谢。

本书适合作为高等学校相关专业的教材，可供各类施工安装技术人员作为培训教材，也可作为工程设计、监理、施工、运行管理及概预算等部门的专业人员学习设备安装技术知识使用，还可以作为建筑设备及施工安装技术的手册、资料惠存。

主编邵宗义联系方式：北京大兴区黄村镇永源路 15 号　北京建筑大学（邮编 102616）

电子邮箱：shaozongyi@ 126. com

编　者

第1版前言

"建筑设备施工安装技术"是按照全国高等教育建筑环境与设备工程专业指导委员会的指导性教学计划设置的一门实践性较强的主要专业课程。

本书主要介绍建筑设备施工过程中的常用工程材料、管道的加工和连接方法、各种建筑设备系统管道和设备的施工安装工艺、方法及技术要求。对近年来出现的新材料、新工艺以及新的设计施工安装要求，结合新的设计及施工验收规范、标准做了重点阐述，力求把新的知识点讲授给学生。

本书提供了大量的图示和技术数据，深入浅出地将建筑设备施工安装的主要内容，尽可能详细、全方位地展现在读者面前，使本书不仅是普通高等学校建筑环境与设备工程专业的教材，亦可作为相关专业工程技术人员设计、施工、运行管理时的技术参考书。本书所涉及的内容也是注册设备工程师必考的内容。

本书由北京建筑大学邵宗义、长春工程学院曹兴、湖南科技大学邹声华主编，吉林建筑大学冉春雨和《建筑给水排水及采暖工程施工质量验收规范》主编、中国建筑科学研究院宋波主审。

本书共有 10 章，其中前言、第 1 章、第 3 章、第 6 章、第 7 章和第 10 章由邵宗义编写；第 2 章由曹兴、邵宗义共同编写；第 4 章由长安大学丁崇功编写；第 5 章和第 9 章由河南城建学院马东晓编写；第 8 章由邵宗义、邹声华合作编写；全书由邵宗义、曹兴整理统稿。

本书在编写过程中得到了许多资深设计、施工单位的专业技术人员的指导，使本书的内容更加合理、完善、实用。在此，对专家的辛勤劳动表示衷心的感谢！

北京建筑大学王莉莉、杨菲菲，吉林建筑大学朱冬红和湖南科技大学成剑林在本书编写过程中做了不少工作，在此一并表示诚挚的谢意。

本书在编写过程中引用了许多文献资料（数据、图表、产品样本等），谨向有关文献的作者和单位表示衷心的感谢。

本书力求内容简洁明了、实用性强，用图文并茂的方式将施工安装技术知识传授给学生。由于本课程与实际工程应用联系紧密，讲授本课程对教师的工程实践经验有一定的要求，一些工程实践经验较少的教师讲授本课程会有一定的难度，为此，编者特设立交流电子邮箱，与使用本书的教师进行交流、沟通，邮箱为 sgazjs@126.com（"施工安装技术"的第一个字母）。

由于编者的学术水平和工程经验有限，加上材料、设备、施工工艺等发展速度较快，相关施工质量验收规范也在不断更新完善，书中疏漏和不妥之处在所难免，敬请读者批评指正。同时恳请读者在使用过程中，将发现的问题及时反馈给作者，以便使本书得到不断的改进和完善，编者将万分感激！

主编联系方式：北京西城区展览馆路1号，北京建筑大学环能学院，邮箱100044 电子邮箱：shaozongyi@126.com

编　者

2005.7

目 录

序

第 2 版前言

第 1 版前言

第 1 章　材料、附件及阀门、仪表 ……… 1

　1.1　钢管及其附件 ……………………… 1

　　1.1.1　钢管及其附件的通用标准 ……… 1

　　1.1.2　钢管 …………………………… 5

　　1.1.3　管配件 ………………………… 9

　1.2　铸铁管及管件 ……………………… 10

　　1.2.1　给水铸铁管及配件 …………… 11

　　1.2.2　排水铸铁管及配件 …………… 13

　1.3　常用非金属管 ……………………… 14

　　1.3.1　钢筋混凝土管和混凝土管 …… 15

　　1.3.2　石棉水泥管和陶土管 ………… 15

　　1.3.3　玻璃钢管 ……………………… 16

　　1.3.4　塑料管 ………………………… 16

　　1.3.5　复合管材 ……………………… 24

　　1.3.6　其他管材 ……………………… 26

　1.4　板材和型钢 ………………………… 27

　　1.4.1　金属薄板 ……………………… 27

　　1.4.2　型钢 …………………………… 29

　1.5　阀门与仪表 ………………………… 30

　　1.5.1　常用阀门的种类及安装 ……… 31

　　1.5.2　常用仪表的安装 ……………… 45

　练习题 …………………………………… 54

第 2 章　管子的加工及连接 ……………… 55

　2.1　钢管的加工及连接 ………………… 55

　　2.1.1　钢管的切断 …………………… 55

　　2.1.2　钢管的加工 …………………… 57

　　2.1.3　钢管的连接方法 ……………… 65

　2.2　铸铁管的加工及连接 ……………… 77

　　2.2.1　铸铁管的切断 ………………… 77

　　2.2.2　铸铁管的连接 ………………… 77

　2.3　常用非金属管的加工及连接 ……… 79

　　2.3.1　硬聚氯乙烯塑料管的加工及

　　　　　连接 …………………………… 79

　　2.3.2　混凝土管及钢筋混凝土管接口

　　　　　连接 …………………………… 83

　　2.3.3　陶土管接口连接 ……………… 84

　　2.3.4　石棉水泥管接口连接 ………… 84

　练习题 …………………………………… 85

第 3 章　供暖系统的安装 ………………… 86

　3.1　室内供暖系统的安装 ……………… 86

　　3.1.1　室内供暖管道及设备的安装 … 86

　　3.1.2　集中供暖分户计量系统的安装 … 101

　　3.1.3　室内供暖设备及器具的安装 … 108

　　3.1.4　室内供暖系统的试压、清洗与

　　　　　试运行 ………………………… 120

　3.2　室外供暖管道及设备的安装 ……… 122

　　3.2.1　室外管道的架空敷设 ………… 122

　　3.2.2　室外供暖管道的地下敷设 …… 123

　　3.2.3　活动支座（架）及固定

　　　　　支座（架） …………………… 129

　　3.2.4　管道补偿器的安装 …………… 130

　　3.2.5　检修平台及小室 ……………… 136

　　3.2.6　热力管道的试压和验收 ……… 136

　练习题 …………………………………… 138

第 4 章　热源设备的安装 ………………… 139

　4.1　工业锅炉的安装 …………………… 139

　　4.1.1　起吊机具 ……………………… 140

　　4.1.2　锅炉及辅助设备基础的复检与

　　　　　画线 …………………………… 146

　　4.1.3　锅炉钢架和平台的安装 ……… 147

　　4.1.4　锅筒、集箱的安装 …………… 149

　　4.1.5　锅炉受热面的安装 …………… 151

4.1.6 锅炉燃烧设备的安装 ………… 159
4.1.7 锅炉整体水压试验 ……… 162
4.1.8 锅炉炉墙砌筑施工 ……… 163
4.1.9 整体式锅炉的安装 ……… 164
4.2 燃油锅炉、燃气锅炉、直燃机的
安装 ……………………………… 166
4.2.1 燃气、燃油锅炉本体的安装 … 167
4.2.2 直燃机组的安装 ……… 168
4.2.3 燃气系统的安装 ……… 169
4.2.4 燃油系统的安装 ……… 169
4.2.5 排烟系统的安装 ……… 170
4.3 热源辅助设备、附属设备及管道的
安装 ……………………………… 170
4.3.1 锅炉仪表和安全附件的安装 … 171
4.3.2 锅炉房辅助设备及管道安装的
允许偏差 ……………… 173
4.3.3 循环水泵的安装 ……… 173
4.3.4 水处理装置 ……………… 174
4.3.5 定压与补水装置 ……… 175
4.4 漏风试验、烘炉、煮炉、试运行及
竣工验收 ………………………… 176
4.4.1 漏风试验 ………………… 176
4.4.2 烘炉 ……………………… 176
4.4.3 煮炉 ……………………… 178
4.4.4 严密性试验 …………… 178
4.4.5 调整安全阀 …………… 178
4.4.6 锅炉试运行 …………… 179
4.4.7 竣工验收 ……………… 180
4.5 换热站的安装 ………………… 180
4.5.1 换热器 ……………………… 180
4.5.2 换热机组 ………………… 185
练习题 ……………………………… 186

第5章 通风与空调工程管道及设备的
安装 ……………………………… 187
5.1 风管及配件的加工制作 ……… 187
5.1.1 风管及配件加工安装尺寸的
确定 ……………………… 187
5.1.2 风管及配件的展开画线 …… 190
5.1.3 金属风管及配件的加工制作 … 198
5.1.4 非金属风管及配件的加工制作 … 209
5.2 通风空调管道的安装 ………… 212
5.2.1 风管系统的安装 ……… 212
5.2.2 常用部件的制作与安装 …… 219

5.3 净化空调系统安装的特殊要求 …… 222
5.3.1 施工现场的环境要求 …… 222
5.3.2 风管及配件的制作要求 …… 223
5.3.3 高效过滤器的安装 …… 223
5.4 空调及通风设备的安装 ……… 224
5.4.1 通风机的安装 ………… 224
5.4.2 空气处理设备的安装 …… 227
5.5 通风空调系统的调试、试运行与竣工
验收 ……………………………… 234
5.5.1 通风空调系统调试与试运行 … 234
5.5.2 通风空调系统的竣工验收 … 239
练习题 ……………………………… 240

第6章 空调冷热源设备及管道的
安装 ……………………………… 241
6.1 冷源设备安装的基本要求 …… 241
6.1.1 冷源设备安装的基本规定 … 241
6.1.2 制冷管道的安装 ……… 242
6.1.3 制冷系统的试运行 …… 245
6.2 活塞式制冷系统的安装 ……… 247
6.2.1 活塞式制冷机组主体设备的
安装 ……………………… 247
6.2.2 活塞式制冷机组辅助设备的
安装 ……………………… 250
6.3 其他形式的制冷机组的安装 … 254
6.3.1 离心式制冷系统的安装与运行 … 254
6.3.2 溴化锂吸收式制冷机组的安装 … 260
6.3.3 螺杆式制冷机组的安装 …… 262
6.4 热泵机组的施工安装 ………… 265
6.4.1 空气源热泵机组 ……… 265
6.4.2 地源热泵系统 ………… 266
练习题 ……………………………… 273

第7章 建筑给水排水管道及设备的
安装 ……………………………… 274
7.1 建筑给水系统的安装 ………… 274
7.1.1 室内给水管道及配件安装 … 274
7.1.2 室内给水设备的安装 …… 280
7.1.3 消防给水系统的安装 …… 290
7.2 室内排水管道及卫生器具的安装 … 303
7.2.1 室内排水(雨水)管道及配件的
安装 ……………………… 303
7.2.2 卫生器具的安装 ……… 310
7.3 室外给水、排水管网的安装 … 322
7.3.1 开槽挖沟 ……………… 323

7.3.2　室外给水管网的敷设安装 ……… 323

7.3.3　室外排水（雨水）系统的敷设
安装 ………………………… 326

7.4　室内外给水排水管道的试压、通水、
冲洗与验收 …………………… 330

7.4.1　系统试压、灌水、冲洗 ……… 330

7.4.2　给水排水工程的验收 ……… 334

练习题 …………………………… 335

第8章　室内外燃气管道及设备的
安装 ………………………… 337

8.1　室外燃气管道及设备的安装 …… 337

8.1.1　室外燃气管网敷设与管道安装 … 338

8.1.2　室外燃气管道附件与设备的
安装 ………………………… 342

8.1.3　室外燃气管道的吹扫、试压、
验收 ………………………… 347

8.2　室内燃气系统的施工安装 …… 349

8.2.1　室内燃气管道的安装 ………… 349

8.2.2　燃气表与燃气灶具的安装 …… 356

8.2.3　室内燃气系统的试验与验收 …… 362

练习题 …………………………… 362

第9章　管道及设备的防腐与保温 …… 364

9.1　管道及设备的表面除污和防腐 … 364

9.1.1　管道及设备表面的除污 ……… 364

9.1.2　管道及设备的防腐 …………… 365

9.2　管道及设备的绝热保温 ………… 374

9.2.1　对保温材料的要求及保温材料的
选用 ………………………… 374

9.2.2　保温结构施工 ………………… 375

9.2.3　防潮层 ………………………… 384

9.2.4　保护层 ………………………… 385

9.2.5　管道标识 ……………………… 387

练习题 …………………………… 387

参考文献 …………………………… 388

第1章
材料、附件及阀门、仪表

建筑设备安装工程中，管道安装是设备安装中重要的组成部分。本章简要介绍管道安装中所使用的材料、附件、阀门以及辅助材料等。

1.1 钢管及其附件

钢管是施工中最常用的管材，有多种类型。工程中应根据不同系统的使用要求，采用不同的管材。

1.1.1 钢管及其附件的通用标准

管道通常被称为通用材料，应符合国家的统一标准。管道及其附件的通用标准主要是指公称尺寸（DN）、公称压力（PN）、试验压力、工作压力以及管螺纹的标准等。

1. 管道公称尺寸

公称尺寸原来称为公称直径或通径，是管道和管道附件的尺寸规格标准。同一型号规格的管道外径相等，由于壁厚不同，内径并不相同。按照《管道元件DN（公称尺寸）的定义和选用》（GB/T 1047）有关规定，用于管道和元件的尺寸标识，由字母DN和后跟量纲为1的整数数字组成，后面不能加注尺寸单位。这个数字与端部连接件的孔径或外径等特征尺寸（用mm表示）直接相关，但不表示管径的具体数值，如果用于计算，则必须给出外径（OD）、内径（ID）的具体尺寸值，也可给出DN/OD或DN/ID的关系。例如，DN150只表示公称尺寸为150的管道或管件，而"管道外径OD159mm""管道内径ID150mm"则表示具体尺寸。

无缝钢管除采用公称尺寸表述外，通常用"外径×壁厚"表示，外径通常用字母D、ϕ等表示，例如$\phi133×4.5$表示外径为133mm、壁厚为4.5mm的无缝钢管。

管道及元件的公称尺寸规格见表1-1。

表1-1 管道及元件的公称尺寸规格（摘自GB/T 1047—2019）

DN6	DN40	DN175	DN450	DN1100	DN2000	DN3600
DN8	DN50	DN200	DN500	DN1200	DN2200	DN3800
DN10	DN70	DN225	DN600	DN1300	DN2400	DN4000
DN15	DN80	DN250	DN700	DN1400	DN2600	
DN20	DN100	DN300	DN800	DN1500	DN2800	
DN25	DN125	DN350	DN900	DN1600	DN3000	
DN32	DN150	DN400	DN1000	DN1800	DN3400	

所有管道、管件和各种设备上的管道接口，都应按照公称尺寸进行生产制造或加工，以保证其通用性。

2. 管道元件的公称压力PN、试验压力p_s和工作压力p_t

（1）公称压力PN 公称压力是指在各自材料的基准温度下，设备、管道及其附件的耐压强度，是标称值，用 PN 加量纲为 1 的数字组成。PN 原是生产管道和附件强度方面的标准，通常表示在 I 级基准温度（200℃）下的工作压力，后面数字表示压力数值（单位为 MPa）的 1/10。按照《管道元件 PN（公称压力）的定义和选用》（GB/T 1048）中有关规定：除与相关的管道元件标准有关联外，术语 PN 不具有意义；PN 后跟的数字不代表测量值，不应用于计算目的，除非在有关标准中另有规定。因此，PN 标识只作为与管件的力学性能和尺寸特性相关，用于参考的字母和数字组合的标识。

（2）试验压力 p_s　试验压力是指在常温下检验管道和附件的机械强度及严密性能的压力标准，通常采用水压试验标准，以 p_s 表示。管道和管道附件的试压，多数在产品生产厂家进行，与安装工程上进行的系统试压有所区别。

（3）工作压力 p_t　工作压力是指管道在正常工作时管内流动介质的压力，用 p_t 表示，"t" 表示介质最高温度 1/10 的整数值，例如 $p_t = p_{30}$ 时，表示介质最高温度为 300℃。输送热水、过热水和蒸汽的热管道和附件，由于温度升高而产生热应力，会使金属材料机械强度降低，因而承压能力随着温度升高而降低，所以热力管道的工作压力随着工作温度提高应减小其最大允许值。

例如公称压力 ≤PN16 的青铜制造的阀门，按产品技术标准，应对阀门做 2.4MPa 的水压试验，但装配到管路上以后，只能用 1.6MPa 的水压试验来检验其密封性。当这个阀门用在输送 $t ≤ 200℃$ 的介质时，其允许最大工作压力可为 1.6MPa；如果用在输送 $250℃ < t ≤ 300℃$ 的介质时，允许最大工作压力仅为 1.3MPa；当用在输送温度为 350℃ 的介质时，其允许最大工作压力只能是 1.2MPa。

由于 PN 表示管道和附件的一般强度标准，因此可以根据所输送介质的参数直接选择管道及管道附件，而不必再进行强度计算。工程中可从以下系列中选择：PN2.5、PN6、PN10、PN16、PN25、PN40、PN63、PN100（德国标准系列 DIN），或 PN20、PN50、PN110、PN150、PN260、PN420（美国标准系列 ANSI）。必要时允许选用其他 PN 数值。各种材质管子的 PN、试验压力 p_s 和工作压力 p_t 分别参见表 1-2～表 1-5。同一种材料在不同的工作温度下，最大允许承受压力也有所不同。通常将 0～450℃ 的工作温度分为若干等级，每一级的管道 PN、试验压力 p_s 和工作压力 p_t 均不相同。如果温度和压力与表 1-2～表 1-5 中的不符时，可以用插入法进行计算。

表 1-2　碳素钢制管子和附件的公称压力 PN、试验压力 p_s 与工作压力 p_t 的关系

公称压力 PN	试验压力（用水温度 ≤100℃） p_s/MPa	介质工作温度/℃						
		II 级 20～200	III 级 200～250	IV 级 250～300	V 级 300～350	VI 级 350～400	VII 级 400～425	VIII 级 425～450
		最大工作压力 p_t/MPa						
		p_{20}	p_{25}	p_{30}	p_{35}	p_{40}	p_{42}	p_{45}
0.1	0.2	0.1	0.1	0.1	0.07	0.06	0.06	0.05
0.25	0.4	0.25	0.23	0.2	0.18	0.16	0.14	0.11
0.4	0.6	0.4	0.37	0.33	0.29	0.26	0.23	0.18
0.6	0.9	0.6	0.55	0.5	0.44	0.38	0.35	0.27
1.0	1.5	1.0	0.92	0.82	0.73	0.64	0.58	0.45
1.6	2.4	1.6	1.5	1.3	1.2	1.0	0.9	0.7
2.5	3.8	2.5	2.3	2.0	1.8	1.6	1.4	1.1
4.0	6.0	4.0	3.7	3.3	3.0	2.8	2.3	1.8
6.4	9.6	6.4	5.9	5.2	4.3	4.1	3.7	2.9
10.0	15.0	10.0	9.2	8.2	7.3	6.4	5.8	4.5

注：1. 表中略去了公称压力为 16、20、25、32、40、50 等六级。
　　2. 本书压力单位采用 MPa（原习惯单位为 kgf/cm²），为了工程应用方便，在单位换算时按 1kgf/cm² ≈ 0.1MPa 计算。

表1-3　含钼不少于0.4%的钼钢及铬钢制品的压力关系

公称压力 PN	试验压力（用水温度 ≤100℃）p_s/MPa	介质工作温度/℃								
		350	400	425	450	475	500	510	520	530
		最大工作压力 p_t/MPa								
		p_{35}	p_{40}	p_{42}	p_{45}	p_{47}	p_{50}	p_{51}	p_{52}	p_{53}
0.1	0.2	0.1	0.09	0.09	0.08	0.06	0.04	0.05	0.04	0.04
0.25	0.4	0.25	0.23	0.21	0.20	0.14	0.11	0.12	0.11	0.09
0.4	0.6	0.4	0.36	0.34	0.32	0.22	0.17	0.20	0.17	0.09
0.6	0.9	0.6	0.55	0.51	0.48	0.33	0.26	0.30	0.26	0.14
1.0	1.5	1.0	0.91	0.86	0.81	0.55	0.43	0.50	0.43	0.22
1.6	2.4	1.6	1.5	1.4	1.3	0.9	0.7	0.8	0.7	0.36
2.5	3.8	2.5	2.3	2.1	2.0	1.4	1.1	1.2	1.1	0.6
4.0	6	4.0	3.6	3.4	3.2	2.2	1.7	2.0	1.7	0.9
6.4	9.6	6.4	5.8	5.5	5.2	3.5	2.8	3.2	2.8	1.4
10	15	10.0	9.1	8.6	8.1	5.5	4.3	5	4.3	2.3

注：本表略去了公称压力16~100等9级。

表1-4　灰铸铁及可锻铸铁制品的压力关系

公称压力 PN	试验压力（用水温度低于100℃）p_s/MPa	介质工作温度/℃			
		120	200	250	300
		最大工作压力 p_t/MPa			
		p_{12}	p_{20}	p_{25}	p_{30}
0.1	0.2	0.1	0.1	0.1	0.1
0.25	0.4	0.25	0.25	0.2	0.2
0.4	0.6	0.4	0.38	0.36	0.32
0.6	0.9	0.6	0.55	0.5	0.5
1.0	1.5	1.0	0.9	0.8	0.8
1.6	2.4	1.6	1.5	1.4	1.3
2.5	3.8	2.5	2.3	2.1	2.0
4.0	6.0	4.0	3.6	3.4	3.2

表1-5　青铜、黄铜及纯铜制品的压力关系

公称压力 PN	试验压力（用水温度≤100℃）p_s/MPa	介质工作温度/℃		
		120	200	250
		最大工作压力 p_t/MPa		
		p_{12}	p_{20}	p_{25}
0.1	0.2	0.1	0.1	0.07
0.25	0.4	0.25	0.2	0.17
0.4	0.6	0.4	0.32	0.27
0.6	0.9	0.6	0.5	0.4
1.0	1.5	1.0	0.8	0.7
1.6	2.4	1.6	1.3	1.1
2.5	3.8	2.5	2.0	1.7
4.0	6.0	4.0	3.2	2.7
6.4	9.6	6.4		
10	15	10		
16	24	16		
20	30	20		
25	33	25		

3. 管螺纹标准

管螺纹是管道采用螺纹连接时的通用螺纹,按其构造形式分为圆柱形管螺纹和圆锥形管螺纹。为满足管子和管子附件的通用性,对螺纹连接的管子和管子附件以及其他采用螺纹连接的设备接头的螺纹制定了统一标准。

管螺纹的齿形及尺寸必须执行统一标准。目前执行的是《55°密封螺纹　第 1 部分:圆柱内螺纹与圆锥外螺纹》(GB/T 7306.1) 和《55°密封螺纹　第 2 部分:圆锥内螺纹与圆锥外螺纹》(GB/T 7306.2)。

钢管螺纹的基本参数有螺距、牙型角、螺纹大径、螺纹小径、螺纹深度等。管螺纹又分为圆柱管螺纹和圆锥管螺纹,圆柱管螺纹的牙型代号为 G,圆锥管螺纹的牙型代号为 ZG,牙型角均为 55°。圆锥管螺纹和圆柱管螺纹每英寸的牙数、螺距、螺纹高度等螺纹规格相同,只是圆锥管螺纹具有 1/16 的锥度。圆柱内螺纹设计牙型与主要尺寸分布如图 1-1 所示,圆锥外螺纹设计牙型及主要尺寸分布如图 1-2 所示。

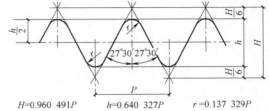

$H=0.960\ 491P$　$h=0.640\ 327P$　$r=0.137\ 329P$

图 1-1　圆柱内螺纹设计牙型与主要尺寸分布

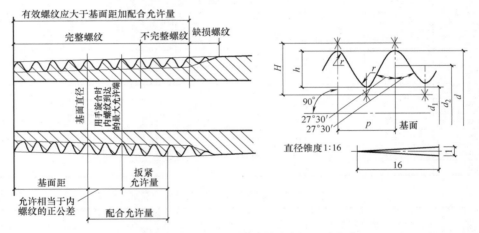

图 1-2　圆锥外螺纹设计牙型及主要尺寸分布

管螺纹的齿形执行标准可参见表 1-6。

表 1-6　管螺纹的齿形执行标准

类别	标准名称	标准号	与国际标准的关系
普通螺纹	普通螺纹　基本牙型	GB/T 192—2003	与 ISO 68-1:1998 等效
	普通螺纹　直径与螺距系列	GB/T 193—2003	与 ISO 261:1998 等效
	普通螺纹　基本尺寸	GB/T 196—2003	与 ISO 724:1993 等效
	普通螺纹　公差	GB/T 197—2003	与 ISO 965-1:1998 等效
	普通螺纹　极限偏差	GB/T 2516—2003	与 ISO 965-3:1998 等效
	普通螺纹　优选系列	GB/T 9144—2003	与 ISO 262:1998 等效
	普通螺纹　中等精度、优选系列的极限尺寸	GB/T 9145—2003	与 ISO 965-2:1998 等效
管螺纹	55°密封螺纹　第 1 部分:圆锥内螺纹与圆锥外螺纹	GB/T 7306.1—2000	与 ISO 7-1:1994 等效
	55°密封螺纹　第 2 部分:圆锥内螺纹与圆锥外螺纹	GB/T 7306.2—2000	—
	55°非密封管螺纹	GB/T 7307—2001	与 ISO 228-1:1994 等效
	60°圆锥管螺纹	GB/T 12716—2011	—

（续）

类别	标准名称	标准号	与国际标准的关系
管螺纹	米制密封螺纹	GB/T 1415—2008	—
	普通螺纹　管路系列	GB/T 1414—2013	—
	气瓶专用螺纹	GB/T 8335—2011	—
通用基准	螺纹　术语	GB/T 14791—2013	与 ISO 5408:2009 等效

1.1.2　钢管

　　管件应具备一定的力学性能。管壁厚薄均匀、材质密实；管子内外表面平整光滑，内表面的粗糙度小；材料有可塑性，易于煨弯、焊接及切削加工；热稳定性好；耐蚀性良好；从经济方面应价格低廉、货源充足、供货近便。根据这些要求，通常采用黑色金属管材，即钢管。钢管分为无缝钢管和有缝钢管，有缝钢管分直缝及螺旋缝焊接管。

　　1. 无缝钢管

　　无缝钢管采用碳素结构钢或合金结构钢制造，一般以 10、20、35 及 45 低碳钢用热轧或冷拔两种方法生产。无缝钢管具有强度高、内表面光滑、水力条件好的优点。不同用处的无缝钢管应遵循不同的国家标准。

　　部分热轧及冷拔无缝钢管的规格见表 1-7 和表 1-8。

表 1-7　部分热轧无缝钢管的规格

外径 D_H/mm	壁厚/mm										
	3.5	4	4.5	5	5.5	6	7	8	9	10	11
	每米长的理论质量/kg					（设钢的密度为 7.85g/cm³）					
57	4.62	5.23	5.83	6.41	6.99	7.55	8.63	9.67	10.65	11.59	12.48
60	4.83	5.52	6.16	6.78	7.39	7.99	9.15	10.26	11.32	12.33	13.29
63.5	5.18	5.87	6.55	7.21	7.87	8.51	9.75	10.95	12.10	13.19	14.24
68	5.57	6.31	7.05	7.77	8.48	9.17	10.53	11.84	13.10	14.30	15.46
70	5.74	6.51	7.27	8.01	8.75	9.47	10.88	12.23	13.54	14.80	16.01
73	6.00	6.81	7.60	8.38	9.16	9.91	11.39	12.82	14.21	15.54	16.82
76	6.26	7.10	7.93	8.75	9.56	10.36	11.91	13.42	14.87	16.28	17.63
83	6.86	7.79	8.71	9.62	10.51	11.39	13.21	14.80	16.42	18.00	19.53
89	7.38	8.38	9.38	10.36	11.33	12.28	14.16	15.98	17.76	19.48	21.16
95	7.90	8.98	10.04	11.10	12.14	13.17	15.19	17.16	19.09	20.96	22.79
102	8.50	9.67	10.82	11.96	13.09	14.21	16.40	18.55	20.64	22.69	24.69
108	—	10.26	11.49	12.70	14.72	15.09	17.44	19.73	21.97	24.17	26.31
114	—	10.85	12.15	13.44	15.67	15.98	18.47	20.91	23.31	25.65	27.94
121	—	11.54	12.93	14.30	16.48	17.02	19.68	22.29	24.86	27.37	29.84
127	—	12.13	13.59	15.04	17.29	17.90	10.72	23.48	26.19	28.85	31.47
133	—	12.73	14.26	15.78	18.24	18.79	21.75	24.66	27.52	30.33	33.10
140	—	—	15.04	16.65	19.06	19.83	22.96	26.04	29.08	32.06	34.99
146	—	—	15.70	17.39	19.87	20.72	24.00	27.23	30.41	33.54	26.62
152	—	—	16.37	18.13	20.50	21.66	25.03	28.41	31.75	35.02	38.25
159	—	—	17.15	18.99	22.04	22.64	26.24	29.79	33.29	36.75	40.15
168	—	—	—	20.10	—	23.97	27.79	31.57	35.30	38.99	42.59
180	—	—	—	—	—	25.75	29.87	33.93	37.95	41.92	45.85
194	—	—	—	(23.31)	—	27.82	32.28	36.70	41.06	45.38	49.64
219	—	—	—	—	—	31.52	36.60	41.93	46.61	51.54	56.43
245	—	—	—	—	—	41.09	46.76	52.38	57.95	63.48

（续）

外径 D_H/mm	壁厚/mm										
	3.5	4	4.5	5	5.5	6	7	8	9	10	11
	每米长的理论质量/kg					（设钢的密度为7.85g/cm³）					
273	—	—	—	—	—	—	45.92	52.28	58.60	64.86	71.07
299	—	—	—	—	—	—	57.41	64.37	71.27	78.13	
325	—	—	—	—	—	—	62.54	70.14	77.86	85.18	
351	—	—	—	—	—	—	67.67	75.91	84.10	92.23	
377	—	—	—	—	—	—	—	—	90.51	99.29	
426	—	—	—	—	—	—	—	(92.55)	—	112.58	

表 1-8　部分冷拔无缝钢管的规格

外径 D_H/mm	壁厚/mm										
	0.25	0.30	0.40	0.50	0.60	0.80	1.0	1.2	1.4	1.6	2.0
	每米长的理论质量/kg					（设钢的密度为7.85 g/cm³）					
5	0.0292	0.0348	0.0454	0.055	0.065	0.083	0.099	0.112	0.124	0.129	0.134
7	0.0416	0.0496	0.065	0.080	0.095	0.122	0.148	0.172	0.193	0.213	0.247
9	0.054	0.064	0.085	0.105	0.125	0.162	0.197	0.231	0.262	0.292	0.345
11	0.066	0.079	0.115	0.129	0.154	0.201	0.247	0.290	0.311	0.371	0.444
16	0.097	0.116	0.154	0.191	0.228	0.300	0.370	0.438	0.503	0.568	0.691
20	0.122	0.146	0.193	0.240	0.288	0.379	0.469	0.556	0.642	0.726	0.888
22	—	—	0.212	0.265	0.318	0.419	0.518	0.616	0.710	0.806	0.986
25	—	—	0.242	0.302	0.363	0.478	0.592	0.7023	0.813	0.925	1.13
28	—	—	0.272	0.340	0.406	0.536	0.666	0.792	0.916	1.040	1.280
30	—	—	0.292	0.364	0.436	0.576	0.715	0.851	0.986	1.120	1.380
32	—	—	0.311	0.389	0.466	0.615	0.765	0.910	1.050	1.200	1.480
34	—	—	0.331	0.413	0.496	0.665	0.814	0.968	1.120	1.280	1.580
36	—	—	0.350	0.438	0.525	0.695	0.863	1.030	1.190	1.360	1.830
38	—	—	0.370	0.464	0.555	0.734	0.912	1.090	1.260	1.440	1.780
40	—	—	0.390	0.494	0.585	0.774	0.962	1.150	1.330	1.520	1.870

外径 D_H/mm	壁厚/mm										
	1.0	1.2	1.4	1.6	1.8	2.0	2.2	2.5	2.8	3.0	3.2
	每米长的理论质量/kg					（设钢的密度为7.85g/cm³）					
42	1.010	1.210	1.410	1.650	1.790	12.970	2.160	2.440	2.700	2.890	3.070
45	1.090	1.300	1.51	1.710	1.910	2.120	2.320	2.620	2.910	3.110	3.310
48	1.090	1.380	1.610	1.830	2.050	2.480	2.480	2.810	3.110	3.330	3.540
50	1.160	1.440	1.680	1.910	2.140	2.370	2.590	2.930	3.250	3.480	3.700
53	1.280	1.530	1.780	2.030	2.270	2.520	2.760	3.110	3.460	3.700	3.940
56	1.360	1.620	1.890	2.150	2.400	2.260	2.920	3.300	3.660	3.920	4.170
60	1.460	1.740	2.020	2.310	2.580	2.86	3.130	3.550	3.940	4.220	4.490
63	1.530	1.830	2.130	2.420	2.710	3.010	3.300	3.720	4.150	4.440	4.730
65	1.580	1.890	2.200	2.500	2.800	3.110	3.400	3.850	4.290	1.590	4.890
70	1.700	2.030	2.370	2.700	3.020	3.350	3.680	4.160	4.630	4.960	5.280
75	1.820	2.180	2.540	2.900	3.240	3.600	3.950	4.460	4.970	5.320	5.680
80			2.710	3.090	3.470	3.840	4.220	4.770	5.320	5.890	6.280
85	—	—	2.88	3.290	3.690	4.090	4.480	5.080	5.660	6.060	6.50

（续）

外径	壁厚/mm										
D_H/mm	3.5	4.0	4.5	5.0	6.0	7.0	8.0	9.0	10.0	11.0	12.0
	每米长的理论质量/kg				（设钢的密度为 7.85 g/cm³）						
100	8.320	9.460	10.59	11.71	13.87	16.03	18.09	20.15	22.19	24.14	26.04
120	8.660	10.06	11.44	14.30	16.89	19.50	22.10	24.70	27.20	29.57	31.96
130	11.80	12.43	13.92	15.48	16.88	21.20	24.10	26.90	29.70	32.27	34.92
150	12.65	14.39	16.11	17.85	21.25	24.68	28.01	31.29	34.52	37.71	40.84
170	14.31	16.31	18.35	20.30	24.27	28.14	31.96	37.73	39.46	43.13	46.76
200	—	19.67	21.65	24.00	28.70	33.32	37.88	42.39	46.85	51.27	55.63

冷拔管的外径从 5～133mm，共 72 种，壁厚从 0.5～12mm，共 30 种，其中以壁厚小于 6mm者最常用。热轧无缝钢管的长度一般为 4～12.5m，冷拔无缝钢管的长度一般为 1.5～7m。

无缝钢管的力学性能应符合表 1-9 中的规定。它所能承受的水压试验压力值用下式确定，但最大压力不超过 40MPa。

$$p_s = \frac{200SR}{D}$$

式中　S——最小壁厚（mm）；

　　　R——允许应力（MPa），对用碳素钢制作的钢管，R 值采用抗拉强度的 35%；

　　　D——钢管的内径（mm）。

表 1-9　无缝钢管的力学性能

钢牌号	软钢管		低硬钢管		硬钢管	
	抗拉强度 R_m/MPa	伸长率 $A_{11.3}$	抗拉强度 R_m/MPa	伸长率 $A_{11.3}$	抗拉强度 R_m/MPa	伸长率 $A_{11.3}$
08 和 10	320	20	380	12	400	5
15	360	18	410	10	450	4
20	400	17	450	8	500	3
Q215	340	20	360	12	—	—
Q25	380	18	400	10	—	—
Q255	420	17	440	8	—	—

安装工程上所选用的无缝钢管，应有出厂合格证，如无质量合格证则需进行质量检查试验，不得随意应用。检查必须根据《金属材料　拉伸试验　第 1 部分：室温试验方法》（GB/T 228.1）、《钢板和钢带包装、标志及质量证明书的一般规定》（GB/T 247）、《金属管　液压试验方法》（GB/T 241）、《金属管　扩口试验方法》（GB/T 242）等进行。外观上不得有裂缝、凹坑、鼓包、碾皮以及壁厚不均等缺陷。

无缝钢管适用于高压供热、空调系统和高层建筑的冷、热水管。一般在 0.6MPa 气压以上的管路都应采用无缝钢管。无缝钢管因管壁较薄，通常采用焊接、法兰连接或卡压式管件连接等。

2. 有缝钢管

有缝焊接钢管常称为钢管，它是将易焊接的碳素钢板卷成管形后焊接而成的。按焊接方式不同，有缝钢管分为对焊管、叠边焊管和螺旋焊接管。

焊接钢管制造工艺简单，能承受一定的压力，通常称其为普通钢管或黑铁管，也曾称其为水煤气管。将普通钢管镀锌后（分为热镀锌和冷镀锌管），则称为镀锌钢管或白铁管。原被用于生活饮用水系统、生活冷热水供应系统和消防喷淋系统中。由于其耐蚀性不够好，会出现黄水、红水等现象，造成二次污染。目前，已逐步禁止在室内给水系统使用冷镀锌和热镀锌钢管。镀锌管现多被用在消防给水、室内供暖和空调系统中。

有缝钢管质量检验标准与无缝钢管的检验标准相同，按壁厚可分为一般管和加厚管。常用焊接钢管规格见表1-10~表1-12。

表1-10 低压流体输送用焊接钢管规格

内径		外径 Dw	钢管			
			普通钢管		加厚钢管	
mm	in	mm	壁厚/mm	理论质量/(kg/m)	壁厚/mm	理论质量/(kg/m)
6	1/8	10.2	2.0	0.40	2.5	0.47
8	1/4	13.5	2.5	0.68	2.8	0.74
10	3/8	17.2	2.5	0.91	2.8	0.99
15	1/2	21.3	2.8	1.28	3.5	1.54
20	3/4	26.9	2.8	1.66	3.5	2.02
25	1	33.7	3.2	2.41	4.0	2.93
32	$1\frac{1}{4}$	42.4	3.5	3.36	4.0	3.79
40	$1\frac{1}{2}$	48.3	3.5	3.87	4.5	4.86
50	2	60.3	3.8	5.29	4.5	6.90
70	$2\frac{1}{2}$	76.1	4.0	7.11	4.5	7.95
80	3	88.9	4.0	8.38	5.0	10.35
100	4	114.3	4.0	10.88	5.0	13.48
125	5	139.7	4.0	13.39	5.5	18.20
150	6	168.3	4.5	18.18	5.5	21.63

表1-11 有缝卷制焊接钢管规格

外径/mm	壁厚/mm				
	3.0	3.5	4.0	4.5	5.0
	理论质量/(kg/m)				
57	4.00	4.62			
76	5.40	6.62	7.10	7.93	
89	6.36	7.38	8.38	9.38	
108	7.97	9.02	10.26		
114	8.21	9.54	10.85	12.15	13.44
133		11.18	12.73	14.61	15.78
140		11.78	13.42	15.04	16.65

表1-12 螺旋缝埋弧焊接钢管常用规格

管子外径/mm	壁厚/mm					
	5	6	7	8	9	10
	理论质量/(kg/m)					
219	26.39	31.52				
273		39.51	45.92	52.28		
325		47.20	54.90	62.54		
377		54.90	63.87		81.67	
426		62.15	72.83	82.47	92.55	
478		69.84	81.83	92.73	104.09	
529		77.39	90.11	102.90	115.40	
630		92.23	107.55	122.72	137.83	152.90
720		105.65	123.50	140.50	157.80	175.10

注：钢牌号为Q235、Q345。

有缝钢管内外表面的焊缝应光滑平直，不得有开裂现象，强度符合标准，镀锌钢管的锌层应完整和均匀。带有圆锥状管螺纹的普通钢管和镀锌钢管的长度一般为 4～9m，并带一个管接头（管箍）。无螺纹的普通钢管和镀锌钢管长度一般为 4～12m。

直缝普通钢管和镀锌钢管以公称尺寸标称，其最大的直径为 150mm（6in）。大口径钢管可以卷焊，管径的大小和管壁厚薄可根据需要用钢板卷制而成。直缝卷焊钢管长度一般为 6～10m，螺纹卷焊钢管长度一般为 8～18m，壁厚通常为 7mm。

焊接钢管所能承受的水压试验压力：一般管和轻型管为 2MPa，加厚管为 2.5MPa。

供暖及低压煤气管路的工作压力一般不超过 0.4MPa，采用普通焊接钢管最为经济合理。

卷焊钢管管径较粗，一般应用于供热网及煤气网的管路，它的管径和可承受试验压力见表 1-13。

表 1-13　卷焊钢管管径及承受试验压力

外径/mm	245	273	299	325	351	377	426	478	529	630	720
压力/MPa	8.6	7.6	6.9	6.4	5.9	5.4	4.8	4.3	3.8	3.2	2.8

3. 不锈钢管

不锈钢管由于污染少、寿命长，被广泛应用在食品、医药、化工等领域，也被应用在建筑的冷、热水系统和直饮水系统中，被称为 21 世纪绿色材料。薄壁不锈钢钢管道及连接、安装、验收可按照《薄壁不锈钢管道技术规范》（GB/T 29038）执行。施工中也可参照《建筑给水薄壁不锈钢管道安装》（10S407-2）、《建筑给水薄壁不锈钢管管道工程技术规程》（CECS 153）。

1.1.3　管配件

管道系统在水、暖、煤气输送过程中，除直通部分外还要有分支、转弯和变换管径，因此就要配合使用各种不同形式的管配件。对于小管径螺纹连接的管，其配件种类、规格众多，除标准配件外，还有大量的非标准配件。大管径的管通常采用焊接连接或法兰连接，配件种类除成品件外，还需一些现场加工的部件。不锈钢管道也配有不同的不锈钢管件。本节着重介绍用于螺纹连接的管配件，如三通、弯头、大小头、活接头等。

管配件主要用可锻铸铁（俗称玛铁或韧性铸铁）或低碳钢（俗称软钢）制造而成，分别称为生铁配件和熟铁配件。要求管件的材质密实、坚固并有韧性，便于切削加工。普通钢管件经镀锌处理后称为镀锌管件，分别用在不同系统的管路中。管件的形状及组合如图 1-3 和图 1-4 所示。

管配件分类如下：

1）管路延长连接用配件，如管箍、外螺纹（内接头）等。

2）管路分支连接用配件，如三通（丁字弯）、四通（十字管）等。

3）管路转弯用配件，如 90°弯头、45°弯头等。

4）节点碰头连接用配件，如根母（六方内螺纹）、活接头（由任）、带螺纹法兰盘等。

5）管变径用配件，如补心（内外螺纹）、异径管箍（大小头）等。

6）管堵口用配件，如螺塞、管堵等。

管配件规格和相应的管一致，均以公称尺寸标称。同种配件有同径和异径之分，例如，三通管分为同径和异径两种。同径管件规格的标志可以用 1 个数值表示，也可以用 2 个数值表示，如规格为 25mm 的同径三通可以写为 25 或写为 25×25。常规的异径三通的标志，用 2 个不同的管径数字表示。前面数字为直通管管径，后面为分支管管径，如表 1-14 所示。异型管件也可用 3 位数字特殊标注。

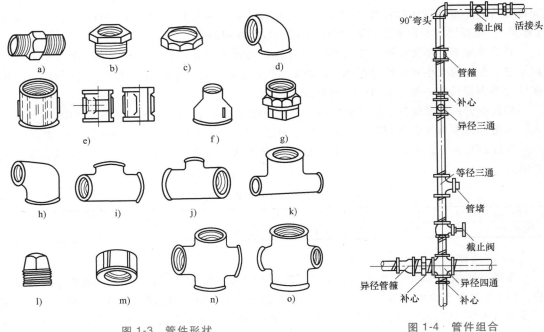

图 1-3　管件形状

a) 外螺纹接头　b) 内外螺母（补心）　c) 锁紧螺母

d) 弯头　e) 管接头（管箍）f) 异径管接头

g) 活接头　h) 异径弯头　i) 三通　j) 中小三通

k) 中大三通　l) 管堵　m) 管帽　n) 四通　o) 异径四通

图 1-4　管件组合

表 1-14　异径管子配件的规格系列

同径管件	异径管件							
15×15								
20×20	20×15							
25×25	25×15	25×20						
32×32	32×15	32×20	32×25					
40×40	40×15	40×20	40×25	40×32				
50×50	50×15	50×20	50×25	50×32	50×40			
65×65	65×15	65×20	65×25	65×32	65×40	65×50		
80×80	80×15	80×20	80×25	80×32	80×40	80×50	80×65	
100×100	100×15	100×20	100×25	100×32	100×40	100×50	100×65	100×80

注：从本表中可知，DN15~DN100 的管件中，同径管件共 9 种，异径管件组合规格共 36 种。

管配件的试压标准：可锻铸铁配件应承受压力为 0.8MPa；软钢配件承受压力为 1.6MPa。

管配件的内螺纹应端正、整齐、无断扣，壁厚均匀一致，外形规整，材质严密无砂眼。

1.2　铸铁管及管件

　　铸铁管是采用灰铸铁、球墨铸铁、高硅铸铁以离心浇铸法或砂型法铸造而成，分为离心铸铁管和连续铸铁管。接口按形式不同分为柔性接口铸铁管、法兰接口铸铁管、自锚式接口铸铁管、刚性接口铸铁管等。其中，柔性接口铸铁管用橡胶圈密封；法兰接口铸铁管用法兰固定，内垫橡胶法兰垫片密封；刚性接口铸铁管的承口较大，直管插入后，用水泥密封，此工艺现已基本淘汰。由于铸铁管焊接、套螺纹、煨弯等加工困难，因此多采用承插口、法兰、压兰和卡箍等连接方式。按材质分为铸铁管和球墨铸铁管。铸铁管常被用于给水、排水管道和煤气输送管线等。

1.2.1 给水铸铁管及配件

1. 给水铸铁管

给水铸铁管由于耐蚀性比钢管好，适宜埋地敷设，也可用于明装敷设。常用的有砂型离心铸铁管，按管壁厚度不同，其分为 P（普通型）级和 G（高压型）级两级，使用时应根据给水系统的工作压力选择管材和管件。

（1）砂型离心铸铁管 砂型离心铸铁管的材质为灰铸铁或球墨铸铁，按厚度分为 P、G 级，适用于水及煤气等压力流体的输送。其参数见表 1-15。

表 1-15 砂型离心铸铁管的壁厚与质量

公称尺寸	壁厚 T/mm		内径 D_1/mm		外径 D_2 /mm	有效长度/mm				承口凸部质量 /kg	插口凸部质量 /kg	直部质量 /（kg/m）	
						5000		6000					
						总质量/kg							
DN	P 级	G 级	P 级	G 级		P 级	G 级	P 级	G 级			P 级	G 级
200	8.8	10.0	202.4	200.0	220.0	227.0	254.0			16.30	0.382	42.0	47.5
250	9.5	10.8	252.6	250.0	271.6	303.0	340.0			21.30	0.626	56.3	63.7
300	10.0	11.4	302.8	300.0	322.8	381.0	428.0	452.0	509.0	26.10	0.741	70.8	80.3
350	10.8	12.0	352.4	350.0	374.0			566.0	623.0	32.60	0.857	88.7	98.3
400	11.5	12.8	402.6	400.0	425.6			687.0	757.0	39.00	1.460	107.7	119.5
450	12.0	13.4	452.4	450.0	476.8			806.0	829.0	46.90	1.640	126.2	140.5
500	12.8	14.0	502.4	500.0	528.0			950.0	1030.0	52.70	1.810	149.2	162.8
600	14.2	15.6	602.4	599.6	630.8			1260.0	1370.0	68.80	2.160	198.0	217.1
700	15.5	17.1	702.0	698.8	733.0			1600.0	1750.0	86.00	2.510	251.6	276.9
800	16.8	18.5	802.6	799.0	836.0			1980.0	2160.0	109.00	2.860	311.3	342.1
900	18.2	20.0	902.6	899.0	939.0			2410.0	2630.0	136.00	3.210	379.1	415.4
1000	20.5	22.6	1000.0	955.8	1041.0			3020.0	3300.0	173.00	3.550	473.2	520.6

注：1. 计算质量时，铸铁密度采用 7.20g/cm³。

2. 总质量＝直部 1m 质量×有效长度＋承插口凸部质量（计算结果四舍五入，保留三位有效数字）。

（2）连续铸铁直管 连续铸铁直管是用灰铸铁或球墨铸铁连续浇铸而成的，浇铸后经检查、修整、水压试验、喷涂沥青漆后出厂，按其壁厚分为 LA、A 和 B 三级。它也适用于不同工作压力的水和煤气等流体的输送。连续铸铁管直管相关参数见表 1-16。

表 1-16 连续铸铁管直管壁厚与质量

公称尺寸	外径 D_2 /mm	壁厚 T/mm			有效长度/mm								
					4000			5000			6000		
					总质量/kg								
DN		LA 级	A 级	B 级	LA 级	A 级	B 级	LA 级	A 级	B 级	LA 级	A 级	B 级
75	93.0	9.0	9.0	9.0	75.1	75.1	75.1	92.2	92.2	92.2			
100	118.0	9.0	9.0	9.0	97.1	97.1	97.1	119	119	119			
150	169.0	9.0	9.2	10.0	142.0	145	155	174	178	191	207	211	227
200	220.0	9.2	10.1	11.0	191.0	208	224	235	256	276	279	304	328

（续）

公称尺寸	外径 D_2 /mm	壁厚 T/mm			有效长度/mm								
					4000			5000			6000		
					总质量/kg								
DN		LA 级	A 级	B 级	LA 级	A 级	B 级	LA 级	A 级	B 级	LA 级	A 级	B 级
250	271.6	10.0	11.0	12.0	260	282	305	319	347	376	378	412	446
300	322.8	10.8	11.9	13.0	333	363	393	409	447	484	486	531	575
350	374.0	11.7	12.8	14.0	418	452	490	514	557	604	609	662	718
400	425.6	12.5	13.8	15.0	510	556	600	626	685	739	743	813	878
450	476.8	13.3	14.7	16.0	608	665	718	747	819	884	887	973	1050
500	528.0	14.2	15.6	17.0	722	785	848	887	966	1040	1050	1150	1240
600	630.8	15.8	17.4	18.0	963	1050	1140	1180	1290	1400	1400	1530	1660
700	733.0	17.5	19.3	19.0	1240	1360	1460	1530	1670	1800	1810	1980	2140
800	830.0	19.2	21.1	21.0	1560	1700	1830	1910	2080	2250	2270	2470	2680
900	939.0	20.8	22.9	23.0	1900	2070	2240	2340	2550	2760	2770	3020	3280
1000	1041.0	22.5	24.8	25.0	2290	2500	2700	2810	3070	3320	3330	3640	3940
1100	1144.0	24.2	26.0	27.0	2720	2960	3190	3330	3630	3930	3950	4300	4660
1200	1240.0	25.8	28.4	29.0	3170	3450	3730	3880	4230	4580	4590	5010	5430

（3）高硅铸铁管　高硅铸铁管是指碳的质量分数为 0.5%～1.2%、硅的质量分数为 10%～17% 的铁硅合金，它具有较强的耐蚀性，脆性较大，常用在腐蚀性大的场所。

2. 给水铸铁管件

铸铁管件材质同铸铁管，其管道名称、图形标示应符合《灰口铸铁管件》（GB/T 3420）的规定。管道及管件的接口形式分为承插连接和法兰连接两种。承插接口还可分为柔性接口和刚性接口。

常用给水铸铁管件有三通、四通、弯管、异径管、乙字弯、短管、套袖接管等，按连接方式又分为承插式和法兰式。异型管件承插口断面如图 1-5 所示，法兰盘断面如图 1-6 所示；常见的管件如图 1-7 所示。

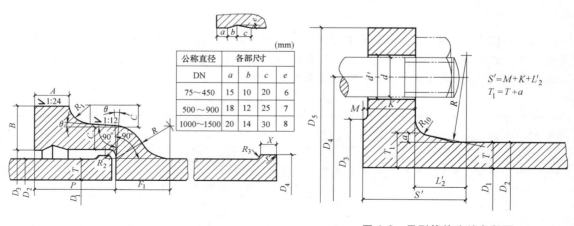

图 1-5　异型管件承插口断面　　　　图 1-6　异型管件法兰盘断面

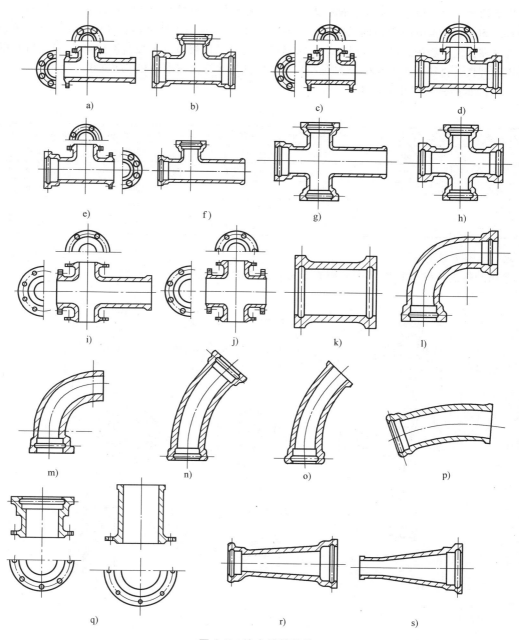

图 1-7　给水铸铁管件

a）双盘三通　b）三承三通　c）三盘三通　d）双承单盘三通　e）单承双盘三通　f）双承三通
g）三承四通　h）四承四通　i）三盘四通　j）四盘四通　k）铸铁管箍　l）90°双承插　m）90°承插弯管
n）45°双承弯管　o）45°承插弯管　p）22.5°承插弯管　q）甲乙短管　r）双承大小头　s）承插大小头

1.2.2　排水铸铁管及配件

1．排水铸铁管

排水铸铁管用普通铸铁铸造而成，其内表面较为粗糙，管壁只有 6mm 左右，常被用在重力流体、生活污水、生产废水、多层建筑的雨雪水等无压排水系统中。通常每根标准管长 1.5m，也有 1000mm、500mm、300mm 等不同长度规格，多采用 A 型或 B 型承插接口，其中刚性承插式接口的铸铁管已在住宅工程中禁用，而用符合国家标准的机制柔性接口（A 型、B 型或 W 型接口）的连续铸铁管替代。直径不大于 600mm 刚性接口灰口铸铁排水管已在小区和市政支线上禁用。

常用排水铸铁管规格见表 1-17。

表 1-17 常用排水铸铁管规格

公称直径/mm	承口内径/mm	承口深度/mm	管壁厚度/mm	直管长度/m	质量/(kg/根)
50	80	60	5	1500	10.3
75	105	65	6	1500	14.9
100	130	70	5	1500	19.6
125	157	75	6	1500	29.4
150	182	75	6	1500	34.9

2. 排水铸铁管管件

常用的排水铸铁管管件（多是顺流形式）如图 1-8 所示。

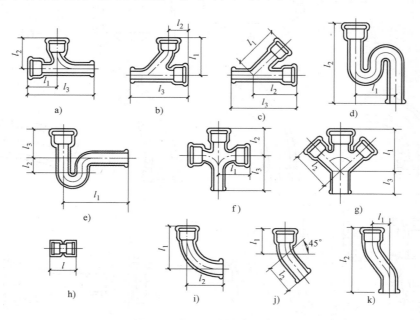

图 1-8 常用排水铸铁管管件

a）T 形三通 b）TY 形三通 c）45°三通 d）S 形存水弯 e）P 形存水弯
f）正四通 g）斜四通 h）管箍 i）90°弯头 j）45°弯头 k）乙字弯

1.3 常用非金属管

非金属管材在管道工程中应用广泛，它具有质量轻和耐蚀性良好的优点，尤其是在化工管道工程中占有重要地位，有逐渐代替金属管材的趋势。非金属管规格（直径）常用 D、d、d_e、ϕ 等符号表示。

1.3.1 钢筋混凝土管和混凝土管

由于连接方式和制作工艺的不同，钢筋混凝土管和混凝土管可分为自应力钢筋混凝土输水管、预应力混凝土输水管、混凝土和钢筋混凝土排水管。

1. 自应力钢筋混凝土输水管

自应力钢筋混凝土输水管是利用自应力水泥膨胀力张拉钢筋或钢丝网而产生预应力的混凝土输水管。它适用于公称内径为 100~800mm，工作压力为 0.4~1.2MPa 的工作条件，其接头采用圆形截面橡胶圈密封的承插式。当输送对管体和密封圈有腐蚀作用的媒体或埋设土壤有腐蚀性时，应采取防护措施，然后方可铺设使用。

自应力钢筋混凝土输水管规格见表 1-18。

表 1-18 自应力钢筋混凝土输水管规格

公称内径 D/mm	管外径 D_w/mm	管壁厚 δ/mm	长度 L/mm
100	150	25	3080
150	200	25	3080
200	260	30	3080
250	320	35	3080
300	380	40	4088
350	440	45	4088
400	490	45	4107
500	610	55	4107
600	720	60	4117
800	760	80	4140

2. 预应力混凝土输水管

预应力混凝土输水管有两种，一种是采用振动挤压工艺制作的公称内径为 400~2000mm、工作压力为 0.4MPa、0.6MPa、0.8MPa、1.0MPa、1.2MPa 五种规格的承插式双向预应力混凝土输水管。另一种是采用管芯缠丝工艺制作的公称内径为 400~3000mm，工作压力为 0.4~1.2MPa 的承插式双向预应力混凝土输水管。其接口均采用承插口连接，每根水泥管长 5m。

3. 混凝土和钢筋混凝土排水管

混凝土和钢筋混凝土排水管是采用离心、悬辊、立式振动成形的混凝土和钢筋混凝土管，以及立式挤压成形的混凝土管。直径 ≤600mm 的平口混凝土排水管（含钢筋混凝土管）已在住宅小区和市政管网支线的埋地排水工程中禁用。混凝土排水管的连接方式有承插连接和抹带连接。

1.3.2 石棉水泥管和陶土管

1. 石棉水泥管

石棉水泥管是以石棉和水泥为基本材料，利用抄取工艺制作的管材。按用途可分为：石棉水泥给水管、排水管、煤气管和输盐卤管。其中给水管，主要适用于工农业生产和城镇供水；煤气管和输盐卤管适用于铺设在地下和振动较小的地方，输送工作压力 ≤0.1MPa 的湿煤气（或沼气）管道和输送海盐生产用的海水、盐卤管道。石棉水泥管规格见表 1-19。

表 1-19 石棉水泥管规格

公称直径 /mm	水 4.5/mm			水 10/mm			长度/mm
	管内径 D_n/mm	管外径 D_w/mm	管壁厚 δ/mm	管内径 D_n/mm	管外径 D_w/mm	管壁厚 δ/mm	
75	75	93	9	75	95	10	3000
100	100	120	10	100	122	11	3000
125	123	143	10	125	143	12	4000
150	147	169	11	150	169	14	4000
200	195	219	12	200	221	16	4000
250	243	273	15	250	274	19	4000
300	291	325	17	300	325	23	5000
350	338	376	19	350	376	27	5000
400	386	428	21	400	428	30	5000

2. 陶土管

陶土管是由塑性黏土，按照一定比例加入耐火黏土和石英砂等焙烧而成的，可根据需要制成无釉或单面釉陶土管，还可以制成耐酸陶土管。陶土管公称尺寸最大在 DN400 以内，也可做到 DN800，管长一般有 300mm、500mm、700mm、800mm、1000mm 等规格，其标记参见《排水陶管及配件》（JC/T 759），陶土管有承插口和平口两种形式，由于耐蚀性好，常用在有腐蚀性的排水中。

1.3.3 玻璃钢管

玻璃钢管道采用树脂（输送饮用水采用食品级树脂）、玻璃纤维、石英砂为原料，用特殊工艺制作而成，是一种轻质、高强、耐腐蚀的非金属管道。它是将具有树脂基体重的玻璃纤维按工艺要求逐层缠绕在旋转的芯模上，并在纤维之间远距离均匀地铺上石英砂作为夹砂层。其管壁结构合理先进，能充分发挥材料的作用，在满足使用强度的前提下，提高了刚度，保证了产品的稳定性和可靠性。玻璃钢夹砂管以其优异的耐化学腐蚀、轻质高强，不结垢，抗震性强，与普通钢管相比使用寿命长，综合造价低，安装快捷，安全可靠等优点，被广大用户所接受。玻璃钢管道广泛应用在石油、化工、给水、排水、水利灌溉、电力等行业。

1.3.4 塑料管

目前使用的非金属给水、排水及供暖的管道品种较多，主要有聚乙烯管（PE 管）、交联聚乙烯管（PE-X 管）、耐高温聚乙烯-丁烯阻氧管（PE-RT 管）、给水用无规共聚聚丙烯管（PP-R 管）、改性共聚聚丙烯管（PP-C 管）、聚氯乙烯管（PVC-U 管或 U-PVC 管）、氯化聚氯乙烯管（CPVC 管）、聚丁烯管（PB 管）、工程塑料管（ABS 管）、高密度聚乙烯管（HDPE 管或 PE-HD 管）、低密度聚乙烯管（LDPE 管或 PE-LD 管）等。塑料管材有良好的化学稳定性，耐腐蚀，不受酸、碱、盐、油类等物质的侵蚀；不污染水质；力学性能好，不燃烧，无不良气味；质轻而坚，密度仅为钢的 1/5，运输安装方便；管壁光滑，水流阻力小，容易切割，还可制成各种颜色。目前已有专供输送热水使用的塑料管，其使用温度可达 95℃，已广泛用于化工、给水、排水、空调、供暖及燃气管道中。

塑料管道结构尺寸按照标准化设计生产，分为五个使用级别，一般工作温度低使用的级别低，温度高或长时间高温工作使用的级别高。例如，生活热水采用 1 级，地板辐射供暖采用 3 级或 4 级，低温散热器供暖用 4 级，高温供暖管道用 5 级。

尺寸比率 SDR ＝管外径/壁厚，表示塑料管道壁厚与压力级别的关系，SDR 越小，管道强度越大。

管系列 S 是管子的许用环应力与额定压力之比值，S =（SDR−1）/2。在相同的管道系统总使用（设计）系数 C（正常情况一般取 1.25，重要场合、可靠度要求高的地方取 1.5）的情况下，数字越小，公称压力就越高。一般有 S10、S8、S6.3、S5（公称压力 1.25）、S4（公称压力 1.6）、S3.2（公称压力 2.0）、S2.5（公称压力 2.5）、S2（公称压力 3.2）等系列。

塑料管材规格的表示方法采用 ISO 国际标准的表示方法，用"管系列 S　公称外径 D×公称壁厚 e"表示。例如"S5 25×2.3"表示管系列为 S5、公称外径 D = 25mm、壁厚 e = 2.3mm 的塑料管。

1. 给水用硬聚氯乙烯塑料管（PVC-U 管）及管件

给水用 PVC-U 管是以 PVC 树脂为主加入符合标准的必要添加剂混合料，加热挤压而成。管道执行《给水用硬聚氯乙烯（PVC-U）管材》（GB/T 10002.1）标准，管件执行《给水用硬聚氯乙烯（PVC-U）管件》（GB/T 10002.2）标准。由于该管材输送饮用水时不影响水的气味、味道和颜色，并能保证水质长期符合卫生标准，常用于输送温度不超过 45℃ 的水，包括一般用水和饮用水。管道公称压力分为 0.63、0.8、1.0、1.25、1.6、2.0、2.5 七个等级，若水温不同，应按照表 1-20 对不同温度下压力下降系数 f_t 进行修正，用下降系数 f_t 乘以公称压力 PN 得到在该水温下管道的最大允许工作压力。

表 1-20　不同温度下压力下降系数

工作温度 t/℃	$0 \leqslant t < 25$	$25 \leqslant t < 35$	$35 \leqslant t < 45$
压力下降系数 f_t	1	0.8	0.63

硬聚氯乙烯塑料管的长度一般为 4m、6m、8m、12m，也可按需方要求定制。值得注意的是，塑料管的公称直径为外径，与钢管不同。当 $dn \leqslant 32$mm 时，对管子弯曲程度不作规定，当 $40 \leqslant dn \leqslant 320$mm 时，弯曲度 ≤1.0%，当 $dn \geqslant 225$mm 时，弯曲度 ≤0.5%。给水用硬聚氯乙烯（PVC-U）管材规格见表 1-21。

表 1-21　给水用硬聚氯乙烯（PVC-U）管材规格

公称外径 dn/mm	公称压力						
	PN0.63	PN0.8	PN1.0	PN1.25	PN1.6	PN2.0	PN2.5
	公称壁厚 δ/mm						
20	—	—	—	—	—	2.0	2.3
25	—	—	—	—	2.0	2.3	2.8
32	—	—	—	2.0	2.4	2.9	3.6
40	—	—	2.0	2.4	3.0	3.7	4.5
50	—	2.0	2.4	3.0	3.7	4.6	5.6
63	2.0	2.5	3.0	3.8	4.7	5.8	7.1
75	2.3	2.9	3.6	4.5	5.6	6.9	8.4
90	2.8	3.5	4.3	5.4	6.7	8.2	10.1
110	2.7	3.4	4.2	5.3	6.6	8.1	10.0
125	3.1	3.9	4.8	6.0	7.4	9.2	11.4
140	3.5	4.3	5.4	6.7	8.3	10.3	12.7
160	4.0	4.9	6.2	7.7	9.5	11.8	14.6
180	4.4	5.5	6.9	8.6	10.7	13.3	16.4
200	4.9	6.2	7.7	9.6	11.9	14.7	18.2

注：摘自 GB/T 10002.1—2006 中表 2 和部分表 3。

给水用硬聚氯乙烯（PVC-U）管还可以用来输送压力为 0.05～0.6MPa、温度为 −10～45℃ 的腐蚀性的介质。我国生产硬聚氯乙烯塑料管的公称直径为8～200mm，长度在3m以上。硬聚氯乙烯塑料管通常采用承插溶剂粘接和弹性密封圈连接，也可用螺纹或法兰连接。给水用硬聚氯乙烯塑料管件如图1-9所示。

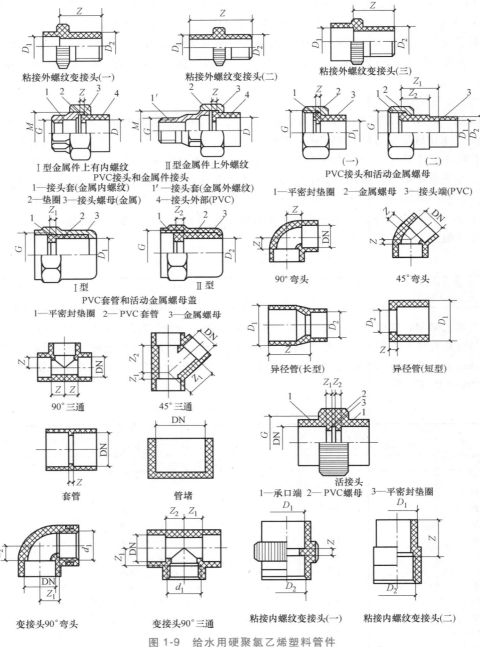

图 1-9 给水用硬聚氯乙烯塑料管件

2. 排水用硬聚氯乙烯塑料管（PVC-U 管）

建筑排水用硬聚氯乙烯管是以聚氯乙烯树脂为主要原料，加入助剂，注塑成型的，执行《无压埋地排污、排水用硬聚氯乙烯（PVC-U）管材》（GB/T 20221）标准。为了减少噪声,制造出了硬聚氯乙烯消声管,该管内壁设有六条三角凸形内螺旋线,使下水沿着管内壁自由连续呈螺旋状流动,将排水旋转形成最佳排水条件,从而在立管底部起到良好的消能作用,降低噪声。同时,该管的独特结构可以使空气在管中央形成气柱直接排出,没有必要另外设置专用通气管,使高层建筑排水通气能力提高了 10 倍,排水量增加了 6 倍,噪声比普通 PVC-U 排水管和铸铁管低 30~40dB。PVC-U 消声管与消声管件配套使用时,排水效果良好。消声管与管件见图1-10。

图 1-10　PVC-U 消声管与管件

PVC-U 管道适用于建筑物内排水,在考虑材料的耐化学腐蚀性和耐温性的条件下,也可用于工业排水。PVC-U 管的型号用公称外径×公称壁厚表示。排水管的外径与壁厚规格见表1-22。

表 1-22　排水用硬聚氯乙烯（PVC-U）管材外径和壁厚

公称外径 dn/mm	公称壁厚 δ/mm		
	刚度等级/kPa		
	2	4	8
	管材系列		
	S25	S20	S16.7
110		3.2	3.2
125	3.2	3.2	3.7
160	3.2	4.0	4.7
200	3.9	4.9	5.9
250	4.9	6.2	7.3
315	6.2	7.7	9.2
400	7.8	9.8	11.7
500	9.8	12.3	14.6
630	12.3	15.4	18.4

常用的排水用硬聚氯乙烯塑料管件有弯头、三通、存水弯等,如图 1-11 所示。

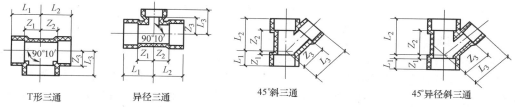

T 形三通　　　　异径三通　　　　45°斜三通　　　　45°异径斜三通

图 1-11　排水用硬聚氯乙烯塑料管件

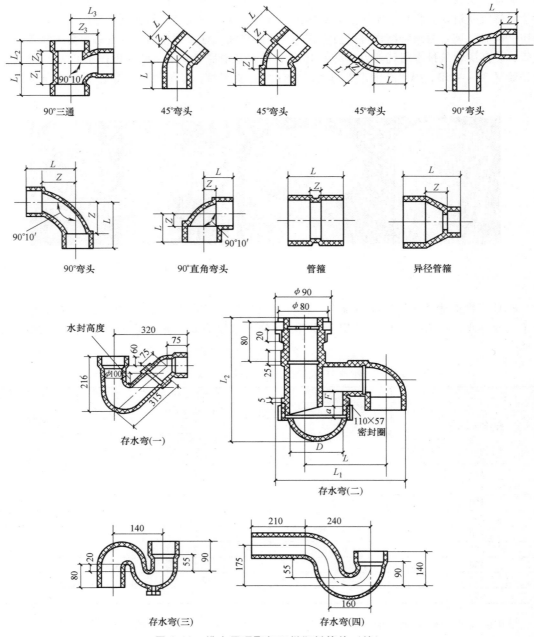

图 1-11 排水用硬聚氯乙烯塑料管件（续）

3. 聚乙烯塑料管（PE 管）

聚乙烯塑料管（图 1-12）应用于给水管道和燃气管道工程中的埋地管道，也可用作地源热泵系统的埋地换热管。小管径的 PE 管材还被用于室内低温辐射供暖、辐射空调等领域。常用的输送媒体管道，公称直径为 20~250mm，普通管壁厚为 2.3~14.8mm，加厚管壁厚为 3~22.7mm。聚乙烯塑料管的连接方法主要有热熔焊接和电熔焊接等。电熔连接是利用管件本身带有的发热元件通电后加热进行管件与管道的连接。常用低密度聚乙烯管（PE 管）规格见表 1-23。

图 1-12　聚乙烯 PE 管

表 1-23　常用聚乙烯（PE）管规格

外径/mm	壁厚/mm	长度/m	近似质量/(kg/m)	近似质量/(kg/根)	外径/mm	壁厚/mm	长度/m	近似质量/(kg/m)	近似质量/(kg/根)
5	0.5		0.007	0.028	40	3.0		0.321	1.28
6	0.5		0.008	0.032	50	4.0		0.532	2.13
8	1.0		0.020	0.080	63	5.0		0.838	3.35
10	1.0		0.026	0.104	75	6.0		1.20	4.80
12	1.5	≥4	0.046	0.184	90	7.0	≥4	1.68	6.72
16	2.0		0.081	0.324	110	8.5		2.49	9.96
20	2.0		0.104	0.416	125	10.0		3.32	13.30
25	2.0		0.133	0.532	140	11.0		4.10	16.40
32	2.5		0.213	0.852	160	12.0		5.12	20.50

注：1. 外径 25mm 以下规格，内径与之相应的软聚乙烯管材规格相符，可以互换使用。
　　2. 外径 25mm 以下规格产品为建议数据。
　　3. 每根质量按管长 4m 计，近似质量密度 0.92t/m³。

4. 高密度聚乙烯管（HDPE 管）

高密度聚乙烯管（图 1-13）以它优秀的化学性能、韧性、耐磨性以及低廉的价格和安装费用越来越受到人们的重视。高密度聚乙烯（HDPE）双壁波纹管是一种用料省、刚性高、弯曲性优良，具有波纹状外壁、光滑内壁的管材。双壁管较同规格、同强度的普通管可省料 40%，具有较高的抗冲击、抗压的特性，因此发展较快，在许多国家的许多领域中已经取代了钢管、铸铁管、水泥管、石棉管和普通塑料管，成为给水管、污水管、地下电缆管和农业排灌管的替代产品。常用高密度聚乙烯管（HDPE 管）规格和高密度聚乙烯双壁波纹管规格见表 1-24 和表 1-25。

表 1-24　常用高密度聚乙烯管（HDPE）规格

公称外径/mm	32	40	50	56	63	75	90	110	125	160	200	250
壁厚/mm	3	3	3	3	3	3	3.5	4.3	4.9	6.2	6.2	7.8
内径/mm	26	34	44	50	57	69	83	101.4	115.2	147.6	187.6	234.4

表 1-25　常用高密聚乙烯双壁波纹管规格

规格	DN500	DN600	DN800	DN1000
平均内径 d	500	600	800	1000
平均外径 dn	570	685	955	1200
承口深度 L_s	240	250	260	280
承口内径 D	575	691	963	1207

a)　　　　　　　　　　　b)　　　　　　　　　　　c)

图 1-13　高密度聚乙烯管（HDPE 管）

a）高密聚乙烯环绕增强管　b）高密聚乙烯双壁双波排水管　c）高密聚乙烯管

5. 氯化聚氯乙烯管（CPVC 管）

氯化聚氯乙烯管（图 1-14）又称聚二氯乙烯管，它具有良好的强度和韧性，是一种阻燃性能好、耐热性好的塑料管材，在沸水中可保持不变形，耐温可高达 100~110℃，可在−40~95℃温度范围内安全使用。该管管壁平洁光滑，摩擦阻力小，质量轻，卫生性能符合国家卫生标准要求；施工安装方便，可采用粘接、螺纹、焊接等连接方式，使用寿命较长。氯化聚氯乙烯管主要应用在电力系统、冷热水输送、化工原料以及废液的输送、游泳池及温泉管道、给水及污水厂管道系统、工业管道系统和农业灌溉等领域。

图 1-14　CPVC 管

6. 交联聚乙烯管（PE-X 管）

交联聚乙烯管（图 1-15）具有良好的力学和理化性能，被视为新一代绿色管材。交联聚乙烯管（PE-X）是由高密度聚乙烯和引发剂、交联剂、催化剂等助剂，采用世界上先进的一步法（MONSOIL）技术制造的，其交联度可达 60%~89%。PE-X 根据其交联生产工艺不同可分为过氧化物交联的 PE-Xa、硅烷交联的 PE-Xb、电子束交联的 PE-Xc。交联聚乙烯管具有质地坚实，耐热性好，抗内压强度高的特点，可在较大温度范围内长期使用，寿命可长达 50 年。该管管材内壁光滑，流动阻力小，流动噪声低，输送流体的流通量比同径金属管材大 1/3；管材的保温性能优良，当用于供暖系统时，可不需保温，在使用过程中任何弯曲都可以通过热风枪加以矫正。该管材还具有质量轻、搬运方便，安装简便、工作量小，耐化学腐蚀、不生锈、无毒性、不霉变、不滋生细菌的特点，完全符合《生活饮用水输配水设备及防护材料的安全性评价标准》（GB/T 17219）规定的指标。

交联聚乙烯管主要应用在建筑冷热水系统、饮用水系统、食品工业中液体食品输送系统、低温地板辐射供暖系统、太阳能热水器系统等领域，还可以用于电信、电气的配管，电镀、石化等工业管道系统。交联聚乙烯管的线膨胀系数比金属管材要大得多，安装时要留有足够的伸缩空间。交联聚乙烯管的规格见表 1-26。

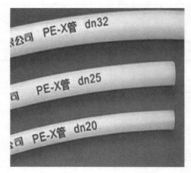

图 1-15　PE-X 管

表 1-26 交联聚乙烯管规格

公称直径 /mm	壁厚 /mm	长度		质量/(kg/m)	主要技术指标
		盘管/m	直管/m		
16	2.0	150~300	5.8~6	0.0836	交联度:65%~75% 输水压力:<4MPa 摩擦系数:0.08~0.1 内部压力(95°,24h):6~4.7MPa 抗压(95°,1000h):<4.4MPa 软化温度:≤133℃ 使用温度范围:-100~100℃ 抗拉强度(100℃):9~13N/mm²
20	2.0	150~200	5.8~6	0.10735	
25	2.3	150~200	5.8~6	0.1588	
32	3.0		5.8~6	0.25175	
40	3.7		5.8~6	0.4009	
50	4.6		5.8~6	0.6233	
63	5.8		5.8~6	1.0055	
75	6.9		5.8~6	1.456	

注:最大尺寸可达公称直径×壁厚=110mm×10mm,但需要订购。

7. 耐高温聚乙烯-丁烯阻氧管（PE-RT 管）

耐高温聚乙烯-丁烯阻氧管（图 1-16）具有良好的加工性能,一次挤压成型,耐高温、耐压,比 PB 管和 PE 管更加经济,还具有可进行热熔修复的性能,已被广泛用在低温热水地板供暖系统中。PE-RT 管 S 系列的选择见表 1-27。

8. 聚丙烯管（PP 管）

聚丙烯管是由丙烯-乙烯共聚物加入适量的稳定剂,挤压成型的热塑性塑料管。其密度为 0.90~0.91g/cm³,可燃,标准规格为外径 16~400mm。按性能聚丙烯管可分为轻型聚丙烯管和重型聚丙烯管,其允许工作压力当外径 $D \leqslant 90mm$ 时为 0.4MPa, $D > 90mm$ 时为 0.25MPa;其最大工作压力为 0.6MPa,使用温度为 0~80℃。聚丙烯管采用承插黏合连接。

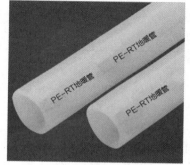

图 1-16 PE-RT 管

表 1-27 PE-RT 管 S 系列的选择

设计压力/MPa	级别 1	级别 2	级别 3	级别 4
0.4	6.3	5.0	6.3	5.0
0.6	5.0	3.2	5.0	3.2
0.8	3.2	2.5	5.0	2.5
1.0	2.5		4.0	

三型聚丙烯管又称无规共聚聚丙烯管（PP-R 管）,它是目前建筑工程中比较常用的管材（图 1-17）,主要用在生活水（有冷热水之分,为根状）系统和供暖（供暖专用连续管道,为盘状）系统中。

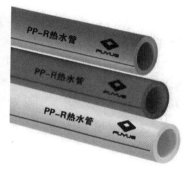

图 1-17 无规共聚聚丙烯管（PP-R 管）

新型改性聚丙烯管（PP-C 管），以改性聚丙烯为原料的管材，具有耐高温、耐高压、耐腐蚀、抗老化、抗氧化、安全卫生等优异性能，且使用寿命长、安装快速便利。现行规格有 DN20、DN25、DN32、DN40、DN50、DN65、DN75、DN90、DN100 等。PP-C 管的密度为 $0.98g/cm^3$，热导率为 $0.24W/(m \cdot K)$，适用水温 0~95℃。新型改性聚丙烯管（PP-C 管）规格见表 1-28。

表 1-28　新型改性聚丙烯管（PP-C 管）规格

公称直径/mm	壁厚/mm	耐压范围/MPa	质量/(kg/m)
16	1.8	1.2	0.082
20	1.9	1.2	0.110
25	2.3	1.2	0.167
32	3.0	1.2	0.273
40	3.7	1.2	0.421
50	4.6	1.2	0.652
63	5.8	1.2	1.030
75	6.9	1.2	1.450
90	8.2	1.2	2.080
110	10.0	1.2	3.080

9. 聚丁烯管（PB 管）

聚丁烯（PB）树脂是由碳和氢组成的高分子聚合物，聚丁烯管是由聚丁烯-1 树脂添加适量助剂，经挤压成型的热塑性管材（图 1-18）。PB 管材密度 $\geq 0.920g/cm^3$，纵向长度回缩率 $\leq 2\%$，抗拉屈服强度 $\geq 17MPa$（23℃ ±1℃），断裂伸长率 $\geq 280\%$（23℃ ±1℃），热导率 $\geq 0.33W/(m \cdot K)$，线胀系数 0.130mm/(m · K)，壁厚规格 1.3~2.8mm，经常使用的是壁厚 2.0mm 以上的管材。PB 管是较早用于低温热水地板辐射供暖管路、散热器供暖连接管路、冷热水输送管道，具有耐寒、耐热、耐压、不生锈、不腐蚀、不结垢、耐老化、寿命长

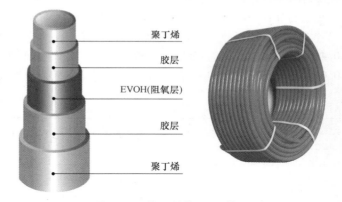

图 1-18　聚丁烯管（PB 管）

（可达 50 年）的优点，是十分优良的建筑材料。相对其他管材，PB 管价格较高。

10. 工程塑料管（ABS 管）

工程塑料管又称 ABS 管，是由丙烯腈-丁二烯-苯乙烯三元共聚物粒料，经注射、挤压成型的热塑性塑料管。该管强度高，使用温度范围广，但可燃。密度为 $1.03~1.07g/cm^3$，具有强度高、耐冲击性好、轻便耐用、抗腐蚀、不易氧化、内壁光滑、水流阻力小的特点，使用温度为 −40~80℃，最大工作压力可达 1.0MPa，但强度和刚度随温度升高而降低，易受有机溶剂侵蚀，紫外线照射会导致管道老化。该管的生产规格一般为公称直径 20~50mm。

1.3.5　复合管材

复合管是一种常用的由两种或两种以上的材料复合组成的管材，常见的有铝塑复合管和钢塑复合管等。下面重点介绍铝塑复合管。

1. 铝塑复合管

铝塑复合管是一种常用的、集金属与塑料优点为一体的新型管材，它兼有塑料管与金属管的特点，抗静电，热导率 $0.45W/(m \cdot K)$，热胀系数 $25 \times 10^{-6} m/(m \cdot K)$，长期工作压力 1000kPa。该管可靠性高，使用寿命可达 50 年。

（1）铝塑复合管具有良好的性能　铝塑复合管内外壁均为化学稳定性非常高的聚乙烯或交联聚乙烯、耐腐蚀、防渗透，可以抵御大多数化学液体的腐蚀，抗老化性能好。由于带有金属铝，暗埋施工后容易被探明位置。铝塑管强度和塑性适中，运输存储方便；管内壁光滑，流阻小，不宜结垢；可以任意由弯变直或由直变弯，管子最小弯曲半径≤5D，并可保持管道变化后的形状不变；管材密度小，质量只是同径及同长钢管的 1/7，但通流能力却多 1/3。高温型交联聚乙烯制作的铝塑复合管可在 95℃ 以上介质中连续工作。该管材施工安装简便，不必套螺纹，切割容易，施工速度快，成本比镀锌钢管略高，但比铜管低很多。铝塑复合管可制作成各种不同颜色，便于区分。

（2）铝塑复合管的适用范围　铝塑管广泛用于民用建筑自来水、空调、供暖系统和饮用水供应系统，以及煤气、天然气及管道石油气系统的室内输管道部分；还可以作为工业建筑的压缩空气等工业气体的输送用管，食品工业的酒、饮料等输送用管；也可以作为石化行业油品、酸、碱、盐溶液的输送用管，医药界各种气体、液体输送用管以及水上运输工具内的各种管路系统用管。铝塑复合管规格见表 1-29，其结构如图 1-19 所示。

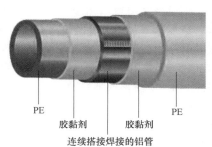

PE　　PE
胶黏剂　　胶黏剂
连续搭接焊接的铝管

图 1-19　铝塑复合管结构

表 1-29　铝塑复合管规格

公称尺寸 DN	规格代号	外径/mm	内径/mm	壁厚/mm	质量/(kg/m)
12	1014	14±0.2	10	2.0	0.092
15	1016	16±0.2	12	2.0	0.121
18	1418	18±0.2	14	2.0	0.145
20	1620	20±0.2	16	2.0	0.154
25	2025	25±0.2	20	2.3	0.227
32	2632	$32^{+0.4}_{-0.2}$	26	2.9	0.394
40	3240	40	32	3.7	0.516
50	4050	50	40	4.8	0.806

2. 钢塑复合管

钢塑复合管（图 1-20）是以热镀锌钢管为基础，以 PE、PE-X、PE-RT 等塑料为内衬合成的产品。也有在薄壁不锈钢管内壁内衬不大于管材外径 1/60 厚塑料的不锈钢塑料复合管。该管具有塑料管和钢管的优点，内壁光滑、无污染，是替代镀锌钢管的理想产品。该类管道可采用沟槽连接、卡套式连接、承插式连接和法兰连接。

3. 衬里管

衬里管（图 1-21）是一种在管道内表面粘敷不同防腐或耐温等材料的管材。衬里材料通常以膜状粘敷

图 1-20　钢塑复合管

于管材表面。衬里的主要目的是防腐蚀、电绝缘和减少流体阻力，此外，还有防止金属离子的混入和铁污染等的目的。常见的有橡胶衬里管、衬塑钢管、埋地给水钢管道水泥砂浆衬里管、衬铅管、衬搪瓷管和钢-玻璃管复合管、玻璃钢-塑料耐腐蚀复合管、钢骨架聚乙烯复合管等。由于衬里管使管道的内径变小，使用时应适当放大管径，一般小管径放大 2 号，大管径放大 1 号，大于 150mm 的管道可不再放大管径。通常内衬塑钢管适于给水系统，内涂塑钢管用于消防及排水系统。

图 1-21 衬里管

4. 钢丝网骨架聚乙烯复合管

钢丝网骨架聚乙烯复合管（图 1-22）也称钢骨架塑料复合管、PSP 管、SRTP 管、STSCP 管、SPE 管等。它由芯管、钢丝缠绕层、外 PE 层组成，其中芯管和钢丝缠绕层是用于承受管材内压，外 PE 层主要是用于焊接连接。芯管和外 PE 层均采用 PE80/PE100 级原料通过热熔挤出成型，钢丝缠绕层采用 HDPE 改性材料与左右正反缠绕钢丝组成，该改性 HDPE 与 HDPE 在加热条件下能熔融为一体。由于采用了优质的材质和先进的生产工艺，钢丝网骨架聚乙烯复合管具有更高的耐压性能，优良的柔性，更适用于

图 1-22 钢丝网骨架聚乙烯复合管

长距离埋地敷设，常用于供水、输气等系统。钢丝网骨架聚乙烯复合管材的耐压分为 0.8MPa、1.0MPa、1.25MPa、1.6MPa、2.0MPa、2.5MPa、3.5 MPa 等级别，管径从 DN50~DN630。其连接方式同 PE 管，工程中常采用热熔连接或电熔连接。

1.3.6 其他管材

1. 橡胶管

橡胶管是用天然或人造生橡胶与填料（硫黄、炭黑和白土等）的混合物，经加热硫化后制成的挠性管子。橡胶管能耐多种酸碱液的腐蚀，但不耐硝酸、有机酸和石油产品的腐蚀。橡胶管的用途极为广泛，种类也较多。按结构不同分为普通全胶管、橡胶夹布压力胶管、橡胶夹布吸引胶管（带有金属螺旋线）、棉线编织胶管、铠装胶管等种。按用途不同可分为输水胶管，输空气胶管，耐热（输蒸汽）胶管，耐酸、碱胶管，耐油胶管，专用胶管（氧气、乙炔）等，分别用在不同的地方。橡胶软管规格见表 1-30。

表 1-30 橡胶软管规格

公称内径/mm		8.0,10,12.5,16,20,25,31.5,40,50,63,80,100,160,200
抗拉强度/MPa	内胶层	≥7.0
	外胶层	≥10.0
扯断伸长率(%)	内胶层	≥200
	外胶层	≥250
工作温度/℃		−40~60

2. 金属软管

金属管有多种型号，主要有钎焊不锈钢金属软管、球形接头金属软管、榫槽接头金属软管、爪形快速接头金属软管、卫生设备专用金属软管以及风机盘管专用金属软管等。金属软管主要

用在压力管道穿越建筑沉降缝、伸缩缝处，或用于连接卫生器具和空调设备的地方，可根据需要选择。金属软管有多种类型，如图 1-23 所示。

图 1-23 金属软管

1.4 板材和型钢

板材与型钢是设备安装工程中重要的基础材料，被广泛地应用在制作风道及配件、各种管道支吊架、设备固定支架等领域，用量仅次于管材，本节只介绍常用的一些板材与型钢。

1.4.1 金属薄板

在安装工程中金属薄板是一种用途较多的材料，如制作风管、气柜、水箱及维护结构。常用薄板有普通钢板（俗称黑铁皮）、镀锌钢板（俗称白铁皮）、复合钢板、不锈钢板和铝板等。

普通热轧薄钢板具有良好的加工性能，结构强度较高，且价格便宜，应用广泛。常用厚度为 0.5~1.5mm 的薄板制作风管及部件，用厚度 2~4mm 的薄板制作空调机、水箱、气柜等。

普通空调系统一般采用镀锌钢板和塑料复合钢板。镀锌钢板表面镀锌保护层起防锈作用，一般不再刷防锈漆。塑料复合钢板是将普通薄钢板表面喷涂一层 0.2~0.4mm 厚的塑料，塑料具有较好的耐蚀性。

不锈钢板具有良好的耐蚀性；铝板具有良好的延展性能，适宜咬口连接，耐腐蚀，还具有良好的传热性能，在摩擦时不易产生火花，因此常被用在洁净空调等防尘要求较高的系统中，或排放有腐蚀气体、有爆炸可能的通风系统中。

制作风管和风管部件用的薄板质量应满足如下要求：板面平整、光滑无脱皮现象（普通薄钢板允许表面有紧密的氧化铁薄膜层），不得有裂缝、结疤及锈坑，厚薄均匀一致，边角规则呈矩形，有较好的延展性，适宜咬口加工。

金属薄板的规格通常是用短边、长边和厚度三个尺寸表示，例如 1000mm×2000mm×1.2mm。通风工程中常用薄钢板厚度是 0.5~4mm，常用的短边和长边规格是 750mm×1800mm、900mm×1800mm 和 1000mm×2000mm，具体规格详见表 1-31。

表 1-31 热轧钢板尺寸

钢板厚度 /mm	钢板宽度/mm											
	500	600	710	750	800	850	900	950	1000	1100	1250	1400
	钢板长度/mm											
0.35, 0.4	1000	1200	1000	1000	1500	1700	1500	1500				
0.45, 0.5	1500	1500	1420	1500	2000	2000	1800	1900	1500			
0.55, 0.6	2000	1800	2000	1800			2000	2000	2000			
0.7, 0.75		2000		2000								

（续）

钢板厚度 /mm	钢板宽度/mm											
	500	600	710	750	800	850	900	950	1000	1100	1250	1400
	钢板长度/mm											
0.8，0.9	1000	1200	1420	1500	1500	1500	1500	1500	1500			
				1800	2000	1700	1800	1900	2000			
	1500	1420	2000	2000		2000	2000	2000				
1.0，1.1 1.2，1.25 1.4，1.5 1.6，1.8	1000	1200	1000	1000	1500	1500	1500	1500	1500			
	1500	1420	1420	1500	2000	1700	1500	1900	2000			
	2000	2000	2000	1800		2000	1800	2000				
				2000			2000					

　　钢板厚度一般由设计给定，当设计图未注明时，一般送、排风系统可参照表1-32选用，除尘系统参照表1-33选用。薄钢板的理论质量见表1-34。

表1-32　一般送、排风系统风管用钢板最小厚度

矩形风管最长边或圆形风管直径/mm	钢板厚度/mm		
	输送空气		输送烟气
	风道无加强构件	风道有加强构件	
小于450	0.5	0.5	1.0
450~1000	0.8	0.6	1.5
1000~1500	1.0	0.8	2.0
大于1500	根据实际情况		

表1-33　除尘系统风管用钢板最小厚度

风管直径/mm	钢板厚度/mm					
	一般磨料		中硬度磨料		高硬度磨料	
	直管	异型管	直管	异型管	直管	异型管
200以下	1.0	1.5	1.5	2.5	2.0	3.0
200~400	1.25	1.5	1.5	2.5	2.0	3.0
400~600	1.25	1.5	2.0	3.0	2.5	3.5
600以上	1.5	2.0	2.0	3.0	3.3	4.0

表1-34　薄钢板理论质量

钢板厚度 /mm	理论质量 /(kg/m²)	钢板厚度 /mm	理论质量 /(kg/m²)	钢板厚度 /mm	理论质量 /(kg/m²)
0.10	0.785	0.75	5.888	2.0	15.70
0.20	1.57	0.80	6.28	2.5	19.63
0.30	2.355	0.90	7.065	3.0	23.55
0.35	2.748	1.00	7.85	3.5	27.48
0.40	3.14	1.10	8.635	4.0	31.4
0.45	3.533	1.20	9.42	4.5	35.33
0.50	3.925	1.25	9.813	5.0	39.25
0.55	4.318	1.40	10.99	5.5	43.18
0.60	4.71	1.50	11.78	6.0	47.10
0.70	5.495	1.80	14.13	7.0	54.95

　　安装工程中还经常用到一些非金属板材和复合板材，如塑料板、玻璃钢板、木板、石膏板以及铝塑板等，可参见有关资料。

1.4.2　型钢

在供暖通风与空调工程中，型钢主要用于设备框架、风管法兰盘、加固圈以及管路的支、吊、托架等。常用型钢种类有扁钢、角钢、圆钢、槽钢和工字钢等。

扁钢及角钢用于制作风管法兰及加固圈。扁钢的规格是以宽度×厚度表示，如 20mm×4mm 扁钢。角钢分为等边角钢和非等边角钢，风管法兰及管路支架多采用等边角钢。角钢的规格是以边宽×厚度表示，如 40mm×40mm×4mm 角钢。扁钢及等边角钢规格见表 1-35 和表 1-36。

表 1-35　扁钢规格和质量

理论质量/(kg/m)　厚度/mm　宽度/mm	10	12	14	16	18	20	22	25	28	30	32	36	40	45	50	56	60
3	0.24	0.28	0.33	0.38	0.42	0.47	0.52	0.59	0.66	0.71	0.75	0.85	0.94	1.06	1.18	1.32	1.41
4	0.31	0.38	0.44	0.50	0.57	0.63	0.69	0.79	0.88	0.94	1.01	1.13	1.26	1.41	1.57	1.76	1.88
5	0.39	0.47	0.55	0.63	0.71	0.79	0.86	0.98	1.10	1.18	1.25	1.41	1.57	1.73	1.96	2.20	2.36
6	0.47	0.57	0.66	0.75	0.85	0.94	1.04	1.18	1.32	1.41	1.50	1.69	1.88	2.12	2.36	2.64	2.83
7	0.55	0.66	0.77	0.88	0.99	1.10	1.21	1.37	1.54	1.65	1.76	1.97	2.20	2.47	2.95	3.08	3.30
8	0.63	0.75	0.88	1.00	1.13	1.26	1.38	1.57	1.76	1.88	2.01	2.26	2.51	2.83	3.14	3.52	3.77
9	—	—	—	1.15	1.27	1.41	1.55	1.77	1.98	2.12	2.26	2.51	2.83	3.18	3.53	3.95	4.24
10	—	—	—	1.26	1.41	1.57	1.73	1.96	2.20	2.36	2.54	2.82	3.14	3.53	3.93	4.39	4.71

注：通常长度为 3~9m。

表 1-36　等边角钢规格和质量

尺寸/mm		理论质量/(kg/m)	尺寸/mm		理论质量/(kg/m)
边宽	厚		边宽	厚	
20	3	0.889	56	3	2.624
	4	1.145		4	3.446
25	3	1.124		5	4.251
	4	1.459		6	6.568
30	3	1.373	63	4	3.907
	4	1.786		5	4.822
36	3	1.656		6	5.721
	4	2.163		8	7.469
	5	2.654	70	4	4.372
40	3	1.852		5	5.397
	4	2.422		6	6.406
	5	2.976		7	7.398
45	3	2.088		8	8.373
	4	2.736	75	5	5.818
	5	3.369		6	6.905
	6	3.985		7	7.976
50	3	2.332		8	9.030
	4	3.059		10	11.809
	5	3.770	80	5	6.211
	6	4.465		8	9.658

注：通常长度：边宽 20~40mm，长 3~9m；边宽 45~80mm，长 4~12m。

槽钢主要用于箱体、柜体的结构及风机等设备的机座，槽钢的规格见表 1-37。圆钢主要用于吊架拉杆、管道支架卡环以及散热器托钩，其规格见表 1-38。H 型钢用于大型袋式除尘器的支架。其他型钢，本专业安装工程中应用不多。常用型钢如图1-24所示。

表1-37　槽钢规格

型　号	尺寸/mm			理论质量/（kg/m）
	h	b	D	
5	50	37	4.5	5.44
6.3	63	40	4.8	6.63
8	80	43	5	8.04
10	100	48	5.3	10.01
12.6	126	53	5.5	12.37
14a	140	58	6	14.53
14b	140	60	8	16.73
16a	160	63	6.5	17.23
16b	160	65	8.5	19.74
18a	180	68	7	20.17
18b	180	70	9	22.99
20a	200	73	7	22.63
20b	200	75	9	25.77

表1-38　圆钢质量

直径/mm	允许偏差/mm	理论质量/（kg/m）	直径/mm	允许偏差/mm	理论质量/（kg/m）
5		0.154	20	±0.4	2.47
6		0.222	22		2.98
8		0.395	25	±0.5	3.85
10		0.617	28		4.83
12	±0.4	0.888	32		6.31
14		1.21	36		7.99
16		1.58	38	±0.6	8.90
18		2.00	40		9.87

注：1. 轧制的圆钢分盘条和直条，直径5~12mm为盘条。
　　2. 圆钢直条长度：直径≤25mm，长4~10mm；直径≥26mm，长3~9mm。

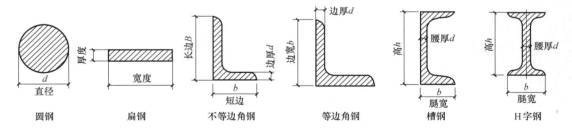

图1-24　常用型钢

1.5　阀门与仪表

　　管路系统及设备均须对所输送的流体介质进行开启、关闭的控制和进行流量调节，有时还需对系统进行流量、热量、压力、温度的监控，这就需要系统中安装的阀门和仪表来完成上述工作。阀门和仪表安装是建筑设备安装工程中最重要的工作之一。

1.5.1 常用阀门的种类及安装

1. 阀门的分类

阀门的种类很多，应用范围很广，可根据不同的分类方法进行分类。分类情况见表1-39。

表1-39 阀门分类

阀门分类方法		分类名称
按阀门结构		闸阀、截止阀、旋塞阀、球阀、蝶阀、节流阀、止回阀、安全阀、减压阀、疏水阀等
按阀门动作	自动阀门	浮球阀、止回阀、安全阀、疏水阀、减压阀、自动排气阀等
	手动阀门	闸阀、截止阀、球阀等
	驱动阀门	电动阀、电磁阀、气动阀、滚动阀等
按阀体材料		铸钢阀门、铸铁阀门、碳钢阀门、铜阀、不锈钢阀、各种合金钢阀门、非金属阀门以及衬里阀门等
按连接方式		法兰连接、螺纹连接等
按照额定压力		真空阀（低于大气压力）、低压阀（工作压力 $p<1.6MPa$）、中压阀（$p=2.5\sim6.4MPa$）、高压阀（$p=10.0\sim80.0MPa$）、超高压阀（$p>100MPa$）
按照介质温度		高温阀（高于450℃），中温阀（120℃~450℃）；常温阀（-40℃~120℃），低温阀（-100℃~-40℃），超低温阀（低于-100℃）

2. 阀门的表示方法

按照机械行业标准《阀门 型号编制方法》（JB/T 308）规定，阀门型号由七部分组成，各部分表示的意义见表1-40。

表1-40 阀门型号组成

区位序号	1	2①	3	4	5②	6④	7③
代表意义	汉语拼音字母表示阀门类型	一位数字表示驱动方式	一位数字表示连接形式	一位数字表示结构形式	汉语拼音字母表示密封面材料或衬里材料	数字表示公称压力	字母表示阀体材料
字母和数字代号含义	Z—闸阀 J—截止阀 X—旋塞阀 D—蝶阀 Q—球阀 H—止回阀 A—安全阀 Y—减压阀 S—蒸汽疏水器 L—节流阀 G—隔膜阀 P—排污阀	0—电磁动 3—蜗轮 4—正齿轮 5—锥齿轮 6—气动 7—液动 8—气-液动 9—电动	1—内螺纹 2—外螺纹 3—法兰（用于双弹簧安全阀） 4—法兰 5—法兰（用于杠杆式安全阀） 6—焊接式 7—对夹 8—卡箍 9—卡套	见表1-41	T—铜合金 X—橡胶 N—尼龙塑料 F—氟塑料 B—锡基轴承合金 H—CrB系不锈钢 P—渗硼钢 Y—硬质合金 J—衬胶 Q—衬铅 C—搪瓷		Z—灰铸铁 K—可锻铸铁 Q—球墨铸铁 T—铜及铜合金 C—碳钢 I—铬钼系钢 P—铬钼系不锈钢 R—铬镍钼系不锈钢 V—铬钼钒钢

① 手动和自动阀门省略表示驱动方式的数字。
② 密封面当由阀体上直接加工时代号为W。
③ 当PN≤1.6MPa由灰铸铁制造和PN≥2.5MPa由碳钢制造时，可省略表示阀体材料的数字。
④ 压力数值为以MPa为单位的公称压力值的10倍。

阀门结构形式代号见表1-41。

表1-41　阀门结构形式代号

代号 类别	1	2	3	4	5	6	7	8	9	10
闸阀	明杆楔式单闸板	明杆楔式双闸板	明杆平行式单闸板	明杆平行式双闸板	暗杆楔式单闸板	暗杆楔式双闸板	暗杆平行式单闸板	暗杆平行式双闸板		明杆楔式弹性闸板
截止阀、节流阀	非平衡式直通流道	非平衡式Z形流道	非平衡式三通流道	非平衡式角式流道	非平衡式直流流道	平衡式直通流道	平衡式角式流道			
蝶阀	密封型中心垂直板	密封型双偏心	密封型三偏心	密封型连杆机构	非密封型偏心	非密封型中心垂直板	非密封型双偏心	非密封型三偏心	非密封型连杆机构	密封型单偏心
球阀	浮动球直通流道	浮动球Y形三通流道		浮动球L形三通流道	浮动球T形三通流道	固定球四通流道	固定球直通流道	固定球T形三通流道	固定球L形三通流道	固定球半球直通
隔膜阀	屋脊流道				直流流道	直通流道		Y形式流道		
旋塞阀			填料密封直通流道	填料密封T形三通流道	填料密封四通流道		油密封直通流道	油密封T形三通流道		
止回阀	升降式阀瓣直通流道	升降式阀瓣立式结构	升降式阀瓣角式流道	旋启式阀瓣单瓣结构	旋启式阀瓣多瓣结构	旋启式阀瓣双瓣结构	蝶形止回式	脉动式		
安全阀	弹簧载荷弹簧封闭结构微启式	弹簧载荷弹簧封闭结构全启式	弹簧载荷弹簧不封闭且带扳手结构微启式、双联阀	弹簧载荷弹簧封闭且带扳手结构全启式		带控制机构全启式	弹簧载荷弹簧不封闭且带扳手结构微启式	弹簧载荷弹簧不封闭且带扳手结构全启式	脉冲式	弹簧载荷弹簧封闭结构带散热片全启式
减压阀	薄膜式	弹簧薄膜式	活塞式	波纹管式	杠杆式					
蒸汽疏水阀	浮球式		浮桶式	液体或固体膨胀式	钟形浮子式	蒸汽压力式或膜盒式	双金属片式		圆盘热动力式	
排污阀	液面连接排放截止型直通式	液面连接排放截止型角式			液底间断排放截止型直流式	液底间断排放截止型直通式	液底间断排放截止型角式	液底间断排放浮动闸板型直通式		

举例：阀门型号 Z942W-1 表示该阀门为闸阀，电动机驱动，法兰连接，明杆楔式双闸板，密封面由闸体直接加工，公称压力为 1MPa，阀体由灰口铸铁制造。其名称为电动楔式双闸板闸阀。

阀门型号 Q21F-4P 表示：手动，外螺纹连接，浮动直通式，阀座密封面材料为氟塑料，公称压力为 4MPa，阀体材料为 1Cr18Ni9Ti 的球阀。

3. 常用阀门介绍

（1）闸阀　又称闸板阀，是设备安装工程常用阀门，由阀体、阀盖、阀杆、密封填料和驱动装置组成，分为明杆式和暗杆式，其构造如图 1-25 和图 1-26 所示。闸阀利用阀杆控制闸板的升降来启闭通道，因此，流体阻力较小，安装无方向要求，但阀门体积较大，调节性能不好，不宜用作压力和流量调节阀使用。闸板和密封面易被冲刷或摩擦损坏，暗杆闸阀的闸板与阀杆的螺纹易腐蚀损坏，整体密封性较差。闸阀适用于给水、空调、供暖、燃气系统中起关断作用的地方，不能用于输送泥浆等含杂质介质的管路。

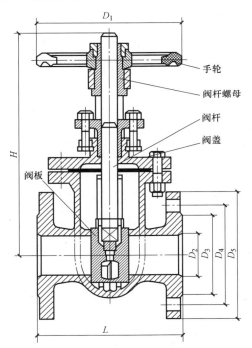

图 1-25　明杆平行式双闸板闸阀

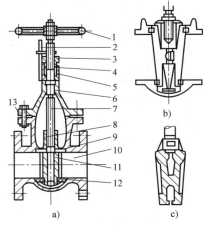

图 1-26　暗杆楔形闸板闸阀

a）楔形单闸板　b）楔形双闸板　c）楔形弹性闸板

1—手轮　2—指示器　3—压盖　4—填料箱　5—填料　6—阀盖　7—阀杆　8—阀杆螺母　9、12—密封圈　10—阀体　11—闸板　13—垫片

（2）截止阀　截止阀也是工程中常用阀门之一，它具有结构简单、制作维修方便、密封性好的优点，适合于对流量的调节，但也具有介质流动阻力大、安装有方向要求的特点。截止阀分为直流式、标准式和角式，主要用于各种参数的蒸汽系统、水系统、空气系统以及氨、氮、油品、有腐蚀性介质的管道上，更适用于需要进行小范围内调节的系统。截止阀构造和类型如图 1-27 所示。

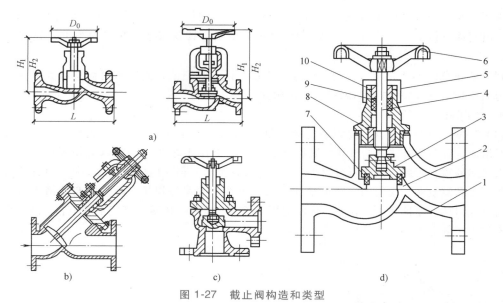

图 1-27 截止阀构造和类型

a）流线型阀体的截止阀 b）直流型 c）角式截止阀 d）截止阀的构造

1—阀体 2—阀座 3—阀瓣 4—阀杆 5—压盖 6—手轮 7—密封圈 8—阀盖 9—填料 10—填料压环

H_1—管中心轴到手轮的距离 H_2—管中心轴到螺杆顶的距离

（3）球阀 球阀由阀体和中间开孔的球形阀芯组成，其构造及外形如图 1-28 所示，靠旋转球体来控制阀的启闭。球阀按连接方式可分为内螺纹球阀、法兰球阀、对夹式球阀。球阀具有操作方便、启闭迅速、维修方便等特点。带扳手的球阀，阀杆顶端上刻有沟槽，当顺时针方向转动扳手，沟槽与管路平行时为开启；逆时针方向转动扳手 90°，使沟槽与管路垂直时则关闭。带传动装置的球阀，应按产品说明规定使用。由于密封结构及材料的限制，目前生产的球阀不宜在高温介质中使用（介质最高温度在 200℃ 以内），只能全开或全关，不宜作为节流阀使用。球阀常被用在水系统、蒸汽系统以及各种气体介质、油类介质和酸类介质的系统中。

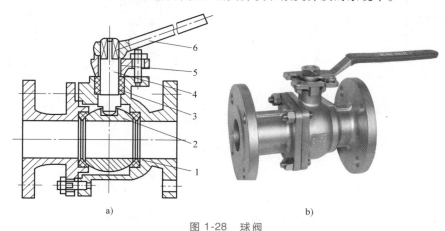

图 1-28 球阀

1—阀体 2—球体 3—填料 4—阀杆 5—阀盖 6—手柄

（4）旋塞阀 旋塞阀启闭件呈塞状，中部有一孔，绕其轴线转动，又称转心门。旋塞阀有紧接式、法兰式。它具有构造简单、流体阻力小、无介质流向要求、启闭迅速、操作方便等优

点，缺点是密封面维修困难，密封好时又启闭费力。旋塞阀常用于小管径，公称压力小于
1.6MPa，温度不超过 100℃ 的水、煤气、油系统中。旋塞阀的结构如图 1-29 所示。

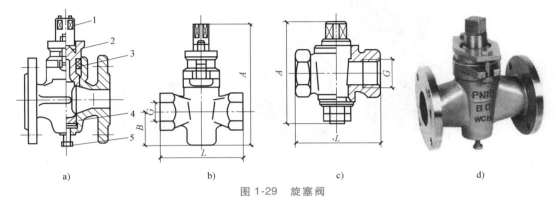

图 1-29　旋塞阀

1—旋塞　2—压盖　3—填料　4—阀体　5—退塞螺栓

（5）蝶阀　蝶阀的启闭件为蝶板，阀板绕阀座内的轴转动，完成阀的启闭任务。蝶阀按驱动方式可分为手动、蜗杆传动、气动和电动。蝶阀的最大特点是体积小，安装较为方便。手动蝶阀可以安装在管道的任何位置上。带传动机构的蝶阀，应直立安装，使传动机构处于铅垂位置。蝶阀的密封性较差，适用于低压常温水系统。手动蝶阀的结构及外形如图 1-30 所示。

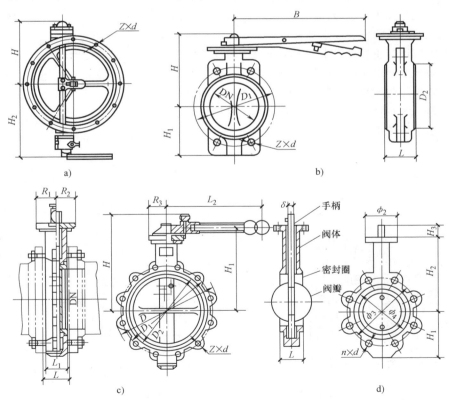

图 1-30　蝶阀

a）D40X-0.5 杠杆式蝶阀　b）衬氟塑料蝶阀　c）071J-10 衬胶蝶阀　d）对夹式蝶阀

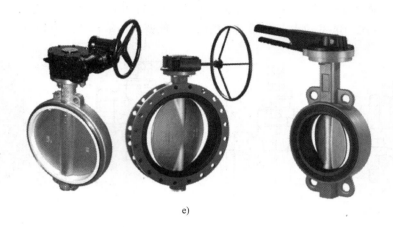

图 1-30 蝶阀（续）

e）实物示例

（6）止回阀 止回阀的作用是自动防止介质倒流，也叫单流门、逆止阀，常被用在介质只允许单向流动的地方，例如水泵出口等处。止回阀分为升降式和旋启式两类。升降式止回阀只能安装在水平管道上；旋启式止回阀可安装在水平管道与垂直管道上。安装止回阀时应注意介质的流向，必须使介质流向与阀体上箭头方向一致。止回阀按连接方式可分为螺纹止回阀和法兰止回阀。止回阀的结构如图 1-31~图 1-33 所示。倒流防止器是一种组件，常被用在生活给水系统中，如图 1-34 所示。

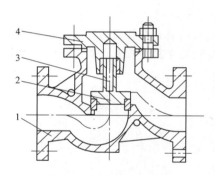

图 1-31 升降式止回阀

1—阀体 2—阀瓣 3—导向套 4—阀盖

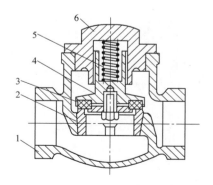

图 1-32 带有阻尼装置的升降式止回阀

1—阀体 2—阀座 3—密封圈
4—阀瓣 5—弹簧 6—阀盖

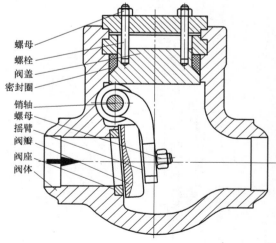

图 1-33 旋启式止回阀

（7）底阀　底阀也是一种专用的止回阀，也分升降式和旋启式两种。底阀用于不能自吸或没有真空泵抽气引水的水泵吸入管始端，保证水泵起动抽水，并防止水中杂物进入泵内。升降式底阀结构如图 1-35 所示。

图 1-34　倒流防止器

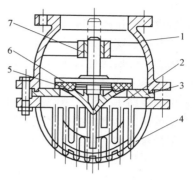

图 1-35　升降式底阀
1—阀体　2—阀座　3—垫片　4—阀盖
5—阀瓣密封圈　6—阀瓣　7—导套

（8）减压阀　减压阀是靠阀孔的启闭对通过介质进行节流达到减压的，是工程中常用的减压设备。它应能使阀后压力维持在要求的范围内，工作时无振动，完全关阀后不漏气（泄漏）。目前国产减压阀有活塞式（Y43H-10、Y43H-16）、波纹管式（Y44T-10）及薄膜式（Y42SD-25）等，如图 1-36～图 1-38 所示。用于供水减压的减压阀也有广泛应用。减压阀的安装是以阀组的形式出现的。阀组由减压阀、前后控制阀、压力表、安全阀、冲洗管、冲洗阀、旁通管、旁通阀及螺纹连接的三通、弯头、活接头等管件组成。阀组则称为减压器。当直径较小（DN25～DN40）时，减压器的安装可采用螺纹连接并可进行预制组装，此时，阀组的两侧直线管道上应装活接头，以和管道螺纹连接。用于蒸汽系统或介质压力较高的其他系统的减压器，多为法兰连接。减压阀有方向性，安装时不得装反。减压阀应垂直地安装在水平管道上，预制或现场组合的阀组其各部件应在同一中心线上。带均压管的减压器，均压管应连接在低压管道的一端。带有旁通管的减压阀组，旁通管管径一般比减压阀公称直径小 1～2 号。

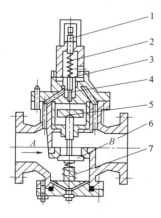

图 1-36　活塞式减压阀
1—调节螺钉　2—调节弹簧
3—膜片　4—脉冲阀　5—活塞
6—主阀　7—主阀弹簧

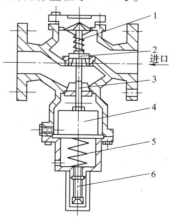

图 1-37　波纹管式减压阀
1—顶紧弹簧　2—阀瓣　3—压
力通道　4—波纹管　5—调
节弹簧　6—调整螺栓

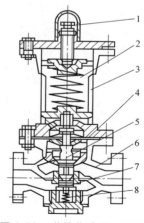

图 1-38　弹簧薄膜式减压阀
1—调整螺栓　2—弹簧　3—阀盖
4—薄膜　5—活塞　6—阀体
7—阀瓣　8—主阀弹簧

DN50 及其以下的减压阀，应配以弹簧式安全阀，DN70 及其以上的减压阀，配以杠杆式安全阀。所有安全阀的公称直径一般应比减压阀公称直径小 2 号。当设计无明确规定时，减压阀的出口管径建议比进口管径大 2~3 号。减压阀的两侧应分别安装高、低压压力表。施工完毕，在系统试验后应对减压阀管道进行冲洗，此时，关闭减压器进口阀，打开冲洗阀进行冲洗。系统送汽前，应打开旁通阀，关闭减压阀前控制阀，对系统进行暖管并冲走残余污物，暖管正常后，再关闭旁通阀，使介质通过减压阀正常运行。

（9）疏水阀　以蒸汽为介质的供暖系统中，设置疏水器可以自动而迅速有效地排除用汽设备和管道中的凝结水，阻止蒸汽漏失和排除空气等非凝性气体，对保证系统的正常运行，防止凝结水对设备的腐蚀、汽水混合物在系统中的水击、振动、结冻胀裂管道都有着重要的作用。下面介绍几种常用疏水阀。

机械型：常用的有正向浮筒式、倒吊筒式、钟形浮子式、浮球式，它们均利用蒸汽和凝结水的密度差，使凝结水的液位控制浮筒（浮球）机械性上下动作来启闭阀孔，以疏水阻汽。此类疏水阀排水性能好，疏水量大，筒内不易沉渣，较易排除空气。

热动力型：有盘型（热动力式）、锐孔型（脉冲式）两种，它们均利用蒸汽和凝结水相变的热工特性来控制阀孔的启闭，实现疏水阻汽。此类疏水阀体积小、质量轻、结构简单，安装维修方便，较易排除空气，且具有止回阀作用。当凝结水量小或阀前后压差过小时，会有连续漏气现象，过滤器易堵塞，需定期清除维护。

恒温型：主要有双金属片式、波纹管式、液体膨胀式，它们均利用蒸汽和凝结水的温差引起恒温元件的膨胀变形来工作。此类疏水阀阻汽排水性能良好，使用寿命长，应用广泛，适用于低压蒸汽系统。

疏水阀常和阀前后的控制阀、旁通装置、冲洗和检查装置等组成阀组，称为疏水器，其结构形式如图 1-39~图 1-46 所示。可依工程实际需要灵活选用，安装时应明确各阀组组成部分的作用，处理好各自的位置及相互的连接关系。

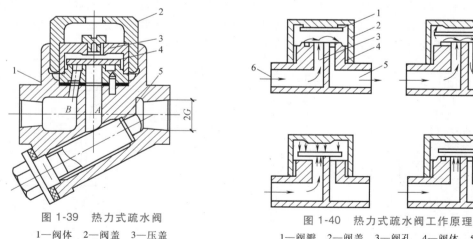

图 1-39　热力式疏水阀
1—阀体　2—阀盖　3—压盖
4—阀瓣　5—过滤器

图 1-40　热力式疏水阀工作原理
1—阀瓣　2—阀盖　3—阀孔　4—阀体　5—凝结水出口　6—蒸汽、凝结水进口

（10）安全阀　锅炉、压力容器和管道上常用安全阀控制工作压力，避免超压事故发生。安全阀主要由阀座、阀瓣和加压装置等组成。安全阀按其结构分为杠杆重锤式、弹簧式和脉冲式三种，如图 1-47~图 1-49 所示。

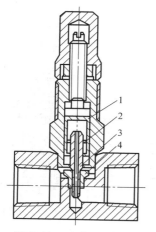

图 1-41　脉冲式疏水阀

1—倒锥形缸　2—控制盘
3—阀瓣　4—阀座

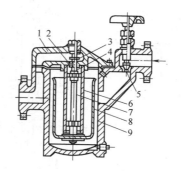

图 1-42　浮筒式疏水阀

1—盖　2—疏水阀座　3—止回阀阀芯
4—疏水阀芯　5—截止阀阀芯　6—套管
7—阀杆　8—浮桶　9—外壳

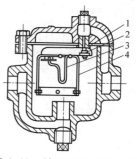

图 1-43　钟形浮子式疏水阀

1—阀座　2—阀瓣　3—双
金属片　4—钟形桶

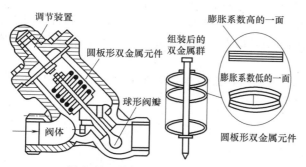

图 1-44　圆板形双金属式疏水阀

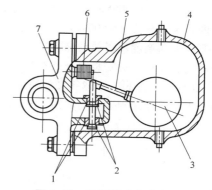

图 1-45　杠杆浮球式疏水阀

1—阀座　2—阀芯　3—浮球　4—阀体
5—杠杆机构　6—波纹管式搏气阀　7—阀盖

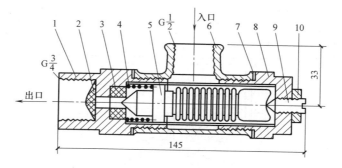

图 1-46　温调式疏水阀

1—大管接头　2—过滤网　3—网座　4—弹簧　5—温度敏感元件
6—三通　7—垫片　8—后盖　9—调节螺钉　10—锁紧螺母

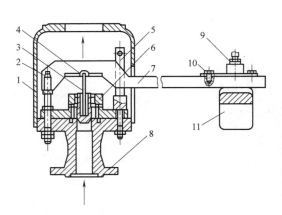

图 1-47　杠杆重锤式安全阀

1—阀罩　2—支点　3—阀杆　4—力点
5—导架　6—阀芯　7—杠杆　8—阀座　9—固
定螺钉　10—调整螺钉　11—重锤

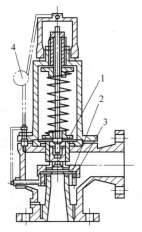

图 1-48　弹簧式安全阀

1—弹簧座　2—阀座
3—阀盘　4—铅封

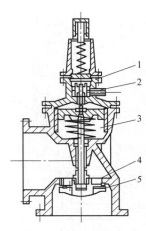

图 1-49　脉冲式安全阀

1—阀隔膜　2—副阀盘
3—活塞缸　4—主阀座
5—主阀盘

弹簧式安全阀具有结构简单，占地少，但弹簧在高温下易蠕变的特点，适用于压力和温度较低的系统（压力 $p \leqslant 600kPa$）。弹簧式安全阀有单弹簧、双弹簧两种。杠杆式安全阀常被用于锅炉等压力和温度较高的系统或设备上，按瞬间排泄量的大小可分为微启式、全启式和速启式。安全阀安装详见锅炉安装部分的有关章节。

（11）浮球阀　浮球阀又称为水位控制阀，常被用在需要自动控制水位的给水装置中，如水池、水箱。浮球阀的结构如图 1-50～图 1-53 所示。

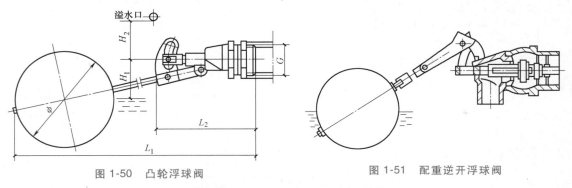

图 1-50　凸轮浮球阀　　　　　　　　　图 1-51　配重逆开浮球阀

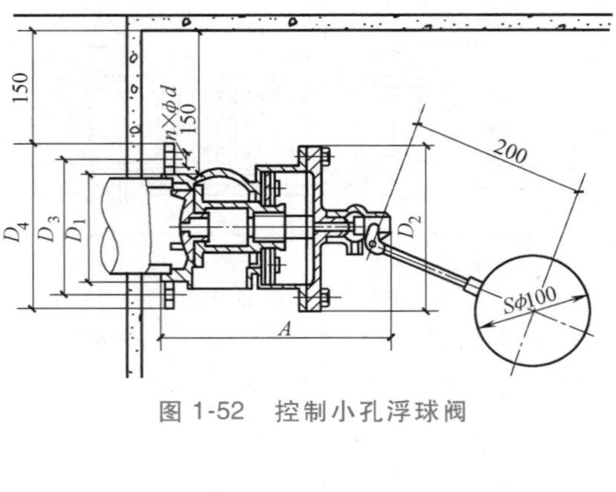

图 1-52　控制小孔浮球阀

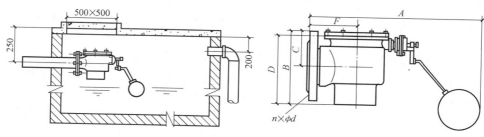

图 1-53 液压水位控制阀

（12）平衡阀 平衡阀又称限流阀、定流量阀、自动平衡阀等，它根据系统工况（压差）变动而自动变化阻力系数，在一定的压差范围内，可以有效地控制通过的流量保持一个常值，是一种特殊功能的阀门。平衡阀可分为静态平衡阀、动态平衡阀及压差无关型平衡阀。

静态平衡阀亦称平衡阀、手动平衡阀、数字锁定平衡阀、双位调节阀等。它通过改变阀芯与阀座的间隙（开度），来改变流经阀门的流动阻力，以达到调节流量的目的，从而能够将水量按照设计计算的比例平衡分配。静态平衡阀可以用在总管、立管、水平支管以及末端等部位，效果等同于同程系统。

动态平衡阀分为动态流量平衡阀、动态压差平衡阀。动态流量平衡阀亦称限流阀、定流量阀、自动平衡阀等，它根据系统工况（压差）变动而自动变化阻力系数，在一定的范围内，能有效地控制通过的流量保持一个常值。动态流量平衡阀应用于定流量系统或应用于一次侧定频的主机出口处。动态压差平衡阀亦称自力式压差控制阀、差压控制器、稳压变量同步器、压差平衡阀等，它是用压差作用来调节阀门的开度，从而在工况变化时能保持压差基本不变，在一定的流量范围内，能有效地控制被控系统的压差恒定。自力自身压差控制阀，在控制范围内自动阀塞为关闭状态，阀门两端压差超过预设定值，阀塞自动打开并在感压膜作用下自动调节开度，保持阀门两端压差相对恒定。动态压差平衡阀通常与静态平衡阀配套使用，因为动态压差平衡阀不可直接测得管路中流量，需静态平衡阀配合才能精确调试。平衡阀结构和外形如图 1-54 所示。

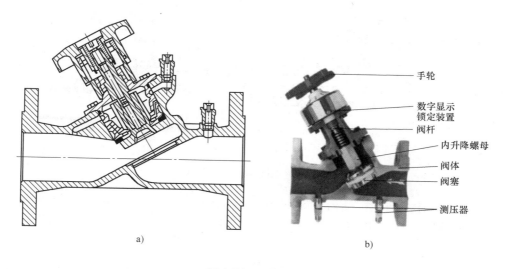

a)   b)

图 1-54 平衡阀

压差无关型平衡阀是这样一种平衡阀，即控制过程中末端设备的流量只受所服务区域温度变化的影响，而不受水系统压力波动的影响，能动态地平衡系统的压力变化从而保证各末端设备的流量不互相干扰。

（13）温控阀 温控阀由恒温控制器（阀头）、流量调节阀（阀体）以及一对连接件组成。根据温包位置区分，温控阀有温包内置和温包外置（远程式）两种形式，温度设定装置也有内置式和远程式两种形式，可以按照其窗口显示来设定所要求的控制温度，并加以自动控制。当室温升高时，感温介质吸热膨胀，关小阀门开度，减少了流入散热器的水量；当室温降低时，感温介质放热收缩，阀芯被弹簧推回而使阀门开度变大，增加流经散热器水量，恢复室温。散热器温控阀的阀体具有较佳的流量调节性能，调节阀阀杆采用密封活塞形式，在恒温控制器的作用下直线运动，带动阀芯运动以改变阀门开度。

温控阀分为两通（直通型、角型）非预设定型阀与三通型阀，主要应用于单管跨越式系统，其流通能力较大。散热器温控阀适用于双管供暖系统，其应安装在每组散热器的供水支管上或分户供暖系统的总入口供水管上，不可装在回水管上。内置式传感器应水平安装，保证室内空气流经传感器，防止因供暖管道表面散热等热效应导致的恒温控制器错误动作。远程传感器不能水平安装、不能被遮挡，必须安装在能正确反映室内温度的墙面上。远程式传感器配有的传感毛细管，安装时应有效固定。温控阀安装时应先装阀体，后装恒温传感器（温包）。为保证温控阀的正常动作，供暖系统管道入口处应加装除污器或过滤器。冬天供暖时切勿将恒温器刻度调到0，应调到"＊"防冻档，以免冻裂水管或散热器。温控阀的结构如图1-55所示。

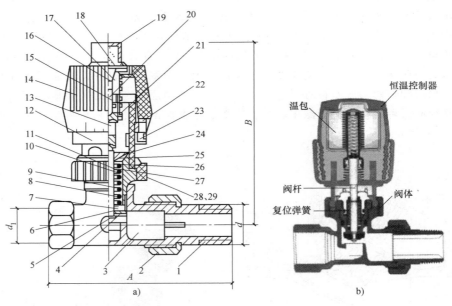

图1-55 温控阀的结构与图示

1—锁管 2、28—锁母 3—阀体 4—阀杆 5—衬垫 6—铜垫 7—密封垫 8—螺母 9—弹簧
10—弹簧座 11—卡圈 12—定位套 13—中间杆 14—调整轮 15—弹簧 16—橡胶塞 17—感温体
18—橡胶膜 19—感温体罩 20—铜杆 21—大弹簧座 22—支承体 23—顶丝 24—小锁母
25—O形圈 26—毡垫 27—尼龙垫 29—手轮

（14）手动调节阀 由阀体、阀座、阀瓣、阀杆、阀盖等零件组成，是管路流体输送系统中

控制部件。调节阀结构与截止阀大致相同，它通过转动圆筒形阀瓣来改变阀瓣与阀座所形成的窗口面积的大小，来达到调节流量、平衡压差的目的。调节阀可用于控制水、蒸汽、油品、气体、泥浆、各种腐蚀性介质、液态金属和放射性流体等各种类型流体的流动，近年来在改善热力管网水力工况、外网平衡调节、节省能源等方面做出了贡献。手动调节阀如图 1-56 所示。

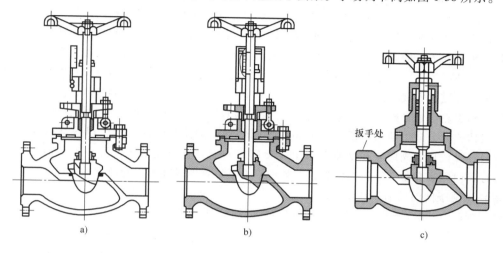

a)　　　　　　　　b)　　　　　　　　c)

图 1-56　手动调节阀

a）法兰连接手动调节阀（TJ40H 型）　b）法兰连接自锁手动调节阀（TS40H 型）

c）内螺纹连接自锁手动调节阀（TJ10H 型）

（15）流量锁闭阀　此阀常被用在集中供暖、分户计量的系统以及给水系统中，用专用钥匙可锁闭和限制用户的流量，对供暖、供水系统一户一组可以控制通断，实现有效控制。用户自己非破坏性不能开启和调整阀门，只能进行通断和在一定范围内进行流量调整，但通常只能调小。流量锁闭阀如图 1-57 所示。

4. 阀门的规格和标志

阀门规格以阀门的型号和阀门的公称直径表示，如阀门 Z45T-1DN100，又如 J45-1.6DN15 等。阀门的标志和识别涂漆是为了便于从外部判断、区别阀门，以利于阀门的保

图 1-57　流量锁闭阀

管、验收和正确安装，避免发生差错。在阀体正面中心标识出公称压力或工作压力及公称直径和介质流动方向的箭头。闸阀、球阀、旋塞阀可不标箭头。球阀、旋塞阀、蝶阀的阀杆或塞子的方头端面应有指示线，以示通道位置。阀体的识别颜色涂在阀体和阀盖上；密封材料的识别色涂在手轮、手柄上；衬里的识别色涂在法兰的外圆表面上。

5. 阀门的安装注意事项

管道上各类阀门的安装取决于阀门的连接方式，常用阀门多用螺纹和法兰连接，其安装要求参照相关资料。安装中应注意的事项如下：

1）阀门安装应进行检查。检查内容包括以下方面：伤损情况的检查；阀芯与阀座的结合应

良好无缺陷；阀杆与阀芯的连接应灵活可靠；阀杆无弯曲、锈蚀，阀杆和填料压盖配合处良好，螺纹无缺陷；阀盖和阀体的结合良好；法兰垫片、螺纹填料、螺栓等齐全，无缺陷；拆卸检查阀座与阀体的结合应牢固和严密等。

2）阀门安装时应使阀门和两侧连接的管道位于同一中心线上，当连接中心线出现偏差时，在阀门处严禁冷加力调直，以免使铸铁阀体损坏。在同一工程中宜采用相同类型的阀门，以便于识别及检修时部件的替换。在同一房间内，同一设备上安装的阀门，应使其排列对称、整齐美观，并排水平管道上的阀门应错开安装，以减小管道间距；并排垂直管道上的阀门应装于同一高度上，并保持手轮之间的净距不小于 100mm。立管上的阀门安装高度应在 1.2m 处，以方便启闭操作；水平管道上安装的阀门，其阀杆和手轮应垂直向上，或倾斜一定的角度。高空管道上的阀门，阀杆和手轮可水平安装，用垂向低处的链条远距离操纵阀的启闭。有方向性的阀门安装时，应注意流体流动方向，切勿接反。止回阀应按阀体标识的流动方向安装，以保证阀盘的自动开启。直通升降式止回阀应装在水平管道上；旋启式和立式直通止回阀，可装于水平或垂直管道上。所有阀门应装在易于操作检修处，严禁埋于地下。直埋或地沟内管道上的阀门处，应设检查井（室）以便于阀门的启闭和调节。

3）与阀门内螺纹连接的管螺纹应采用圆锥形短螺纹，其工作长度应比有关表中短螺纹的工作长度少两个螺距（即少两个牙数）。

4）直径较小的阀门，运输和使用时不得随手抛掷；较大直径的阀门吊装时，钢丝绳应系在阀体上，使手轮、阀杆、法兰螺孔受力的吊装方法是错误的。

5）阀门安装时应保持关闭状态。一般情况下螺纹连接的阀门，配用的活接头或长丝活接头应安装于介质的出口端。螺纹连接的阀门安装时常常需要卸去阀杆、阀芯和手轮后，才能拧转，此时，对螺纹闸阀的拆卸，应在拧动手轮使阀保持开启状态后，再进行拆卸，否则极易拧断阀杆。

6）对无合格证或发现产品有某些损伤时，应进行水压试验。试验压力为工作压力的 1.5 倍，试验时压力应缓缓升高直至试验压力值。在阀门试验持续时间内，压力不下降，阀两侧压力密封处无渗漏、阀体各密封处无渗漏为合格。阀门水压试验时，应随着充水将阀体内空气排净。阀门的试验分强度试验和严密性试验两种，其试验方法如下：

① 阀门的强度试验。进行闸阀和截止阀强度试验时，应把闸板或阀瓣打开，压力从通路一端引入，另一端堵塞。试验止回阀时，应从进口端引入压力，出口端堵塞。试验直通旋塞时，塞子应调整到全开状态，压力从通路一端引入，另一端堵塞；试验三通旋塞时，应把塞子调整到全开的各个工作位置进行试验。带有旁通的阀件，试验时旁通阀也应打开。

② 阀门的严密性试验。试验闸阀时，应将闸板紧闭，从阀的一端引入压力，在另一端检查其严密性；在压力逐渐消除后，再从阀的另一端引入压力，反方向的一端检查其严密性。试验双闸板的闸阀时，应通过两闸板之间阀盖上的螺孔引入压力，在阀的两端检查其严密性。试验截止阀时，阀杆应处水平位置，阀瓣紧闭，压力从阀孔低的一端引入，在阀的另一端检查其严密性。试验直通旋塞阀时，将塞子调整到全关位置，将压力介质从一端引入，于另一端检查其严密性。试验三通旋塞阀时，应将塞子轮流调整到各个关闭位置，引入压力后在另一端检查其各关闭位置的严密性。试验止回阀时，从出口一端引入压力介质，在进口一端检查其严密性。阀体及阀盖的连接部分及填料部分的严密性试验，应在阀件开启的情况下进行。

试验合格的阀门，应及时排净内部积水，密封面应涂防锈油（需脱脂的阀门除外），关闭阀门，封闭进出口。

1.5.2　常用仪表的安装

常用仪表主要有压力测量仪表、温度测量仪表、流量测量仪表、热量测量仪表等。

1. 压力测量仪表

压力可以用绝对压力或相对压力来表示，表压通常指相对压力。压力仪表按用途分为气压表、压力表（压力计）、真空表（真空计）。

（1）弹簧管压力表使用及安装　弹簧管压力表是最常用的压力表之一，它的规格种类多，测量范围广，使用安全可靠。弹簧管压力表的几种安装方法如图 1-58 所示。弹簧管压力表的安装要求如下：弹簧管压力表应经过校验，并带有铅封；安装位置应便于观察、维护，并力求避免振动和高温的影响；测量的压力值不论是取正压还是负压，压力表都应安装在与介质流向呈平行方向的管道上，不得安装在管道大小头、弯头分支处，以免流速不稳产生过大的测量误差；压力表与管道或设备连接处的内壁应保持平齐，以保证能准确地测量静压力；测量蒸汽压力或其他介质波动剧烈时，应在压力表前安装 U 形管、盘管或缓冲罐，如图 1-58b、c、e 所示，以起缓冲作用；从取压口到压力表之间还应装设切断阀门（尽量靠近取压口），以备检修压力表时使用；引压导管不宜过长，以减少压力指示的迟缓；当测量有腐蚀性的介质时，应加装充有中性介质的隔离罐或带隔离膜的隔离罐，如图 1-58d 所示；实际安装时，应针对被测介质的不同性质，如高温、低温、腐蚀性、脏污、结晶、沉淀、黏稠等，采取相应的保护措施；在管道上开孔安装

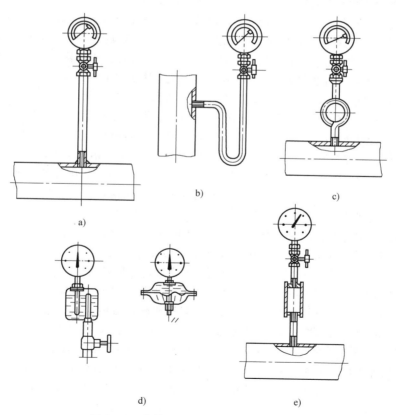

图 1-58　弹簧管压力表的几种安装方法
a）用直管　b）用 U 形弯管　c）用盘管　d）用隔离罐、隔膜罐　e）用缓冲罐

取压管时，须在试压和吹洗前进行；在高压管道上安装压力表时，应采用特制管件，在管道安装的同时进行装配；设备上一般不得随意开孔，不得已时，应在建设单位同意并签字后再开孔。

（2）U 形管压力计使用及安装　U 形管压力计是由 U 形玻璃管、标尺、液柱三部分组成的。它构造简单，使用方便，精度较高。但是，U 形管在测量上却受管子长度的限制，而工作压力（即介质压力）又受到玻璃管自身机械强度的限制，因此，测量范围较窄，而且玻璃管易碎。U 形管压力计安装要求如下：U 形压力计必须垂直安装，并应选择便于观察和维护的地方；安装地点应力求避免振动和高温；引压导管的根部阀与 U 形管的连接软管不宜过长，以减少压力指示的迟缓。

2. 温度测量仪表

温度是用来表明物体冷热程度的物理量。通过某一物体与被测物体相接触，待它们达到平衡后，通过对该物体某种物理性质（几何尺寸、密度、电阻等）的测量来判断被测温度的高低，这一过程就是测量物体的温度。

（1）玻璃温度计使用及安装　玻璃温度计由装有液体的玻璃温包、毛细管和刻度标尺三部分组成。按其结构分为棒式和内标尺式（可带金属保护套）。棒式水银玻璃温度计常用于实验室等无振动和无机械损伤的场合；内标尺式多用于管道或设备上。水银玻璃温度计的测量范围为 $-30 \sim 50$℃。有机玻璃温度计主要用于测量低温，测量范围为 $-100 \sim 100$℃；电接点水银温度计适用于温度控制及报警，特别是恒温控制，不适于防爆场所，测温范围为 $-30 \sim 300$℃。玻璃管温度计安装方法如下：表面温度计的感温面应与被测表面紧密接触，牢固固定；玻璃温度计应安装在便于检修、观察、不受机械损坏、能代表被测介质温度、不受外界温度影响的位置；管径 50mm 以下的管道安装玻璃温度计时，安装处的管径须扩大，加一段变径过渡管；直式温度计的标尺部分应垂直安装，在管径小于 200mm 的水平管道或在上升流速的垂直管上安装时，不得已时允许迎着介质流束方向呈 45°插入；安装在塔、槽、箱壁上或垂直管道上，应采用直角形温度计；在多粉尘的工艺管道上安装测温元件，应采取防止磨损的保护措施。玻璃管温度计安装方法如图 1-59 所示。

（2）压力式温度计的安装　压力式温度计是由温包、毛细管和弹簧管等元件构成的一个封闭系统，其构造如图 1-60 所示，系统内充填有气体、液体或低沸点液体的饱和蒸汽等工作介质。测温时温包置于被测介质中，温包内的工作介质因温度升高而压力增大，该压力变化通过毛细管传递给弹簧管，使弹簧管产生一定的变形，然后借助于指示机构指示出被测的温度数值。压力式温度计的测温范围为 $-40 \sim 550$℃，测量距离为 $20 \sim 60$m。压力式温度计的安装要求如下：压力式温度计的温包必须全部浸入被测介质中，并可用套管加以保护，套管的材质应与工业设备和管道材质相同，其间隙之间用金属或石墨粉填充，确保传热良好；毛细管的敷设应有保护措施，可敷设在角钢或保护管内，其弯曲半径应不小于 50mm，周围温度变化剧烈时应采取隔热措施。

（3）热电阻和热电偶的安装　热电阻又叫电阻温度计，它是由热电阻、导线和测量电阻值变化仪表组成。它测量准确，可用于低温或低温差测量，与热电偶相比，维护工作量大，振动场合易损坏。热电阻一般有铂电阻（$-200 \sim 650$℃）、铜电阻（$-50 \sim 150$℃）。热电偶又叫热电温度计，是由热电偶、电气测量仪表和导线组成，它测量准确，与热电阻相比，其安装、维护方便，不易损坏，但其需补偿导线，安装费用较高。热电偶和热电阻安装要求如下：热电偶（阻）应安装在易受被测介质强烈冲击的地方，不得安装在有振动的管道和设备上，安装时不得敲打，以免损坏内部瓷臂与电阻；安装在垂直弯管处，热电偶（阻）应迎着流束方向插入；安装在上升流束的垂直管上时，应把热电偶（阻）迎着流动方向向上倾斜 45°插入；热电偶（阻）的长度由工作端在介质中插入深度决定，通常为 $200 \sim 350$mm，目前最常用的长度为 350mm，当热电偶（阻）插入深度大于 1m 且被测体温度高于 700℃时，应采取防弯曲措施；热电偶（阻）在公称尺寸小于 DN80 的管道上安装时应使用扩大管。热电偶（阻）安装方法如图 1-61 所示。

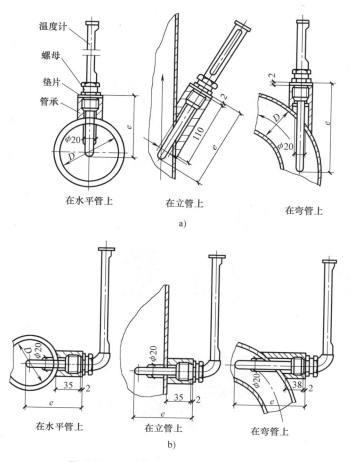

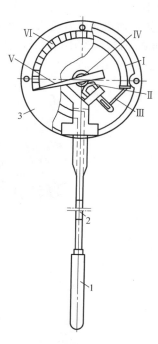

图 1-59　玻璃管温度计的几种安装方法
a）直式玻璃管温度计　b）直角形玻璃管温度计

图 1-60　压力式温度计
1—温包　2—毛细管　3—指示（或记录）部分　Ⅰ—弹簧管　Ⅱ—扇形齿轮　Ⅲ—连杆　Ⅳ—机心齿轮　Ⅴ—指针　Ⅵ—刻度

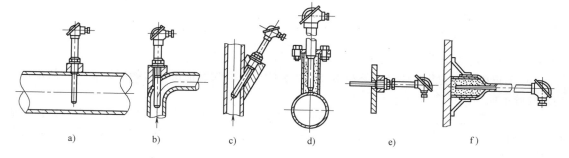

图 1-61　热电阻和热电偶的安装
a）安装在水平管道或设备上　b）安装在垂直弯管上　c）安装在小口径管线上
d）安装在管道表面上　e）安装在设备上　f）安装在设备表面上

3. 流量测量仪表

流量是单位时间内通过过流断面的流体体积。用来测量流体流量的仪表，称为流量测量仪表。流量测量仪表有两种作用：一是构成对流量的自动调节或控制；二是对通过的液态、气态物质进行准确的计量，从而为经济核算提供依据。

（1）水表　水表是最常用的流量测量工具，其安装将在有关章节详细讲述。

（2）差压式流量计　差压式流量计由节流装置和差压计组成，分为孔板和弯管两种形式，如图 1-62 所示。其中节流装置是在管道中产生流量测量的信息——差压，该元件由节流件、取压装置、前后导压管组成；差压计则是流量计的显示装置。差压流量计适用于压力小于或等于 4000kPa 的清洁液体、气体、蒸汽等介质，管径规格在 50～1000mm 之间。它的使用面广，结构简单，通用化程度高，仪表显示系列化。

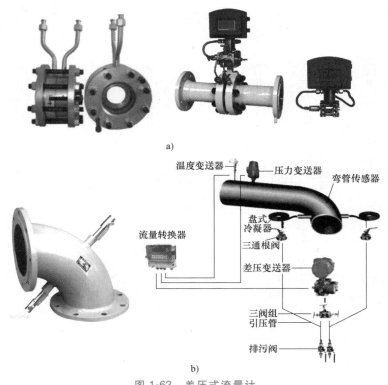

a)

b)

图 1-62　差压式流量计

a）孔板差压式流量计　b）弯管差压式流量计

差压式流量计安装要点如下：

1）孔板或喷嘴安装前要进行外观检查。孔板的入口和喷嘴的出口边缘应无毛刺和圆角，锐边或喷嘴的曲面侧应迎着被测介质的流向。

2）在水平和倾斜的工艺管道上安装的孔板或喷嘴，安装前要进行清洗，注意不要损伤节流件。若有排泄孔，排泄孔的位置对液体介质应在工艺管道的正上方，对气体及蒸汽介质应在安装工艺管道的正下方。

3）孔板或喷嘴与工艺管道的同轴度及垂直度应符合如下规定：夹紧节流件用的法兰面应与管道轴线相垂直，垂直度允许偏差为 ±1°，法兰应与工艺管道同轴，法兰间应保持平行，其偏差不大于法兰外径的 1.5%，且不得大于 2mm。

4）采用对焊法兰时，法兰内径必须与工艺管道内径相同，垫片的内径不应小于工艺管道的内径。

5）当用箭头标明流向时，箭头的指向应与被测介质的流向一致，环室上有"+"号的一侧应在被测介质流向的上游侧。

6）节流装置安装处后的一段管段内，管道内表面应光滑、无明显凹凸现象。

7）测量差压用的正压管及负压管应敷设在环境温度相同的地方，全部引压管路应保证密封可靠，引压管路中还应装有必要的切断、冲洗、灌封液及排污等所需的阀门。

弯管流量计与传统的孔板流量计一样同属于差压式流量计的范畴，只是弯管流量计产生差压的方式与孔板流量计不同，孔板是利用流体的缩放原理产生差压的，而弯管传感器是利用流体的惯性原理产生差压的。弯管流量计结构简单、性能稳定、测量精确，克服了孔板差压流量计压力损失大、容易堵塞、维护困难等缺点，突出了节能效果，因此在热力、热电、冶金、石化行业的蒸汽、煤气、天然气、冷热水、油、空气、乙炔、硫化氢、二氧化碳两相流等介质测量中被迅速推广。

（3）转子流量计　转子流量计又称浮子流量计，由锥形管（玻璃管或金属管）和管内的转子组成，如图 1-63 所示。当流体流经锥管时，转子在流体中浮起并旋转，转子上有斜槽，可保持转子在流体中转动平稳。因为转子的上下差压始终是一定的，所以浮起的高度只与转子和锥形管内壁之间的环隙大小有关，当转子浮起位置越高时，环隙就越大，流量也就越大，因而由转子浮起的高度位置就可以在锥形管的刻度上读出流量值。玻璃管转子流量计适用于测量压力低于 0.6MPa、温度低于 1000℃的除氢氟酸以外的任何非混浊的液体或气体。金属锥形管转子流量计可用于测量压力为 1.2MPa 以下的液体或气体的流量。转

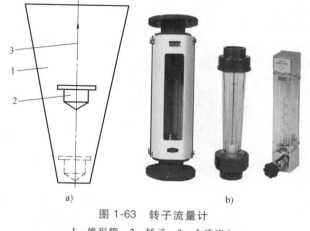

图 1-63　转子流量计
1—锥形管　2—转子　3—介质流向

子流量计的安装要求如下：转子流量计必须垂直安装；仪表进出口前后应有不小于 5D 的直管段长度，且不应小于 500mm；被测介质流过流量计锥形管的方向应自下而上；安装进出流量计的管子，应用支架固定牢靠，以防管子重量加在流量计上。

（4）电磁流量计　电磁流量计由电磁流量变送器和电磁流量转换器配套组成。它是利用电磁感应的原理来远距离测量管道中导电液体体积流量的仪表，此外如与相应的单元组合仪表配套，可对流量进行指示、记录、计算、调节、控制及数据处理。电磁流量计适用于介质为清洁液体、黏液、泥浆等可导电液体的测量，但不适用于气体、蒸汽及铁磁性物质的测量。电磁流量计有以下特点：测量精度不受介质的温度、密度、黏度及电导率的影响；要求的前后直管段小，可以为无压力损失；无可动部件，响应快，可测量脉动流量；易磨损，清洗时电极易损坏，使用时要注意排除干扰信号。电磁流量计的安装要求如下：垂直安装时液流应自下而上，水平安装时需使两电极在同一水平面上；口径大于 300mm 时，应有专用的支架支撑；周围有强磁场时，应采取防干扰措施；流量计、被测介质及工艺管道三者之间应连成等电位，并应接地。电磁流量计及安装示意如图 1-64 所示。

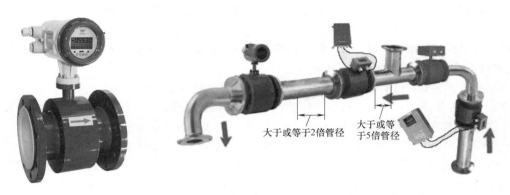

图 1-64　电磁流量计及安装示意

（5）涡街流量计　涡街流量计主要用于工业管道介质流体的流量测量，如气体、液体、蒸汽等介质。涡街流量计分为法兰卡装式、法兰式、插入式，其特点是压力损失小，量程范围大，精度高；在测量工况体积流量时几乎不受流体密度、压力、温度、黏度等参数的影响；无可动机械零件，因此可靠性高，维护量小；仪表参数能长期稳定。涡街流量计采用压电应力式传感器，可靠性高，可在 −20～250℃ 的工作温度范围内工作。涡街流量计有模拟标准信号输出，也有数字脉冲信号输出，容易与计算机等数字系统配套使用，是一种比较先进、理想的测量仪器。涡街流量计及安装示意如图 1-65 所示。

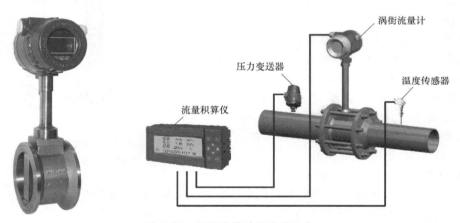

图 1-65　涡街流量计及安装示意

（6）涡轮流量计　涡轮流量计为插入式安装，应在管壁开孔并焊接短管，将带有涡轮的长杆插入所测量的管道中。可根据现场空间情况在垂直测量管段的同一平面上确定焊接短管的方向，应保证涡轮插杆与液体流动方向垂直。短管长度和涡轮插入深度也应经过计算确定，保证涡轮插入点位于管道中心部位。管段上最好配备流量计专用阀门，以保证拆装流量计时不影响系统正常工作。涡轮流量计如图 1-66 所示。

（7）超声波流量计　超声波流量计由超声波换能器、电子线路及流量显示和累积系统三部分组成，是一种非接触式仪表，分为管段式、外夹式、便携式、手持式和防爆型。超声波流量计既可以测量大管径的介质流量，也可以测量不易接触和观察的介质流量，测量准确度较高，几乎不受被测介质的各种参数的干扰，尤其可以解决其他仪表不能测量强腐蚀性、非导电性、放射性及易燃易爆介质的流量的问题。超声波流量计适用口径 DN6～DN6500，适用温度 −30～400℃，目

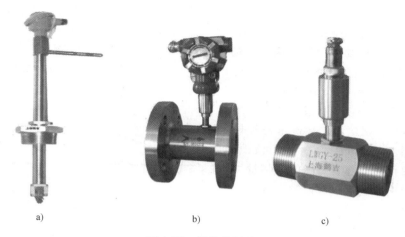

图 1-66　涡轮流量计

a）插入式涡轮流量计　b）法兰涡轮流量计　c）螺纹涡轮流量计

前广泛应用于石油、化工、冶金、电力、给水排水、暖通空调等多个领域。管段式和便携式超声波流量计如图 1-67 所示。

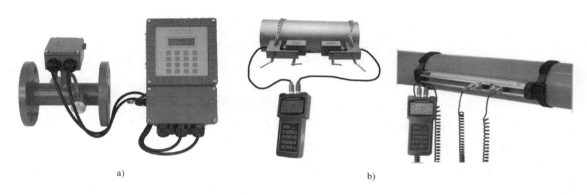

图 1-67　管段式和便携式超声波流量计

a）管段式超声波流量计　b）便携式超声波流量计

4. 液位测量仪表

液位测量仪表常用在储液容器或设备上，一是起计量作用，反映储罐中的原料、半成品或成品的数量；二是可通过液体变化情况，监视生产过程及设备是否正常。例如，锅炉锅筒水位的测量和控制。

（1）玻璃液位计　玻璃液位计是一种使用最早和最简单的直读式液位计，它有玻璃管式和玻璃板式两种，如图 1-68 所示。玻璃液位计的结构简单，但容易损坏，多用于敞口式容器内液位的直接指示，不宜用于黏稠及深色介质的液位测量。玻璃液

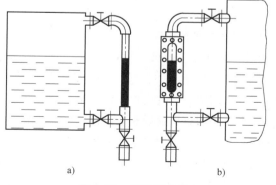

图 1-68　玻璃液位计

a）玻璃管液位计　b）玻璃板液位计

位计必须垂直安装，并应安装在便于观察和检修的地方。玻璃管垫料为生料带或油浸石棉绳，用压环压紧，并用锁母锁住，并应设有排液阀门和接到地面的排液管。玻璃液位计还应设有防护罩。玻璃管液位计的测量范围为：液位 0~1.4m，介质温度 ≤100℃，工作压力 ≤1.6MPa。玻璃板液位计的测量范围为：液位 0~1.7m，介质温度 −40~250℃，工作压力 ≤4.0MPa。

（2）浮标液位计 浮标液位计由导向杆、浮标、滑轮、钢丝绳、平衡重锤和标尺组成，如图 1-69 所示。浮标浮于液面，并随液面的变化而升降，升降的位移量可以直接从标尺中看出，从而记录下液面的高度。这种液位计简单、直观，适用于开口容器（水箱、水池）的液位测量。浮标液位计应安装在离容器进出口稍远的地方，且应牢固垂直安装；其标尺应平行于容器安装，浮标与重锤上下活动时不得有障碍物挡挂。浮标液位计标尺顶部的钢丝绳滑轮及延伸臂上的钢丝绳保护套管，应由角钢和槽钢从容器顶处引出。浮标及钢丝绳应找准中心，保持垂直，钢丝绳应不扭

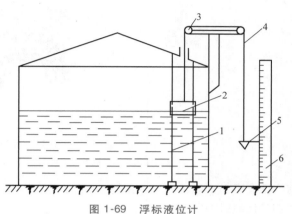

图 1-69 浮标液位计
1—导向杆 2—浮标 3—滑轮 4—钢丝绳
5—平衡重锤 6—标尺

结、不歪斜，浮标运动要灵活，摩擦阻力要小。浮标液位计的安装高度宜使仪表全量程的 1/2 处为正常液位。

（3）液位传感器与液位控制装置 FYK 型液位传感器和 YKZ 型液位控制装置在高水箱及水池上得到了广泛应用。它是将三个探头分别布置在水箱（池）的低水位、高水位、报警水位上，当液面降到水箱（池）低水位时，低水位探头传出信号给电源控制箱并接通水泵电源，水泵投入工作，当液面升至高水位时，高水位探头传出信号切断电源，水泵停止工作。报警水位高于高水位线，一般情况下高水位探头不失灵，液面升不到报警水位线，它们均起到停泵的作用。该装置实质上是水泵的自动投入装置，在正常工作中无须人员操作，使用方便。液位控制装置应安装在便于检修的位置上，其探头位置应避开进出管口，减小水流扰动的影响。

5. **热量表**

热量表是集中供暖、分户计量的核心设备，它由流量传感器、配对温度传感器和积分仪三部分组成。按其流量传感器的测量原理，又分为机械式、电磁式和超声波式。户用热表的安装应满足以下要求：

1）户用热表应按用户流量选用，额定流量不超过设计流量的 1.5 倍。

2）宜采用机械式旋翼流量计，也可采用超声波流量计。

3）其温度传感器宜采用直接插入管道的短探头，或设置专用可插入探头的铜球阀。

4）户内热表应采用一体化热表，且内置电池寿命不应低于 5 年。

热表外形如图 1-70 所示，建筑热力入户热表安装如图 1-71 所示，分户热表安装如图 1-72 所示。

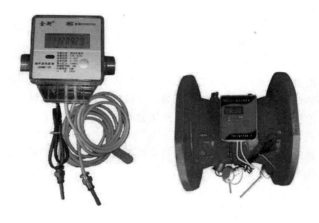

图 1-70 热表

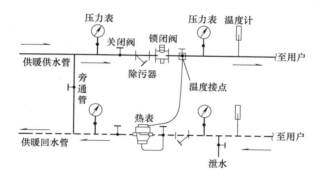

图 1-71 热力入户热表安装

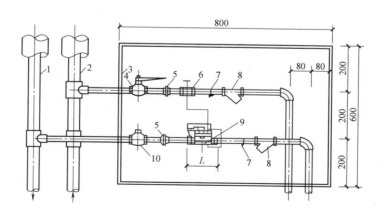

图 1-72 分户热表安装

1—供暖回水管　2—供暖供水管　　3—热量表箱　4—锁闭调节阀　5—活接头　6—带温度传感器铜球阀

7—∟30×40 托架　8—水过滤器（60 目）　9—热表传感器　10—锁闭阀

练　习　题

1. 钢管的通用标准有哪些？各有什么含义？
2. 安装工程中常用的金属管道的种类和各自的特点有哪些？常被用在什么系统中？
3. 安装工程中常用的非金属管的种类及各自的特点有哪些？各适合用在什么系统中应用？
4. 什么是复合型的管材？包括哪几种？其特点及用途各是什么？
5. 简述型钢的种类及在安装工程中的用途。
6. 简述一般空调、送风、排风、排烟、除尘风管使用的材料和对壁厚的基本要求。
7. 简述常用阀门、仪表的分类和表示方法。
8. 简述常用阀门的特点、用途和基本安装要求。
9. 简述安装工程中常用的仪表用途和安装的基本要求。

（注：加重的字体为本章需要掌握的重点内容。）

第2章
管子的加工及连接

管道是系统的重要组成部分，其安装质量直接影响系统的工作效果。本章介绍常用管子的加工、连接方法及技术要求。不同管道的连接方式，除需满足施工及质量验收规范、设计要求外，还应遵循不同管道的工艺要求和技术规程等。

2.1 钢管的加工及连接

钢管的加工及连接是暖通空调、燃气和给水排水工程安装的中心环节，是将设计成果转变成工程实体、将各种管道设备连接为系统的重要过程。这里所说的加工主要指的是钢管的切断、套螺纹、煨弯等的工艺过程，钢管的连接方法主要有焊接、螺纹连接、法兰连接和沟槽连接等几种。

2.1.1 钢管的切断

钢管的切断方法很多，大体上可分手工切断和机械切断。在工厂切断钢管可以采用大型切管机，在施工现场则经常采用小型切管机，以适应现场施工的需要。现将施工现场常用的几种切管机的使用方法介绍如下。

1. 钢锯切断

管径 50mm 以下的钢管一般采用锯切方法。锯切是常用的一种手工切断方法，所用工具——钢锯如图 2-1 所示。

钢锯的规格是以锯条的规格标称的。常用的锯条规格是 12in（300mm）×18 牙及 12in×24牙两种（其牙数表示 1in 长度内有 18 个或 24个牙）。常用的锯条长约为 300mm、宽 13mm、厚 0.6mm，锯条由碳素工具钢制成，经淬火处理后，硬度较高，齿锋利、性脆、易断。

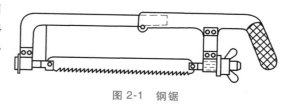

图 2-1　钢锯

薄壁管子锯切时应用牙数较多的锯条，俗称细牙锯条，因其齿低及齿距小，进刀量小，不易发生卡掉锯齿的现象。如果采用牙数较少的粗牙锯条锯切薄壁管子，容易发生卡掉锯齿的情况。所以壁厚不同的管子切割时应选用不同规格的锯条。上锯条时，锯齿应朝向加力方向。操作时，把管子固定在压力钳上，先在下锯点小幅度来回移动锯条，划出下锯痕迹后，再加大动作幅度，一推一拉进行运锯，推锯时加力进刀。在锯管时，锯条平面必须始终保持与管子垂直，以保证断面平正。为防止管口锯偏，可在管子上预先划好线，锯口应正好吃线。如果发现偏口，可将管子转一个方向或将锯弓调转 180°再锯。切口必须深到底，不要急于折断，以防止管壁变形，影响下道工序。

钢锯切断的优点是设备简单，灵活方便，节省电能，切口不收缩、不氧化。缺点是速度慢，劳动强度大，切口平整度较难把握。

2. 割刀切断

割刀又叫滚刀切管器，一般适用于管径40~100mm的管子。图2-2所示为滚刀切管器。滚刀规格见表2-1，共4种。根据管径选择滚刀，安好滚刀待用。

使用时，先将管子在管子压钳内夹紧牢固，再把切割器套在管子上，使管子夹在割刀和滚轮之间，刀刃对准管子切割线；拧动手把，使滚轮夹紧管子，然后沿管子切线方向转动螺杆，同时拧动手把，使割刀不断切入管壁，直至切断为止。

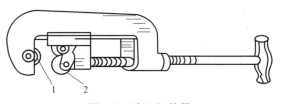

图2-2　滚刀切管器
1—割刀　2—滚轮

滚刀切管器的特点是切断面因受挤压而缩小。一般应在断口后增加扩孔工序。

表2-1　滚刀规格

号　码	割管直径范围/mm	号码	割管直径范围/mm
1	15~25	3	25~80
2	15~50	4	50~100

3. 砂轮切割机

砂轮切割机又称砂轮无齿锯（图2-3），其工作原理是高速旋转的砂轮片与管壁接触摩擦切削，将管壁磨透切断。砂轮片规格为$\phi300mm\times20mm\times3mm$（外径300mm，中心孔直径20mm，厚度3mm），可用于切断角钢、圆管、圆钢等。

使用砂轮机时，先使砂轮片与管子保持垂直，夹紧被锯材料，再将手把压下。操作时应逐渐吃力，以免砂轮破碎飞出伤人。为了保证安全，砂轮片上必须有能遮罩180°弧度的保护罩，在装砂轮片时必须与电动机转轴同轴孔、同轴心。

砂轮切割机的优点是效率高，移动方便，切口比较平整。主要缺点是噪声大，影响操作工人的身心健康及周围的正常工作环境，且加工时会出现火星，因此应注意防火。断管后要将管口断面的铁膜、毛刺清除干净。

图2-3　砂轮切割机

4. 大管径切断与切坡口

大直径钢管有时可采用切断机械，常用的切断机械为切断坡口机，如图2-4所示。这种切断机切管的同时完成坡口加工。它是由单相电动机、主体、传动齿轮装置、刀架等组成，可以切断管径75~600mm的管子。

5. 气割

钢管安装工程中常用的气割工具是射吸式割炬，如图2-5所示。气割的工作原理是：利用氧气和乙炔气的混合气体点燃后的高温热流，将所需切割处进行加热，待到被切割处金属在高温下熔化时，喷射高压氧气，使高温的钢材在纯氧中燃烧生成四氧化三铁熔渣，随即被高压氧气吹掉，从而使管子被切掉。

根据钢管管壁的厚度不同，气割时应选用不同规格的割炬：1号割炬的割嘴孔径为0.6~1.0mm，切割钢材厚度为1~30mm；2号割炬切割钢材的厚度为10~100mm；3号割炬切割钢材的厚度为80~300mm。管径100mm以上的大管子一般采用气割。手工气割时，应严格按操作工艺

图 2-4　大管径切断与坡口机

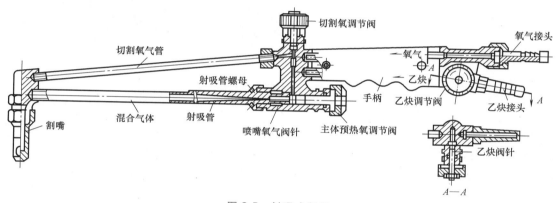

图 2-5　射吸式割炬

要求，注意安全，保证切口质量。

气割方法的优点是省力，速度快，且能割除弧形切口；缺点是切口不够平整且有氧化铁溶液渣。所以气割后的管口，应打磨平整和除去铁渣，以利于下道工序的进行。

2.1.2　钢管的加工

1. 钢管的套螺纹加工

建筑设备安装工程中，螺纹连接是最常用的管道连接方法。螺纹加工就是利用管螺纹机在管子端头套出外螺纹，以便进行管子与配件的螺纹连接。管子螺纹加工有手工加工和机械加工两种。

（1）机械套螺纹　机械套螺纹常用的是管螺纹机。管螺纹机适用于各种用途管子的切断、内口倒角、管子套螺纹和圆钢套螺纹。使用时，先将管螺纹机支上腿或放在工作台上，然后取下底盘里的铁屑筛的盖子，灌入润滑油，再把电插头插入电源，推上开关，可以看到油开始流动。

管子进行螺纹加工时，先在管螺纹机架子上装好适合的管子铰板及板牙，再把套螺纹架拉开，插进管子。将铰板套在管子上，留出螺纹长度，在管子挑出的一头用龙门钳做支撑，调整卡爪滑盘将管子卡住。放下板牙架子，将出油管放下，润滑油就从油管孔内喷出来。把油管调整在适当的位置，合上开关，搬动进给手把，使板牙对准管子头，稍加用力，就能开始自动进刀，进行套螺纹。套螺纹达到标准后，关上开关，退出管子。用割刀切断的管子，还应用铣刀铣去各内径缩口边缘部分。

（2）手工套螺纹 手工套螺纹的工具叫铰板，也叫代丝，分为铰板和轻型铰板，如图2-6所示。铰板由铸铁本体、前卡板、板牙、压紧螺钉、卡爪、后挡板、板牙松紧螺钉和手柄等组成。转动前挡板时可以使4个板牙向中心靠近或离开，转动后挡板时可以使3个顶杆向中心靠近或离开。这是因为在前、后挡板上有螺旋线梢，而板牙和顶杆上有梢沟，所以当转动挡板时，板牙或顶杆靠近中心或离开。轻型铰板一般加工小管径管道，其板牙是固定的，不同管径就换不同的铰头，一个铰具可配几个（一般是管径接近的三个）铰头，操作比较简单。

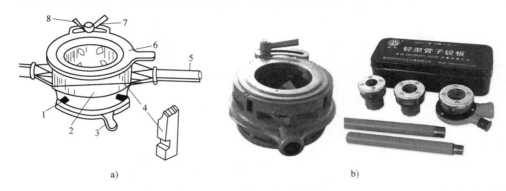

a)   b)

图 2-6 铰板和轻型铰板

1—卡爪 2—本体 3—后挡板 4—板牙 5—手柄 6—前卡板 7—前卡板压紧螺钉 8—板牙松紧螺钉

铰板的板牙架上设有4个板牙孔，用于装置板牙，板牙的进、退调节是靠转动带有滑轨的活动标盘即前挡板进行的。后挡板是在套螺纹时用以把铰板固定在管子上，以便准确的进行套螺纹。铰板规格及套螺纹范围见表2-2。

表 2-2 铰板规格及套螺纹范围

规格/in		能用板牙套数	套螺纹范围/in	板牙规格/in
大铰板	$1\frac{1}{2}$ ~ 4	3	$1\frac{1}{2}$ ~ 4	3/2 5/2 7/2 2 3 4
	1 ~ 3	3	1 ~ 3	1 3/2 5/2 5/4 2 3
小铰板	1/2 ~ 2	3	1/2 ~ 2	1/2 1 3/2 3/4 5/4 2
	$1/4$ ~ $1\frac{1}{4}$	3	$1/4$ ~ $1\frac{1}{4}$	1/4 1/2 1 3/8 3/4 5/4

操作时，先根据管子口径选取铰板及板牙，并按序号将4个板牙装在铰板的本体上。套螺纹时，把管子卡紧在压力钳上，使管子呈水平状，管端离钳口约150mm；然后，使铰板的后挡板朝向管子，把铰板推入管内，转动后挡板手柄，将铰板固定在管子端头上；再把松扣柄上到底，并把前挡板对准本体上与管径相对应的刻度上，将松扣柄拧紧。操作时人站在管端侧方向，面向卡钳，两腿一前一后分开，一面压住铰板用力向前推进，一面握住松扣柄按顺时针方向旋转铰板。这时要注意用力均匀，保持铰板平面与轴线垂直。当铰板在管头上套进两扣左右时，可在管头上加油以润滑和冷却板牙，然后人再侧身站在右前方，继续扳转手柄。操作时最好由两个人在一左一右同时进行。一般套螺纹时，DN25以下的管子要套两遍，DN25以上的管子要套在2~4遍。对于较大的管口，在套一遍时要多套两扣，调整到刻度比其标准口径要大些。当分成几遍套螺纹时，应分几次进刀，开始两遍时前挡板对准本体上的刻度要略大于相应的管子刻度，最后一遍时才准确对准刻度。套螺纹后，要慢慢打开松扣柄，并边抬边套，使螺纹末端套出精度。退铰板时，不得倒转过来，以免损伤板牙或螺纹。螺纹套完后，就要用管子配件试一试松紧程度，以

能用手拧进 2~3 扣，再上紧就需用管钳，最后上紧时能留出 2~3 扣为宜。

管螺纹加工长度见表 2-3。

表 2-3　管螺纹加工长度

直径/mm	短螺纹		长螺纹		螺尾长度 x/mm	管长度 s/mm
	L_1/mm	牙数/个	L_2/mm	牙数/个		
15	14	8	50	28	4	100
20	16	9	55	31	4	110
25	18	8	60	27	5	120

在铰板加工管螺纹时，应避免产生以下缺陷：

1）螺纹不正。其产生的原因是铰板的卡子未能卡紧，因此造成铰板面和管子中心线不垂直，或两臂用力不均使铰板推歪；另外有可能把管子端面锯切成斜口，使得套螺纹不正。

2）细丝螺纹。这是由于板牙顺序安装错误，板牙活动间隙太大或一套板牙不是原配而造成的。对于手工套螺纹，第二遍没有与第一遍的螺纹对准，使得第一遍套出的螺纹全被第二遍切开成为细丝或乱丝。

3）螺纹不光或断丝、缺扣。这是由于板牙进刀量太大，或板牙的牙刃不锐利，或板牙有损坏处以及切下的铁渣积存过多等原因造成的；或者在套螺纹时因用力过猛或用力不均匀造成的。

4）管螺纹出现裂缝。这是因为焊接钢管的焊缝未焊透或焊缝不牢。管螺纹如果横向有裂缝，则是由于板牙进刀量太大或管壁薄造成的，所以薄壁管及一般无缝钢管不能采用套螺纹连接。

2. 钢管的坡口加工

为了保证焊缝的抗拉强度，焊缝必须达到一定的熔深。管壁厚度 <4mm 的管子对焊时，一般不开坡口，管壁厚度 ≥4mm 时，应对管口做坡口加工，具体要求见表 2-4 和表 2-5。管道的坡口可用气割、砂轮机、手动机械和电动机械进行加工。用气割加工的坡口，必须除去氧化皮，并将影响焊接质量的凸凹不平处打磨平整。电动机械加工的质量好，其中手提式磨口机体积小、质量轻，使用方便，适合在施工现场进行坡口加工工作。

表 2-4　手工电弧焊对口形式及要求

接头名称	对口形式	接头尺寸				备　注
		壁厚 δ/mm	间隙 c/mm	钝边 p/mm	坡口角度 α/(°)	
管子对接 V 形坡口		5~8	1.5~2.5	1~1.5	60~70	δ≤4mm 管子对接如能保证焊透可不开坡口
		8~12	2~3	1~1.5	60~65	

表 2-5　氧乙炔焊对口形式及要求

接头名称	对口形式	接头尺寸			
		厚度 δ/mm	间隙 c/mm	钝边 p/mm	坡口角度 α/(°)
对接不开坡口		<3	1~2	—	—
对接 V 形坡口		3~6	2~3	0.5~1.5	70~90

手工加工坡口的方法经常被使用于现场条件较复杂的环境，其特点是操作方便，受条件限制少。有用手锤和扁铲凿坡口、风铲（压缩空气作为动力）打坡口以及用氧气割坡口等几种方法。其中以氧气割坡口法用得较多，但气割的坡口必须将氧化铁渣清除干净，并将凹凸不平处打磨平整。

3. 弯管的加工

在建筑设备安装中，由于各种原因，要设置一些弯管，如工字弯、方形补偿器等。这些弯管本身就是局部阻力构件，若弯管的加工质量得不到保证，就会加大它们的局部阻力，因此，在施工过程中，一定要保证弯管的加工质量。

（1）弯管的质量要求　金属材料在外力作用下要发生变形。受拉力作用时，金属材料要伸长，受压力作用时，金属材料就缩短。对弯管来说，外侧部分受拉力作用，使管子减薄，内侧受压力作用，使管壁增厚。弯管过程中，还可能产生截面的椭圆变形。弯管外侧管壁减薄降低了承压能力，弯管内侧管壁增厚而产生折皱，不但增大了流体阻力，而且还破坏了金属组织的稳定性，容易产生腐蚀现象。弯管截面发生椭圆变形，增大了流体阻力，而且在受内压作用时，还会引起弯曲附加应力，会降低弯管强度。因此，要求弯曲管段壁厚减薄应均匀，减薄量不应超过壁厚的 15%。要求弯管截面的椭圆率：$D \leqslant 50\text{mm}$ 时不大于 10%；$50\text{mm} < D \leqslant 150\text{mm}$ 时不大于 8%；$150\text{mm} < D \leqslant 200\text{mm}$ 时不大于 6%（D 为管直径）。

影响弯管壁厚的主要因素是弯曲半径 R，弯曲变形的大小与曲率半径 R 成反比。弯曲半径越大，管子的受力和变形越小，管壁的减薄度越小，而且流体的阻力损失也少。因此，弯管时应根据弯管的方法和管径选取相应的弯曲半径 R：一般情况下可采用 $R = 1.5 \sim 4D$，机械热煨弯 $R = 3.5D$，机械冷煨弯 $R = 4D$，冲压弯头 $R = 1.5D$，焊接弯头 $R = 1.5D$。

用有缝钢管煨弯时应注意焊缝的位置，焊缝应选在受力小变形小的部位。图 2-7 中的 I—I 断面图是对最不利断面情况的分析。煨弯后圆形断面（虚线圆）变为椭圆形，圆周上只有 A、B、C、D 四点位置不变，其他各点都发生了位移，AB 弧及 CD 弧段内的各点在拉力作用下沿径向向外移动，AD 弧及 BC 弧区内的各点在压力作用下沿径向向圆心移动，形成椭圆。椭圆长轴和短轴两端均为受力最大，变形最大的位置，这几处不能选为焊缝点。A、B、C、D 四个点不受力的作用，不产生位

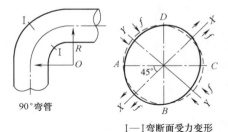

图 2-7　弯管受力分析图

移，这四个点与椭圆的长短轴近似于成45°角，这四点是最佳焊缝位置。

（2）弯管画线　弯管的弯曲段展开长度为

$$L = \alpha\pi R / 180 = 0.01745 Ra$$

式中　α——弯管角度；

π——圆周率；

R——弯管的弯曲半径。

画线时应考虑到为让弯曲部分加热均匀、充分，弯管两端预留一段直管段长度，直管段长度应大于 100mm，且不得小于管子的外径。

来回弯如图 2-8 所示，一般可近似的按两个 45° 弯来考虑。若两个 45° 弯之间还有一直管段时，两个弯曲中心间距离可近似取为 $L_1 = 1.5B$。来回弯的弯曲加热长度（圆弧展开长度加上两弧之间直管长度）的近似公式为：$L = 1.5B + (2 \sim 3)D$。

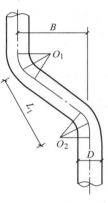

图 2-8　来回弯

方形补偿器是由 4 个 90°弯管组成（图 2-9），其中，顶部长度 N 和臂部宽度 M 由设计给定，当弯曲半径 $R=4D$ 时，可根据 N、M 和弯曲半径 R 来确定方形伸缩器的加热弯曲展开长度。

$$L = 2\pi R + 2B + A + 2C$$

式中，C 为加工余量，不小于 3 倍的管径。若方形补偿器需用 2～3 根管子做成，下料时应让焊缝处在两直臂的中心，此处所受弯矩最小。而顶部所受弯矩最大，不得有焊缝。

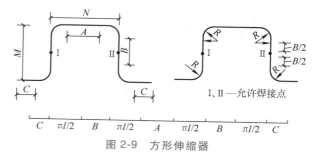

图 2-9　方形伸缩器

（3）钢管冷弯　此方法管内不必装砂，通常用手动弯管器和液压弯管机，适用于管径 $D \leqslant 175$mm 的管子。

1）手工冷弯法。手工冷弯法适用于管径 $D = 15 \sim 20$mm 的管子。图 2-10 所示为弯管板，可用硬质木板制成，板上开有与管子外径相同的圆孔，弯管时将管端插入孔内，以人工施力使其弯曲。

图 2-11 所示为滚轮弯管器，可用螺栓固定在工作台上，弯管时，将管端插入固定轮和活动轮之间，转动手柄，将管子弯至所需要的角度。使用滚轮弯管器时应注意：每种滚轮只能弯一种规格的管子。

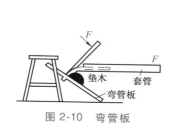

图 2-10　弯管板

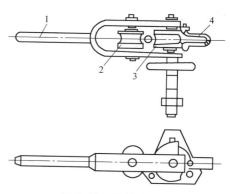

图 2-11　滚轮弯管器

1—杠杆　2—活动滚轮　3—固定滚轮　4—管子夹持器

图 2-12 所示为小型液压弯管机，其中图 2-12a 为三脚架式，图 2-12b 为小车式。

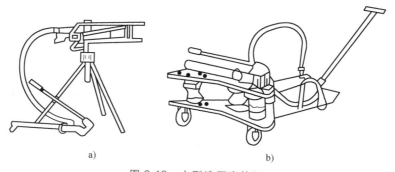

图 2-12　小型液压弯管机

a）三脚架式　b）小车式

2）机械冷弯法。管径 $D = 15 \sim$ 150mm 的钢管可用弯管机在常温下弯曲。

图 2-13 所示为电动无芯冷弯弯管机，使用该设备弯管时，钢管内无须灌砂，也不用加芯棒，弯管操作简单，工效高。为防止弯管时管子截面出现椭圆变形，可在弯管前给管子施力，使其发生反向预变形（图 2-14）。在弯管过程中，反向预变形逐渐消失，管子截面则保持圆形。对管子做反向预变形时，应注意：滚轮胎具的规格是与管子的规格相匹配的，不能混用。

图 2-15 所示为液压有芯弯管机。使用该设备弯管时，钢管的弯曲部分加入芯棒，以防止管子截面发生椭圆变形。弯管使用的芯棒有两种，如图 2-16a 所示为匙式芯棒，适用于 DN75 以内的管子煨弯；如图 2-16b 所示为球形芯棒，适用于较大管径管子的煨弯。

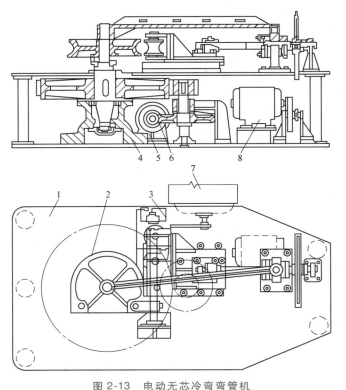

图 2-13 电动无芯冷弯弯管机

1—机架 2—管模部件 3—紧管部件 4—大齿轮座部件 5—蜗杆部件
6—蜗轮部件 7—弯管电动机 8—紧管电动机

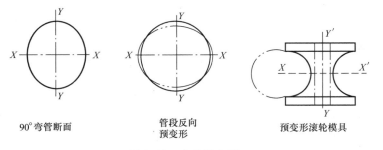

90°弯管断面　　　　　管段反向　　　　　预变形滚轮模具
　　　　　　　　　　　预变形

图 2-14 弯管预变形

（4）钢管热弯 该法是先将管子加热，提高其塑性，再将其弯成所需要的角度。

1）手工热弯在弯管前，应准备好所用的材料和工具。

填充钢管的用砂应选用能耐高温（1000℃ 以上）的河流砂，粗砂细砂匹配，填充密实，且不含易燃、易熔物质及泥土。粒径 3~4mm 的砂子可用于管径 80~150mm 的管子。选好的砂子须经过水洗、烘干后才能使用。

在工地加热管子可使用地炉。先挖一个约为五层砖厚的坑，留出风洞砌三层砖，放上细钢筋篦子再砌两层砖与地面平齐，两侧砌以短墙即成地炉。在风洞内插入带闸板的鼓风管，用小型鼓风机送风。地炉应设在弯管平台附近便于操作和安全防火的位置。

弯管平台用钢板焊成，上面应有足够的圆孔，以便插管桩，弯管平台还应经过水准仪找平，

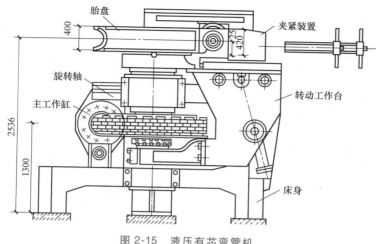

图 2-15　液压有芯弯管机

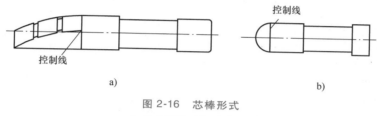

a)　　　　　　　　　　　　b)

图 2-16　芯棒形式

a）匙式芯棒　b）球形芯棒

以保证弯管的质量。

手工热弯时，首先要向钢管中填充砂子。将钢管一端封闭，直径小的管子可用木塞塞紧，直径大的管子应用钢堵板封闭。用人工或机械将砂子振实。灌砂充实后的管子放至地炉内加热。加热钢管的燃料应使用焦炭，管子加热应缓慢升温，加热段炉温应均匀，并要不断翻管子，待加热至 850~950℃时，调小风量恒温保持一定时间，使砂子也烧透。

将加热好的管子运至弯管平台，放入挡管桩间进行弯曲。先将弯曲部分以外的管段浇水冷却，防止其在弯管中发生变形。弯管时可用人力或卷扬机施力，控力的方向应与管子轴线垂直，与平台面平行。弯曲过程中，应有专人负责观察管子变形情况，弧度已达到要求的管段，立即浇水将该部分管段冷却定形。当弯管结束时，应使弯管的角度较所要求的角度大 3°~4°，待其冷却收缩后，正好符合要求。弯成的弯管，冷却后取下木塞或堵板，倾斜放置，将砂子倒净，用圆形钢丝刷系上钢丝，将粘在管子内壁的附着物刷净。

2）有褶弯管。在大直径的弯管中，当弯曲半径 $R \geqslant 4D$ 时，比较费料，而且很笨重，此时采用有褶弯管法较为合理。有褶弯管法比一般的热煨法大大降低了劳动量和节省了人力，此外它还有不需要灌砂台和加热炉，在加热时氧化皮不多，管壁变化小，操作较为方便等优点。制作有褶弯管的管壁不宜太厚，且有褶弯头的局部阻力较光滑弯头大，因此有褶弯管应在没有沉淀介质的管路中使用。

做管子有褶弯曲操作时，首先要将需要弯曲的部分局部加热到樱红色（800~900℃），然后立即对被加热部分进行弯曲。金属在高温下弹性系数降低，因此在管子被加热的部分，受压缩后即刻失去稳定性，而凸出于管子的外表面，在管子的表面形成局部突出的褶皱纹。因为塑性变形是不可还原的过程，所以在管子上就留下褶皱。管子产生塑性变形的同时，还有弹性变形产生，因此在开始变形后，当温度降低不多时，立刻卸下管子，褶皱处就会发生某种程度的还原变形，从而改变已形成的弯曲角度。

进行有褶弯管时，用普通的气焊焊枪加热，不同管子直径采取焊枪数目分别为：管径75～100mm采用1个五号喷嘴焊枪；管径125～150mm采用2个五号喷嘴焊枪；管径200～250mm采用3个六号喷嘴焊枪；管径400～500mm采用2个六号喷嘴及2个十号喷嘴。

为了减少人工数量，当对一个褶皱加热时，可以采用双喷嘴的焊枪；当加热一个区段时，为了加热温度均匀，可由工人在这一区段内再分块进行。当加热第二个待折区段时，第一个褶皱（以已褶皱完成的部分）必须设法冷却或隔热以避免在弯曲时有褶皱的部分发生重复变形。冷却的方法，可采用加水冷却，使弯管呈暗黑色；或者隔热方法，在第一褶皱处包扎浸水的石棉板，同时在弯管的外缘用浸水的刷子冷却。这样一个接一个地进行褶皱弯曲，褶皱弯曲的次序先为1、3、5，然后2、4、6，相隔进行。弯管的两端应用木塞堵住，以避免在管中发生气流的循环而降低管壁的加热强度，木塞不宜塞得太紧，以便加热后膨胀的空气从管中跑出。

在加热前先在管子上画线标出每一褶皱的位置及其形成褶皱所需的面积，以便加热时能按原先画线的位置进行作业。画线的次序一般按以下顺序进行：先在管子上确定管子的弯曲面，然后在通过管子轴线的剖面上画出两条线，一条线在管子弯曲处外侧，另一条线在内侧。褶皱弯管加工示意及外观如图2-17所示。

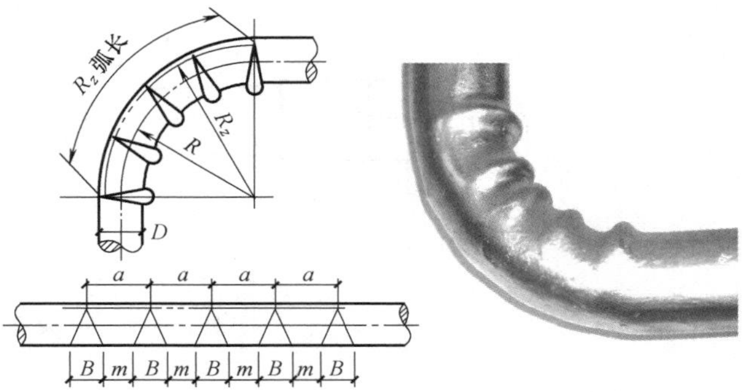

图 2-17 褶皱弯管加工示意及外观

3）焊接弯管。在管道转弯的地方，如不作为伸缩补偿器，即在不受力的情况下，可采用焊接弯管。尤其当管径>377mm时，采用加热弯管是较为困难的。且直径大的管子，弯曲半径也很大，这势必造成占地面积过大。焊接弯管（又称为虾米腰弯头）是把管子切成几节斜管凑成所需弯度，然后对口焊接而成的。其 $R \geq 1.5D$，短管节数可用3~5节，不得少于3节。焊接弯管的弯曲角度、弯曲半径及弯管的组成节数可根据需要选定。一般90°弯管有两节（无中间节）、三节（一个中间节及两个中间节）及四节（两个中间节和两个端节）等多节焊接而成，如图2-18所示。

焊接弯管不受管径大小及管壁薄厚的限制，弯管的平滑度与弯曲半径 R 及节数的多少有关。R 大及中间节分的越多，弯管就越平滑，对流体的阻力就越小；R 小和节数分的少其对流体的阻力就大。不同管径的弯曲半径 R 和节数可参见表2-6。

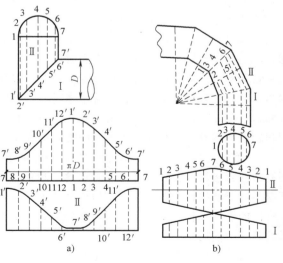

图 2-18 焊接弯管

a) 两节弯管　b) 四节弯管

表 2-6　焊接弯曲半径及节数

管径 D/mm	弯曲半径 R	节数 n				
		90°	60°	45°	30°	22.5°
57~159	1D~1.5D	4	3	3	3	3
219~318	1.5D~2D	5	4	4	4	4
318 以上	2D~2.5D	7	4	4	4	4

　　焊接弯管两头一般用端节，使接口面保持圆形以便与管路连接，一个中间节可分为两个端节。管子在切断成管节前，在管子直径两端的壁面上应各画一条直线，作为管节焊接组对的标记，使各节的长臂或短臂对齐，以保证弯管平正。弯管画线可用分节的长臂及短臂的尺寸直接在钢管上量取。

　　分节的长臂：　　　　　　　　　　$M = [\pi/2(R + d_0/2)]/n$

　　分节的短臂：　　　　　　　　　　$N = [\pi/2(R - d_0/2)]/n$

式中　　R——曲率半径；

　　　　d_0——管子外径（mm）；

　　　　n——弯管的分节数（两个端节可算做一个中间节）。

　　在实际工作中，焊制的 90°弯管成品往往有勾头现象，即略小于 90°，这是因为钢管壁厚斜切下料的影响，在画线与切割加工中注意修正，可以避免弯管勾头。

4. 三通管的加工制作

　　三通管是用于管道分支、分流处的管件，按主管与分支管的同异分为同径三通和异径三通，按分支管轴线与主管轴线的夹角 α 的大小分为正交三通（α = 90°）和斜交三通（α < 90°）。三通管的制作：首先应按照不同三通的展开图制作下料板，然后用下料板在板材上或管道上画线切割，再进行卷制和焊接即可。

　　部分焊接管件如图 2-19 所示。

图 2-19　部分焊接管件

2.1.3　钢管的连接方法

　　钢管的连接方法有螺纹连接、法兰连接、焊接和沟槽连接等。连接方法还需符合专业施工验收规范、标准的要求。

1. 钢管的螺纹连接

　　在两根管子的端部套出管螺纹，然后用管子配件把管子连接起来，这就是螺纹连接。对管子的螺纹连接，要求接口有足够的强度和严密性。当管子的公称直径≤32mm 时，采用螺纹连接。

　　（1）螺纹连接常用工具及填料　螺纹连接常用工具有张开式管钳和链条式管钳两种，如图 2-20 所示。张开式管钳在螺纹连接中使用最广泛，它的规格是以管钳的张开中心到手柄段端头的长度用英寸标称的。长度表明力臂的大小，并与张口大小相适应，其规格和使用范围见表 2-7。链条式管钳又称链钳子，它借助于钢链条把管子箍紧，用来拧紧大管径管子的管螺纹或转动大管径管子。链条式管钳的规格和使用范围见表 2-8。

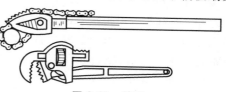

图 2-20　管钳

表2-7 张开式管钳的规格及使用范围

规格	mm	150	200	250	300	350	450	600	900	1200
	in	6	8	10	12	14	18	24	36	48
使用范围（管径/mm）		4~8	8~10	8~15	10~20	15~25	32~50	50~80	65~100	80~125

表2-8 链条式管钳的规格及使用范围

规 格	mm	350	450	600	900	1050
	in	14	18	24	36	42
使用范围（管径/mm）		25~40	32~50	50~80	80~125	100~200

螺纹连接常用的填料：对供暖空调系统或冷热水管道，可以采用聚四氟乙烯胶带（一般称为生料带）或麻丝沾白铅油（铅丹粉拌干性油）。聚四氟乙烯胶带使用方便，接口清洁整齐；对于介质温度超过115℃的管路可采用黑铅油（石墨粉拌干性油）和石棉绳；氨管路用黄丹粉拌甘油（甘油有防火性能）。

（2）钢管的螺纹连接 首先将要连接的两管接头螺纹头用麻丝按顺螺纹方向缠上少许，再涂抹白铅油，涂抹要均匀，如用聚四氟乙烯胶带则更为方便，然后用管钳拧紧管配件。

钢管的螺纹连接可采用短螺杆（俗称短丝）和长螺杆（俗称长丝）或活接头，如图2-21~图2-23所示。

图2-21和图2-22中最后的两扣是不完全的螺纹，称为带梢螺纹，它是由板牙的构造形成的，它可以使管箍密合在管子上，使接口严密。短螺杆的长度应稍小于管箍长度的一半，这样在接头装好后，期间留有2~3mm的空隙，可使管箍紧密压在带梢螺纹上。

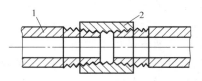

图2-21 短螺杆活接头
1—管道 2—管箍

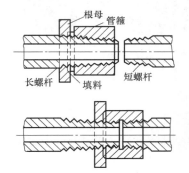

a)

b)

图2-22 长螺杆活接头　　　图2-23 活接头的连接

短螺杆用于一般管子与管子配件连接的接口。在安装好和已固定好的管子中，如有这种管口则不能拆卸，拆卸时必须把管子切断，或从装有可拆卸管配件的地方开始拆卸才行。

为了能把已装好的管子很方便的拆卸下来，而不切断管子，应采用长螺杆活接头或活接头连接方法。长螺杆活接头由长螺杆、根母、管箍组成。此长螺杆螺纹长度应大于根母及管箍长度之和，这样拆卸时可把根母及管箍都拧到长螺杆螺纹上。在安装长螺杆活接头时，当管箍拧紧后根母与管箍之间应缠上紧密填料（麻线或者石棉绳），然后用根母压紧。活接头也称为油任，由油公（子口）、油母（母口）和油箍组成，油公（子口）一头安装在来水方向。

（3）螺纹连接的形式 螺纹连接的形式分为圆柱形接圆柱形螺纹连接、圆柱形接圆锥形螺纹连接、圆锥形接圆锥形螺纹连接。

1）圆柱形接圆柱形螺纹连接：除带梢螺纹外，两接头的螺纹都具有相同的直径和深度，在两接头螺纹间平行地存在着空隙，这种空隙是靠连接用的填料和带梢螺纹的压紧而严密的。圆柱形螺纹的加工较容易，所以较常用。

2）圆柱形接圆锥形螺纹连接：管子配件是圆柱形螺纹，而管子是圆锥形螺纹。圆锥形螺纹在其长度上具有 1∶16 的倾斜度，两螺纹在各点能紧密扣紧，但其中仍需加填料充实。

3）圆锥形接圆锥形螺纹连接：两接头螺纹都是圆锥形，所以其连接比较紧固，整个螺纹表面都能密合，不必加填料，只需将螺纹润滑以便拧紧，这样可以加速管道的装配。但这种螺纹连接，其管子配件要特殊加工，且管子配件的管壁加厚。在装配时用力不要过猛，以免胀破管子配件。圆锥形螺纹只有短螺纹，故连接时没有长螺杆、根母连接的方法。

2．钢管的法兰连接

法兰是一种可以拆卸的接头，主要用于管子与带法兰的配件（如阀门）或设备的连接处，以及管子需要拆卸维修的位置。法兰连接就是将固定在两个管口上的一对法兰中间放入垫片，然后用螺栓将这对法兰拉紧，使其接合起来。

（1）法兰的种类　法兰的分类方法较多，按法兰的材质不同分为钢制法兰和铸铁制法兰。钢制管法兰按照《钢制管法兰　类型与参数》（GB/T 9112）分为整体法兰、带颈螺纹法兰、对焊法兰、带颈平焊法兰、带颈承插焊法兰、板式平焊法兰等 11 种，图 2-24 所示为法兰的几种类型。

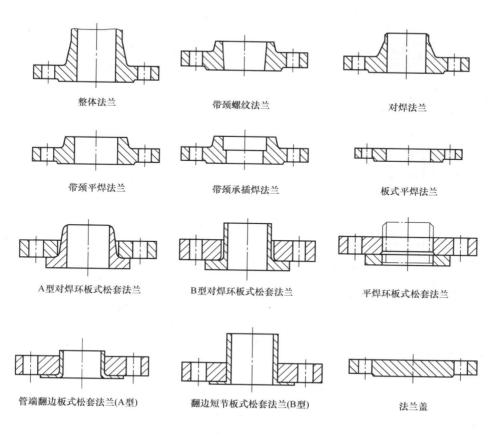

整体法兰　　　　带颈螺纹法兰　　　　对焊法兰

带颈平焊法兰　　　带颈承插焊法兰　　　板式平焊法兰

A型对焊环板式松套法兰　　B型对焊环板式松套法兰　　平焊环板式松套法兰

管端翻边板式松套法兰(A型)　　翻边短节板式松套法兰(B型)　　法兰盖

图 2-24　法兰的类型

　　法兰既可以采用成品，也可以按标准图在施工现场制作。整体钢制管法兰的尺寸标注如图 2-25 所示，其连接尺寸见表 2-9、表 2-10。

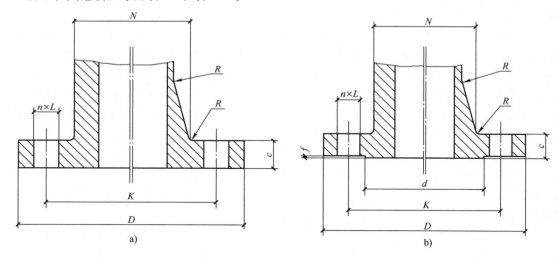

图 2-25　整体钢制管法兰的尺寸标注

a）平面（FF）整体钢制管法兰　b）突面（RF）整体钢制管法兰

表 2-9　PN6~PN25 平面、突面整体钢制管法兰连接尺寸　　　　　　（单位：mm）

公称尺寸 DN	PN6					PN10					PN16					PN25				
	D	K	L	螺栓		D	K	L	螺栓		D	K	L	螺栓		D	K	L	螺栓	
				n	T_n				n	T_n				n	T_n				n	T_n
10	75	50	11	4	M10															
15	80	55	11	4	M10															
20	90	65	11	4	M10	使用 PN40 法兰尺寸					使用 PN40 法兰尺寸					使用 PN40 法兰尺寸				
25	100	75	11	4	M10															
32	120	90	14	4	M12															
40	130	100	14	4	M12															
50	140	110	14	4	M12															
65	160	130	14	4	M12						185	145	18	4	M16					
80	190	150	18	4	M16	使用 PN16 法兰尺寸					200	160	18	8	M16					
100	210	170	18	4	M16						220	180	18	8	M16					
125	240	200	18	8	M16						250	210	18	8	M16					
150	265	225	18	8	M16						285	240	22	8	M20					
200	320	280	18	8	M16	340	295	22	8	M20	340	295	22	12	M20	360	310	26	12	M24
250	375	335	18	12	M16	395	350	22	12	M20	405	355	26	12	M24	425	370	30	12	M27
300	440	395	22	12	M20	445	400	22	12	M20	460	410	26	12	M24	485	430	30	16	M27
350	490	445	22	12	M20	505	460	22	16	M20	520	470	26	16	M24	555	490	33	16	M30
400	540	495	22	16	M20	565	515	26	16	M24	580	525	30	16	M27	620	550	36	16	M33
450	595	550	22	16	M20	615	565	26	20	M24	640	585	30	20	M27	670	600	36	20	M33
500	645	600	22	20	M20	670	620	26	20	M24	715	650	33	20	M30	730	660	36	20	M33
600	755	705	26	20	M24	780	725	30	20	M27	840	770	36	20	M33	845	770	39	20	M36
700	860	810	26	24	M24	895	840	30	24	M27	910	840	36	24	M33	960	875	42	24	M39
800	975	920	30	24	M27	1015	950	33	24	M30	1025	950	39	24	M36	1085	990	48	24	M45
900	1075	1020	30	24	M27	1115	1050	33	28	M30	1125	1050	39	28	M36	1185	1090	48	28	M45
1000	1175	1120	30	28	M27	1230	1160	36	28	M33	1255	1170	42	28	M39	1320	1210	55	28	M52
1200	1405	1340	33	32	M30	1455	1380	39	32	M36	1485	1390	48	32	M45	1530	1420	55	32	M52

（续）

公称尺寸 DN	PN6					PN10					PN16					PN25				
	D	K	L	螺栓		D	K	L	螺栓		D	K	L	螺栓		D	K	L	螺栓	
				n	T_n				n	T_n				n	T_n				n	T_n
1400	1630	1560	36	36	M33	1675	1590	42	36	M39	1685	1590	48	36	M45	1755	1640	60	36	M56
1600	1830	1760	36	40	M33	1915	1820	48	40	M45	1930	1820	55	40	M52	1975	1860	60	40	M56
1800	2045	1970	39	44	M36	2115	2020	48	44	M45	2130	2020	55	44	M52	2195	2070	68	44	M64
2000	2265	2180	42	48	M39	2325	2230	48	48	M45	2345	2230	60	48	M56	2425	2300	68	48	M64

注：D—法兰外径；K—螺栓孔中心圆直径；L—螺栓孔径；n—螺栓数量；T_n——螺纹规格。

表 2-10　PN40、PN63 突面整体钢制管法兰连接尺寸　（单位：mm）

公称尺寸 DN	PN40					PN63				
	D	K	L	螺栓		D	K	L	螺栓	
				n	T_n				n	T_n
10	90	60	14	4	M12	100	70	14	4	M12
15	95	65	14	4	M12	105	75	14	4	M12
20	105	75	14	4	M12	130	90	18	4	M16
25	115	85	14	4	M12	140	100	18	4	M16
32	140	100	18	4	M16	155	110	22	4	M20
40	150	110	18	4	M16	170	125	22	4	M20
50	165	125	18	4	M16	180	135	22	4	M20
65	185	145	18	8	M16	205	160	22	8	M20
80	200	160	18	8	M16	215	170	22	8	M20
100	235	190	22	8	M20	250	200	26	8	M24
125	270	220	26	8	M24	295	240	30	8	M27
150	300	250	26	8	M24	345	280	33	8	M30
200	375	320	30	12	M27	415	345	36	12	M33
250	450	385	33	12	M30	470	400	36	12	M33
300	515	450	33	16	M30	530	460	36	16	M33
350	580	510	36	16	M33	600	525	39	16	M36
400	660	585	39	16	M36	670	585	42	16	M39
450	685	610	39	20	M36					
500	755	670	42	20	M39					
600	890	795	48	20	M45					

注：D—法兰外径；K—螺栓孔中心圆直径；L—螺栓孔径；n—螺栓数量；T_n——螺纹规格。

（2）法兰与管子的连接方法　法兰连接的工序是：法兰与钢管的点焊→校正焊接→制垫→加垫→上螺栓→紧螺栓等。

法兰连接的技术要求如下：

1）法兰装配前，必须清除表面及密封面上的铁锈、油污等杂物，直至露出金属光泽为止，一定要把法兰密封面上的密封线剔清楚。

2）法兰与管子间焊接时，要保持管子与法兰垂直，其允许偏差见表 2-11。

表 2-11　法兰焊接允许偏差值

公称直径/mm	≤80	100~250	300~350	400~500
法兰盘允许偏差值 α/mm	±1.5	±2	±2.5	±3

3）法兰连接应用同一规格螺栓，安装方向一致，拧紧螺栓时应对称均匀、松紧适度、拧紧后的螺栓露出螺母外长度不得超过 5mm。

（3）法兰连接用垫料　为使法兰密封面严密压合以确保接口的严密性，两法兰盘间必须加入垫料。垫料应具有良好的弹性，使其能压入密封线或与法兰密封面压紧，而且还应耐腐蚀。垫料应根据管内介质的性质、工作压力、工作温度选择，在设计没有明确规定时，可参考表 2-12 选用。

表 2-12　法兰垫圈材料选用

材料名称		适用介质	最高工作压力/MPa	最高工作温度/℃
橡胶板	普通橡胶板	水、空气、惰性气体	0.6	60
	耐油橡胶板	各种常用油料	0.6	60
	耐热橡胶板	热水、蒸汽、空气	0.6	120
	夹布橡胶板	水、空气、惰性气体	1.0	60
	耐酸碱橡胶板	能耐温度≤60℃、浓度≤20%（质量分数）的酸碱液体介质的侵蚀	0.6	60
石棉橡胶板	低压石棉橡胶板	水、空气、蒸汽、煤气、惰性气体	1.6	200
	中压石棉橡胶板	水、空气及其他气体、蒸汽、氨、酸及碱稀溶液	4.0	350
	高压石棉橡胶板	蒸汽、空气、煤气	10.0	450
	耐油石棉橡胶板	各种常用油料、溶液	4.0	350
塑料板	软聚氯乙烯板 聚四氟乙烯板 聚乙烯板	水、空气及其他气体、酸及碱稀溶液	0.6	50
耐酸石棉板		有机溶液、碳氢化合物、浓酸碱液、盐溶液	0.6	300
铜、铝等金属板		高温、高压蒸汽	20.0	600

使用垫料时应注意：一副法兰只垫一个垫片，不许加双垫片或偏垫片；垫片的内径不应小于管子直径，不得凸入管内减小过流断面积；垫片不得遮挡螺栓孔；对不涂敷黏结剂的垫片，在制作垫片时应留一个手柄，以便于安装。法兰垫圈如图 2-26 所示。

3. 钢管的焊接

随着工业生产的发展，直径越来越大和高温高压的管道日益增多，螺纹连接远不能满足要求，焊接应用则颇为广泛了。在现场中使用的焊接方法很多，但一般的建筑设备安装中最常用的是电弧焊及氧乙炔焊，尤其是电弧焊用得最多。焊接与其他连接比较有其明显的优点，即接口牢固严密，焊缝强度一般达到管子强度的 85% 以上，甚至超过母材强度；焊接是管段间直接连接，构造简单，管路美观整齐，节省了大量的定型管子配件（如管箍、三通等），也减少了材料管理工作；焊接接口严密，不用填料，减少维修工作；焊接口不受管径限制；速度快，比起螺纹连接大大减轻了体力劳动强

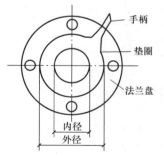

图 2-26　法兰垫圈

度。管道焊接工艺应符合《现场设备、工业管道焊接工程施工规范》（GB 50236）的要求。

（1）氧乙炔焊　又称气焊，它是利用氧和乙炔的混合气体燃烧达到 3100~3300℃来熔化金属，进行焊接。

1）气焊常用材料及设备。电石（CaC）是石灰和焦炭在电炉中焙烧化合而成的，电石与水作用分解产生乙炔气（C_2H_2）。每 1kg 电石可产生乙炔气 230~280L（需用水 5~15L）。可在集中式乙炔发生站，将乙炔气装入钢瓶内，输送到各用气点，这样即方便经济又安全。

氧气的纯度要求达到 98% 以上。氧气站供应的氧气是以 15MPa 的压力注入钢瓶中，供用户使用。氧气瓶用厚钢板制成，满瓶氧气的压力为 15MPa，氧气量为 7m³，使用时瓶中高压氧气必须经压力调节器降压至 0.3~0.25MPa，供焊炬使用。氧气瓶及压力调节器均忌沾油脂，也不可放在烈日下暴晒，应存放在阴凉处并注意防火。当使用移动式乙炔发生器时，要求氧气瓶与其保持 5m 以上的距离，以防发生安全事故。

高压胶管用于输送乙炔气和氧气至焊炬，它应具有足够的耐压强度。氧气管（红色、内径 8mm）应当用 2MPa 气压、乙炔管（黑色或绿色、内径 10mm）用 0.5MPa 气压进行压力试验。气焊胶管质料要柔软便于操作。

焊炬按可燃气体与氧混合的方式不同，可分为射吸式和等压式两类。在建筑设备安装工程中常用的焊炬一般为射吸式，其特点是在焊炬中乙炔的流动主要靠氧气的射吸作用，所以不论使用低压乙炔或中压乙炔，都能使焊炬正常工作。焊炬的外形如图 2-27 所示。

2）氧乙炔火焰的构造和用途。调节乙炔和氧气混合的比例（即调节氧气和乙炔开关）可以获得三种不同性质的火焰——中性焰、碳化焰和氧化焰，如图 2-28 所示。

图 2-27　焊炬

中性焰（又称正常焰）：在混合室内，氧气和乙炔的体积（O_2/C_2H_2）比为 1.1~1.2 时，乙炔气可充分燃烧，离焰心尖端 2~4mm 部分温度最高可达 3100~3200℃。气焊时一般使用中性焰，在切割中也常用中性焰预热被切割的金属。

碳化焰：在混合室内，氧气和乙炔的体积比小于 1.1（即乙炔含量相对增加）时，火焰温度较低，最高达 2700~3000℃。焊接高碳钢、铸铁、高速钢等时，一般使用碳化焰，以便对焊缝增碳，提高焊缝的强度和硬度。

氧化焰：在混合室内，氧气和乙炔的体积比大于 1.2（即氧气含量相对增加）时，火焰最高温度可达 3500℃。焊接黄铜与锡青铜时，可利用轻微氧化焰的氧化性，生成氧化物薄膜，覆盖在熔池上，保护低沸点的锡不再蒸发。

3）气焊的基本操作。在焊接过程中，为了获得优质美观的焊缝，常使焊炬和焊丝做各种均匀协调的摆动，如图 2-29 所示。焊接时，焊接火焰指向未焊部分，焊丝位于火焰的前方。用气

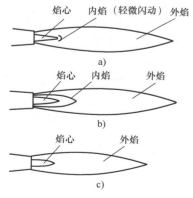

图 2-28　氧乙炔火焰的种类

a）中性焰　b）碳化焰　c）氧化焰

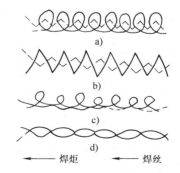

图 2-29　焊炬与焊丝的摆动方法

a）、b）适用于较厚大的焊件

c）、d）适用于较薄的焊件

焊进行钢管焊接时，可采用定位焊法（又称点固焊），其目的是使焊件的装配间隙在焊接过程中保持不变，以防焊后工件产生较大的变形。管子定位焊时，管径小于50mm的管子接焊口只需定位焊两点，管径较大的应采用对称定位焊。

（2）电弧焊接 在建筑设备安装工程中经常使用的是电焊，主要指的是电弧焊接，它可分为手工电弧焊、半自动焊接和自动焊接三种方式。直径比较大的管子管口焊接用自动焊既节省劳动力又可提高焊接质量和速度。本节着重介绍手工电弧焊的一般知识，其他种类焊接技术可参阅有关专业书籍。

手工电弧焊接可采用直流电焊机或交流电焊机。直流电焊机焊接的特点是：焊接电流稳定，焊接质量较好，但往往由于施工现场只有交流电源，所以施工现场一般采用交流电焊机进行焊接。以下分别介绍电焊机、电焊条、电焊基本操作及安全措施。

1）电焊机由变压器、电流调节器及振荡器组成，其作用分别如下：

① 变压器的作用是将常用的220V或380V电源电压，变为焊接需要的55~65V安全电压。

② 电流调节器的作用是根据焊件薄厚的不同，对焊接电流进行相应的调节，一般可按焊条直径的40~60倍来确定焊接电流的大小。

③ 振荡器的作用是提高电流的频率，使交流电的交变间隔趋于无限小，增加电流的稳定性。

2）焊条由焊条芯和焊药层组成，其中焊药层的作用是依靠焊药层熔化后形成的焊渣和气体保护焊缝免受空气中氧气和氮气等的侵入，避免焊缝中出现气孔等缺陷。另外，还可向熔池过渡有益的合金元素以改善焊缝性能。

焊条根据熔渣的特性分为酸性焊条和碱性低氢型焊条两类。酸性焊条容易使焊缝产生气孔，用在低碳钢和不重要的结构钢的焊接。碱性低氢型焊条使焊缝金属合金化的效果好，不易产生气孔，主要用于高强度低合金钢和各种性能合金钢的焊接。

3）基本操作。焊接时的运条过程是：引弧→沿焊缝纵方向直线运动，同时向焊件送焊条→熄弧。或者：引弧→沿焊缝做直线运动，同时向焊件送焊条，并做横向摆动→熄弧。

引弧方法通常有两种：接触引弧法和擦火引弧法。接触引弧法：焊条垂直对焊件碰击，然后迅速将焊条离开焊件表面4~5mm，便产生电弧。擦火引弧法：将焊条像擦火柴似的擦过焊件表面，随即将焊条提起距焊件表面4~5mm，便产生电弧。焊条端部逐渐移至坡口边斜前方位，同时逐渐抬高电弧，以逐步缩小熔池。对送条动作的要求是填满熔池并保持适当的电弧长度。

4）焊接要求。管子对接焊时，其对口的错口偏差不得超过管壁厚的20%，且不超过2mm；管子对接焊缝应饱满，且应高出焊件1.5~2mm；应选择合适的焊接电流（表2-13），防止因电流不合适而出现咬边、未熔合、未焊透等焊接缺陷；还应注意防止焊后的变形。

表2-13 各种直径电焊条使用电流

焊条直径/mm	焊接电流/A	焊条直径/mm	焊接电流/A
1.6	25~40	4	160~200
2.0	40~65	5	200~270
2.5	50~80	5.8	260~300
3.2	100~130		

（3）焊接方式 气焊和电焊按焊缝的空间位置不同，可分为平焊、立焊、横焊和仰焊四种情况，如图2-30所示。

1）平焊。由于焊缝分在水平位置，熔滴的重力方向与电弧的吹力方向基本一致，所以熔滴的过渡平稳，操作容易。

2）立焊。由于熔滴受重力作用容易向下流淌，因此焊接操作时，宜采用小直径的焊条和较小的焊接电流由下向上焊。

3）横焊。焊接操作时，熔滴受重力的作用极易下淌，因此，应采用短弧、小直径焊条、适宜的电流和运条方式，防止出现咬边、焊瘤和未焊透等缺陷。

4）仰焊。由于熔滴重力方向与电弧吹力方向相反，熔滴过渡困难，熔池中的金属向下滴失，熔池的形

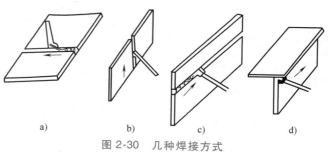

图 2-30　几种焊接方式

a）平焊　b）立焊　c）横焊　d）仰焊

状和大小难以控制，应采用小直径焊条、较小的电流和短电弧间歇焊法。

细管的焊缝结构形式为对接焊和角接焊，即在一个焊口中往往平、立、横、仰四种焊缝位置都有。

（4）安全措施　为保证安全生产，焊接工作中应采取下列措施：

1）焊工操作时应戴好防护用品，如工作服、手套、胶鞋，并应保证干燥和完整。焊接时，必须戴上内镶滤光玻璃的防护面罩。

2）施工场地周围应清除易燃、易爆物品或对其进行覆盖、隔离，当必须在易燃、易爆气体或液体扩散区施焊时，应经有关部门检验，许可后方可进行。漏雨时，应停止露天焊接作业。

3）点焊机外壳必须接地良好，其电源的装拆应由电工进行，并应设单独的开关，开关应放在防雨的闸箱内，拉合时应戴手套侧向操作。

4）焊钳与把线必须绝缘良好，连接牢固，更换焊条时应戴手套。在潮湿地点工作，应站在绝缘橡胶或木板上。

5）更换场地移动把线时，应切断电源，不得手持把线或连接胶管的气焊枪爬梯登高。清除焊渣时，如采用电弧气刨清根，则应戴防护眼睛或面罩，防止金属渣飞溅伤人。

6）乙炔发生器应每天换水，严禁在浮筒上放置物料，更不准用手在浮筒上加压或摇动。

7）乙炔发生器必须设有防止回火的安全装置；保险链、氧气瓶、氧气表及焊割工具上，严禁沾染油脂；氧气瓶应有防振胶圈。

8）乙炔发生器不得搁置在带电导线的正下方。氧气瓶和操作焊接地点应保持 10m 的距离，电石（碳化钙）应放在通风良好，不漏雨、干燥的地方。

9）高空焊接时，焊工和其他配合的施工人员应系好安全带，并将随身所用的工具和焊条均放在专用袋内，不得乱放；换焊条时，也不得随意向下扔焊条头。

（5）焊接质量检查　焊接结束后，应对焊缝做质量检查。

1）外观检查：用眼观察或用放大镜检查；焊缝应有加强高度和覆盖面宽度，其要求见表 2-14 和表 2-15，焊缝应表面平整，宽度和高度均匀一致，无明显缺陷。

表 2-14　氧乙炔焊缝加强高度和宽度

管壁厚度/mm	1~2	3~4	5~6	焊缝形式
焊缝加强高度 h/mm	1~1.5	1.5~2	2~2.5	
焊缝宽度 b/mm	4~6	8~10	10~14	

表 2-15　电焊焊缝加强高度和宽度

管壁厚度/mm		2~3	4~6	7~10	焊缝形式
无坡口	焊缝加强高度 h/mm	1~1.5	1.5~2	—	
	焊缝宽度 b/mm	5~6	7~9	—	
有坡口	焊缝加强高度 h/mm	—	1.5~2	2	
	焊缝宽度 b/mm	盖过每边坡口约2mm			

2）内部检查：可用水压、气压、渗油等密封性试验，检查焊缝的严密性，对要求高的管道安装工程，可用射线探伤、超声波探伤的试验方法。

3）强度检查：用抗拉、抗弯曲等试验检查焊缝的机械强度，焊缝的抗拉强度应大于母材强度的 85%，即

$$\sigma_h \geq 0.85\sigma_g$$

$$\sigma_h > 100P/F$$

式中　σ_h——焊缝的抗拉强度（MPa）；

　　　σ_g——母材的抗拉强度（MPa）；

　　　P——拉伸试验的破坏力（N）；

　　　F——焊缝的断面积。

4. 沟槽连接

沟槽连接也称卡箍连接，是用专用开槽工具在钢管上压槽（厚壁的管道可进行车槽），并配合连接配件使用的一种接口形式。沟槽连接可以代替管道的法兰连接，具有安装维修快速方便、占用空间小、机械强度高、防腐性能好、安全可靠等特点，广泛适用于给水、消防、煤气与石油等多个领域。沟槽连接可以完成无缝钢管、镀锌钢管、焊接钢管、不锈钢管、铜管及衬塑复合管等的连接，特别适用于有防腐要求的管道连接。现场管道沟槽加工如图 2-31 所示，沟槽连接的工程图如图 2-32 所示。

图 2-31　现场加工管道沟槽

图 2-32　沟槽式连接

沟槽连接的理论适用温度为 −40~230℃，工作压力在 2.5MPa 左右，管径范围 DN32~DN250。沟槽连接的程序是：首先应在管端压槽，然后对口，再用螺栓连接卡箍接头配件。沟槽连接的压槽深度应符合规范要求，对口平直，管件上的凸棱应完全卡到压槽内，上紧管件的连接螺栓，压紧密封圈，通入介质后无渗漏现象发生即为合格。对于大管径或管壁较厚的管道，通常

采用专用车槽机在管道上进行车槽。

沟槽连接管件包括刚性接头、挠性接头、机械管件等产品，如图 2-33 所示。

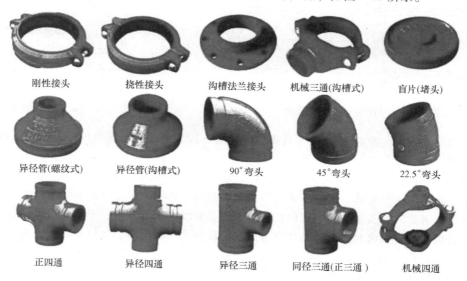

刚性接头	挠性接头	沟槽法兰接头	机械三通(沟槽式)	盲片(堵头)
异径管(螺纹式)	异径管(沟槽式)	90°弯头	45°弯头	22.5°弯头
正四通	异径四通	异径三通	同径三通(正三通)	机械四通

图 2-33　沟槽连接管接头及配件

5. 其他连接方式

管道的连接方法很多，下面仅介绍一些使用较多的连接方式。

（1）活结式、法兰式快装管件连接　为迅速解决管道的跑冒滴漏问题，常采用活结式、法兰式快装管件连接。这种连接，每个管件都是活接头，安装简单快捷，节约人工成本，降低工程造价，缩短工期，适用于输送各种水、气、油、酸碱性液体以及粉状物质的管道，能与无缝钢管、不锈钢管、铸铁管、铜管、玻璃钢管、硬塑料管和铝塑复合管配套。快装管件连接分为低压活结式管件（工作压力 $p \leqslant 2.0\mathrm{MPa}$，管径范围 $15 \sim 150\mathrm{mm}$）和中高压法兰式管件（$p \geqslant 2.0\mathrm{MPa}$，管径范围 $60 \sim 2600\mathrm{mm}$），适用温度为 $-60 \sim 800$℃，工作压力 $0.1 \sim 50\mathrm{MPa}$。活结式快装管件如图 2-34 所示，法兰式快装管件如图 2-35 所示。

图 2-34　活结式快装管件

图 2-35　法兰式快装管件

（2）卡压式连接　卡压式（又称压接式）连接适用于采用薄壁不锈钢管的生活用冷热水、供暖空调系统和其他输送液体等工作压力 $p \leqslant 1.6\mathrm{MPa}$、工作温度在 $-20 \sim 110$℃范围的液体输送管道。其中薄壁不锈钢管道的卡压式连接如图 2-36 所示，铜管的卡压式连接如图 2-37 所示。

（3）卡套连接　卡套连接是一种比较先进的管道连接方式，依靠卡套或管件进行连接，在

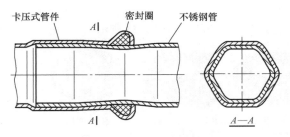

图 2-36 不锈钢管卡压式连接

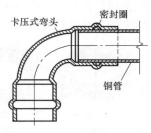

图 2-37 铜管卡压式连接

国内外已被广泛采用，我国于 1983 年颁布了卡套式连接技术标准，现行的是《卡套式端直通管接头》（GB/T 3733）。

1）钢制卡套式管接头。卡套式连接的类型很多，有挤压式、撑胀式、自撑式、噬合式等。噬合式卡套连接，由接头体、卡套及螺母三个零件组成，其中关键零件是卡套中一个带有切刃口的金属环。卡套式管接头是依靠卡套的切割刃口，紧紧咬住钢管管壁，卡套尾部与钢管外圈牢牢抱合，使管内流体得到密封。这种结构具有防松、耐冲击、耐振动、接口简便、迅速、便于维修等特点，特别适用于小管径的管道系统。由于操作安装时不需专用的工具及动火焊接，在维修、防火、高空等场所的管道施工中尤为适用。用手转动螺母，当用手转不动时，说明接头体、卡套、管子和螺母器件均已处于准备工作状态，然后再用扳手将螺母上 1～1.25 圈，整个装配完成。卡套式管接头的结构如图 2-38 所示，卡套式连接的密封原理如图 2-39 所示。

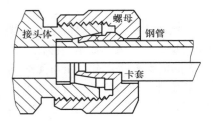

图 2-38 卡套式管接头的结构

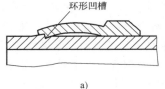
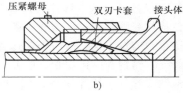

图 2-39 卡套式连接的密封原理

a）在压力的作用下形成凹槽 b）密封原理

2）铜制卡套式管接头。铜制卡套式管接头由铜质卡套、接头体和螺母组成，其卡套为一桶箍型的密封圈。拧紧螺母时，在螺母的推动下，卡套外缘受到接头体和螺母内锥的挤压而变形，形成锥面密封；卡套的内径两端由于产生径向收缩而卡紧管子，形成密封。铜制卡套式管接头应用广泛，连接牢固，密封性好，安装简便，主要用于气源、信号管路，适用于公称压力 ≤PN16、公称尺寸 ≤DN8、工作温度 <150℃ 的纯铜管和尼龙管的连接，其接头材料为黄铜。用于尼龙管时，需在管端内插入铜制薄壁管衬套。铜制卡套安装同钢制卡套式管接头。铜管的卡套连接如图 2-40 所示。

3）卡套式管接头的安装。卡套式管接头的安装按过程可分为预装配、正式装配和重新拆卸安装。预装配时，应根据施工图要求，按零件及组件的标记选择和量度管子，管子表面不得有划痕、凹陷、裂纹、锈蚀等缺陷；按需要的长度切断管子，管端与管中心应呈垂直状

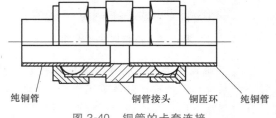

图 2-40 铜管的卡套连接

态，尺寸偏差不得超过管子外径公差的 1/2；清除管端内外周边的毛刺及管内的铁锈、油污等，清洗卡套、接头体和螺母，在螺纹表面涂一层润滑油（禁油管道系统不得涂油）；按先后顺序将螺母、卡套套在管子上，再将管子插入接头体内锥孔；放正卡套，用手旋紧螺母，然后用扳手将螺母缓慢拧紧。正式装配时，将已装好的螺母和钢管插入接头体，用扳手拧紧螺母，直至拧紧力矩突然上升（即达到力矩激增点），再将螺母拧紧 1/4 圈，不要多拧，装配完成。拆卸和再装时，只要把螺母松开即可。再装时应保证使螺母从力矩激增点起再拧紧 1/4 圈即可。

（4）专用接头连接　专用接头连接是指某种管材管道连接时采用专门的接头，例如铝塑复合管、钢塑复合管、铜管、薄壁不锈钢管、塑料管等，都有专用接头。

2.2　铸铁管的加工及连接

2.2.1　铸铁管的切断

铸铁管的种类较多，不同材质和壁厚的管道，其切断方式有所不同。给水铸铁管以及稀土铸铁管、球墨铸铁管等管壁较厚的管道，可采用砂轮锯机械切断方法。对普通排水铸铁管，由于其材质脆，管壁薄，所以不宜采用机械切断方式。可采用手工切断，即用錾切方法将其錾断。其操作方法是在管子切口划线，并在切断线的两侧垫上厚木板，如图 2-41 所示。錾切操作时，转动管子，用錾子沿切断线轻轻錾断 1~2 圈，錾切出线沟。然后沿沟线一边用力敲打錾子、一边转动管子，连续敲打錾子直至切断管子。大口径管的錾切应由两人操作，两人分别站在管子两侧，一人拿錾子，一人拿锤子配合操作。操作时应注意：

1）錾子的刃口要对准管子的切断线，拿錾子要端正，并与管子中心线垂直，不得偏斜。

2）錾切带有裂纹的管子时，为避免裂纹的继续扩展，可先在裂纹的延伸方向 30~50mm 处，用錾子横錾一条深痕，以控制錾切管子时裂纹因受振动而继续伸延。

3）操作时，人应站在管子侧面，且应戴好防护眼镜，以免飞出铁屑伤人。

图 2-41　铸铁管的錾断

2.2.2　铸铁管的连接

铸铁管的连接方法有承插连接、压兰连接、法兰连接和卡箍连接等。埋地管道的大多采用承插连接和压兰连接。在管件连接等特殊位置，也有采用法兰连接的。

1. 铸铁管的承插连接

承插连接主要用于给水、排水、城市煤气、化工等工程中的铸铁管道。

承插连接分刚性承插连接和柔性承插连接。刚性承插连接是将管道的插口插入管道的承口内，然后用密封材料密封，使之成为一个牢固的封闭的管道接头。柔性承插连接接头是在管道承插口止封口上放入富有弹性的橡胶圈，形成一个能适应一定范围内的位移和振动的封闭管接头。推荐使用柔性接口。

按照接口的材料可分为油麻青铅接口、油麻石棉水泥接口、橡胶圈接口、自应力水泥砂浆接口等几种，具体内容可参见第 7 章有关章节。

几种承压承插接口的优缺点及适用条件见表 2-16。

表 2-16 几种接口的适用条件及优缺点

接口材料	适用条件	优缺点
青铅接口（柔性接口）	1. 穿越铁路、公路及其他振动较大的地方 2. 抢修工程	1. 抗弯、抗振性能好 2. 养护容易，施工完后即可运行 3. 接口严密性好 4. 造价高，施工难度大
油麻石棉水泥接口	1. 应用比较广泛，一般地基均可采用 2. 振动不大的地方	1. 有一定的抗振性能及抗轻微弯曲 2. 造价低 3. 打口劳动强度大，操作较麻烦 4. 养护要求高
自应力水泥砂浆接口	1. 同石棉水泥接口 2. 土质松软基础较差地区最好不用	1. 快硬早强，造价低 2. 操作简单 3. 刚性及抗振性能较差 4. 抗碱性能较差 5. 操作时对手上皮肤有刺激
石膏水泥接口	1. 同石棉水泥 2. 气温低于5℃或管内水迎向接口流动时，不能使用此接口	1. 操作简便，工效高 2. 材料来源广，成本低 3. 抗弯、抗振性能差 4. 操作时对人体皮肤有刺激
银粉水泥接口	地基、土壤条件较差，易发生振动处	1. 操作简单，工效高 2. 成本比石棉水泥降低45% 3. 可以承受较高的水压
楔形橡胶圈抗振接口（柔性接口）	地基条件较差，易振动的地方	1. 操作简便，工效高 2. 弹性接口，抗振、抗弯性能好 3. 接口材料要求严，造价比较高

2. 铸铁管的柔性连接

铸铁管柔性承插连接主要有 RK 型承插压盖式柔性连接，RP 型平口法兰式柔性连接，STL 型平口节套式柔性连接，ZPR 型承插伸缩管柔性连接，N、N_1、X 机械接口以及 W 无承口管箍式柔性连接等，分别用于不同管道的连接。

1）排水系统常用的柔性连接所用铸铁管及管件应符合《排水用柔性接口铸铁管、管件及附件》（GB/T 12772）的要求。此柔性连接口分为 A 型压盖式柔性连接和 W 型无承口管箍式两种，简称 A 型接口和 W 型接口。A 型接口属于承插接口，连接如图 2-42 所示，W 型无承口管箍式（卡箍）连接，如图 2-43 所示。

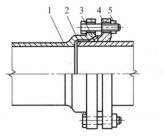
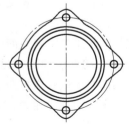

图 2-42 A 型压盖式柔性连接

1—承口 2—插口 3—密封圈 4—法兰压盖 5—螺栓、螺母

2）输送燃气的铸铁管道常采用 N、N_1、X 型柔性机械接口，接口结构如图 2-44 所示。

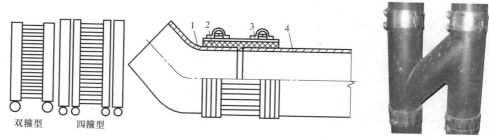

图 2-43　W 型无承口卡箍式柔性连接

1—无承口管件　2—密封橡胶圈　3—不锈钢管箍　4—无承口直管

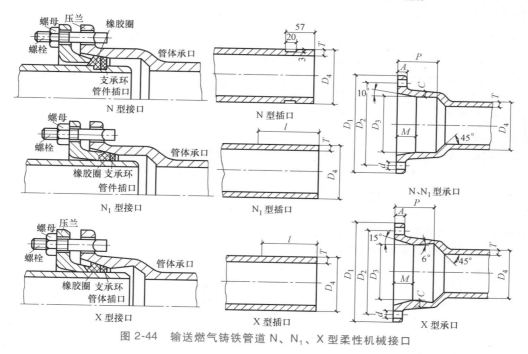

图 2-44　输送燃气铸铁管道 N、N₁、X 型柔性机械接口

2.3　常用非金属管的加工及连接

2.3.1　硬聚氯乙烯塑料管的加工及连接

塑料管的种类很多，具体内容可参见第 1 章 1.3 节。各种塑料管的加工、连接方法多数相同，个别的不同。

1. 机械加工

塑料管一般采用细齿木工手锯或木工圆锯进行切割。切割口的平面度公差为：≤DN50 时，应小于或等于 0.5mm；DN50～DN160 时，应小于或等于 1mm；>DN160 时，应小于或等于 2mm。聚丁烯管还可采用截管器切断。

塑料管的坡口可用人工和机械两种方法制作。人工的方法是用锉刀锉出坡口；机械的方法是用坡口机或机床加工坡口，再用粗锉磨坡口表面。

2. 热加工

将塑料管加热以提高塑料管的塑性，使之在热状态下被加工成所需要的形状。

（1）弯管 塑料弯管应用无缝塑料管制成，弯曲半径 $R = 3.4 \sim 4D$。加工时，先将塑料管的一端用木塞塞紧，管内用无杂质的细砂填实，以防止弯管过程中发生截面形状变形，细砂填完后用木塞将管子另一端堵死。管子的加热时间可根据管径大小按表 2-17 中的规定选用。管子按要求加热后，迅速放入弯管胎内弯曲，冷却后成型。塑料弯管的椭圆度不应超过 3% ~ 4%。考虑到弯管冷却有收缩的现象，弯管时应使弯曲角度比要求的大 2° 左右。

表 2-17 塑料管煨弯加热时间

公称直径/mm	≤65	80	100	150	200
加热时间/min	15~20	20~25	30~35	45~60	60~75

（2）管口扩张 塑料管采用承插口连接或采用松套法连接时，须将管子的一端扩胀或做成承口。扩胀前，先将一端管口用锉刀加工成 30° ~ 45° 角内坡口，另一端管口加工成同样角度的外坡口，如图 2-45 所示。再将管子扩胀端均匀加热。加热的长度：作扩口时为 20 ~ 50mm，作承插口时为管径的 1 ~ 1.5 倍。加热温度：硬聚氯乙烯管、聚氯乙烯管为 120 ~ 150℃；聚丙烯管为 160 ~ 180℃。加热的方法：采用蒸汽间接加热或用甘油（丙三醇）直接加热。图 2-46 所示为简易甘油加热锅。

做承口时，将带有外坡口的管子插入加热变软的带有内坡口的管端内，使其扩大为承口，成型后，再将插口的管端拔出。做扩口时，金属模具也应预热至 80 ~ 100℃。

（3）管口翻边 塑料管采用松套法兰连接时，必须先进行管口翻边。翻边前，管口加热温度及加热时间与管口扩胀相同。管子加热取出后立即套上法兰，将预热后的翻边内胎模（图 2-47）插入变软的管口，使管口翻成垂直于管子轴线的卷边，成型后退出胎具，并用水冷却。翻成后的卷边不得有裂纹和皱折等缺陷。

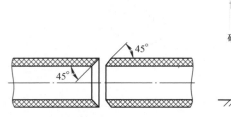
图 2-45 管口扩张前的坡口

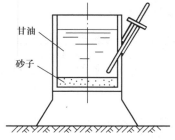
图 2-46 简易甘油加热锅

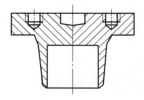
图 2-47 塑料管翻边内胎模

3. 塑料管的连接

塑料管的连接方法主要有热风焊接、热熔连接、电熔连接、承插连接、法兰连接和粘接连接等。

（1）热风焊接 常用于塑料管道及塑料设备的连接，主要有热空气焊接。

热空气焊接其原理是用过滤后的无油压缩空气经塑料焊枪中的加热器加热到一定温度后，由焊枪喷嘴中喷出，使塑料焊件和焊条加热呈熔融状态而连接在一起。热空气焊接设备及其配置如图 2-48 所示。其中，空气压缩机给空气提供流动的动力，使其克服阻力，以一定的速度喷出。滤清器的作用是清除压缩空气中的油脂和水分，这对提高焊接强度和延长焊枪内电热丝的使用寿命极为重要。调压变压器用以调节焊枪内电热丝的电压大小，从而调节由焊枪喷嘴喷出后的压缩空气的温度。焊枪为电热式焊枪，由喷嘴、金属外壳、电热丝、绝缘瓷圈和手柄组成，其作用是加热空气并使其以一定速度喷出。

　　焊接前，应选用合适的焊条。塑料焊条的化学成分应与焊件的化学成分一致，焊条直径必须根据所焊管子的壁厚选用，见表 2-18。但是，要注意焊缝根部的第一根打底焊条，通常采用直径为 2mm 的细焊条。

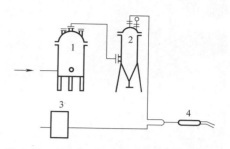

图 2-48　热空气焊接设备及其配置示意图
1—空气压缩机　2—滤清器
3—调压变压器　4—焊枪

表 2-18　焊条选用

板材厚度/mm	焊条直径/mm
2~5	2
5.5~15	3
以上	3.5

　　焊接前，还应根据焊件的厚度做成 60°~80° 的坡度，焊件的间隙应小于 0.5~1.5mm，对接时两管子错口量不大于壁厚的 10%。焊口应清洁，不得有油、水及污垢。焊接时，焊条应与焊缝垂直，如图 2-49 所示，并对焊条施以 10~15N 的压力；焊条应均匀摆动，使焊条和焊件同时加热；焊枪喷嘴与焊条夹角为 30°~45°。焊接时，还要注意：热空气温度距焊枪喷嘴 5~10mm 处为 200~250℃；热空气压力，聚氯乙烯管焊接为 0.05~1MPa，聚丙烯管焊接为 0.02~0.05MPa。各层焊条的接头须错开。焊缝饱满、平整、均匀，无波纹、断裂、烧焦和未焊透等现象。焊缝堆积高度要比焊件面高出 1.5~2mm。焊缝焊接完毕，应自然冷却。

　　（2）热熔连接　热熔连接的原理是：利用电或其他加热器具或元件所产生的高温加热连接面，直至熔化，然后抽去加热元件，将两连接件迅速压合，冷却后即牢固地连接。热熔连接又分为承接和对接两种形式。

　　连接时，先将连接的塑料管放在焊接工具的夹具上固定。应注意：清除管端的氧化层、油污，管端间隙一般不超过 0.5mm。再用加热元件加热两管口，使之熔化 1~2mm；去掉加热元件，以 0.1~0.25MPa 的压力加压 3~10min，使熔融表面连接成一体。操作时应注意：去掉加热元件后，要以均匀地速度施压，使两个端面的熔融物能

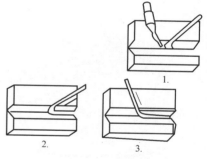

图 2-49　焊接时焊条的位置

均匀地熔合在一起，并且在两个管的端面结合处内外环向位置的熔融物均匀产生回滚，从而形成比较完好美观的两条熔融圈。在其完全冷却之后，则形成一个标准的熔融对接接口。小管径塑料管的热熔连接如图 2-50 所示，大管径塑料管的热熔连接如图 2-51 所示。

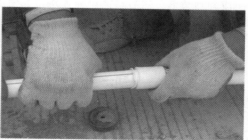

图 2-50　小管径塑料管的热熔连接

夹紧并清洁管口　　　　　　　调整并修平管口　　　　　　　加热板吸热

加压对接　　　　　　　　　保持压力冷却定型　　　　　　　焊接成型

图 2-51　大管径塑料管的热熔连接

（3）电熔连接　部分塑料管件和管件连接件自身带有电热装置，连接时，只需将热熔件的两个电极与专用电源接线柱连接即可，通电后，管件在电热丝的作用下被热熔，将管件与管接头处材质熔化，使其紧密地结合在一起。通电时间和所需电压、电流应根据塑料管的种类确定。热熔和电熔连接方法适用于 PE 管、PE-RT 管、PP-R 管、PB 管、PEX 管的连接。电熔焊机和电熔元件如图 2-52 所示。

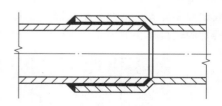

图 2-52　电熔焊机与电熔元件

（4）承插连接　当塑料管采用承插连接时，应先将接口处用酒精擦净，涂上 20%的过氯乙烯树脂与 80%的二氯乙烯组成的黏结剂，然后将插口插入承口，使承插口间结合紧密，最后将接口处焊接，如图 2-53 所示。这种接口强度高，严密性好。

（5）法兰连接　塑料管的法兰连接常用的有卷边松套法兰连接和平焊法兰连接两种，适用于压力不高的管道连接。

图 2-53　塑料管的承插连接

卷边松套法兰连接是在翻边的塑料管上套上法兰，用螺栓连接紧固，如图 2-54a 所示。

平焊法兰连接是将塑料板制成的法兰直接焊在管端上，然后用螺栓连接。这种接口，连接简单，拆卸方便，适用于压力较低的管道。要求：法兰尺寸应与钢法兰尺寸一致，但厚度要大些，法兰两面都要与管子焊接，如图 2-54b 所示。法兰垫料选用布满密封面的轻质宽垫片，防止拧紧螺栓时损坏法兰。

（6）粘接连接　在需要连接的两管端接合处涂以专用的黏结剂，使其依靠黏结剂的黏合力牢固而紧密地结合在一起。粘接连接施工方便、成本低、密封性能好，在管道工程施工中广泛使用，在非金属管道的连接中应用较多，例如塑料管、玻璃钢管等，尤其是塑料排水管一般都采用粘接连接。塑料管的粘接工艺流程如图 2-55 所示。

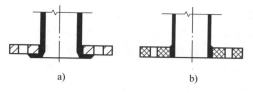

图 2-54　塑料管的卷边松套

法兰连接和平焊法兰连接

a）卷边松套法兰连接　b）平焊法兰连接

PVC-U管切割　　　去毛刺　　　清理油污、尘埃

涂抹黏结剂　　　连接管道　　　清理黏结剂

图 2-55　塑料管的粘接工艺流程

2.3.2　混凝土管及钢筋混凝土管接口连接

混凝土管及钢筋混凝土管的接口分刚性和柔性两类，具体的接口方法因管径大小而不同。

1. 承插式接口

小管径的混凝土管及钢筋混凝土管多制成承插式接口，接口方法与铸铁管的承插接口基本相同，接口材料用水泥砂浆和油麻沥青水泥砂浆等。

（1）水泥砂浆接口　先将管子在管线上就位，在承口中填入 1：（1.25～1.3）质量比的水泥砂浆。为使填塞时水泥砂浆不从承口中流出，水泥砂浆应有一定的稠度。填塞时要用手或抹刀将水泥砂浆填入承口中。填满后用抹刀挤压表面，并削平成如图 2-56 所示的形状。

用水泥砂浆填塞的承插式接口，属刚性接口，应有较好的管道基础。当有地下水或污水的侵蚀时，需用耐酸水泥。

（2）油麻沥青水泥砂浆接口　这种接口对口前应先将承口、插口的泥土和污垢擦净，对口间隙为 3～5mm，在接口环缝间隙中先塞入两层油麻，再堵塞水泥沥青条将其捣实，其余 1/2 承口深度的接口内，填入 1：2（体积比）水泥砂浆，在接口外抹一圈 45°倾角的保护。水泥沥青条制作时，先将 4 号或 5 号沥青熬化，温度达到 150℃ 时，加入沥青重量 40% 的普通硅酸盐水泥（强度等级不低于 42.5 级）搅拌均匀，适当冷却软化后制成水泥沥青条。

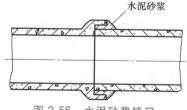

水泥砂浆

图 2-56　水泥砂浆接口

2. 抹带式接口

常用水泥砂浆抹带接口和钢丝网水泥砂浆抹带接口。

（1）水泥砂浆抹带接口　它属刚性接口，抗弯折性能差，一般宜设置混凝土基础与管座。水泥砂浆的配比为 1：（1.25～1.3）（质量比）。抹带之前，应将管口洗净拭干。抹带宜从管座外分层往上抹，如图2-57所示。管径较大时人可在管内操作。除管外壁抹带外，管内缝需用水泥砂浆填塞。水泥砂浆抹带接口抹带厚度为30mm，抹带宽为120~150mm。

（2）钢丝网水泥砂浆抹带接口　在水泥砂浆抹带中加入钢丝编制的网，可以增加接口的闭水能力和强度，如图2-58所示。钢丝网在管座施工时预埋在管座内。水泥砂浆分两层抹压，第一层抹完后，将管座内侧的钢丝网兜起，紧贴平放砂浆带内；抹第二层先压实。

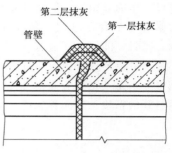

图 2-57　水泥砂浆抹带接口

3. 套环接口

如图2-59所示，在套管与管壁的环形间隙中塞入石棉水泥或油麻石棉水泥。水泥的配比与承插铸铁管接口相同，不同之处是：水泥应在接口两侧塞入、打完。

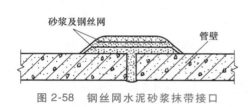

图 2-58　钢丝网水泥砂浆抹带接口

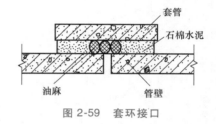

图 2-59　套环接口

套环接口适用于地基不均匀地段或地基经处理后管段有可能产生不均匀沉陷地段的排水管道上。

2.3.3　陶土管接口连接

陶土管的接口多采用承插连接，一般常用的接口填料有黏土填充、水泥砂浆填充以及沥青玛蹄脂填充。

1. 黏土接口

接口时所用的黏土为可塑性的，是不含砂或其他混合物的白色油性黏土。黏土与水的比例为81.5%∶18.5%。黏土加水后拌和均匀，要达到能用手捏成团的状态。接口的填塞是先在承插口的环形孔隙内填入1/3~1/2的油麻或石棉绳，然后再在整个承插口环形孔隙接头的周围用黏土填塞密实，接口的四周涂一层厚为70~80mm，宽为250~300mm的黏土层。

这种接口的优点是成本低，施工操作简单方便。缺点是在生长树的地方不宜使用，因为树根为了寻求水分会伸穿黏土层而伸到管子内部，同时容易被蚯蚓毁坏，也可以被地下水冲坏。

2. 水泥砂浆接口

普通陶土管一般采用水泥砂浆接口，因管径小，接口工作多在沟槽内进行。首先稳好第一节管子，将其承口擦洗干净，并在承口下部放一些水泥砂浆，以使接口下充满砂浆；然后将另一节管子的插口擦洗干净，插入已稳妥的第一节管子承口内。承插口的其余缝隙，再用水泥砂浆紧密塞实。填塞水泥砂浆时，注意检查管底标高。接口所用水泥砂浆的配合比为1∶1或1∶2，其稠度以在填塞时不致从承口中流出为原则。

水泥砂浆接口方法简单，容易操作，但因为是刚性接口，易产生地基下沉而裂缝漏水的现象。对质量要求较高的地方，可采用沥青玛蹄脂或石棉水泥填塞。

2.3.4　石棉水泥管接口连接

石棉水泥管大多为平口，其接口连接方法有刚性接口、半柔性接口和柔性接口。

1. 刚性接口

石棉水泥管的刚性接口由套管和填料组成。套管可使用铸铁套管或石棉水泥套管。接口的填料可使用石棉水泥、自应力水泥（膨胀水泥）砂浆和黏结剂等材料。工程中最常用的是石棉水泥做填料的石棉水泥接口。其接口方法是：将管子按套管长度插入，对口留有 3～8mm 的间隙，调整管子与套管同心后，向管子与套管的环形间隙中塞入油麻并打完。油麻的长度约占套管长度的 1/5～1/3，如图 2-60 所示。然后分层填入石棉水泥并打实。

2. 半柔性接口

半柔性接口的套管一般采用石棉水泥套管或钢筋混凝土套管，如图 2-61 所示。其连接方法是先将套管在管口上，按预定位置在管子上画出基准线；对口前将橡胶圈套在另一个管口上；对口后，找正套管位置，用捻凿将橡胶圈打紧，塞入油麻股，深度为套管承口的 1/3；打实油麻股后，分层填塞填料并打实，填料用石棉水泥；注意养护。

3. 柔性接口

石棉水泥管的柔性接口按构造不同，可分为套箍式、法兰式和套箍式单面柔性接口三类。常用的是人字箍和胶圈柔性接口，如图 2-62 所示。这种接口不能直接埋在土中，而应置于检查井内，并对法兰螺栓做防腐处理。具体操作时要求按如下步骤及方法进行：

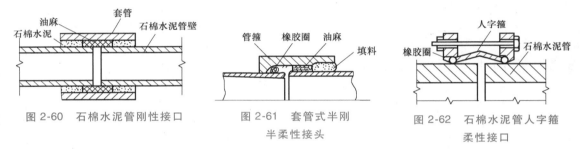

图 2-60　石棉水泥管刚性接口　　　　图 2-61　套管式半刚　　　　图 2-62　石棉水泥管人字箍
　　　　　　　　　　　　　　　　　　　　半柔性接头　　　　　　　　　　　柔性接口

1）将法兰盘分别套在需要连接的管子上。

2）将橡胶圈套入两管端。

3）在对口的同时套上人字箍，并摆在对口的中心位置，对口间隙应有 3～8mm。

4）移动橡胶圈，使其紧靠人字箍端面凹槽。

5）移动两面法兰盘，使其紧靠橡胶圈。

6）穿螺栓，带螺母，用扳手对称拧紧。

练　习　题

1. 常用的钢管切断方法有几种？各种方法的特点是什么？

2. 管道加工常用的工具、机具有哪些？各自在使用中应注意哪些问题？

3. **常见钢管管道的连接方式有哪些？各有什么特点及具体要求？可列表表述。**

4. **常见铸铁管道的连接方式有哪些？各有什么特点及具体要求？可列表表述。**

5. **常用非金属管的连接方式有哪些？各种方式的适用条件是什么？可列表表述。**

6. 简述安装工程中常规的焊接基本要求，如何避免焊接引起的变形？

7. 弯管与方形补偿器煨制时，应注意哪些问题？可画图说明。

（注：加重的字体为本章需要掌握的重点内容。）

第 3 章
供暖系统的安装

　　按照设计图纸要求将供暖设备安装就位，并与管道系统进行连接，形成完整的供暖系统的过程被称为安装施工。在整个施工过程中，均应按照设计图、施工质量验收规范、技术规程的要求作业。供暖系统通常按照《建筑给水排水及采暖工程施工质量验收规范》（GB 50242）及各种管道的技术规程进行工程质量验收。系统支、吊架还应满足建筑抗震设计的要求。城市管网和大型小区热力外线可参照《城镇供热管网工程施工及验收规范》（CJJ 28）进行工程质量验收。

　　在施工前，施工单位应组织各专业施工技术人员进行图样会审，对设计图上的不明确之处、存在的问题以及合理化建议等内容进行充分讨论，并约请设计单位进行必要的技术交底、现场答疑、方案确认和办理相关的技术洽商手续。通过进行技术沟通，施工单位要对工程中可能出现的问题做到心中有数，同时，根据已经确定的设计方案，进行材料统计和施工组织设计。

3.1　室内供暖系统的安装

　　室内供暖系统分为热水系统和蒸汽系统，又分为供暖系统和生活热水系统，其施工过程和技术要求以及施工质量验收标准基本相同。按照施工工序，有顺序安装法和平行安装法。顺序安装法是在主体结构工程完工后，内部基本装修开始前进行管道和设备的安装，这种方法可以把安装工程全面展开，专业施工速度较快，但需要在前期土建施工中做好预留预埋工作。平行安装法安装工作与土建工作同时进行，交叉作业，省掉了前期的预留预埋工作，但人员和物资调配复杂，过程管理比较较为困难，所以多采用顺序施工法。

3.1.1　室内供暖管道及设备的安装

　　供暖系统安装主要包括管道、散热设备或用水设备以及附属器具的安装。

　　图 3-1 所示为传统供暖方式的系统示意图，图 3-2 所示为低压蒸汽供暖系统图。图中标明了系统形式、管道走向、管径、固定支架和补偿器位置、控制点标高、坡向、立管与散热器的连接形式、旁通管的安装、管道避让情况、使用管件部件情况和数量，参照供暖设计平面图，还能了解到更多的信息。但图中还有很多问题并没有交代清楚，其中包括设备施工安装标准图集给出的通用做法以及施工人员结合标准图集和现场具体情况采用的具体安装方法等。

　　室内供暖干管宜选用焊接钢管、热镀锌钢管。室内垫层内敷设的管道应按照连接方式选用适合的供暖专用塑料管材。垫层内设置的供暖用塑料管道不应有接头。塑料管与金属管件、阀门等连接时应使用专用管件。

　　室内供暖系统的施工程序分为两种，一种是先安装散热器，再安装干管、配立管和支管。另一种是先安装干管、配立管，再安装散热器、配支管。无论采用何种方法，都必须首先选择基准（基准点或基准面），才能使管道定位、标高、路由、下料长度和管件配备等落实到实处。然后再按照图样测绘的加工草图以及管道上的编号、标记，将预制好的干、立、支管和 Π 型、Ω 型

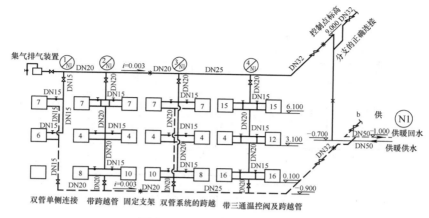

图 3-1　热水供暖系统示意图

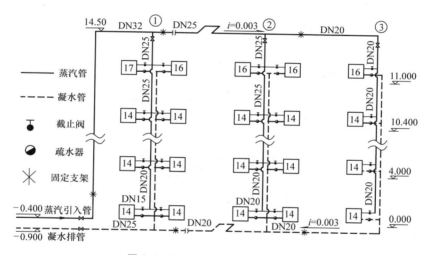

图 3-2　低压蒸汽供暖系统示意图

补偿器等半成品加工件及管子组合件，按环路分别运至安装区域或位置上。安装前还要与墙上或地沟壁上的记号一一核对。施工时，应在每一施工部位的管道安装中及安装后，使用支架上的固定卡将其固定，以确保安装的准确性，满足连续施工作业的要求。

1. 热力入口的做法

热力入口的做法如图 3-3～图 3-6 所示。热水供暖系统入口装置若无具体设计，可按图 3-3 安装，如果安装热量表，一般多装在回水管上，并在供水管上安装温度测点，带热计量的热力入口做法如图 3-4 所示。

蒸汽系统安装时，注意蒸汽总管、凝结水总管的安装坡度及坡向。疏水器应预先组装好，再整体与蒸汽总管及凝结水总管上焊接的螺纹短管连接。

蒸汽系统的入口处有时还会涉及减压问题，减压阀组装后的阀组通常称为减压器。其做法如图 3-7 所示。其包括减压阀、前后控制阀、压力表、安全阀、冲洗管及冲洗阀、旁通管及旁通阀等。减压器螺纹连接时，用三通、弯头、活接头等管件进行预组装，组装后减压器两侧带有活接头，便于和管道进行螺纹连接。也可用焊接形式与管道连接。

减压阀具有方向性，安装时不得装反，且应垂直安装在水平管道上。减压器各部件应与所连

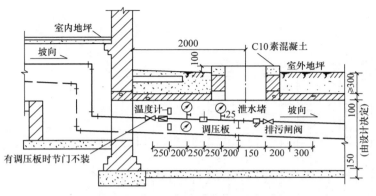

图 3-3　热水供暖系统入口

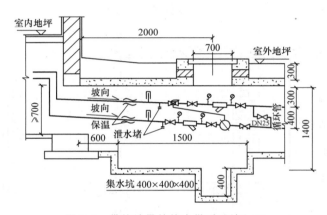

图 3-4　带热计量的热水供暖系统入口

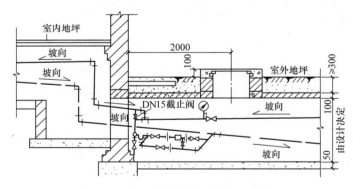

图 3-5　低压蒸汽供暖系统入口装置

接的管道处于同一中心线上。带均压管的减压器，均压管应连于低压管一侧。旁通管的管径应比减压阀公称直径小 1~2 号，减压阀出口管径应比进口管径大 2~3 号。减压阀两侧应分别安装高、低压压力表。DN50 及以下的减压阀，配弹簧安全阀；DN70 及以上的减压阀，配杠杆式安全阀，所有安全阀的公称直径应比减压阀公称直径小 2 号。减压器沿墙敷设时，离地面 1.2m；平台敷设时，离操作平台 1.2m。蒸汽系统的减压器前设疏水器，减压器阀组前设过滤器。波纹管式减压器用于蒸汽系统时，波纹管朝下安装。

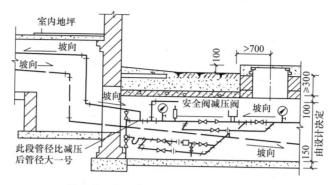

图 3-6　高压蒸汽系统减压后入口做法

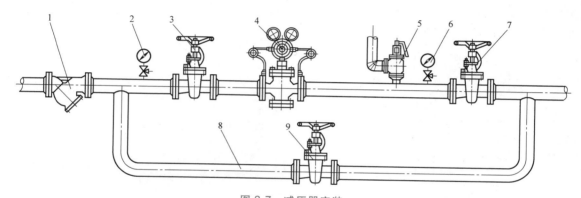

图 3-7　减压器安装

1—过滤器　2、6—压力表　3、7、9—闸阀　4—减压阀　5—安全阀　8—旁通管

2. 供暖管道的连接方式、变径做法和下料长度的确定

（1）供暖管道的连接方式　低压蒸汽和热水供暖管道可采用焊接钢管和热镀锌钢管。采用焊接钢管时，≤DN32，采用螺纹连接；>DN32，采用焊接连接。热水供暖管道采用整体保温管的和蒸汽供暖系统，均采用焊接连接。当供暖管道采用热镀锌钢管时，≤DN100，采用螺纹连接；>DN100，采用法兰或卡箍连接。供暖系统中管道与阀门或其他部件的连接处可采用法兰连接，经常需要拆卸的部位可采用法兰连接或设置活接头。

（2）供暖管道的坡度与坡向　气、水同向流动的热水供暖管道，蒸汽系统汽、水同向流动的蒸汽管道及凝结水管道，坡度均为 0.003，不应小于 0.002；气、水逆向流动的热水供暖管道，蒸汽系统汽、水逆向流动的蒸汽管道，坡度不应小于 0.005；散热器支管的坡度应为 0.01；应坡向有利于排气和泄水。连接散热器的支管应保持坡度，坡向如图 3-8、图 3-9 所示。

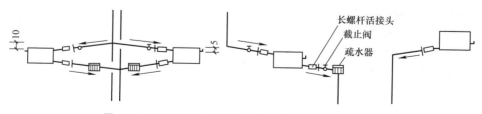

图 3-8　不同的蒸汽供暖形式散热器支管的安装坡向

（3）管道变径与分支的做法　为保证供暖系统的排气、泄水畅通，在水平干管变径时，通

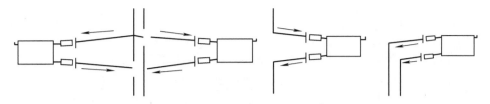

图3-9　不同的热水供暖形式散热器支管的安装坡向

常采用偏心变径。热水供暖系统要保证排气通畅，一般应采用上平，蒸汽供暖系统要保证泄水通畅，一般采用下平。立管多采用同心变径。变径的位置一般设置在三通后200~300mm处，不得任意延长变径位置。供暖干管变径做法如图3-10、图3-11所示。还应注意：管道的两个相邻焊缝间距不得小于管子外径，且不宜小于180~200mm；不得在管道弯曲部分和焊缝处焊接分支；吊、支架也不能设在焊缝处。

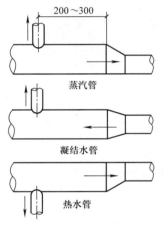

图3-10　供暖管道的变径和分支做法

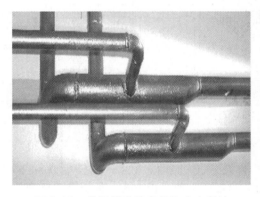

图3-11　供暖管道的变径和分支做法

（4）管道的下料长度　室内供暖系统的施工方法又分为现场测线法和预制化施工两种，无论哪种方法都需要进行测线，前者是现场测线，后者是图上测线。只有通过测线，才能掌握管道的确切长度，并为准确下料做好准备。测量管道尺寸时，通常会涉及长度概念，各种长度之间的关系如图3-12所示。

1）建筑长度是指管道系统中两个管件或设备中心之间的轴心尺寸、距离。

2）安装长度是指管件或设备之间管子的有效长度，安装长度等于建筑长度减去管件或接头装配后占去的长度。

3）加工长度是指管子所需的实际下料尺寸。

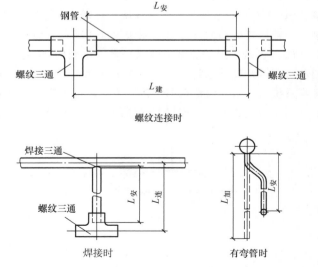

图3-12　建筑长度与安装长度的关系

管道的下料方法分为计算下料法和比量下料法，如图 3-13 和图 3-14 所示。

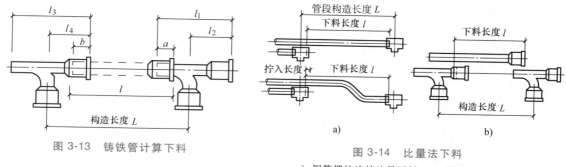

图 3-13 铸铁管计算下料

图 3-14 比量法下料

a）钢管螺纹连接比量下料 b）铸铁管比量下料

3. 供暖管道的安装

（1）供暖干管的安装 供暖干管包括供水干管、回水干管、蒸汽干管、凝结水干管、热水干管、循环水干管等，多数敷设于地沟、管廊、设备层或屋顶内。暗装供暖管道一般都应进行保温，供暖房间内的明装供暖管道可不保温。

供暖管道穿越楼板和隔墙时，应设置套管。套管由薄钢板或钢管制成，通常比穿越管大 1~2号。安装时先将预制好的套管穿上，管道安装完成后，将套管浇铸在预留在楼板上的管道安装孔内。套管下部与楼板平齐，普通房间套管上部高出地面 20mm，厨房、卫生间等有可能积水的地方套管高出地面 50mm，穿越隔墙的套管两端与墙面平齐。管道特别是穿越有煤气或存在其他危险的房间时，套管与管道之间应用阻燃填料填实。穿越建筑物基础或地下建筑物时，应采用防水套管。管道穿过结构件缩缝、抗震缝及沉降缝敷设时，应根据情况采取柔性连接，留出不小于150mm 的净空或做成方形补偿器等保护措施。

按照设计以及坡度绘出管道安装中心线，也是支架安装的基准线。管道距墙面净距及预留孔洞尺寸见表 3-1。

表 3-1 管道距墙面净距及预留孔洞尺寸　　　　（单位：mm）

管道名称及规格		明管留洞尺寸 （长×宽）	暗管墙槽尺寸 （宽×深）	管外壁与墙面 最小净距
供热及供暖立管	≤25	100×100	130×130	25~30
	DN32~DN50	150×150	150×130	35~50
	DN70~DN100	200×200	200×200	55
	DN125~DN150	300×300	—	60
两根立管	≤DN32	150×100	200×130	—
散热器支管	≤DN32	100×100	60×60	15~25
	DN32~DN40	150×130	150×100	30~40
供热主干管	≤DN80	300×250	—	—
	DN100~DN150	350×300	—	—

供暖干管上的支架、托架、吊架，可根据不同的建筑物、不同的敷设位置和敷设管道的数量确定，具体可分为悬臂托架、三角托架、吊架和管卡等，如图 3-15 所示。托架、吊架多数是在现场制作。

管道支架、吊架在建筑结构上的固定方法，可根据具体情况分别采用在建筑结构上预埋金属焊件、打洞栽埋固定件，最后焊接固定的方法，也可采用膨胀螺栓或射钉枪在建筑结构上固定的方法。由于采用打膨胀螺栓的方法，可以提高安装速度、降低安装成本，因此在多数建筑中得

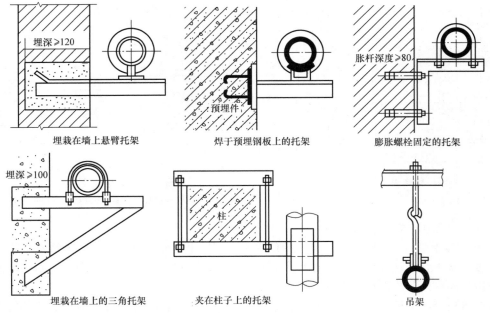

埋栽在墙上悬臂托架　　　　　焊于预埋钢板上的托架　　　　膨胀螺栓固定的托架

埋栽在墙上的三角托架　　　　　夹在柱子上的托架　　　　　　吊架

图 3-15　室内供暖系统几种支架

到广泛的应用。膨胀螺栓由金属材料、塑料或复合材料制成，分为胀管型、锥塞型、胀塞型和其他类型。图 3-16、图 3-17、图 3-18 所示为胀管型膨胀螺栓、锥塞型膨胀螺栓、锥塞带内螺纹可调间距膨胀螺栓，它们适用于实心砖、实木及钢筋混凝土等建筑结构形式。结构形式不同、承重量不同，固定支架的胀管膨胀螺栓型号也有所不同。

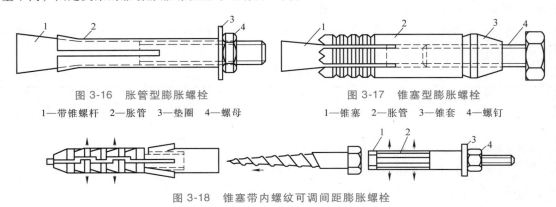

图 3-16　胀管型膨胀螺栓　　　　　　　　　　　图 3-17　锥塞型膨胀螺栓

1—带锥螺杆　2—胀管　3—垫圈　4—螺母　　　　　1—锥塞　2—胀管　3—锥套　4—螺钉

图 3-18　锥塞带内螺纹可调间距膨胀螺栓

1—螺杆　2—聚氯乙烯膨胀管　3—垫圈　4—螺母

　　射钉枪不用钻孔，可加快工程进度。对于承重量不太大的支吊架固定，可用射钉枪将钢钉直接射入建筑结构中，将支架直接固定或留出金属焊接点。图 3-19 所示为射钉和射钉枪。

　　干管悬吊式安装：安装前，将地沟、地下室、技术层或顶棚内的吊卡穿于型钢上，管道上套上吊卡，上下对齐，再穿上螺栓，带紧螺母，将管子初步固定。

　　干管在托架上安装：将管子搁置于托架上，先用 U 形卡固定第一节管道，然后依次固定各节管道。固定托架、滑动管卡的一般做法如图 3-20、图 3-21 所示。

　　供暖管道承托于支架上，支架应稳固可靠。预埋支架时要考虑管道按设计要求的敷设坡度，可先确定干管两端的标高，中间支架的标高可由该两点拉直线的办法确定。支架的间距过大会

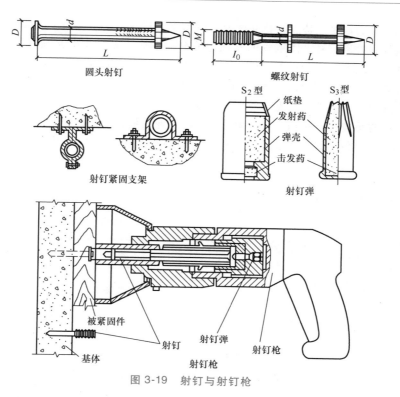

图 3-19 射钉与射钉枪

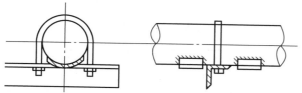

图 3-20 固定托架一般做法

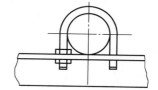

图 3-21 滑动管卡一般做法

使管道产生过大的弯曲变形而使管内流体不能正常流动。支架的最大间距执行《建筑给水排水及采暖工程施工质量验收规范》（GB 50242），可参见表 3-2～表 3-4。

表 3-2 钢管管道支架最大间距

管子公称直径/mm		15	20	25	32	40	50	70	80	100	125	150	200	250	300
支架最大间距/m	保温管	2.0	2.5	2.5	3.0	3.0	3.5	4.0	4.0	4.5	5.0	6.0	7.0	8.0	8.5
	非保温管	2.5	3.0	3.5	4.0	4.5	5.0	6.0	6.0	6.5	7.0	8.0	9.5	11.0	12.0

表 3-3 塑料管及复合管垂直或水平安装的支架最大间距

公称直径/mm			12	14	16	18	20	25	32	40	50	63	75	90	110
支架最大间距/m	立管		0.5	0.6	0.7	0.8	0.9	1.0	1.1	1.3	1.6	1.8	2.0	2.2	2.4
	水平管	冷水	0.4	0.4	0.5	0.5	0.6	0.7	0.8	0.9	1.0	1.1	1.2	1.35	1.55
		热水	0.2	0.2	0.25	0.3	0.3	0.35	0.4	0.5	0.6	0.7	0.8		

表 3-4 铜管垂直或水平安装的支架最大间距

公称直径/mm		15	20	25	32	40	50	65	80	100	125	150	200
支架最大间距/m	垂直管	1.8	2.4	2.4	3.0	3.0	3.0	3.5	3.5	3.5	3.5	4.0	4.0
	水平管	1.2	1.8	1.8	2.4	2.4	2.4	3.0	3.0	3.0	3.0	3.5	3.5

　　根据管道支架的作用、特点，将支架分为活动支架和固定支架。固定支架本身必须能承受较大的力，并能限制管道位移，使钢管的直线部分分段膨胀。固定支架必须按设计规定的位置安放，紧固后室内供暖系统才能投入运行。活动支架不应妨碍管道由于热胀冷缩而引起的移动。每两个固定支架间有一个解决管道热胀冷缩的补偿器，固定支架之间设若干个活动支架。采用金属制作的管道支架，应在管道与支架间加衬非金属垫或套管。

　　支吊架安装时须按热位移相反方向偏移1/2的热伸缩量，严禁在距离支、吊架50mm以内开立管连接孔、焊接。图3-22所示是吊架和高支座的倾斜安装，图3-23所示是管道上焊口距支架点的位置。

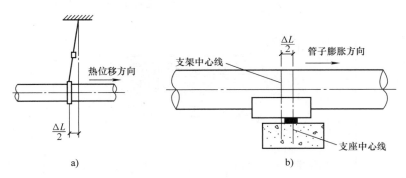

图 3-22　吊架及高支座的倾斜安装

a）吊架的倾斜安装　b）高支座在混凝土滑托上的安装

　　干管与水平分支干管的连接方式，如图3-24所示，主管与分支干管的连接方式如图3-25所示。

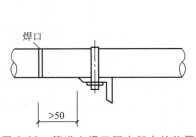

图 3-23　管道上焊口距支架点的位置

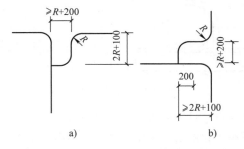

图 3-24　干管与水平分支管的连接方式

a）水平连接　b）垂直连接

　　供暖的管道安装通常从热力入口或分支点开始。若为螺纹连接，则在螺纹头处抹上铅油按顺时针方向缠好麻丝，在末端将管子找平后，在接口处将第一节管子相对固定对准螺扣，慢慢转动入口，直至手转不动时，再用管钳咬住管件，用另一管钳上管，上管松紧以外露

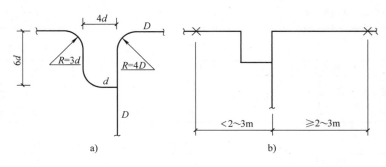

图 3-25　主管与分支干管的连接方式

a）主立管羊角弯　b）主立管羊角弯支架位置

2~3 个螺扣为准，最后将螺扣处鼓出的麻丝用锯条、钢丝刷等清理干净。对于地下室、地沟、顶棚内、技术层中和楼板下的水平干管多采用焊接。安装顺序同螺纹连接，从第一节管子开始，将管子扶正找平，使甩口方向一致，对准管口，穿直后气焊点住。再按工艺标准焊接。点焊时，管径 50mm 以下的管道点焊三点，管径 70mm 及以上的管道点焊四点。

（2）立管的安装　供暖立管安装前应对预留孔洞的位置和尺寸进行检查，并在建筑结构上标出立管的中心线，按照立管中心线在干管上开孔焊制三通管接口，但焊渣不能留在管道中，并根据建筑物层高和立管的根数，在相应的位置上埋好立管管卡，待埋藏管卡的水泥砂浆达到要求强度后，就可以进行立管的固定和支管段的安装工作。

生活热水立管和循环管多安装于管道竖井中，其固定支架的位置应提前做好，要注意循环管的连接位置。管道固定后，还应进行保温。

安装立管时，不管设计图中表述是否清楚，都应该采用正确的连接方式。为保证安装和维修方便，两管中心间距必须得到保证（管径≤32mm 的不保温的供暖双立管管道中心距为 80mm，允许偏差为 5mm），还要保证管道的垂直度。供水或供气管（热水供水管）一般置于面向的右侧。立管上的卡子根据供暖系统的形式分为单立管卡子和双立管卡子，分别用于单管系统和双管系统。当供暖房间层高≤5m 时，立管上每层安装一个管卡，管卡安装高度距地面 1.5~1.8m；当层高大于 5m 时，每层不得少于 2 个管卡。两个以上管卡应匀称安装，同一房间管卡应安装在同一高度上。立管上应安装可拆卸件，热媒低于 100℃，可采用活接头或长螺杆（俗称长丝）；热媒若为 110~130℃ 的高温水，管道的可拆卸件应使用法兰，垫料应使用耐热橡胶板。

散热器立管安装位置及支管布置形式如图 3-26 所示，暗装的供暖及热水管道应做保温层和保护层，暗装的剔槽的尺寸如图 3-27 所示。供暖管道安装的允许偏差见表 3-5。立管安装应从底层到顶层逐层安装，安装时首先确定安装位置，然后画好立管垂直中心线，确定立管卡安装位置，安装好各层立管卡。

立管管径不大，多采用螺纹连接，方法同干管安装。立管逐层安装时，一定要先穿入套管，

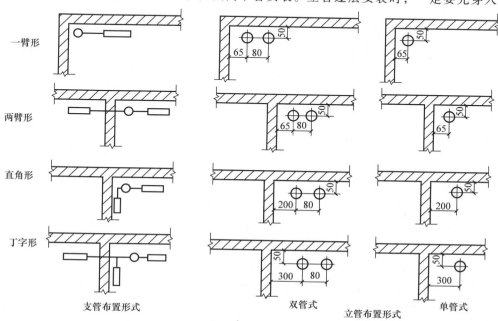

图 3-26　散热器立管安装位置及支管布置形式

并将其固定好。再用立管卡将管子固定于立管中心线上，安装时确保其垂直度满足工程质量验收标准。

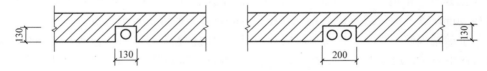

图 3-27　暖气立管剔槽暗装

表 3-5　供暖管道安装的允许偏差

项次	项 目			允许偏差	检验方法
1	横管道纵、横方向弯曲/mm	每1m	管径≤100mm	1	用水平尺、直尺、拉线和尺量检查
			管径>100mm	1.5	
		全长（25m以上）	管径≤100mm	≤13	
			管径>100mm	≤25	
2	立管垂直度/mm	每1m		2	吊线和尺量检查
		全长（5m以上）		≤10	
3	弯管	椭圆率 $\dfrac{D_{max}-D_{min}}{D_{max}}$	管径≤100mm	10%	用外卡钳和尺量检查
			管径>100mm	8%	
		折皱不平度/mm	管径≤100mm	4	
			管径>100mm	5	

注：D_{max}，D_{min}分别为管子最大外径及最小外径

从架空的干管上接立管时，应用弯头来保证与后墙的净距离。立管在地沟中（或地面上）与回水干管连接时，也应使用2~3个弯头进行连接，且立管垂直底部还应装泄水装置。供暖立管与顶部干管连接及与下端干管的连接如图3-28和图3-29所示。

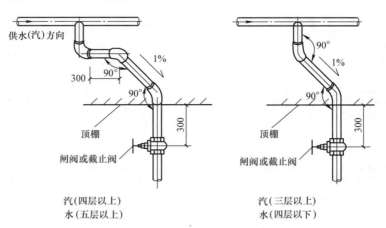

图 3-28　供暖立管与顶部干管的连接

对于双管系统或跨越管系统，有时会发生管道的交叉，这时需要按照避让原则，管道避让通常采用的方法是采用立管抱弯越过散热器支管，且弯曲部分侧向室内。抱弯设在立管上，便于先安装立管再安装支管的施工程序，且有利于排除系统内的空气。有时管道交叉需要采用来回弯来躲避管道。立管与干管以及立管跨越支管所用的弯管如图3-30所示。弯管的参数尺寸见表3-6。

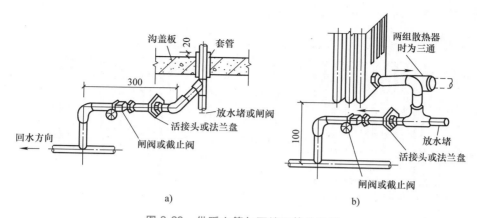

图 3-29　供暖立管与下端干管的连接

a）地沟内立、干管的连接　b）明装（拖地）干管与立管的连接

表 3-6　弯管参数尺寸

公称尺寸	α	α_1	R/mm	L/mm	H/mm
DN15	94°	47°	50	146	32
DN20	82°	41°	65	170	35
DN25	72°	36°	85	198	38
DN32	72°	36°	105	244	42

（3）支管的安装　支管安装包括供暖散热器支管和生活热水支管。散热器支管安装应在散热器安装合格后进行，连接应为可拆卸连接，如长螺杆、活接头等。支管不得与散热器强制连接，以免漏水。当散热器支管长度 >1.5m 时，应在支管上安装管卡。半暗装散热器支管采用直管段连接，明装或暗装散热器用煨弯管或弯头配制的弯管连接。

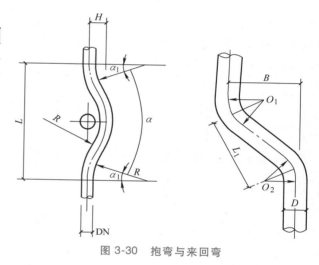

图 3-30　抱弯与来回弯

例如，单管顺流式支管安装时，支管从散热器上部接入，回水支管从散热器下部接出，可在底层散热器支管上安装阀门，调节立管热流量。单管顺流式支管的安装形式如图 3-31 所示。带

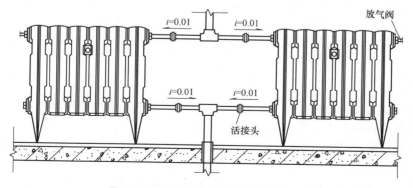

图 3-31　单管顺流式支管的安装形式

跨越管的支管安装形式如图 3-32 所示。

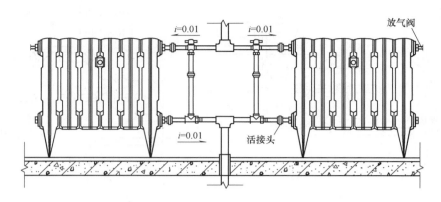

图 3-32 带跨越管的支管安装形式

水平串联式支管安装时，供热管从散热器下部或上部接入，回水管从下部接出后，成为下一个散热器的供水管。水平串联管支管不受坡度限制，但不得倒坡。若串联组数较多，则改变中部管道连接方式。水平串联式支管的安装形式如图 3-33 所示。

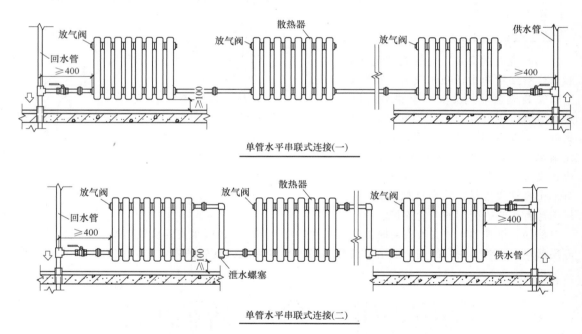

图 3-33 水平串联式支管的安装形式

生活热水支管多数采用塑料管，安装时应根据不同管材的支座间距做好管道固定，还应注意开关阀门时对管道固定的影响，防止管道下垂和脱开。

立管、支管上有阀门的地方通常配以可拆装的管件，如活接头或长螺杆，以便修换阀门。

在立管、支管上安装阀门时，若因管道距墙近，阀杆旋转不开，可在管道安装时先卸下阀盖，待管子及阀体就位后再将阀盖拧上，不能过紧也不能过松。支管上无阀门时，散热器与支管的连接，也要有可拆装的管件，其阀门和可拆装管件都应靠近散热器，其中阀门放在靠立管的一侧，可拆装管件放在靠散热器的一侧，以便在关闭阀门的情况下拆装散热器。常使用的活接头，子口一端应安装在来水方向，如图 3-34 所示。也可采用长螺杆和根母配合，长螺杆一端为短的锥形螺纹，另一端为长的圆柱形螺纹，可全部拧入散热器的内外螺纹孔内，当管长合适时将根母压紧填料圈，将长螺杆紧固至不泄漏即可，如图 3-35 所示。

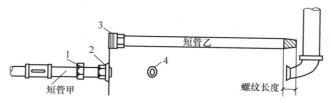

图 3-34 散热器支管上用活接头连接

1—套母　2—公口　3—母口　4—垫片

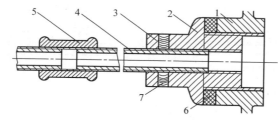

图 3-35 散热器支管上用长螺杆连接

1—散热器对螺纹孔　2—散热器内外螺纹　3—根母　4—长螺杆　5—管箍　6—散热器垫圈　7—填料

（4）不同接口位置散热器的管道安装连接　不同散热器供回水接口位置的管道安装，还应根据管道敷设方式确定连接方式，可按图 3-36～图 3-38 安装连接。

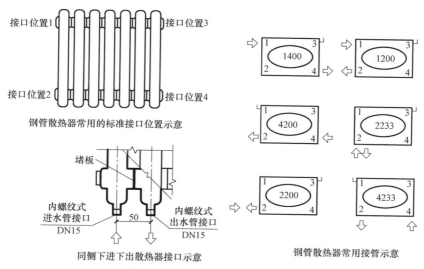

图 3-36 散热器的不同接口位置

图 3-38 所示是地埋塑料管道与散热器的连接，安装时应注意埋地管道沟处应做好保温防裂措施。

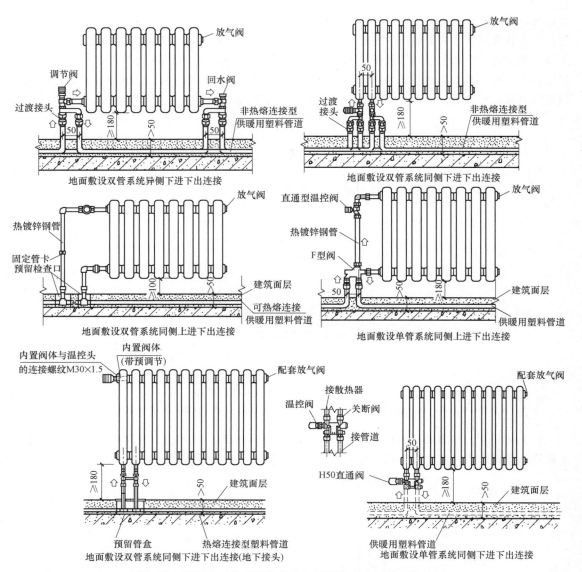

图 3-37 不同接口位置的散热器与不同敷设方式的管道连接

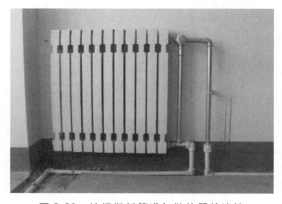

图 3-38 地埋塑料管道与散热器的连接

3.1.2　集中供暖分户计量系统的安装

　　集中供暖分户计量系统，分为户外和户内两部分，户外大系统主要形式与传统的形式相比变化不大，建筑物内的供暖方式变化较大，由整体建筑的大系统变为各计量单位的小型系统。新建住宅类建筑也都应预留供暖供回水干管竖井和每层热表位置。单元热表安装如图 3-39 所示。

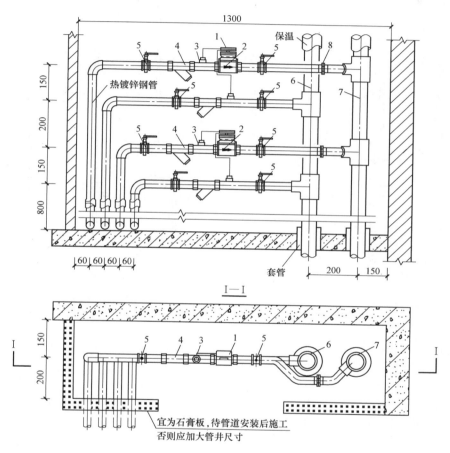

图 3-39　单元热表安装

1—积分仪　2—流量计　3—温度传感器　4—水过滤器　5—蝶阀或球阀　6、7—供、回水立管　8—活接头

　　分户计量的户内供暖有多种形式，散热器供暖形式中，双管系统和带有跨越管的单管系统的形式应用最多。常用集中分户计量、分室调节的系统形式如图 3-40 所示。

　　使用散热器供暖形式，管道埋设在垫层内时，由于水温较高，多采用耐高温的管材，并采用将管道外套塑料波纹套管后敷设或敷设在专用塑料槽内，槽内填充复合硅酸盐保温材料，然后再进行地面施工的做法，防止地面温度过高发生龟裂现象。埋地管保温隔热的做法如图 3-41 所示。

　　部分工程将埋地敷设的管道暴露在外，不做处理，将处理工作留到用户装修时进行，这种做法的优点是可以为用户在二次装修时提供方便，缺点是如果用户对埋设供暖管道缺乏相关的技术知识，处理不当，常造成地面开裂。正确的处理方法是在供暖管道周围采用保温材料填埋后，再采用水泥等建筑材料进行地面施工。图 3-42 所示是室内暗埋管道与管槽完工后留给住户的情况。

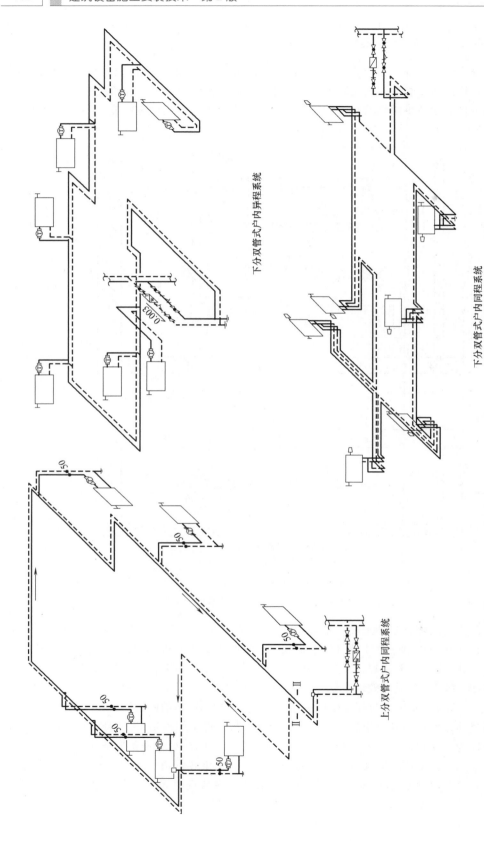

下分双管式户内异程系统

下分双管式户内同程系统

上分双管式户内同程系统

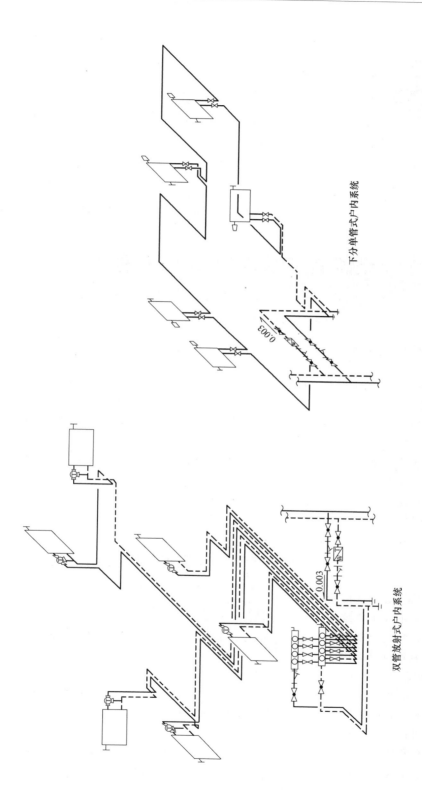

下分单管式户内系统

双管放射式户内系统

图 3-40　常用集中分户计量、分室调节的系统形式

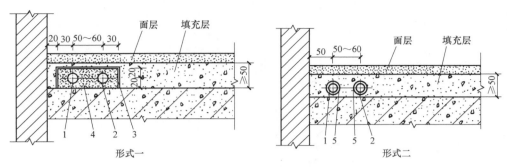

图 3-41　埋地管保温隔热的做法

1—埋地供暖供水管　2—埋地供暖回水管　3—δ=2 塑料槽　4—复合硅酸盐保温材料　5—塑料波纹套管

图 3-42　室内暗埋管道与管槽

另外，低温地板辐射供暖由于符合人体生理特点，舒适性好，也被广泛地应用。

1. 双管系统

双管系统可在各组散热器上设置温控阀，实现各组散热器独立调节，因此热舒适性较好。

双管系统分为上分式双管系统和下分式双管系统。下分式系统又分为管道走地面上的明敷系统和走地面层的管道暗埋系统。暗埋系统又分为传统双管系统形式和用户设有分水器，从分水器上引出至各散热器的发散形式。

图 3-43 所示为双管上供上回式系统。由于该系统采用明装方式，所以安装、维修比较方便，使用材料、安装方法与传统的供暖形式基本相同。该供暖形式在实施分户计量的初期应用较多，缺点是泄水较为困难。该系统的安装要点是确保水平管的坡度满足设计要求，不造成存气现象。

如图 3-44 所示为双管下供下回式系统，其管道可走地面上明装也可走地面填充层。

暗埋供暖管道的安装，从使用材料到安装工艺完全不同于传统的供暖管道安装方式，其明装部分可采用镀锌钢管，埋地管道可采用铝塑复合管或专用供暖的非金属管。埋地的供暖管道一般采用无坡敷

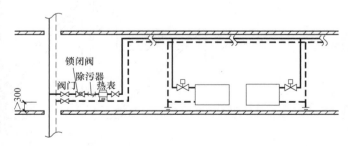

图 3-43　双管上供上回式系统

设，埋地部分原则上不能有接头。由于埋地供暖管材的种类较多，安装工艺也随使用管材的不同而有所不同，管道与管件和散热器之间的连接，一般使用专用接头管件连接。

埋地管道安装有两种形式，一种是沿墙直行敷设，管道以墙体定位；另一种是发散式敷设，由分集水器直接敷设至各散热器。图 3-45 所示为埋地管道安装的两种形式。

大多数情况下，在散热器处出地面预留支管，将接头设置在地面以上进行连接。埋地管出地

面做法如图 3-46 所示。与散热器的连接
方式可参见图 3-37 相关内容。

　　PB 和 PP-R 等管材按照标准图集的
做法，可采用专用件热熔连接，具体做
法如图 3-47 所示，但建议地下最好不留
接头。发散式系统在室内地下水平管路
数量较多，适用于面积较大、房间分隔
较多以及室内热舒适性要求较高且后期
房间结构布局不做大的变化的场合。

　　2. 单管跨越系统

　　单管跨越式系统适用于水温较高的
散热器供暖方式，它通过温控阀和连通
管组成整个供暖回路。单管跨越式的管
线也分为地面敷设和埋地敷设，其做法
与双管系统基本相同，只是散热器的连
接方式有所不同。单管、双管跨越埋地
管和与散热器的地面出头连接方式如图
3-48 所示。

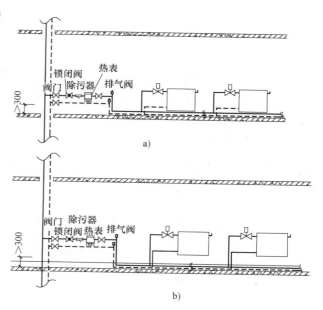

图 3-44　双管下供下回式系统

a) 双管下供下回走地面上　　b) 双管下供下回走地面填充层

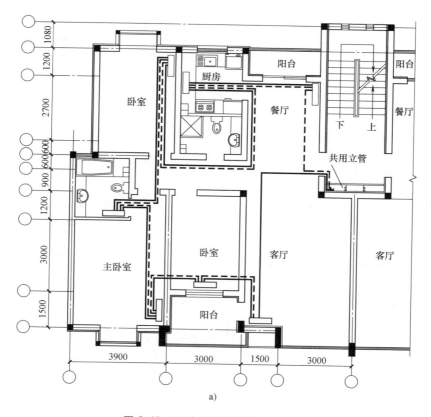

a)

图 3-45　埋地管道安装的两种形式

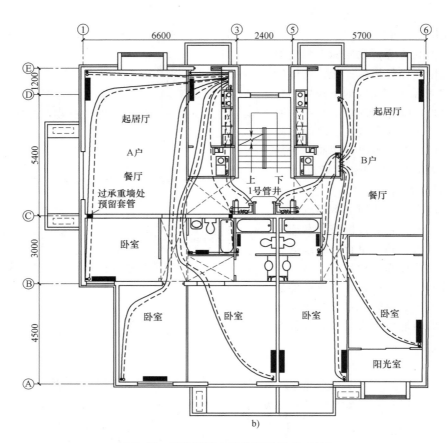

图 3-45　埋地管道安装的两种形式（续）

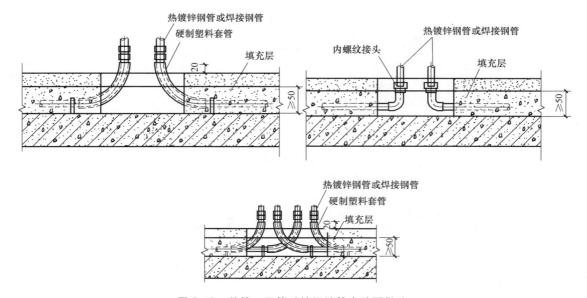

图 3-46　单管、双管系统埋地管出地面做法

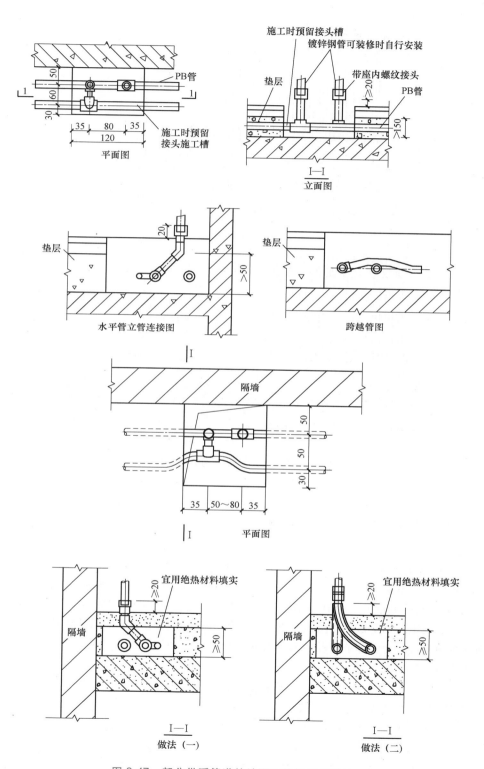

图 3-47　部分供暖管道的地面下热熔连接做法

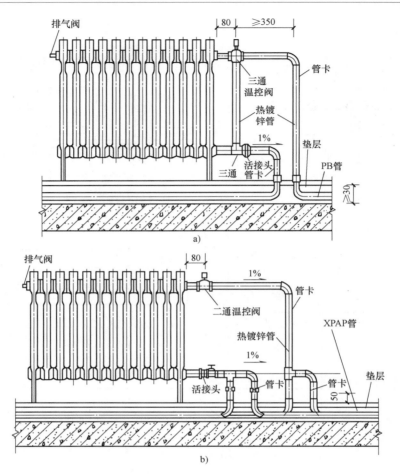

图 3-48 单管、双管跨越式的散热器连接方式

a）单管跨越式 b）双管跨越式

3.1.3 室内供暖设备及器具的安装

1. 散热器安装

散热器组装后或整组出厂后，在安装之前应做水压试验，当设计无要求时，应为工作压力的 1.5 倍，但不应小于 0.6MPa。试验时间为 2~3min，压力不降且不渗不漏。散热器一般多暗装于外墙的窗下，并且散热器组的中心线与外窗中心重合。散热器的安装形式有明装、暗装和半明半暗装三种。

根据安装规范，确定散热器安装位置，画出托钩和卡子安装位置。散热器背面与装饰后的墙内表面安装距离应符合设计或产品说明书要求，如设计未注明，应为 30mm。散热器安装位置允许偏差和检验方法见表 3-7。

表 3-7 散热器安装位置允许偏差和检验方法

项次	项 目	允许偏差/mm	检验方法
1	散热器背面与墙内表面距离	3	用水准仪（水平尺）、直尺拉线和尺量检查
2	与窗中心线或设计定位尺寸	20	
3	散热器垂直度	3	吊线和尺量检查

当使用电动工具打孔时，应使孔洞里大外小。托架埋深应 ≥120mm，固定卡埋深应 >80mm。

栽钩子（固定卡）时，应先检查其规格尺寸，符合要求后方能安装在墙上，其数量参见表 3-8，散热器的托架布置如图 3-49 所示，散热器支（托）架做法如图 3-50 所示，支（托）架在轻质墙上安装方法如图 3-51 所示部分形式散热器的安装方式如图 3-52 所示。

表 3-8　散热器支、托架数量表

散热器型号	每组片数	上部托架或卡架数	下部托架或卡架数	总计	备注
60 型	1	2	1	3	
	2～4	1	2	3	
	5	2	2	4	
	6	2	3	5	
	7	2	4	6	
圆翼型	1	—	—	2	
	2	—	—	3	
	3～4	—	—	4	
柱型	3～8	1	2	3	柱型 不带足
	9～12	1	3	4	
	13～16	2	4	6	
M150 型	17～20	2	5	7	
	21～24	2	6	8	
扁管式、板式	1	2	2	4	
串片式	每根长度小于 1.4m			2	多根串联的托架 间距不大于 1m
	长度为 1.6～2.4m			3	

注：1. 轻质墙结构，散热器底部可用特制金属托架支撑。
　　2. 安装带腿的柱型散热器，每组所需带腿片数：14 片以下为 2 片，15～24 片为 3 片。
　　3. 柱型散热器下部为托架，上部为卡架；长翼型散热器上下均为托架。
　　4. 普通灰铸铁柱式散热器、翼型散热器已被淘汰，表中数据仅供维修时参考。

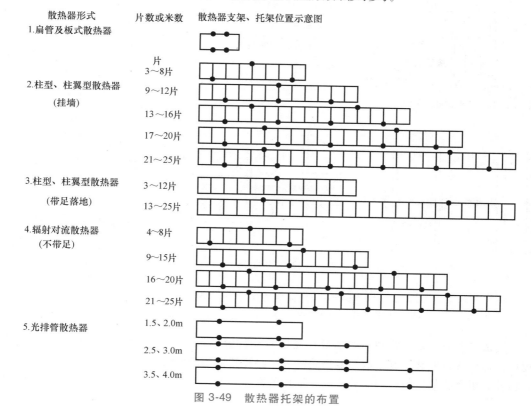

图 3-49　散热器托架的布置

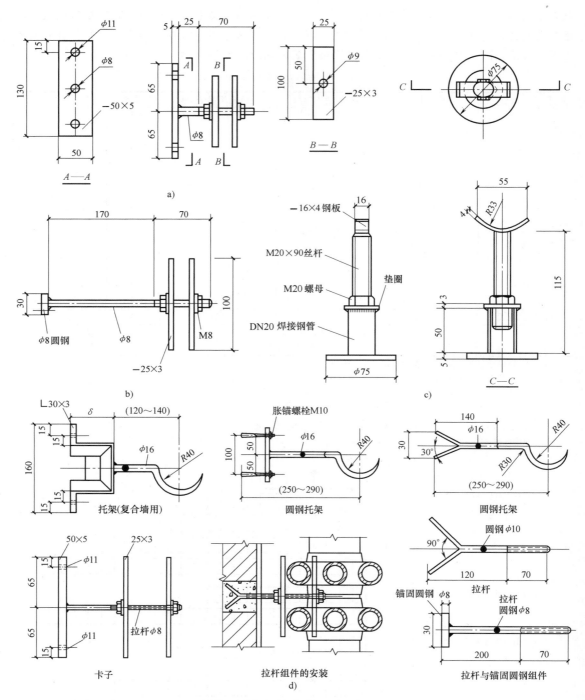

图 3-50　散热器的支（托）架做法

a）D型卡子　b）E型卡子　c）F型卡子　d）铸铁散热器的托架

安装散热器时，将螺塞和补心加散热器密封垫拧紧到散热器上，待固定卡周围的填充达到强度后，即可进行安装。翼型散热器安装时，应将掉翼面朝墙安装；挂式安装时，须将散热器抬起，将补心正螺扣的一侧朝向立管方向，慢慢落在托架上，挂稳、找正。带腿或底架的散热器就

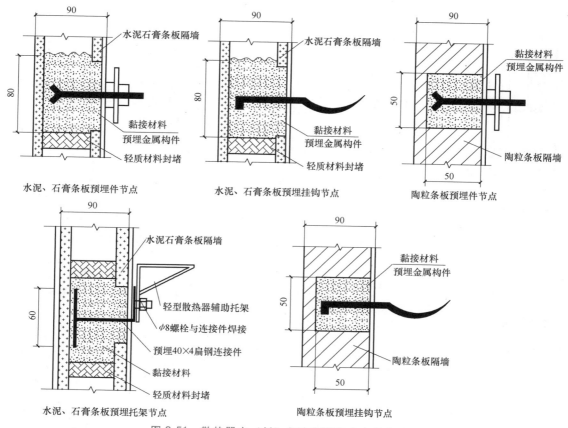

图 3-51　散热器支（托）架在轻质墙上安装方法

位后，在找正、平直后，上紧固定卡螺母。带足散热器安装时若不平，可用锉刀磨平找正，必要时用垫铁找平，严禁用木块、砖石垫高。安装串片式散热器时，应保持肋片完好，松动片数不允许超过总片数的 2%。受损肋片应面向下或面向墙安装。同一楼层的散热器安装高度应一致。当散热器底部有管道通过时，其底与地面净距不得小于 250mm，一般情况下，散热器底距地面净距不得小于 150mm。散热器一般垂直安装，翼型散热器应水平安装。串片式散热器尽可能平放，减少竖放。

　　散热器安装完毕，将弯头、三通、活接头、管箍、阀门等管件连接到供暖系统中。

　　散热器安装的允许偏差及检验方法参见表 3-9。

　　随着建筑节能政策的实施，高效的散热设备不断被开发，一些老产品逐渐被淘汰或被限制使用。目前推荐的散热器产品，大多采用较好的原材料或使用较新的生产工艺，这些散热器传热系数高，有着美丽的外观，还可根据房间的不同需要，做成各种形状，可以满足装饰、装修的需要。

　　新型散热器的质量一般较轻，通常采用轻型挂装件安装固定，这使散热器的安装固定简单化。散热器与供暖管道的连接方式也从单一的螺纹连接转变为粘接、热熔连接、专用管件连接等多种形式，使用的管材也不仅是钢管一种，各种复合管、塑料管甚至铜管的应用越来越多，各种专用连接管件的品种也越来越丰富，安装连接工作已呈多样化状态。图 3-53 所示为一些新型的散热器。

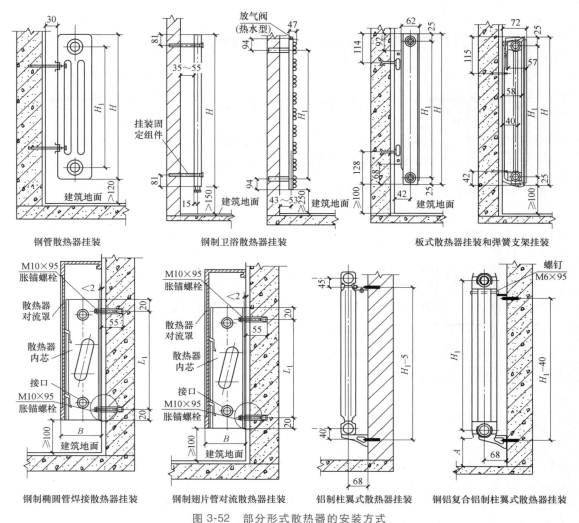

图 3-52　部分形式散热器的安装方式

表 3-9　散热器安装的允许偏差及检验方法

项　目				允许偏差/mm	检验方法
散热器	全长内的弯曲	灰铸铁	长翼型（60）（38）	2～4 片	4	用水准仪（水平尺）、直尺拉线和尺量检查
				5～7 片	6	
			圆翼型	2m 以内	3	
				3～4m	4	
			M132 柱型	3～14 片	4	
				15～24 片	6	
		钢制	串片式	2 节以内	3	
				3～4 节	4	
			扁管（板式）	$L<1m$	4（3）	
				$L>1m$	6（5）	
			柱型	3～12 片	4	
				13～20 片	6	

图 3-53　部分散热器外形图片

2. 低温地板辐射供暖

地板辐射供暖的热量自下而上，与人体的自下而上的需热感觉一致，可以在不提高室内温度的情况下，给人以舒服的感觉。低温地板辐射供暖可分为发热电缆地板辐射供暖和低温热水地板辐射供暖两种形式。地面辐射供暖工程施工注意事项可参考《辐射供暖供冷技术规程》（JGJ 142）。

（1）发热电缆地板辐射供暖　该供暖方式是将专用的发热电缆埋设在地面填充层内，直接供暖时，一般使用 18W/m 的加热电缆。为了使用夜间低谷电，有时采用带存储热能的供暖系统，这时可使用 18～175W/m 的加热电缆。其热电缆的安装要点是：每一个供暖单元必须使用一整根发热电缆，埋地部分不能有接头，其发热量大小应等于房间的热负荷，且每个房间必须安装温度控制器。用户可根据房间热负荷，向厂家定购发热电缆，也可由专业厂家进行安装。加热电缆供暖系统应做等电位连接。这种电供暖方式还被用在管道的电伴热和道路除雪化冰方面。

（2）低温热水地板辐射供暖　该系统是将非金属管材或复合管材作为加热管敷设在地面填空层内。通常采用的管材有聚丁烯（PB）管、交联聚乙烯（PE-X）管、无规共聚聚丙烯（PP-R）管，交联铝塑复合（XPAP）管和聚乙烯-丁烯阻氧（PE-RT）等管材。地板供暖的管材材质、壁厚的选择，应根据工程的耐久年限、管材的性能、管材的累计使用时间以及系统的运行水温、工作压力等条件确定。地面下敷设的盘管埋地部分不应有接头。其加热管上的覆盖层厚度不应小于 50mm，当面积超过 30m² 或长度大于 6m 时，应设置伸缩缝，其宽度为 5～10mm，中间填充弹性膨胀材料。当管道穿越伸缩缝时，应设置长度不小于 100mm 的柔性套管。低温热水地板辐射供暖做法如图 3-54 所示。

新建住宅地面辐射供暖系统，应设置分户热计量和室温调节装置。在低温地板辐射供暖布管时，同一集分水器下的环路管长应尽量接近，且每个环路的阻力不宜超过 30kPa，系统的工作压力不宜大于 0.8MPa，每个环路长度不宜超过 120m。由于地板辐射供暖的管道为无坡敷设，因此应在分集水器等系统高点设置排气装置。低温热水地板辐射供暖的构造如图 3-55 所示。

低温热水地板辐射供暖，其施工程序如下：

1）毛地面水泥砂浆找平。

2）铺设保温材料。

3）敷设铝箔纸。

4）盘管安装前应进行水压试验。试压压力为工作压力的 1.5 倍，但不小于 0.6MPa，稳压 1h 内，压降不大于 0.05MPa 且不渗不漏为合格。检验合格后的管材，才能进行后续施工。

5）敷设地暖管，并进行固定（图 3-56）。可采用卡钉每隔 30～50mm 将管材固定在绝热板上，也可采用扎带绑压式，将管材固定在钢丝网上。

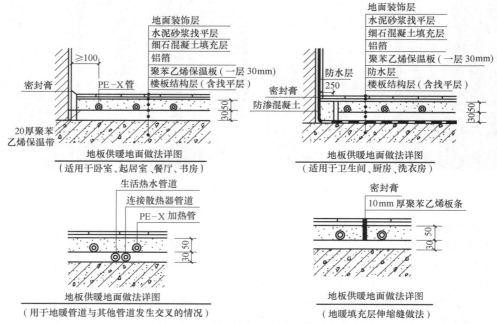

图 3-54 低温热水地板辐射供暖做法示意图

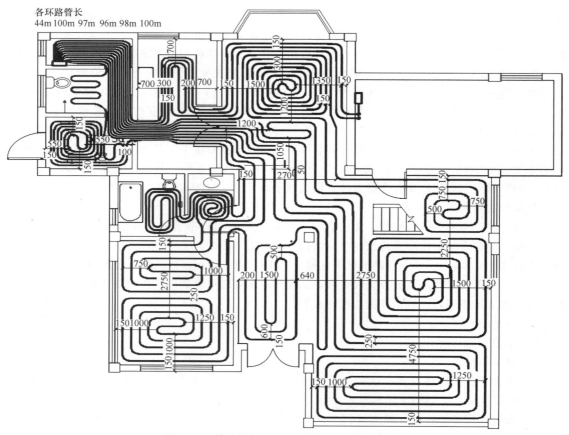

图 3-55 某建筑低温热水地板辐射供暖设计图

6）地面下辐射的盘管的埋地部分，不能有接头。管道埋地弯曲部分应不出现折弯现象。曲率半径应满足下列要求：塑料管 $R \geqslant 5 \sim 8D$；复合管 $R \geqslant 5D$。式中，D 为管子外径。

7）系统安装结束后，未做地面前应进行水压试验（图3-57）。试压压力为工作压力的1.5倍，但不小于0.6MPa，稳压1h，压降不大于0.05MPa为合格。该过程也称中间验收环节。试压完毕，验收合格，方可进行后续工作。

图 3-56　低温热水地板供暖管的
正确敷设和固定

图 3-57　低温热水地板供暖
系统的试压

8）管道试压后，可进行冲洗，并再次进行试压。应带压进行地面混凝土充填，回填细石混凝土，并添加膨胀剂以防龟裂，人工夯实，待混凝土凝固后，方可泄压。

9）集分水器、门口等部位管道密集，易造成地面开裂，应在管道外面套柔性波纹管或保温管，或在管道周围进行保温。也可在管道上面加设一层钢丝网，再敷设垫层。管道弯曲处，还可以加金属保护件。管道密集处的保温、保护处理如图3-58所示。

10）管道与集、分水器进行连接。

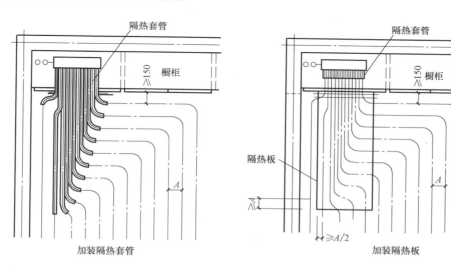

图 3-58　管道密集处的保温、保护处理

图 3-58　管道密集处的保温、保护处理（续）

3. 供暖系统附件的安装

（1）供暖管道补偿器的安装　供暖管道应充分利用管道转弯、分支处等自然补偿的部位进行补偿，如图 3-59、图 3-60 所示。当自然补偿不能满足要求时，应设置补偿器，补偿器必须与固定支座配合使用。由于补偿器的种类很多，不同的补偿器与固定支架和活动（滑动）支架的组合位置也不同，施工中应引起重视。

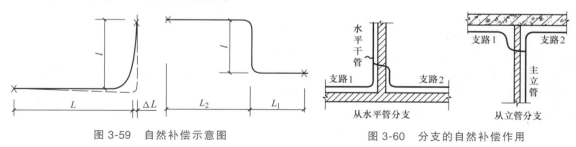

图 3-59　自然补偿示意图　　　　　　　　图 3-60　分支的自然补偿作用

小管径管道多采用方形伸缩器。在安装前可按规定做好预拉伸，按照安装位置摆好伸缩器，在其中间加支架，用水平尺按管道坡向逐点找坡，将伸缩器两端接口对正找平后焊接。调整完管道，焊牢固定卡后，除去伸缩器临时支架。用钢管作临时支撑，用点焊固定。图 3-61 所示为方形补偿器的预拉。更详细的补偿器安装将在室外热力管道部分进行详细介绍。

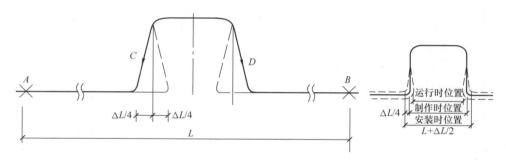

图 3-61　方形补偿器的预拉

（2）集气、排气装置的安装　集气、排气装置一般指集气罐和排气阀，常被设置在热水系统管道的最高处，上供式系统可放在供水干管末端或连在倒数第一、二根立管接干管处，下供式系统往往与空气管相接，双管系统的每根立管上宜设置集气、排气装置。集气罐分为立式和卧式两种，一般用厚 4~5mm 的钢板卷成或用直径 100~250mm 的钢管焊成，集气罐的直径应比连接处干管直径大一倍以上，便于气体析出并聚集于罐顶。为了增大贮气量，进、出水管宜接近罐底，罐上部设 15mm 的放气管，放气管末端有放气阀，并通到有排水设施的地方。也可以在集气罐的顶部设置自动排气阀，省去手动放气的麻烦。也有集气、排气的组合阀罐体产品。自动排气阀安装时，应立式安装，并在自动排气阀与管路接点之间安装一个阀门。集气罐和自动排气阀的结构形式如图 3-62 和图 3-63 所示。

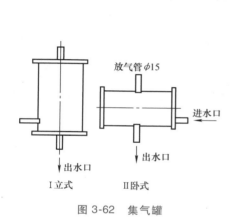

图 3-62　集气罐

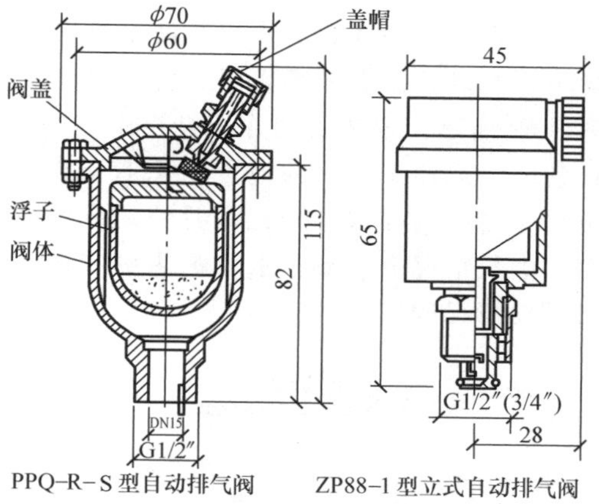

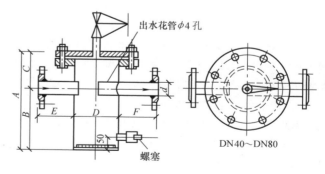

图 3-63　自动排气阀

（3）除污器的安装　为了防止供暖管路中的污物堵塞管路和设备，常在热源循环水泵处和用户引入口处设置除污器。对于安装热表的用户，常在热表的入口前设置除污器。除污器可购买成品，也可根据标准图自制，安装时应注意方向。Y 型除污器有多种规格，从 DN15~DN450，可直接安装在管道上，其结构如图 3-64 所示。立式除污器的体积较大，大型除污器多采用落地安装，上部设有排气阀，下部设置排污螺塞或阀门，多配有排污阀，应定期清理除污器内部的污物。立式多用在热源处、大型建筑供暖管入口处等，其结构如图 3-65 所示。

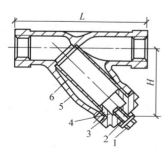

图 3-64　Y 型除污器

1—螺栓　2、3—垫片　4—封盖
5—阀体　6—过滤网

图 3-65　立式除污器

（4）膨胀水箱安装 有些小型的供暖系统，需要进行系统定压，通常采用高位水箱定压，膨胀水箱一般放在小区最高的建筑屋顶上。热水供暖系统中的膨胀水箱具有接受膨胀水量、稳定压力以及对自然循环系统排除空气的作用。其形状分方形和圆形（新出版的标准图册中只有圆形），用厚约3mm的钢板制作（图3-66）。圆形比方形节省钢材，容易制作，材料受力分布均匀。水箱顶部的人孔盖应用螺栓紧固，水箱下方垫枕木或角钢架。水箱内外刷红丹漆或其他防锈漆，并应进行满水试漏，箱底至少比室内供暖系统最高点高出0.3m。高位膨胀水箱常与生活给水箱一同安装在屋顶的水箱间内。当安装在非供暖房间内时，应注意保温措施的实施。

膨胀水箱上有5根管，即膨胀管、循环管、溢流管、信号管和排水管，其位置参见标准图集。膨胀管一般应连接到循环水泵前的回水总管靠近循环水泵的地方，不能连接到某一支路回水干管上。循环管的作用是使水箱内的水不冻结，因此，当水箱所处环境温度在0℃以上时可不设循环管。有循环管时，应将循环管连接在距膨胀管1.5～3.0m的地方，其安装方法如图3-67所示。溢流管的作用是当系统内水充满后溢流之用，其末端应接到楼房或锅炉房排水设备上，或便于观察的地方，且不允许直接与下水道相接。信号管又称检查管，是供管理人员检查系统内部水是否充满时使用，信号管末端接到锅炉房内排水设备上方，末端安装有阀门。多数情况下，膨胀水箱距热源较远，除膨胀管和循环管外，其他水箱上的管线引至位置视现场情况确定。

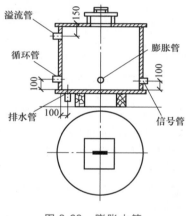

图 3-66 膨胀水箱

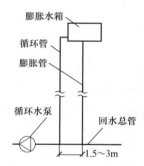

图 3-67 膨胀水箱膨胀管与循环管的安装

为了保证系统安全运行，膨胀管、循环管、溢流管上都不允许设置阀门。

（5）热表及温控阀的安装 按照国家有关建筑节能的要求以及新的设计规范，供暖系统应安装热计量表，各散热器应安装温控阀和旁通管。热计量表又分为建筑总热表和分户热表，分别安装在用户入口和各户的热力引入口，为此，国家发行了相关的做法图集，供参照执行。

4. 其他供暖系统的安装

供热供暖还有许多种方式，例如辐射板供暖、热风供暖等形式，在这里仅做一些简单介绍。

（1）辐射板供暖 辐射板供暖的散热设备是辐射板。辐射散热面可以和建筑结构做成一体，也可以做成块状辐射板，悬挂在墙壁上、柱间或吊装在顶棚下，因此可以提高地面的有效利用率。

辐射板安装形式一般分为三种：水平安装、倾斜安装和垂直安装。水平安装，辐射板水平安装在供暖区域上部，使热量向下方辐射。水平安装时辐射板应有不小于0.005的坡度，坡向回水管。倾斜安装，辐射板安装在建筑物的侧面、边跨和跨间，并使其向下倾斜。垂直安装，单面板可以垂直安装在墙上，双面板可以垂直安装在两个柱子之间，向两面散热。

辐射板的安装高度与散热量有密切的关系，详见表 3-10。

表 3-10　辐射板的安装高度　　　　　　　　　　（单位：m）

热媒平均温度 /℃	水平安装		倾斜安装与垂直面所成角度			垂直安装（板中心）
	多管	单管	60°	45°	30°	
115	3.2	2.8	2.8	2.6	2.5	2.3
125	3.4	3.0	3.0	2.8	2.6	2.5
140	3.7	3.1	3.1	3.0	2.8	2.6
150	4.1	3.2	3.2	3.1	2.9	2.7
160	4.5	3.3	3.3	3.2	3.0	2.8
170	4.8	3.4	3.4	3.3	3.0	2.8

注：1. 本表适合于工作地点固定，站立操作人员的供暖；对于坐着或流动人员的供暖，应将表中数字降低 0.3m。
　　2. 在车间外墙的边缘地带，安装高度可适当降低。

辐射板在安装前应做水压试验，如设计无要求时，试验压力应为工作压力的 1.5 倍，且不应小于 0.6MPa。辐射板及带状辐射板之间的连接，应使用法兰连接。水平安装的辐射板应有不小于 0.005 的坡度坡向回水管。安装完成后，不带负荷的情况下，带活节悬挂件应当垂直，如屋面倾斜，用带斜面角的偏螺栓补偿找正。辐射板支管与干管连接如图 3-68 所示。

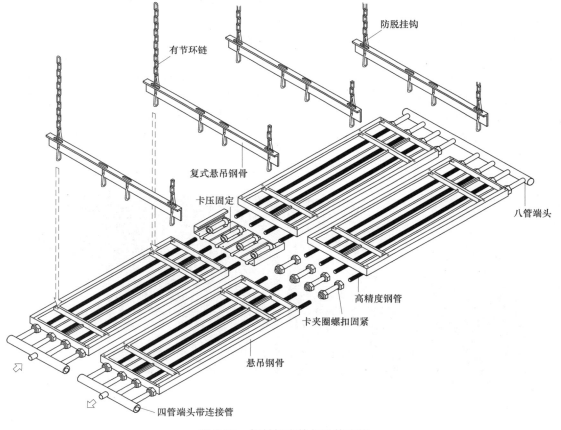

图 3-68　辐射板支管与干管连接

（2）热风供暖　热风供暖可用蒸汽或热水来加热空气。由空气加热器、通风机和电动机组合而成的暖风机组，广泛地应用于工业厂房中。当房间较大、对噪声无严格要求、产生灰尘或有害气体量少、允许采用再循环空气的车间，采用散热器供暖难以布置时，适宜用热风供暖。

3.1.4　室内供暖系统的试压、清洗与试运行

1. 试压

室内供暖系统安装完毕后，正式运行前必须进行试压，一般采用水压试验，在室外气温过低时，也可采用气压试验。室内供暖系统试压可以分段进行，也可整个系统进行。试压的目的是检查管路的机械强度与严密性。供暖系统应在安装完毕，管道刷油、保温之前进行，以便进行外观检查和修补。试验压力应符合设计要求。当设计未注明要求时（如果系统无特殊要求，也应采取同样的试压标准），若系统采用的蒸汽压力不大于 0.7MPa 或为温度不超过 130℃ 热水的室内供暖系统，其试压标准应满足《建筑给水排水及采暖工程施工质量验收规范》（GB 50242）的有关规定：蒸汽、热水供暖系统，应以系统顶点工作压力加 0.1MPa 做水压试验，同时在系统顶点的试验压力不小于 0.3MPa；高温热水供暖系统，试验压力应为系统顶点工作压力加 0.4MPa；使用塑料管及复合管的热水供暖系统，应以系统顶点工作压力加 0.2MPa 做水压试验，同时在系统顶点的试验压力不小于 0.4MPa。

试压用手压泵或电动泵进行。关闭入口总阀门和所有排水阀，打开管路上其他阀门（包括排气阀）。一般从回水干管注入自来水，反复充水、排气，检查无泄漏处之后，关闭排气阀及注入自来水的阀门，再使压力逐渐上升。随后进行细致的外观检查，如有漏水处应标好记号，修理好后重新加压，直到合格为止。试压时应邀请建设单位参加并在试压记录上签字。敷设在室内地沟内及暗装的管道和设备属于隐蔽工程，其试压须格外认真，未经试压，不得进行隐蔽。其试压根据工程需要也可单独进行。管道试压时要注意安全，加压要缓慢，事后必须将系统内的水排净。

合格标准：使用钢管及复合管的供暖系统应在试验压力下 10min 内压力降不大于 0.02MPa，降至工作压力后检查，不渗、不漏；使用塑料管的供暖系统应在试验压力下 1h 内压力降不大于 0.05MPa，然后降至工作压力的 1.15 倍，稳压 2h，压力降不大于 0.03MPa，同时各连接处不渗、不漏。

系统试压如图 3-69 所示。

图 3-69　系统试压

2. 系统冲洗

系统试压合格后，应对系统进行冲洗并清扫过滤器及除污器。清洗前应将管路上的流量孔

板、滤网、温度计、止回阀等部件拆下，清洗后再装上。热水供暖系统用清水冲洗，如系统较大，管路较长，可分段冲洗。清洗到排水处水色透明为止。蒸汽供暖系统可用蒸汽吹洗，从总汽阀开始分段进行，一般设一个排汽口，排汽管接到室外安全处。吹洗过程中要打开疏水器前的冲洗管或旁通路阀门，不得使含污的凝结水通过疏水器排出。

3. 试运行

室内供暖系统的试运行在清洗后进行。如在冬季投入运行，运行前必须做好一切准备工作，水源、电源要保证正常供给，修理、排水等工具要齐备，事前要确定方案，统一指挥，明确分工。当气温在-3℃以下供暖时，门窗洞口必须尽可能保持严密，可采取一些临时性的措施将门窗洞口堵上。要设法提高水温或降低水的冰点，最好有临时供暖措施使室温维持在+5℃以上，以防发生系统内水结冰胀裂管道和散热设备的情况。

供暖时锅炉房内、用户入口处应设专人负责，室内系统可分环、分片包干，供暖未进入正常状况不得擅离岗位，应不断巡视，发现情况及时报告并迅速抢修。

单独的热水锅炉房供暖系统供暖时，应先向锅炉充水，然后点火升温。待水泵、风机运行正常，锅炉中水温升到40~50℃后方可向外供暖。当室外管路较长，又带有数个用户时，应先供室外管网，后供室内系统，当室外管路较短时也可逐个直接供给各室内用户。先供室外管网对应先关闭各热用户入口处供回水干管上阀门，开启旁通阀使室外管网中的水循环，运行时要不断向系统补水并设法排气，经检查，室外管网无渗漏、无不热等现象后方可向室内系统供暖。如发现故障应立即排除，以防止室内温度过低，外部管路的水从用户入口关闭不严的阀门流入室内冻坏管道和设备。与室外集中供暖网相连的用户，冬季供暖时事先要求供热站配合，一般室内热水供暖系统应关闭入口进水管总阀门，打开最高处放气门（单独锅炉房供暖系统还要打开膨胀水箱信号管上阀门），从回水总管充水，当放气门见水后可将充水用的进水处阀门关小，注意反复排气、补水，使系统中真正充满水，然后打开进水总管上阀门。系统较大时，应分环供暖，先远环路后近环路。当有不正常现象需抢修时，应尽量关闭离发生故障处最近的供回水管上的阀门，减少影响范围和放水量，修好后应立即打开所有关闭的阀门。

当使用正式供暖工程作为冬季施工临时供暖时，由于各种原因会引起的管道变形，应在冬季施工停止使用后，予以调整和修理。如属于低温水或低压蒸汽系统，切忌临时通入高温水或高压蒸汽，以免使管道产生过大的变形和破坏，造成损失。

4. 初调节

当供暖系统各部分温度不均匀时，应进行初调节。初调节时一般都是先调节各用户和大环路间的流量分配，然后调整室内系统各立管以及立管上下各散热器间的流量分配。异程式系统通常要关小离主立管较近的立管阀门开启度；同程式系统应适当关小离主立管最远以及最近立管上阀门的开启度，并逐一进行试调节。双管系统往往要关小上层散热器支管阀门开启度，增大下层阀门的开启度。对于水力计算平衡率较高的一些室内供暖系统，可以不进行初调节。

蒸汽供暖系统也应进行初调节，使各散热器放热均衡，回水通畅，一般也是依靠开、关有关阀门来进行。

5. 工程验收

室内供暖系统应按分项、分部或单位工程验收。单位工程验收时应有施工、设计、建设单位参加并做好验收记录。单位工程的竣工验收应在分项、分部工程验收的基础上进行。各分项、分部工程的施工安装均应符合设计要求和供暖施工及验收规范中的规定。设计变更要有凭据，各项试验应有记录，质量是否合格要有检查。交工验收时，由施工单位提供下列技术文件：全套施工图、竣工图及设计变更文件；设备、制品和主要材料的合格证或试验记录；隐蔽工程验收记录和中间试验记录；设备试运行记录；水压试验记录；通水冲洗记录；质量检查评定记录；工程质量事故处理记录。

质量合格，文件齐备，试运行正常的系统，才能办理竣工验收手续。上述资料应一并存档，为今后的设计提供参考，为运行管理和维修提供依据。

3.2　室外供暖管道及设备的安装

室外供暖管道的施工中，除按照设计和相关规范的要求，做好管道安装外，还应安装好固定支座、活动支座和管道补偿器以及相关的工程内容。室外施工现场夜间必须设置照明、警示灯和有反光功能的警示标识。

3.2.1　室外管道的架空敷设

室外架空管道常用于地下水位高、土质差、地下管道繁多、管道过河、过铁路等情况以及工矿企业的厂区以及对环境要求不严格的地方。当地下有多种管道纵横交错时，为减少管道交叉打架，也常采用架空敷设的方法。

架空敷设可采用单柱式支架、带拉索支架、栈架或沿桥梁等结构敷设，也可沿建筑物的墙壁或屋顶敷设。单柱式支架可以是钢结构，也可以是钢筋混凝土或木结构的。通常可分为高支架敷设（距地4~6m）、中架敷设（距地2~4m）和低支架敷设（距地0.5~1m），如图3-70所示。架空敷设的特点是直观、检修方便、工程造价相对较低。但对热力管道来说则其热损失较大，受风沙雨雪的侵蚀，保温材料需要经常维护或更换；对于现场施工来说，管道的起重吊装和高空作业，也给施工带来不少麻烦。对于架空敷设管道，尤其是对于厂区热力、燃气等管道，大多采用架空敷设，这样即使渗漏也不致发生危险。

在安装架空管道之前要先把支架安装好。支架的加工及安装质量直接影响管道施工质量和进度。因此在安装管道以前必须先对支架的稳固性、中心线和标高进行严格的检查，应用经纬仪测定各支架的位置及标高，检验是否符合设计图的要求。各支架的中心线应为一直线，不许出现"之"字形曲线，一般管道是有坡度的，故应检查各支架的标高，不允许由于支架标高的错误而造成管道的反向坡度。

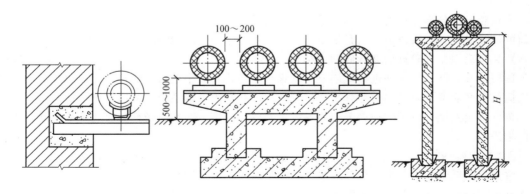

图3-70　墙上敷设、低支架敷设和中高支架敷设

在安装架空管道时，为工作的方便和安全，必须在支架的两侧架设脚手架。脚手架的高度以操作时方便为准，一般脚手架平台的高度比管道中心标高低1m为宜，其宽度约1m左右，以便

工人通行操作和堆放一定数量的保温材料。根据管径及管数,设置单侧或双侧脚手架。架空支架及安装脚手架如图 3-71 所示。

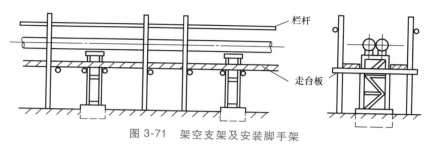

图 3-71 架空支架及安装脚手架

架空管道的吊装,一般都是采用起重机械,如汽车式起重机、履带式起重机,或用桅杆及卷扬机等。在吊装管道时,应严格遵守操作规程,注意安全施工。在吊装前,管道应在地面上进行校直、打坡口、除锈、刷漆等工作,以便架设工作顺利进行。同时,如阀门、三通、补偿器等部件,应尽量在加工厂预先加工好,并经试压合格。

3.2.2 室外供暖管道的地下敷设

多数情况下,热力管道采用地下敷设方式。施工前应进行工程测量,验收合格后方可进行土方施工;土方工程验收后才可进行管道施工。

1. 地沟敷设

(1)通行地沟 通行地沟是用砖或混凝土砌筑的地沟,上面覆盖以钢筋混凝土预制板,或整体浇灌的沟盖。在地沟内除管道所占的地方外,还有足够的空间可供检修人员通行。可通行地沟一般用在管子数较多,或管径大的主要干线上(如热电站或区域锅炉房的出口干线上)。在可通行地沟中,每隔 200~800m 建造有检查井及梯子,并于地沟中装有 36V 电压的照明灯。在地沟中,修有排水槽,沟底坡度不小于 0.002。为保证在地沟中工作时空气温度不超过 40℃,一般设有自然通风塔及机械排风机,以便在需要下地沟检修时,开动风机进行换气。

(2)半通行地沟 半通行地沟用于管道数目不多,同时又不能挖开路面进行热力管道的检查或维修的情况下。半通行地沟可用砖或钢筋混凝土预制块砌成,其高度为 1.3~1.5m,管子沿沟底或沟壁铺设。

(3)不可通行地沟 不通行地沟的敷设方式较为普遍,其形式也较多,有矩形地沟、半圆形地沟等。不可通行地沟的尺寸,根据管径尺寸确定,若管径较大可采用双孔地沟,其中设有隔墙。不可通行地沟可用砖或钢筋混凝土预制块砌筑。

地沟的基础结构根据地下水及土质情况确定,一般应修在地下水位以上。如地下水位较高,则应设有排水沟及排水设备,以专门排除地下水。因热力管道不怕冻,一般可把管道敷设在冰冻线以上。地沟越浅,其造价就越低。地沟的常用尺寸见表 3-11,地沟结构如图 3-72 所示。

表 3-11 管沟敷设有关尺寸

地沟类型	有关尺寸					
	管沟净高/m	人行道宽/m	管道保温表面与沟墙净距/m	管道保温表面与沟顶净距/m	管道保温表面与沟底净距/m	管道保温表面间净距/m
通行地沟	≥1.8	≥0.6	≥0.2	≥0.2	≥0.2	≥0.2
半通行地沟	≥1.2	≥0.5	≥0.2	≥0.2	≥0.2	≥0.2
不通行地沟	—	—	≥0.1	≥0.05	≥0.15	≥0.2

注:1. 本表摘自《城镇供热管网设计规范》(CJJ 34—2010)。

2. 考虑在沟内更换钢管时,人行通道宽度还应不小于管子外径加 0.1m。

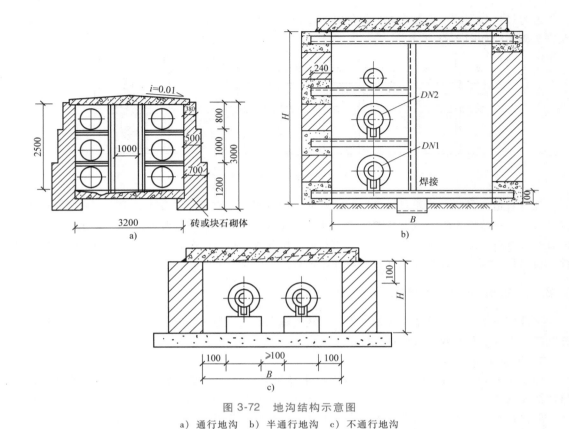

图 3-72   地沟结构示意图

a）通行地沟   b）半通行地沟   c）不通行地沟

地沟敷设可采用普通管材，安装、试压后再进行防腐保温处理。

2. 无沟直埋敷设

（1）直埋管   无地沟直埋目前采用最多的是将供暖管道、保温层和保护外壳三者紧密粘结在一起，形成整体式预制保温管结构形式，称为直埋保温管。直埋管分为预制式和现场制作两种方式。预制式标准可参见《城镇供热直埋热水管道技术规程》（CJJ/T 81）和《城镇供热直埋蒸汽管道技术规程》（CJJ/T 104）其结构形式分为两类，一类是根据国内研制的保温结构为"氰聚塑"形式的预制保温管；一类是引进国外生产线生产的"管中管"形式的预制保温管。整体式预制保温管结构如图 3-73、图 3-74 所示。

图 3-73   整体式预制保温管结构

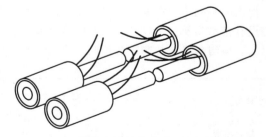

图 3-74   带导线的整体式预制保温管结构

保温管管材一般选用无缝钢管，大口径可用螺旋焊接钢管，管道规格为 DN25～DN800。防腐层过去的做法是在管壁上涂抹氰凝，氰凝是一种高效防腐防水材料，具有较强的附着力和渗透力，微毒，现已较少使用。现场接口处作业时，通常采用防锈漆做局部防腐。

直埋管道的保温层，常采用由多元醇和异氰酸盐两种液体混合发泡固化形成的硬质聚酯泡沫塑料作为保温材料。硬质聚酯泡沫塑料的密度小，导热系数低，保温性能好，吸水性小，并具有足够的机械强度，但耐热温度不高。根据国内标准要求：其密度 $60 \sim 80 \mathrm{kg/m^3}$，导热系数 $\lambda \leqslant 0.027 \mathrm{W/(m \cdot ℃)}$，抗压强度 $p \geqslant 200 \mathrm{kPa}$，吸水性 $g \leqslant 0.3 \mathrm{kg/m^3}$，耐热温度不超过 $120℃$。

保护外壳根据加工条件、加工工艺的不同而不同，多采用玻璃钢或高密度聚乙烯硬质塑料作为保护材料。现场加工多采用浸树脂玻璃纤维布缠绕玻璃钢形成保护层的方法，预制管一般采用"一步法"缠绕方式或采用高密度聚乙烯硬质塑料套管（又称黄夹克）方式，两者保护层都具有较高的力学性能，耐磨损、抗冲击性能较好，化学稳定性好，具有良好的耐腐蚀性和抗老化性能，还可以焊接，便于施工。高密度聚乙烯外壳的密度 $\rho \geqslant 940 \mathrm{kg/m^3}$，拉伸强度 $\geqslant 20 \mathrm{MPa}$，断裂伸长率 $\geqslant 350\%$。

保温管中的导线又称信号线、报警线。引进国外的直埋保温预制管结构均设有导线，国内的则根据用户要求而定。报警线用于检测管道泄漏，共两根，一根是裸铜线，另一根是镀锌铜线。报警线和报警显示器相连接，当城市热力管网中某段直埋管发生泄漏时，立即在报警显示器上显示发生故障的地点。对于城市重要的热力网工程应设有报警线，对一些小型热力网工程，限于投资可不设报警系统，可采用超声波检漏仪等设备进行检漏。

保温管的规格见表 3-12 和表 3-13。

表 3-12　预制保温管技术规格　（单位：mm）

钢管外径	保温厚度	塑料外壳厚	玻璃钢外护管	
			厚度	布层数
76	30	2		
76	40	2	0.8 ~ 1.0	2
89	30	2	0.8 ~ 1.0	2
89	40	2	1.0	2
108	30	2	1.0	2
108	40	2	1.0	2
114	40	3	1.6	2
133	30	3	1.5	3
133	40	3	1.5	3
159	30	3	1.5	3
159	40	3	1.5	3
219	30	3	1.5	3
219	40	3	1.5	3
273	40	4	2.0	3
326	40	4	2.0	4
426	50	5	2.5	4
529	55	6	3.0	5

表 3-13　直埋保温管规格表　（单位：mm）

钢管外径	氰聚塑		管中管		一步法		热缠绕	
	保温层厚度	保护层厚度	保温层厚度	保护层厚度	保温层厚度	保护层厚度	保温层厚度	保护层厚度
26.8	36.5	1	—	—	—	—	—	—
33.5	34	1	—	—	—	—	—	—
38	31	1	—	—	—	—	—	—
42.5	31.8	1	—	—	—	—	—	—
48	29	1	30	1.5	30	1.2	30	0.8
57	30	1	30	1.5	30	1.2	30	0.8
60	—	—	30	1.5	30	1.2	30	0.8

（续）

钢管外径	氰聚塑		管中管		一步法		热缠绕	
	保温层厚度	保护层厚度	保温层厚度	保护层厚度	保温层厚度	保护层厚度	保温层厚度	保护层厚度
73	31.5	1	30	1.5	30	1.2	30	1
76	—	1.2	30	1.5	30	1.2	30	1
89	30	—	30	1.5	30	1.2	30	1
108	31	1.2	30	1.5	30	1.2	30	1.5
114	—		30	1.5	30	1.2	30	1.5
133	30	1.5	30	2	30	1.2	30	1.5
140	—	—	30	2	30	1.2	30	1.5
159	30	1.5	30	2	30	1.5	30	2
165	—	—	30	2	30	1.5	30	2
219	30	1.5	30	3	30	2	30	2.5
245	—	—	30	3	30	2	30	2.5
273	30	1.5	30	3	30	2.5	30	2.5
325	30	1.5	30	3	—	—	30	3
377	30	1.5	—	—	—	—	30	3
426	—	—	—	—	—	—	35	3
480	—	—	—	—	—	—	35	3
529	—	—	—	—	—	—	35	3
630	—	—	—	—	—	—	35	3
720	—	—	—	—	—	—	35	3
1020	—	—	—	—	—	—	60	4
1400	—	—	—	—	—	—	60	4

　　预制保温管也称"管中管"，其保护层是高密度聚乙烯管。高密度聚乙烯具有较高的力学性能，耐磨损、抗冲击性能较好，化学稳定性好，具有良好的耐蚀性和抗老化性能；它可以焊接，便于施工。保温材料同样是聚氨酯硬泡沫塑料，耐温在120℃以下。

　　预制直埋管分为单一型（图3-75）和复合型（图3-76），单一型适用于温度在−50～150℃的供暖、制冷管道，复合型管（中间有两种保温材料复合而成）适用于温度310℃以下的高温供暖管道。如管道还需供冷，其管道的保温层内还应设置防潮层。

图 3-75　单一型保温管

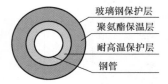

图 3-76　复合型保温管

　　（2）直埋管的安装　无沟直埋管道是热力管道的外层保温层直接与土壤相接触。其结构有如图3-77所示的泡沫混凝土浇筑式及装配与浇筑结合等保温形式和图3-78所示的常规埋地形式。

　　直埋管道的速算开挖沟槽尺寸，可按下列原则确定：管子与管子之间净距200～250mm，管子与沟壁之间净距200～250mm，管底与沟底之间净距200mm，管顶与地面之间净距600mm。无地沟直埋管道敷设沟槽尺寸参见表3-14。

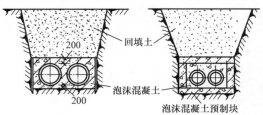

图 3-77　无地沟敷设管道

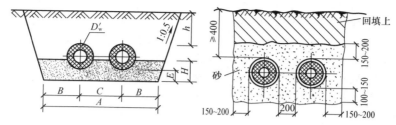

图 3-78 埋地管道沟槽尺寸

图 3-77 中保温管底部为砂垫层，砂的最大粒度 ≤2.0mm。上面用砂质黏土分层夯实保温管套顶至地面的深度 h（即覆土深度），对于一般干管为 800~1200mm，对于接向用户的支管应不小于 400mm

表 3-14 无地沟直埋管道敷设沟槽尺寸

公称尺寸	DN25	DN32	DN40	DN50	DN65	DN80	DN100	DN125	DN150	DN200	DN250	DN300	DN350	DN400	DN450	DN500	DN600
保温管外径 D_w/mm	96	110	110	140	140	160	200	225	250	315	365	420	500	550	630	655	760
沟槽尺寸/mm A	800	800	800	800	800	800	1000	1000	1000	1240	1240	1320	1500	1500	1870	1870	2000
B	250	250	250	250	250	250	300	300	300	360	360	360	400	400	520	520	550
C	300	300	300	300	300	300	400	400	400	520	520	600	700	700	830	830	900
E	100	100	100	100	100	100	100	100	100	100	100	150	150	150	150	150	150
H	200	200	200	200	200	200	200	200	200	200	200	300	300	300	300	300	300

目前，直埋敷设已成为热水供暖管网的主要敷设方式。由于无沟敷设不需砌筑管沟，土方量及土建工程量就会相应减少。管道可以在工厂预制，质量可以保证且现场安装工作量减少，施工进度快，可以节省供暖管网的投资费用。无沟敷设管道断面积小，易于与其他地下管道和设施进行协调。在老城区、街道窄小的地方、地下管线密集的地段采用直埋敷设，优势更为明显。供暖管道与各种管线的最小净距见表 3-15。

表 3-15 供暖管道与其他地下管线之间的最小净距 （单位：m）

序号	管道名称	热网地沟		无沟敷设热力管	
		水平净距	交叉净距	水平净距	交叉净距
1	给水管:干管	2.00	0.10	2.50	0.10
	支管	1.50	0.10	1.50	0.10
2	排水管	2.00	0.15	1.5~2.0	0.15
3	雨水管	1.50	0.10	1.50	0.10
4	煤气管,煤气压力:				
	$p \leqslant 0.15MPa$	1.00	0.15		
	$0.15MPa < p \leqslant 0.3MPa$	1.50	0.15		
	$0.3MPa < p \leqslant 0.8MPa$	2.00	0.15		
5	压缩空气或二氧化碳管	1.00	0.15	1.00	0.15
6	天然气管,天然气压力:				
	$p \leqslant 0.4MPa$	2.00	0.15		
7	乙炔管、氧气管	1.50	0.25	1.50	0.25
8	石油管	2.00	0.10	2.00	0.10
9	电力或电信电缆(铠装或管子)	2.00	0.50	2.00	0.50
10	排水暗渠,雨水长沟	1.50	0.50	1.50	0.50

注：1. 表中所列为净距，指沟壁面、管壁面、电缆最外一根线之间的距离。

2. 当表中所列数值为 1m，而相邻两管线间埋设标高差大于 0.5m，以及表列数值为 1.5m，而相邻两管线间埋设标高差大于 1.0m 时，表列数值应适当增加。

3. 当压缩空气管道平行敷设在热力管沟基础之上时，其净距可缩减至 0.15m。

4. 热力管道与电缆间，不能保持 2.0m 净距时，应采取隔热措施，以防电缆过热。

直埋管道施工安装时，应在管道沟槽底部预先铺100~150mm厚的1~8mm粗砂砾夯实，管道四周应填充砂砾，填砂砾高度约100~200mm后，再回填原土并夯实。

管道直埋敷设按补偿类型可分为有补偿直埋和无补偿直埋。

有补偿直埋敷设的供暖管网在设计时就设置补偿器，并在管网上适当位置设置固定支座（架）和与之配套的滑动（导向）支座。采用有补偿直埋敷设方式，也应充分利用管道L形敷设段和Z形敷设段的自然补偿作用，再根据现场空间、管径、输送热媒等情况，确定采用何种补偿器为直管段补偿。敷设安装时，应保证管线在设计时计算出的热位移量在运行时能够实现，并严格按设计给出的预拉值进行预拉。非直埋型补偿器设在局部井内和局部地沟内，如图3-79所示，直埋型补偿器可直接埋在地下，做法如图3-80所示。

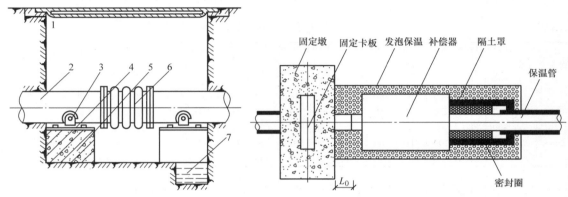

图 3-79　非直埋型波纹管补偿器的安装
1—闸井盖　2—地下管道　3—滑轮组（1200）
4—预埋钢板　5—钢筋混凝土基础
6—波纹管补偿器　7—集水坑

图 3-80　直埋型波纹管补偿器的安装

有补偿直埋敷设可以在管道安装完毕、水压试验合格及接头处理结束后回填管沟。

无补偿直埋敷设的供暖管网在设计时不需要设置专用补偿器，而是充分利用自然补偿条件，进行一次性补偿。敷设时，在尚未回填土的敞开沟槽内把所敷设的管子进行加热，加热至预定温度时，保持管道伸长状况，然后进行回填。预热温度通常比最高运行温度低30~50℃。无补偿直埋敷设的投资较少，但这种方式需要预制管道，相应开槽时间较长，在城市街道施工时，往往会影响交通，因此这种敷设方式的应用受到了限制。

预制直埋管现场安装完成后，必须对保温材料的裸露处进行密封处理，接头的保护层安装完成后，必须全面进行气密性检查并合格。

3. 沟槽的挖掘及其检查

热力管道的土方施工方案分为明挖、暗挖、顶管与定向钻等方式。埋地敷设应挖掘沟槽，其形式及尺寸是根据地沟处地形、土质、管数、管径及埋设深度来设计的。沟槽可以用人工或挖土机械进行挖掘。

挖沟时应注意沟槽的中心线、标高及断面形状是否符合设计要求，尤其沟底不得挖过设计标高。沟底标高应用水平仪测定。

根据土壤性质来确定沟槽的边坡。如土质较差应设支撑，雨期施工时更应注意，以免引起塌方。在挖掘中如发现土质不同，应及时进行研究，采取必要的措施，以免影响工程质量及工期。沟槽挖完后，经检查合格，就可砌筑地沟。如是无沟敷设，即可进行管道的安装。

4. 下管安装

当地沟经检查合格后，就可进行砌管沟（管沟敷设）或清理整平作业（直埋敷设），然后开始下管安装。在安装管道前要先用经纬仪测定管道的安装中心线及标高,根据管道的标高先安装管道的支架垫块,然后安装管道。对于用砖或钢筋混凝土块砌筑的地沟,一般都是在管道安装完毕后再盖地沟盖板和回填土。所以对于这种地沟可以采用整体下管,即把整段的管子用几台起重机同时起吊,然后慢慢把管段放入地沟支座上。各台起重机在起吊和下管时要力求同步,要有统一指挥,以确保安全和施工质量。也可以用移动式龙门钢架,跨架于地沟两侧的轨道上,钢架的横梁上设有可左右及上下活动的轨道吊车。几台吊车同时把管道吊起,抽掉架设在地沟上的枕木,就可慢慢同时下管。对所选用的起重机的承重量,应按其所吊管段重量的 2~3 倍选用,并严格检查起重机各零件及钢索有无损坏,以确保安全操作。

5. 管道的焊接

当管道运入现场后,就可沿地沟边铺放,铺放时把管子架在预先找平的枕木上。如为不可通行的矩形地沟,则可直接把枕木横架在地沟墙上,把管子架在枕木上进行锉口、除锈、对口和焊接。管道在对口时,要求两管的中心线在一轴线上,两端接头齐整,间隙一致,两管的口径应相吻合。如两管对接口有不吻合的地方,其差值应小于 3mm。对于有缝钢管的焊接,要求把其水平焊缝错开,并应使水平焊缝在同一面,以便试水时检查。有缝钢管的对口焊接如图 3-81 所示。为便于焊接时转动管子,可把管子放在带有两个小滚轮的托架上,如图 3-82 所示。

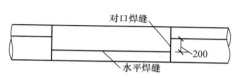

图 3-81　有缝钢管的对口焊接

图 3-82　焊管托架

在沟顶焊接管子,其长度根据施工条件而定,一般当管径<300mm 时,其管段长度为 60~100m;管径为 350~500mm 时,其长度为 40~60m。然后整体下管,把管段安装在地沟支架上,在沟里进行对口焊接。这时由于管段不能转动,管口下部须仰焊,因此在焊口周围应有足够空间,以便于焊工操作。

在冬期施工时,由于气温较低,冷空气对焊缝的收缩应力有较大影响,因此应采取必要的应对措施。如采用熔剂层下的自动熔焊法,这种焊接产生大量的熔渣覆盖于焊缝处,能减小其冷却速度;或搭设可移动保温棚,把焊口处罩上,使焊工在棚内作业;也可用石棉板做的卡箍夹住焊缝,以免焊接处的高温迅速冷却。

3.2.3　活动支座(架)及固定支座(架)

管道安装工程中,支座(架)是不可缺少的构件,它对管道起着承重、导向及固定作用。固定支座能起到分配管道因温度变化而引起的伸缩量,分段控制管道热伸缩的作用。活动支座能起到限制管道上下移动防止弯曲,保证管道的水平与坡度,并能让管道在长度方向自由伸缩的作用。直埋管道与沟埋管道支座(架)的做法可能会有所不同。管道工程支座(架)按其作用可分为固定支座(架)、活动支座(架)及弹簧支、吊架。通常固定支座由设计单位确定,活动支座由施工单位按工艺要求确定。

1. 活动支座

活动支座直接承受管道的重量,并能使管道自由伸缩移动。活动支座有滑动支座、滚动支座及悬吊支座,用得最多的是滑动支座。

(1)滑动支座　滑动支座有低位和高位两种,如图 3-83 和图 3-84 所示。低位滑动支座焊在管道下面,可在混凝土底座上前后滑动;在支座周围的管道不能保温,以使支座能自由滑动。高位滑动支座的结构与之类似，只不过其支座较高，保温层可以把支座包起来，其支座下部可在底座上滑动。

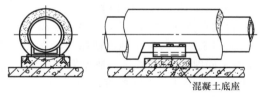

图 3-83 低位滑动支座

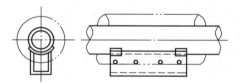

图 3-84 高位滑动支座

低位滑动支座用在可通行地沟，高位滑动支座常用在不可通行地沟及半通行地沟。

（2）滚动支座 高位滚动支座如图 3-85 所示，管道支座架在底座的圆轴上，因其滚动可以减少承重底座的轴向推力。这种支座常用在架空敷设的塔架上。

（3）悬吊支座 在架空敷设管道中或悬臂托架上常用悬吊支座。在靠近补偿器的几个吊架上要采用弹簧支座。

安装管道支座时，应正确找正管道中心线及标高，使管子的重量均匀地分配在各个支座上，避免集中在某几个支座上，以防焊缝受力不均而产生裂纹。同时，由均匀荷载多跨梁的弯曲应力图可知，管道的焊缝不应在应力最集中的支座上，如图 3-86 所示，而应在 1/5 跨距的 a、b、c 各点上。

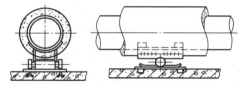

图 3-85 高位滚动支座

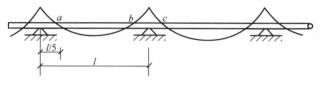

图 3-86 焊缝的最佳位置

2. 固定支座

固定支座的作用是将管道进行合理的分段，利用自然补偿和补偿器，将管道的伸缩量吸收，从而减少管道的应力，确保运行安全。为了保证补偿器正常工作，在补偿器的两端管道上，除大量采用滑动支座和导向支座外，还必须安装有固定支座，把管道固定在地沟承重结构上。

在可通行地沟中，常用型钢支架把管道固定住，不通行地沟及无沟敷设管道常用混凝土结构或钢结构的固定支座，如图 3-87 和图 3-88 所示。

固定支座承受着很大的轴向作用力、活动支座摩擦反力、补偿器反力及管道内部压力的反力，因此，固定支座的结构应经设计计算确定，其计算方法可参见有关供暖设计手册。在安装补偿器时，应先对补偿器进行预拉伸（或预紧），然后才能把管道焊接在固定支座上。

3.2.4 管道补偿器的安装

由于输送介质的温度或周围环境的影响，管道在安装与运行时温度相差很大，这会引起管道长度和直径发生相应的变化（膨胀或缩小），因此必须在管路上充分利用自然补偿或设置补偿器来吸收管道的伸缩，这种吸收管道因温度变化而产生伸缩变形的装置称为补偿器。

1. 补偿器的种类

管道工程中，常用的补偿器有自然补偿器和人工补偿器两种。自然补偿器又分为 L 形和 Z 形，管道的补偿器形式常用的有方形补偿器、波形补偿器、填料套筒式补偿器、球形补偿器等。各种补偿器的结构形式和尺寸如图 3-89~图 3-94 所示。

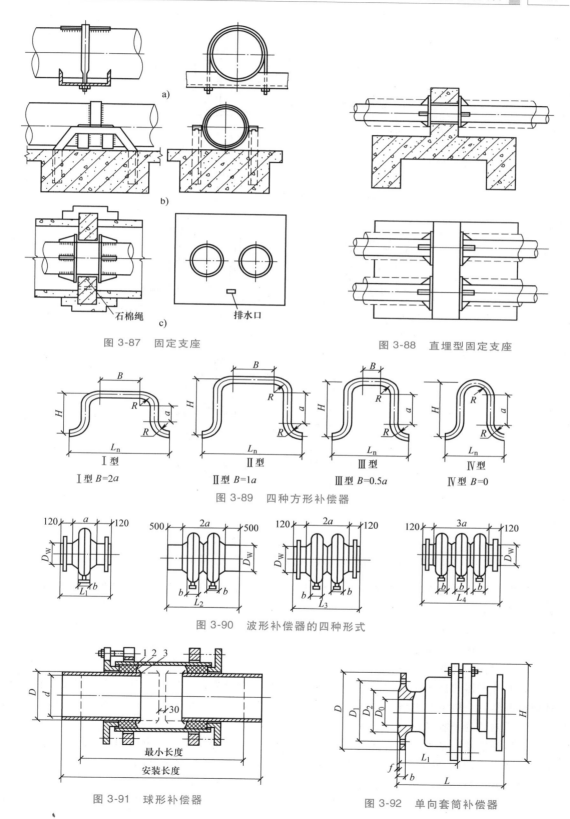

图 3-87　固定支座

图 3-88　直埋型固定支座

图 3-89　四种方形补偿器

图 3-90　波形补偿器的四种形式

图 3-91　球形补偿器

图 3-92　单向套筒补偿器

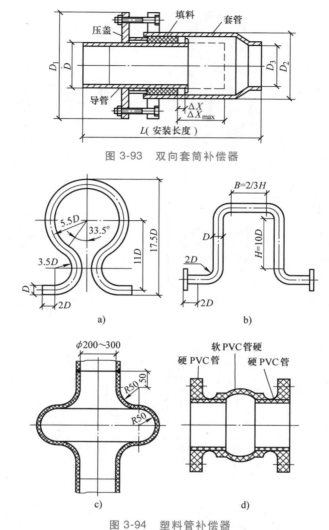

图 3-93　双向套筒补偿器

图 3-94　塑料管补偿器

a) Ω形补偿器　b) 方形补偿器　c) 波形补偿器　d) 软聚氯乙烯套管式补偿器

管道补偿的方法是将需要进行补偿的直管道分成若干具有一定长度的管段，每段管道的两端均设置固定支座（架），中间可设有活动支座（架），在管段的中间设有方形补偿器，或在靠近固定支座（架）的地方，设有套筒补偿器或波纹管补偿器。这样使该段管道的热变形得以伸缩，从而保证管网的安全运行。

2. 方形补偿器的安装

方形补偿器的优点是制作简单，安装方便，热补偿量大，可用于各种压力和温度条件之下，且运行可靠，一般不需维修。缺点是外形尺寸大，安装占用面积较多，管径大时费工料较多，受热变形后两端管子容易弯曲。

方形补偿器的常见型号有四种：几何外形分为Ⅰ—标准式（$B=2a$）、Ⅱ—等边式（$B=a$）、Ⅲ—长臂式（$B=0.5a$）、Ⅳ—小顶式（$B=0$），其中以Ⅱ、Ⅲ型为最常用。

对于方形补偿器，管径较小时，宜用整根管子煨制而成，管径较大时，可以用二根或三根管子焊制拼接而成。其水平臂（顶部）受弯变形较大，故中间处不得有焊接口，而两根垂直臂的中部弯曲应力很小，因此，补偿器上的焊接口应尽量放在垂直臂的中部。方形补偿器组对时，应在平地上拼接，垂直臂长度偏差不应大于 ±10mm，平面歪扭偏差不应大于 3mm/m，且最大不得大于 10mm，弯头角度必须是 90°，否则会在安装和运行时造成困难。方形补偿器安装在水平管路时，其水平臂与管路的坡度相同，垂直臂应保持水平。补偿器垂直安装时，应在补偿器的最高点装排气阀门（输送的液体），或在补偿器的最低点装疏水装置（输送气体）。补偿器两侧的第一个活动支架宜设置在距补偿器弯头的弯曲起点 0.5~1m 处。

　　方形补偿器安装时，必须对其进行预拉伸，其允许偏差应小于 ±10mm。预冷会减少补偿器工作时的变形量，也就会减少补偿器变形时所产生的应力。方形补偿器的工作状态点和焊缝的位置要求分别如图 3-95 和图 3-96 所示。

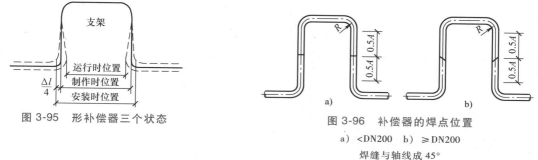

图 3-95　形补偿器三个状态

图 3-96　补偿器的焊点位置

a）<DN200　b）≥DN200

焊缝与轴线成 45°

　　方形补偿器的补偿能力见表 3-16。表中所列最大伸缩能力是指补偿器在安装时已预先撑开或预先拉拢等的条件下能够产生的伸缩量 Δ。若无预撑或预拉，补偿器的伸缩能力只有 Δ 的一半，故当补偿器安装到管路之前，应将两臂预撑或预拉（即安装状态），以充分利用其补偿能力。

表 3-16　方形补偿器的尺寸及其伸缩量（$R=4D$）　　　　　　（单位：mm）

伸缩量 Δ	补偿器形式	公称尺寸						
		DN50	DN80	DN100	DN125	DN150	DN200	DN250
100	I	1100	1270	1400	1590	1730	2050	—
	II	1250	1400	1350	1670	1830	2100	2300
	III	1400	1500	1600	1750	1830	2100	—
	IV	1650	1650	1730	1840	1980	2190	—
150	I	1310	1570	1730	1920	2120	2500	—
	II	1550	1760	1920	2100	2280	2630	2800
	III	1830	1900	2050	2230	2400	2700	2900
	IV	2170	2200	2260	2400	2570	2800	3100
200	I	1510	1830	2000	2240	2470	2840	—
	II	1810	2070	2250	2500	2700	3080	3200
	III	2100	2300	2450	2670	2850	3200	3400
	IV	2720	2670	2780	2950	3100	3400	3700
250	I	1700	2050	2230	2520	2780	3160	—
	II	2040	2340	2560	2800	3050	3500	3800
	III	2730	2600	2800	3050	3300	3700	3800
	IV	—	3100	3230	3450	3640	4000	4200
300	I	—	2260	2440	2750	3070	3460	—
	II	—	2260	2850	3120	3400	3880	4200
	III	2650	2900	3130	3430	3700	4150	4200
	IV	—	3500	3680	3940	4140	4600	—
350	I	—	2450	2650	2050	3320	3760	—
	II	—	2450	3120	3430	3730	4270	—
	III	—	3200	3460	3800	4070	4600	—
	IV	—	3900	4130	4350	4640		

安装补偿器应当在两个固定支架之间的管道安装完毕后进行，冷拉焊口应选在距补偿器弯曲起点 2~2.5m 处。冷拉的方法有三种，第一种是将拉管器或螺栓安装在两个待焊的接口上，然后收紧拉管器螺栓，使补偿器两臂逐渐拉开，直至同管子接口对齐，接口处点焊之后再拆卸拉管器进行施焊；第二种是用千斤顶将补偿器的两长臂撑开来，撑开后可采用槽钢或角钢临时把补偿器两臂点焊撑牢，待补偿器与管路焊接后，再割去临时支架；第三种是用倒链拉紧，使得管子和补偿器接口对齐后再施焊，补偿器的拉伸及拉伸工具如图 3-97、图 3-98 所示，方形补偿器的实际安装以及与固定支座、滑动（导向）支座的关系如图 3-99 所示。

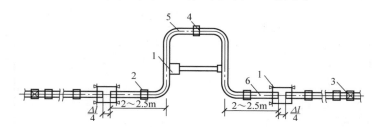

图 3-97　补偿器冷拉示意图

1—拉管器或千斤顶　2—活动管托　3—固定支架　4—活动管托或弹簧吊架　5—方形补偿器　6—加长直管段

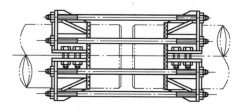

图 3-98　补偿器冷拉工具

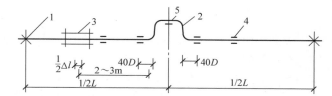

图 3-99　方形补偿器安装示意图

1—固定支座　2—方形补偿器　3—最后一个焊口相距 $L/2$
4—导向支座　5—滑动支座

3. 波形补偿器的安装

波形补偿器是靠波形管壁的弹性变形来吸收管子的热胀或冷缩达到补偿目的，一般用于工作压力在 0.1~0.3MPa，最大不超过 0.5MPa 的管路中。它的优点是结构紧凑，几乎不占空间地位，只发生轴向变形，缺点是制造比较困难，耐压低。每个波的补偿量只有 5~20mm 左右，且补偿器所受的应力是两头大、中间小，中部随时有向侧面偏离轴心变形的倾向，因此，波形补偿器的波一般为 4 个左右，最多不超过 6 个。误差标准为：公称直径大于 1000mm 时，补偿器管口的周长允许偏差为 ±6mm，小于或等于 1000mm 时，为 ±4mm；波顶直径偏差为 ±5mm。补偿器与固定支座、导向支座的安装关系如图 3-100 所示。

波形补偿器按波节结构可分为带套筒和不带套筒两种形式，安装时应注意方向性，内套管有焊缝的一端在水平管路上应迎介质流向安装，在垂直管路上应置于上部。水平安装时如管道内有凝结水，应在每个端节下方安装放水阀，如图 3-101 所示。

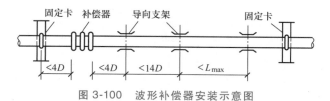

图 3-100　波形补偿器安装示意图

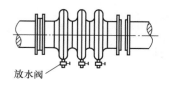

图 3-101　补偿器放水阀

　　波形补偿器的预拉，应在平地上进行，作用力应分 2～3 次逐渐增加，尽量保证波节的圆周面受力均匀，拉伸或压缩量的偏差应小于设计补偿量的 10%。吊装时，不能将绳索绑扎在波节上，也不能将支撑件焊接在波节上，应严格按照管道中心线安装，不得偏线，以免受压时损坏。宜设置临时支架，待管道安装固定后再予以拆除。

　　在管路做水压试验时，不允许超过规定的试验压力，以防止补偿器过分拉长而失去弹性，试压时最好将波形补偿器夹牢，不使其有拉长的自由。

4. 填料式补偿器安装

　　填料式补偿器又称套筒式补偿器，构造形式有法兰式、焊接式和螺纹式几种。插管与套管间是填料，填料压盖将其压紧在压紧环与支持环之间，与支撑环起防止插管脱出套管的作用。多用于管径≤300mm、温度不高、伸缩量较大且又受地位限制不可能安装其他形式的补偿器的情况下。其优点是占地面积小，流体阻力小，伸缩量大，单向的伸缩可达 200mm，双向的伸缩可达400mm；缺点是轴向推力大，填料密封性不可靠，故只适用于直线管路上。安装前，应拆开检查内部零件填料是否完整、齐全，符合要求。安装时，填料式补偿器应按管道中心线安装，不得偏斜，在靠近补偿器的两侧，至少应当各有一个导向支架，使管道运行时不至偏离中心线，以保证能自由伸缩。其安装方式同波纹管补偿器。

　　补偿器的加工原材料应相当于管子的钢号，里面的压紧环和支承环则需根据介质而定。填料通常采用浸油的方形石棉绳或石墨粉（俗称石棉盘根、黑铅粉）。加装填料时应逐圈加装、逐圈压紧，各圈接口应互相错开。

5. 球形补偿器的安装

　　球形补偿器的优点是能够吸收管道产生的伸缩（热位移）、振动、扭曲等全部位移。因为它是以球体的圆心为回转中心，能够做 360°任意方向的回转。球形补偿器的结构较复杂，制造成本比方形补偿器高，而且需要维修，承受压力和温度的能力比方形补偿器低，其外形如图 3-102 所示。

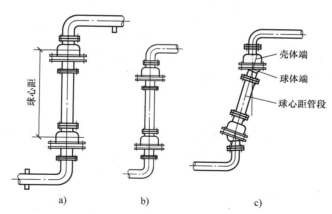

图 3-102　球形补偿器的安装
a）球心距安装长度　b）球形补偿器安装　c）球形补偿器与球心距管段的组合

　　球形补偿器的安装要注意阅读生产厂家的说明书，一般垂直安装在热力管道上，也可以水平安装，但必须至少由两只球形补偿器组成一组，一般组合成 Ⅱ 形和 Γ 形管线。安装时，两固定端间的管线中心线应与球形补偿器中心重合，在管段上适当配置导向滑动支架。安装时，要特别注意核对补偿器壳体上的标志是否符合设计要求。球形补偿器应安装在检修方便的位置。当安装在垂直管道中时，必须露出一部分球体，朝下安装，这样可以防止积存污物，保证安全运行。安装完毕后，应进行通气和通水试验，检查补偿器及各连接部分有无渗漏，球形接头是否回转灵活无卡涩现象。在此基础上做强度试验和系统试压，再检查各处有无渗漏。如球形补偿器本身接头有渗漏现象，只需稍微拧紧固定压盖上的六角调节螺母即可，一般拧 1/6 圈左右。

3.2.5 检修平台及小室

地下管道安装敷设时，设有套筒补偿器、阀门、放水阀、排气阀和除污装置等管道附件处以及管道分支处，应设置检查井或小室，架空管道一般应设置检修平台。

中、高支架敷设的管道，在安装阀门、放水、放气、除污装置的地方应设操作平台。操作平台的尺寸应保证维修人员操作方便，平台周围应设防护栏杆。检查室或操作平台的位置及数量应与管道平面定线和设计时一起考虑，在保证安全运行和检修方便前提下，尽可能减少其数目。

热力管道的分支连接多为挑接，安装时应注意高点排气、低点泄水，在管网敷设过程中，还应注意管道由于挑接而发生的标高变化。管道挑接做法如图 3-103 所示。两管之间的角度，可按需要调节。

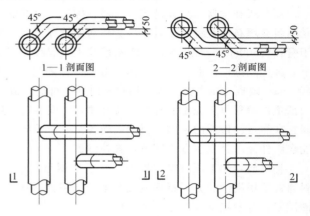

图 3-103 热力管道的直角挑接

检查小室的净空尺寸要尽可能紧凑，但必须考虑便于维护检修。净空度不得小于 1.8m，人行通道宽道不小于 0.6m，干管保温结构表面与检查室地面距离不小于 0.6m。检查室顶部应设入口及入口扶梯，入口人孔直径不小 0.7m。为了检修时安全和通风换气，人孔数量不得少于两个，并对角布置。当热水管网检查室只有放气门或其净空面积小于 0.4m^2 时，可只设一个人孔。检查室还用来汇集和排除渗入地沟或由管道放出的水。为此，检查室地面应低于地沟底，其值不小于 0.3m，同时，检查室内至少应设置一个集水坑，并应置于人孔下方，以便使用便携泵将积水抽出。图 3-104 所示为一个检查室布置图。在有限空间进行施工时，应先行制定作业方案，作业前进行气体检测，合格后方可作业，且现场施工人员不得少于 2 人。

3.2.6 热力管道的试压和验收

与供暖系统管道一样，热力管道安装完后，必须进行其强度与严密性的试验。强度试验是以试验压力来检查管道，严密性试验是以工作压力来检查管道。热力管道一般采用水压试验，燃气管道则采用气压试验。

1. 热力管道的强度试验

小区热网的强度试验是在管路附件及设备安装前对管道进行的试验，城镇热网应在接口防腐、保温及附属设备安装前进行，其试验压力为工作压力的 1.5 倍，但不得小于 0.6MPa。压力升至试验压力后，观测 10min，如压力降不大于 0.05MPa，且经检查无漏水处则为合格。

由于热力管道的直径较大，距离较长，一般试验时都是分段进行的，如两节点或两检查井之间的管段为一试压段，这样便于使整个管网实行流水作业。即一段水压试验合格后就可进行刷油、保温、盖盖板、回填土、场地平整等工作，仅把节点、检查井的管子接口留出即可。分段试压的另一优点是可及时发现问题及时解决，不影响工程进度。因一般室外地下工程都是夏季施工，雨天较多，分段试压，可及时完成有关工序，不因雨天延误整个工期。

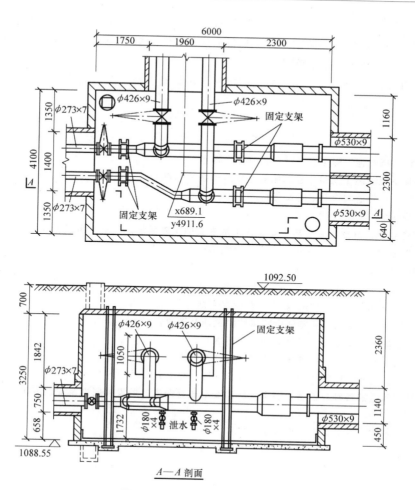

图 3-104　热力检查室布置图例

管网上用的预制三通、弯头等零件，在加工厂用 2 倍的工作压力试验，闸阀在安装前用 1.5 倍工作压力试验。

2. 热力管道的严密性试验

热力管道和热力站的严密性试验一般伴随强度试验进行，低温热水（<130℃）和低压蒸汽（<0.7MPa）管网的强度试验合格后将水压降至工作压力，城市热网的一、二次管网应为设计压力的 1.25 倍，且不小于 0.60MPa，检查各节点或检查井各接口焊缝是否严密，如不漏水则认为合格。

当室外温度在 5℃ 以下进行试压时，应采取防冻措施或先把水加热到 40~50℃，然后灌入管道内试压，且其管段最长不宜超过 200m，试压后应立刻将水排出，并检查有无存水地方，以免把管子冻裂。

对于架空敷设热力管道的试压，其手压泵及压力表如在地面上，则其试验压力应加上管道标高至压力表的水静压力。当实验过程中发现渗漏时，严禁带压处理。消除缺陷后，重新进行试压。

3. 热力管道的冲洗、调试与验收

热力管道试压后，应及时进行冲洗。通常采用水冲洗，以水色不混浊为合格。当施工时需要

进行蒸汽吹洗时，必须划定安全区，并设置标志，吹洗过程中，现场必须有人值守。冲洗完毕后应通水、加热，进行试运行和调试，当不具备加热条件时，应延期进行。主要的检测方法是测量各建筑物热力入口的供回水温度和压力。

验收时，和供暖工程一样，施工单位应提交各项记录、竣工图等文件。

练 习 题

1. 室内供暖系统的施工程序有几种？各有什么特点？

2. 室内供暖系统的施工及验收应遵循哪些规范和技术标准？

3. 室内供暖系统管道的控制点标高如何确定？

4. 室内供暖系统的安装步骤有哪些？

5. 室内管道变径、分支、立管与干管连接以及支架的正确做法是什么？可画图表示。

6. 供回水管道间距、与墙柱的相对位置的原则是什么？

7. 散热器的基本安装要求是什么？

8. 低温热水地板辐射供暖的施工安装技术要求有哪些？

9. 室内供暖管道补偿器的种类、规格以及设置原则是什么？

10. 如何进行室内供暖系统和室外供暖系统的试压及调试？

11. 热力管道的施工及验收执行什么规范和标准？

12. 供暖管道及设备的试压标准与合格标准是什么？

13. 直埋保温管的规格有哪些？直埋管道敷设的技术要求有哪些？

14. 室外热力管道的各种补偿器、固定支座和滑动或导向支座的设置原则及安装要求是什么？

（注：加重的字体为本章需要掌握的重点内容。）

第4章
热源设备的安装

　　热源是供暖系统的重要的组成部分，通常包括锅炉房、换热站和热泵机房等。由于热源中的设备多属于压力容器，一旦出现问题就会造成巨大的损失，因此安装要求严格。工作压力不大于1.25MPa、热水温度不超过130℃的整装锅炉，执行《建筑给水排水及采暖工程施工质量验收规范》（GB 50242）；工作压力不大于3.82MPa、现场组装的固定式蒸汽锅炉和额定出水压力大于0.1MPa的固定式热水锅炉以及有机热载体炉，执行《锅炉安装工程施工及验收规范》（GB 50273）；空调与供暖冷热源节能改造验收执行《建筑节能工程施工质量验收规范》（GB 50411）。其支、吊架还应该满足建筑抗震设计要求。

　　随着非承压热水锅炉的广泛采用，各地技术监督部门已经对非承压锅炉的安装和使用进行监管。非承压锅炉的安装，如果忽视了它的特殊性，不严格按设计或产品说明书的要求进行施工，也会存在安全隐患。非承压锅炉特殊的要求之一就是锅筒顶部必须敞口或装设大气连通管。

4.1　工业锅炉的安装

　　工业锅炉的本体体积一般都比较庞大，而且又很重，再加上有砌体结构，往往受到交通运输和制造厂设备条件的限制，需要在施工现场进行锅炉本体总装、试车和试运行，以完成其性能和动态质量的考核。因此，锅炉安装实际上是锅炉制造过程的延续，是锅炉制造的总装工序。

　　压力锅炉是在一定温度和压力下工作的特种设备，其内部和外部受到不同介质的侵蚀、腐蚀和磨损，运行条件极差；锅炉运行时，各组成部分处于不同的温度状态，停炉时，又均处于常温状态，各部件都存在热胀冷缩的问题；运行中的锅炉内部储存着大量高温、高压的蒸汽和水。因此，锅炉的安全运行是非常重要的，一旦发生事故，其后果是极其严重的。锅炉安装质量，直接影响锅炉的安全运行。为此，锅炉生产安装单位和参与安装的人员，要严格执行《锅炉安全技术监察规程》（TSG G0001）、《锅炉安装工程施工及验收规范》（GB 50273）、《工业炉砌筑工程施工及验收规范》（GB 50211）、《建筑给水排水及采暖工程施工质量验收规范》（GB 50242）等的规定，在锅炉安装前和安装过程中，当发现受压件存在影响安全使用的质量问题时，必须停止安装，并报告建设单位。

　　为保证锅炉安装质量，前期准备工作非常重要，它包括以下内容：

　　1）工程的招投标。建设单位应按国家规定的有关条例，对可行性研究编制单位、设计单位、土建施工单位、锅炉安装单位、监理单位及锅炉制造厂家进行投标，并经考核后确定。

　　2）对待建工程进行可行性论证。

　　3）委托设计单位进行工程设计（初步设计及施工图设计）。

　　4）设备和材料订货。

　　5）土建工程施工。

　　6）编制安装工程施工组织设计。

　　工业锅炉安装分为散装锅炉安装法和整体式锅炉安装法。

散装锅炉安装法的特点是制造厂按锅炉设计图供应零、部件，在锅炉房施工场地内按照一定的安装顺序，先将零、部件起吊到安装的永久位置上，然后进行相互连接的组合安装。这种安装方法比较机动灵活，不需要用大的组合场地和起重机械；但安装程序比较复杂，工作量大，施工速度慢，工期长，施工费用较高，消耗的劳动力较多。锅炉的安装流程如图 4-1 所示。

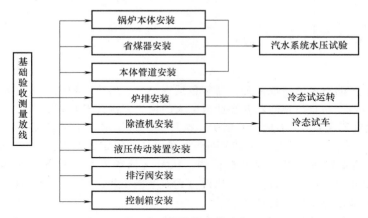

图 4-1　锅炉的安装流程

散装锅炉安装程序为：施工前的准备工作→基础验收、画线、处理→钢架、平台安装→锅筒、集箱安装→受热面、本体管道、附件安装→燃烧设备安装→整体水压试验→炉墙施工→烘炉、煮炉→管道冲洗、吹洗→严密性试验→安全阀调整和排放量试验→锅炉试运行→竣工验收。

4.1.1　起吊机具

锅炉起重吊装用索具和设备包括：绳索、滑车和滑车组、手拉葫芦、千斤顶、绞磨、卷扬机、起重桅杆等。

1. 绳索

（1）白棕绳　此绳质地柔韧、轻便、易于捆扎，但强度较低，其抗拉强度仅为钢丝绳的 1/10 左右。在锅炉安装中主要用于：①捆扎各种构件；②吊装重力小于 5000N 的设备和管道；③在吊装过程中用以拉紧重物，使之在空中保持稳定；④用作起重量较小的桅杆缆风绳索。

白棕绳是由植物纤维搓成线，线绕成股，再将股捻成绳。白棕绳有 3 股、4 股和 9 股之分，常用的是 3 股。

白棕绳有浸油和不浸油两种。浸油白棕绳不易腐烂，但质地变硬，不易弯曲，强度较不浸油的绳要降低 10% ~ 20%，所以，在吊装作业中，一般都用不浸油的白棕绳。但不浸油的白棕绳受潮后容易腐烂，因而，使用寿命较短。

白棕绳的允许拉力可用下式计算

$$S = \frac{PK_0}{K} \tag{4-1}$$

式中　S——拉力（N）；

　　　P——试验确定的破断力（N）；

　　　K_0——断面充实系数，3 股白棕绳 $K_0 = 0.66$，4 股白棕绳 $K_0 = 0.75$；

　　　K——安全系数，当用于滑车组起吊设备时取 5；作为缆风绳时取 6；作吊索用时不小于6，重要处取 10。

旧绳的允许拉力取新绳的 40%～60%。

（2）钢丝绳　钢丝绳是吊装中的主要绳索。它具有强度高、韧性好、耐磨性好，磨损后外部产生许多毛刺，容易发现，便于预防事故。

钢丝绳是由多股子绳绕着绳芯捻成的。每股有 7、19、24、37、61 根钢丝之分，钢丝直径为 0.4～4mm。子绳旋转方向分左旋和右旋两种。

钢丝绳的捻绕分同绕法和交绕法。同绕法是指子绳中钢丝的捻转方向与钢丝绳子绳间的捻转方向完全相同。同绕法的钢丝绳柔软易弯，与滑车槽接触面较大，对滑车槽表面压强较小，钢丝绳不易磨损；但绳子容易扭结纠缠，只适用于升降机和牵引装置。交绕法是指子绳中钢丝的捻转方向与钢丝绳子绳间的捻转方向完全相反，可避免扭结纠缠，起重机上大都采用交绕右旋钢丝绳。

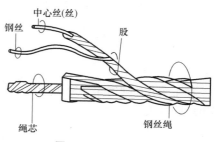

图 4-2　钢丝绳构造

钢丝绳绳芯通常用麻芯。麻芯具有良好的润滑性能，柔软，易卷绕，不易磨损。高温场合使用的钢丝绳应用石棉绳芯。

钢丝绳的规格以股数、丝数、直径来表示。例如，6×19-21.5，表示该钢丝绳是由 6 股子绳捻成，每股 19 根钢丝，钢丝绳的直径为 21.5mm。常用的钢丝绳有 6 股 7 丝、6 股 19 丝、6 股 37 丝、6 股 61 丝等几种。

钢丝绳的结构，如图 4-2 所示。

钢丝绳的允许拉力可用下式计算：

$$S = \frac{P_g \alpha}{K} \qquad (4\text{-}2)$$

式中　S——允许拉力（N）；

　　　P_g——钢丝绳内钢丝破断拉力的总和（N）；

　　　α——钢丝荷载不均匀系数，对于 6×19 的钢丝绳，$\alpha = 0.85$；对于 6×37 的钢丝绳，$\alpha = 0.82$；对于 6×61 的钢丝绳，$\alpha = 0.80$。

　　　K——钢丝绳使用时的安全系数，$K = 3.5～14$。用于缆风绳时，$K = 3.5$；用于载人升降机时，$K = 14$；其余场合，介于两者之间。

使用时，为了减少钢丝绳的弯曲应力，应尽量采用直径比较大的滑车轮或卷筒。

（3）吊索　又称千斤或钢丝绳头。其作用是绑扎设备及零部件，以便起吊。吊索有环状吊索和 8 股头吊索两种，如图 4-3 所示。环状吊索又称万能吊索或闭式吊索，8 股头吊索又称轻便吊索或开式吊索。

a)　　　　　　　　　　　　　　b)

图 4-3　吊索

a）环状吊索　b）8 股头吊索

2. 滑车和滑车组

滑车和滑车组是一种装有旋转滑轮的起重用具，其作用在于省力和改变用力方向，用以提升和拖运重物，是起重机的主要组成部分。

按滑轮数量可分为单轮滑车、双轮滑车、三轮滑车和多轮滑车。单轮滑车主要用于起吊重物或改变用力方向（导向滑车）；多轮滑车用于穿绕滑车组。

不同种类的滑车起吊重物时所需牵引力不同。

对于单轮滑车，1 个定滑轮 $\qquad S = Q\eta$ (4-3)

1 个动滑轮 $\qquad S = \dfrac{Q\eta}{2}$ (4-4)

对于滑车组，由图 4-4a 可知：

$S > S_1 > S_2 > \cdots > S_n$，设每个轮滑具有相同的阻力系数 η，牵引力可写成如下形式

$$S_1 = \frac{S}{\eta}, S_2 = \frac{S_1}{\eta} = \frac{S}{\eta} \times \frac{1}{\eta} = \frac{S}{\eta^2}, \cdots, S_n = \frac{S}{\eta^n}$$

若动滑轮与起重物为隔离体，由静力平衡得

$$Q = S_1 + S_2 + \cdots + S_n = S\left(\frac{1}{\eta} + \frac{1}{\eta^2} + \cdots + \frac{1}{\eta^n} \right) = S\left(\frac{\eta^n - 1}{\eta^n(\eta - 1)} \right)$$ (4-5)

由式（4-5）得

$$S = \frac{\eta^n(\eta - 1)}{\eta^n - 1}Q$$ (4-6)

若绳端有导向滑车，绳子每绕 1 个导向滑车，拉力要增加 η 倍。假设绕 k 个导向滑车，则式（4-6）可写成

$$S = \frac{\eta^n(\eta - 1)}{\eta^n - 1}\eta^k Q$$ (4-7)

若绕出绳从动滑轮绕出，如图 4-4b 所示，则工作绳数比滑轮总数多 1，绕出绳拉力为

$$S = \frac{\eta^{n-1}(\eta - 1)}{\eta^{n-1} - 1}\eta^k Q$$ (4-8)

式中 S——绕出绳拉力（kN）；

$\quad\quad Q$——起吊重物的重力（kN）；

$\quad\quad n$——滑车组的工作绳数；

$\quad\quad \eta$——单个滑轮的转动阻力系数，对于滚珠或滚柱轴承 $\eta = 1.02$；对于青铜衬套轴承 $\eta = 1.04$；对于无轴承的滑轮 $\eta = 1.06$。

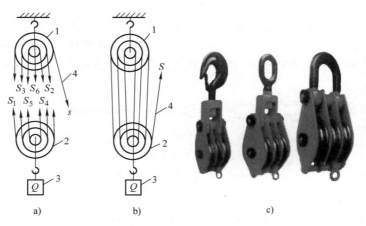

图 4-4　滑车组受力示意图和外形图片

a）绕出绳从定滑轮绕出　b）绕出绳从动滑轮绕出　c）外形实例

1—定滑轮　2—动滑轮　3—重物　4—绕出绳

根据计算的拉力，可以确定钢丝绳的型号、规格。

选用滑车和滑车组时，滑轮直径应为钢丝绳直径的 16~28 倍，钢丝绳的牵引力方向和导向轮的位置应协调一致，以防止绳索脱离轮槽而被卡住，导致发生事故。

3. 手拉葫芦

手拉葫芦又称倒链，是起重吊装作业中广泛使用的工具。它由链条、链轮及差动齿轮等组成，如图 4-5 所示。

手拉葫芦的起重量为 0.5~20t；起重高度一般为 3~5m，最高可达 12m。拉链人数是按倒链起重能力的大小配备的，起重能力 5t 以下为 1 人倒链，等于或大于 5t 为 2 人倒链。

手拉葫芦在使用前应仔细检查吊钩、链条及轴是否有变形或损坏，销子是否松动，传动是否灵活，手链是否有滑链和掉链现象。特别要检查其铭牌起重量是否与使用要求相符。

使用前应先将倒链拉紧，试验摩擦片、圆盘和棘轮的自锁（刹车）情况是否良好。

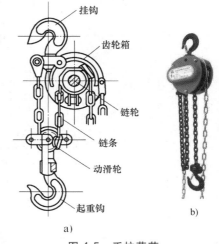

图 4-5　手拉葫芦

使用倒链不能超载，操作时力要适当、均匀，当吊起重物在空中停顿时间较长时，应将手拉链拴在起重链上，以防自锁失灵。

4. 千斤顶

千斤顶可用较小的力顶升或降落重物，也可用于钢结构变形的矫正。分为液压式、齿条式和螺旋式等。齿条式千斤顶起重能力较小，一般为 30~50kN，最大可达 150kN；螺旋式千斤顶起重能力为 50~500kN，顶推距离 130~280mm，最大可达 400mm，它可向任何方向顶进，而且有自锁作用，重物不会因停止操作而突然下降或回弹；液压式千斤顶由液压泵和活塞组成，它的起重能力较大，常用的有 30~500kN，最大可达 5000kN，活塞行程一般为 100~200mm，特制的千斤顶的活塞行程可达 1000mm。

千斤顶在锅炉安装中应用非常广泛，常用来矫正锅炉安装偏差和钢架等构件变形以及顶升设备等。特别注意：在使用过程中应保证放置千斤顶的基础稳定、牢固、可靠；不得超负荷使用；不得超过有效顶程。液压式千斤顶原理及外形如图 4-6 所示。

5. 人力绞磨

人力绞磨是依靠人推动推杆，带动卷筒旋转，使绕在卷筒上的绳索将重物拉动。

绞磨由推杆（绞杠）、磨头、卷筒、磨架、制动器等部件组成，如图 4-7 所示。

绞磨推杆上需施加的力按下式计算

$$P = \frac{S_r}{R} K \tag{4-9}$$

式中　P——施加在绞磨推杆上的力（kN）；

　　　S——绳索的拉力（kN）；

　　　r——卷筒半径（m）；

　　　R——推力作用点至卷筒中心的距离（m）；

　　　K——磨体阻力系数，$K = 1.1~1.2$。

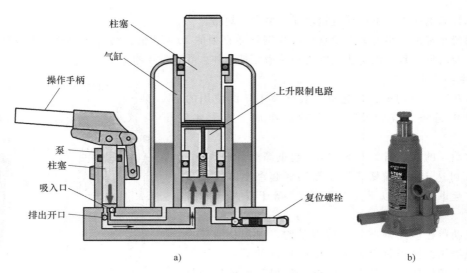

图 4-6 液压式千斤顶原理及外形

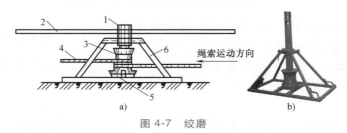

图 4-7 绞磨

1—磨头 2—推杆 3—卷筒 4—拉梢绳 5—制动器 6—磨架

6. 卷扬机

卷扬机既能单独作为牵引工具，又是各种起重机械的主要组成部分。卷扬机分手摇和电动两种。手摇卷扬机又称手摇绞车，由手柄、卷筒、钢丝绳、摩擦制动器、止动棘轮、小齿轮、大齿轮、变速箱等部件组成，起重力为 5~100kN。电动卷扬机有单筒、双筒和多筒等，常用起重力为 5~100kN 的电动卷扬机。电动卷扬机具有速度快和轻便等优点。

电动卷扬机牵引力按下式计算

$$S = \frac{N_{\mathrm{d}}\eta}{v} \tag{4-10}$$

式中 S——卷扬机牵引力（kN）；

N_{d}——电动机功率（kW）；

η——卷扬机传动机总效率，计算式为

$$\eta = \eta_0\eta_1\eta_2\cdots\eta_n$$

η_0——卷筒效率，当卷筒安装在滑动轴承上时，$\eta_0 = 0.94$；当卷筒安装在滚动轴承上时，$\eta_0 = 0.96$；

$\eta_1，\eta_2，\cdots，\eta_n$——机件传动效率，见表 4-1。

v——钢丝绳速度（m/s），计算式为

$$v = \pi D n_{\mathrm{j}}$$

D——卷筒直径（m）；

n_j——卷筒转速（r/s），计算式为

$$n_j = \frac{n_d i}{60}$$

n_d——电动机转速（r/min）；

i——传动比，计算式为

$$i = \frac{T_z}{T_b}$$

T_z——所有主动齿轮齿数的乘积；

T_b——所有被动齿轮齿数的乘积。

表 4-1　各种机件传动效率

机 件 名 称		效 率
卷筒	滑动轴承	0.94~0.96
	滚动轴承	0.96~0.98
一对圆柱齿轮传动	开式传动　滑动轴承	0.93~0.95
	开式传动　滚动轴承	0.95~0.96
	开式传动（稀油润滑）　滑动轴承	0.95~0.97
	开式传动（稀油润滑）　滚动轴承	0.96~0.98

使用卷扬机时必须注意机身稳固，防止起重量较大时发生机身倾覆事故。卷扬机外形如图 4-8 所示。

7. 起重桅杆

起重桅杆由桅杆、底座、滑车组和卷扬机等组成。桅杆按其构造可分为单桅杆和人字桅杆两种。

（1）单桅杆　单桅杆是以 1 根立杆作承重结构，其长度和截面大小根据起重工件的重量和高度，经计算确定。

按制作桅杆的材料，单桅杆又分为木制的和钢管制的两种。

桅杆竖立时应倾斜 5°~10°角，顶部拉 5~6 根缆风绳锚于地面或其他结构物上，与地平面呈 30°~45°夹角。

木制单桅杆用整根杉木或红松木制成，圆木梢直径为 180~320mm，起重高度在 15m 以内，起重量 30~100kN，木制单桅杆构造如图 4-9 所示。

钢管制单桅杆用 DN200~DN300 的钢管制造，高度 10~20m，起重量 100~200kN，钢管制单桅杆构造如图 4-10 所示。

（2）人字桅杆　人字桅杆用 2 根圆木、钢管或型钢作为构架，在顶端用钢丝绳或钢铰组成人字形，交接处悬挂起重滑车组，桅杆下端两脚的距离约为高度的 1/3~1/2，在下部设防滑钢丝绳或横拉杆，以承受水平推力。顶部设 4~5 根缆风绳，底部设支座，起吊重物时可用卷扬机或绞磨拖动。图 4-11 所示为钢管人

图 4-8　卷扬机

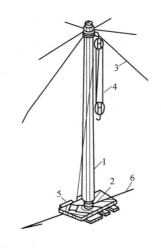

图 4-9　木制单桅杆
1—桅杆　2—支座　3—缆风绳
4—滑车组　5—导向滑车　6—牵索

字桅杆。人字桅杆比单桅杆侧向稳定性好，起重能力大，杆件受力均匀，架立方便，但起吊机件的活动范围窄。

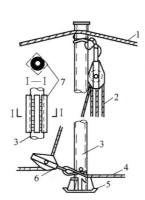

图 4-10 钢管制单桅杆

1—缆风绳 2—滑车组 3—桅杆 4—牵索
5—支座 6—导向滑车 7—加固角钢

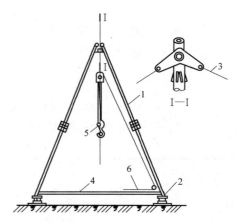

图 4-11 钢管人字桅杆

1—钢管 2—支座 3—缆风绳
4—横拉绳 5—滑车组 6—连接卷扬机

4.1.2 锅炉及辅助设备基础的复检与画线

1. 基础的复检

锅炉及其辅助设备就位前，必须按工程设计的基础施工图，复检基础的位置和尺寸应在表4-2中的允许偏差范围内，有超差的应经处理，达到满足锅炉安装需要后，方可进行放线、就位的工作。

表 4-2 锅炉及其辅助设备基础位置和尺寸的允许偏差

项次	复检项目		允许偏差/mm	
1	纵横轴线的坐标位置		±20	
2	不同平面的标高		0 −20	
3	柱子基础面上的预埋钢板和锅炉各部件基础平面的水平度		每米	5
			全长	10
4	外形尺寸	平面外形尺寸	±20	
		凸台上平面外形尺寸	0 −20	
		凹穴尺寸	+20 0	
5	预埋地脚螺栓孔	中心位置	10	
		深度	+20 0	
		每米孔壁铅垂度	10	
6	预埋活动地脚螺栓	顶点标高	+20 0	
		中心距	±2	

锅炉安装前,应画定纵、横安装基准线和标高基准点。纵向安装基准线可选用基础纵向中心线或锅筒定位中心线,横向安装基准线,可选用前排柱子中心线、锅筒定位中心线或炉排主动轴定位中心线,纵横中心线必须垂直。标高基准点线大多设在底层锅炉安装位置附近的建筑物柱、墙或基础上。为了安装时测量方便,大多以标高基准点线为准,在锅炉的柱子上画出 1m 标高线,以后均以柱子的 1m 标高线为基准去测量各部件的标高。

2. 基础的放线与处理

锅炉基础放线应以随机技术文件中的锅炉基础图、钢架图为依据,以建筑物柱、墙中心或基础孔中心为基准线,按工程设计施工图先放出钢架、锅筒、燃烧室纵横中心线,再以中心线为基准放出各立柱的位置坐标线。画线流程如下:

1) 首先在锅炉基础上画出纵向基准线,此线与锅炉房轴线、相关设备基础的相互位置应符合设计要求。

2) 在锅炉前墙边缘(或前柱中心线)画出与纵向基准线垂直的锅炉横向基准线。

3) 以纵、横基准线为基准,分别画出锅炉各辅助设备中心线和各钢柱中心线。安装过程中对任意一根柱子在纵横方向上与其他柱子的间距都要进行测量,间距允许误差为 ±2mm,再用拉对角线的方法,验证其画线的准确度,各组 4 根柱子定位中心点的两对角线长度之差不应大于 5mm。

4) 在运转层柱子(建筑物的柱子)或墙上 1m 的高度处画一水平线,作为锅炉安装时找标高的基准线。

锅炉及钢架安装就位前,应将基础表面、预埋地脚螺栓孔等清理干净,将每 1 个安装钢柱的地方凿平,根据基础标高与设计标高之差,确定基础凿低或垫高。

4.1.3　锅炉钢架和平台的安装

钢架承受着锅炉几乎全部重量,还决定锅炉的外形尺寸,同时又是锅炉本体和其他设备安装时找正的依据。因此,钢架的安装质量必须引起高度重视。

锅炉钢架和钢构件是以单件出厂的,在安装前,应按照施工图检查各构件的数量;并按图纸和技术要求检查有无损伤、锈蚀、裂纹等缺陷,检查各构件的规格、尺寸、平面度、弯曲度、螺栓孔的直径和位置、焊缝质量等。钢架主要构件长度和直线度的允许误差应符合表 4-3 所示的规定。

表 4-3　钢架主要构件长度和直线度的允许误差

构件复检项目		允许偏差/mm
柱子的长度/m	≤8	0 -4
	>8	+2 -6
梁的长度/m	≤1	0 -4
	1~3	0 -6
	3~5	0 -8
	>5	0 -10
柱子、梁的直线度		长度的 0.1%,且不大于 10

（续）

构件复检项目		允许偏差/mm
网架长度/m	≤1	0 -6
	>1~3	0 -8
	>3~5	0 -10
	>5	0 -12
拉条、支柱长度/m	≤5	0 -3
	>5~10	0 -4
	>10~15	0 -6
	>15	0 -8

由于长度相同的柱子也会有偏差，在柱子上画 1m 标高线时应从托架或柱头往下测量，通过调整柱脚垫铁来保证各托架和柱头标高。钢架安装的允许偏差和检测位置见表 4-4。

表 4-4　钢架安装的允许偏差和检测位置

检测项目		允许偏差/mm	检测位置
各柱子的位置		±5	
任意两柱子间的位置（宜取正偏差）		间距的 1/1000，且不大于 10	
柱子上的 1m 标高线与标高 基准点的高度差		±2	以支承锅筒的任一根柱子作为基准，然后用水准仪测定其他柱子
各柱子相互间标高之差		3	
柱子的垂直度		高度的 1/1000，且不大于 10	
各柱子相应两对角线的长度之差		长度的 1.5/1000，且不大于 15	在柱脚 1m 标高和柱头处测量
两柱子间在垂直面内两对角线的 长度之差		长度的 1/1000，且不大于 10	在柱子的两端测量
支撑锅筒的梁的标高		0 -5	
支撑锅筒的梁的水平度		长度的 1/1000，且不大于 10	
其他梁的标高		±5	
框架两对角 线长度	框架边长 ≤2500mm	≤5	在框架的同一高度或两端处测量
	框架边长 >2500~5000mm	≤8	
	框架边长 >5000mm	≤10	

锅炉钢架的结构示意和现场图片，如图 4-12 所示。

钢架安装的垂直度、水平度、相对位置及标高，应严格按照锅炉本体图样施工，并将柱脚牢牢地固定在锅炉基础上。

支撑在钢柱或钢梁上的平台、撑架、扶梯、栏杆、栏杆柱、挡脚板等应安装平直、焊接牢固、栏杆柱的间距应均匀，栏杆接头焊缝表面应光滑。

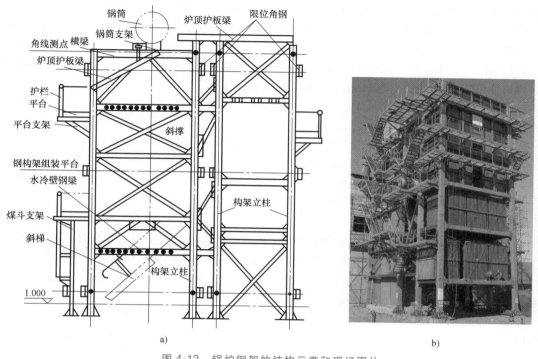

图 4-12　锅炉钢架的结构示意和现场图片

4.1.4　锅筒、集箱的安装

锅筒和集箱是锅炉最主要的受压元件，其安装得好坏，直接关系到锅炉的安装质量。尤其是胀接的锅炉，锅筒的安装位置稍有偏差，就会影响锅炉受热面的正确安装，严重影响胀管质量。因此，必须严格地按技术规程要求，进行锅筒和集箱的安装。

1. 锅筒、集箱安装前的检查

锅筒和集箱安装前，应按照装箱清单、有关图样和技术标准要求，对其筒体、内部装置和附件等，逐件进行检查，其制造质量应符合锅炉设计图及相关规范的要求：

1）检查锅筒内表面有无裂纹、锈蚀、金属分层等缺陷。

2）检查锅筒、集箱外表面、短管接头有无机械损伤、锈蚀、金属分层、裂痕，焊缝有无裂纹、气孔、夹杂等缺陷。

3）检查锅筒、集箱两端水平和垂直中心线位置是否正确，必要时应根据管孔中心线重新调整和标定。

4）根据锅炉本体图样，用卡尺、钢直尺测量锅筒和集箱外形、管孔、管排间距等尺寸。

5）查看锅筒、集箱两端面水平和垂直中心线标记（冲孔或其他标记）是否正确，必要时可根据管孔中心线重新标定或调整，随即在锅筒前后端面上弹画出水平与垂直的中心十字线，在锅筒的两侧面弹画出纵向中心线。

2. 锅筒支座的安装

锅筒支座分为固定支座和滑动支座。先在放置锅筒支座的横梁上，划出支座位置的纵、横中心线，并用对角线法核对其平行度，对角线长度偏差不允许超过 2mm。再将支座弧面边缘的毛刺清理干净，用锅筒的弧形样板置于支座弧面上，检查弧座表面与锅筒的接触面吻合状况。然后清洗活动支座，并在活动支座滚柱上涂上石墨粉润滑脂。最后将支座吊装到横梁上，按支座上纵、横中心线标记调整定位，用水准仪或玻璃管水平仪测量支座标高，并用支座下的垫板进行调整，合格后，将支座与横梁的连接螺栓紧固。

应特别注意：不要将支座底板与锅筒横梁焊住，可用挡铁限制其活动；活动支座应按其膨胀方向预留膨胀间隙，当设计图未标明预留膨胀间隙时，按下列公式计算

$$\Delta L = \alpha l(t_2 - t_1) \tag{4-11}$$

式中 ΔL——锅筒热膨胀量（mm）；

        α——物体的线膨胀系数（℃$^{-1}$），钢的线膨胀系数 $\alpha = 10.5 \times 10^{-6}$（℃$^{-1}$）；

        l——锅筒两支座间的距离（mm）；

        t_2——锅筒受热后的温度（℃）；

        t_1——锅筒冷态时的温度（℃）。

3. 锅筒、集箱的起吊就位

锅筒在钢架找正并固定后方可起吊就位。起吊前应认真检查和清理吊装现场，清除水平与垂直方向上影响锅筒和集箱起吊的任何障碍物，以保证吊装工作顺利进行。

安装锅炉用的绳索、吊具和起重设备，在任何情况下不得超负荷；无铭牌的起重工具，要经过强度计算，证明完全可靠时，方能使用。

锅筒和集箱的起吊工作，应由起重工担任，其他专业人员应予密切配合。锅筒的吊装如图 4-13 所示。

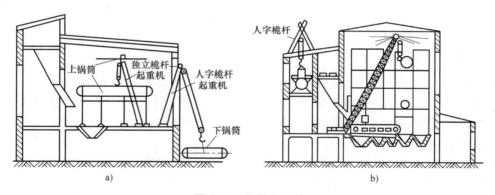

图 4-13 锅筒的吊装

a）双层式锅炉房锅筒的吊装 b）多层式锅炉房锅筒的吊装

待起吊的锅筒和集箱应精确地放置在起吊垂直平面的中心线上，以避免起吊时因摆动而撞到锅炉钢架上。

锅筒和集箱的起吊时不得将绳索穿过管孔，不得使短管接头受力，不得用大锤敲击筒体和箱体。

开始起吊时应先进行试吊，使锅筒或集箱稍稍离开地面，停留 10min，并认真检查起重绳索和结扣，起重设备的工作状态，经检查无问题时才能正式起吊。起吊时还得有专人控制事先系在筒体上的牵引绳，调整锅筒和集箱在起吊过程中的方位，以防碰撞钢架。

起吊的锅筒放在锅筒支座上，支座与锅筒接触应良好，接触部分圆弧应吻合，局部间隙不宜大于 2mm。

在锅筒和集箱的安装过程中，及时校正筒体和箱体的标高是一项十分重要的工作，其水平度可用水准仪或水平尺检查，其标高可用尺量检查；上锅筒与下锅筒间、锅筒与集箱间、集箱与

集箱间、锅筒与钢架间的相对位置，可用吊锤、拉线、尺量检查，如图 4-14 所示。对锅筒和集箱的标高、水平度、相对尺寸调整时，可在支座下放置垫铁，直至其水平中心线和垂直中心线的位置准确。

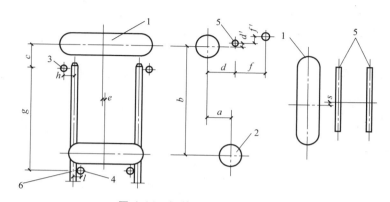

图 4-14 锅筒、集箱间的距离

1—上锅筒（主锅筒） 2—下锅筒 3—上集箱 4—下集箱 5—过热器集箱 6—立柱

锅筒和集箱安装完成之后，应由安装项目负责人组织有关专业施工人员，进行全面检查，其安装允许偏差应符合表 4-5 中的规定。

表 4-5 锅筒和集箱安装允许偏差

项次	检测项目	允许偏差/mm
1	主锅筒的标高	±5
2	锅筒，纵、横中心线与立柱中心线水平距离	±5
3	锅筒、集箱全长纵向水平度	2
4	锅筒全长横向水平度	1
5	上下锅筒之间水平距离 a 和垂直距离 b	±3
6	上锅筒与上集箱间的轴线距离 c	±3
7	上锅筒与过热器集箱的水平距离 d、垂直距离 d'，过热器集箱之间的水平距离 f 和垂直距离 f'	±3
8	上、下集箱之间的距离 g；上、下集箱与相邻立柱中心距离 h、l	±3
9	上、下锅筒横向中心线相对偏移 e	2
10	锅筒横向中心线和过热器集箱中心线相对偏移 s	3

上锅筒内部的汽水分离、给水、连续排污等装置，待锅炉整体水压试验合格后，再进行安装。

4.1.5 锅炉受热面的安装

受热面是锅炉本体的主要组成部分，其安装质量直接影响锅炉的安全运行。其中散装锅炉的受热面管子在锅炉制造厂按设计图要求加工成形，出厂后因运输、装卸、保管等因素，管子可能发生变形、损伤、磨损、锈蚀或丢失。因此，在安装前应按照装箱清单和制造图进行清点、检查和校正。

1. 锅炉受热面管的安装

锅炉受热面管是锅炉最主要的受热面和直接受高温作用的受压元件，其安装质量对锅炉正常运行关系较大，安装前必须进行检查，内容和要求包括：

管子必须具有出厂质量证明书，其材质应与设计相符；管子表面不应有裂纹、重皮、压扁、腐蚀等缺陷；将相同形状的弯曲管各取 1 根，如能很容易地放入上述样板槽内，并与轮廓线重合的管子为合格，否则应校正、处理；对流管束应做外形检查和矫正，放样尺寸的误差不应大于1mm，矫正后的管子应与放样实线相吻合，局部误差不应大于2mm；直管的弯曲度全长不超过3mm，长度偏差不应超过±3mm；弯曲管的外形偏差和平面度应与锅炉制造图相符合；管子的壁厚应均匀，公称外径为32~42mm的管子，其外径偏差不应超过±0.45mm；公称外径为51~108mm的管子，其外径偏差不应超过公称外径的1%。

管子应做通球检查，试验用的球一般采用不易产生塑性变形的材料制造。对接接头管和弯管也应做通球检查。通球后的管子应有可靠的封闭措施。通球检查所用球的直径应符合表4-6中的规定。

表4-6　通球直径

对接接头管通球直径			
弯管半径 D_w/mm	≤25	25~40	40~55	>55
通球直径 d/mm	≥$0.75D_n$	≥$0.80D_n$	≥$0.85D_n$	≥$0.90D_n$
弯管通球直径			
曲率半径/管外径 R/D_w	1.4~1.8	1.8~2.5	2.5~3.5	≥3.5
通球直径 d/mm	≥$0.75D_n$	≥$0.80D_n$	≥$0.85D_n$	≥$0.90D_n$

注：D_w—管子公称外径，D_n—管子公称内径。

受热面管的安装方法有单管安装和组合安装两种，一般工业锅炉多采用单管安装。水管锅炉的对流管束、水冷壁管与锅筒或集箱的连接，锅壳式锅炉的烟管、水管与管板的连接，可以采用胀接、焊接或又有胀接又有焊接的连接方法。

胀接是利用胀管器或炸药爆炸产生的高温高压冲击波，使管子产生塑性变形，而管孔则产生弹性变形，将管子胀接在锅筒、集箱（大直径集箱）或管板上，达到密封和承受压力的目的。胀接属接触性连接，其刚性好，耐腐蚀性好，对水质要求不高，更换管子方便；但胀接的强度和密封性不如焊接，其承受压力的能力不高，因此，只适用于工业锅炉。参与胀接的锅筒、集箱、管板厚度不应小于12mm，其壁温不宜超过400℃，胀接管孔间的距离不宜小于19mm，外径大于102mm的管子不宜采用胀接。胀接的方法有手工胀接、电动胀接、风动胀接、液压胀接和爆炸胀接等。目前国内工业锅炉行业多采用手工胀接和电动胀接两种方法。

（1）胀接前的准备工作其内容、方法和要求如下：

1）测量管端外径尺寸，并做测量记录。胀接管外径的允许偏差应符合表4-7的规定。

表4-7　胀接管外径的允许偏差

管子外直径/mm	32	38	42	51	57	60	70	76	83
允许最大外径/mm	32.45	38.45	42.45	51.51	57.57	60.60	70.70	76.76	83.83
允许最小外径/mm	31.55	37.55	41.55	50.49	56.43	59.40	69.30	75.24	82.77

2）管端退火。为了调整管端钢材的力学性能，应对管子的胀接端进行退火处理，但当管端硬度小于管孔壁的硬度时，管端也可不进行退火。退火时，受热应均匀，温度应控制在600~650℃，保持10~15min，管端退火长度应为100~150mm；退火后的管端应采取保温措施，以使其缓慢冷却。

管端退火可采用在加热炉内直接加热或铅浴法加热。目前常用铅浴法，温度容易控制，加热稳定、均匀，操作方法简单、容易掌握，而且被加热件不受烟气侵蚀。

管子一端加热或冷却时，另一端应用木塞子堵住。

3）管端清理。胀管前应对管端的油垢、锈点、斑痕、纵向沟槽等进行清理、磨光处理。打磨应用打磨机进行，直至露出金属光泽，磨光的管端长度应为锅筒壁厚 δ+50mm，最后再用砂布精细修理磨光。打磨后的管壁厚度不得小于公称壁厚的90%，且管端应呈圆形，无麻点和纵向沟纹。

管端内表面也要进行清理，其清理区域应在离管端至少100mm长度的范围内。

4）胀接管孔清理。清洗管孔，除去防锈油料及污垢，再用 1 号砂布按圆周方向进行打磨，注意控制管孔的圆度在允许范围内，直至露出金属光泽。管孔表面粗糙度不应大于 12.5，且不应有凹痕、边缘毛刺和纵向刻痕。胀接管端的最小外径、胀接管孔与管端的最大间隙以及管端伸出管孔的长度应符合表 4-8~表 4-10 中的规定。

表 4-8　胀接管端的最小外径

公称外径/mm	32	38	42	51	57	60	63.5	70	76	83	89	102
最小外径/mm	31.35	37.35	41.35	50.19	56.13	59.10	62.57	69.00	74.84	81.77	87.71	100.58

表 4-9　胀接管孔与管端的最大间隙

公称外径/mm	32	38	42	51	57	60	63.5	70	76	83	89	102
最大间隙/mm		1.29		1.41	1.47	1.50	1.53	1.60	1.66	1.89	1.95	2.18

表 4-10　管端伸出管孔的长度

管子外径尺寸/mm	32~63.5	70~102
伸出长度/mm	7~11	8~12

胀接管端伸出孔的长度如图 4-15 所示。

（2）试胀管　首先进行试胀。试胀管的目的是为了使参加胀管操作的施工人员掌握胀管器的性能及所用材料的实胀性能，得出合适的胀管率、胀管工艺和控制胀管率的方法，从而指导正式的胀管施工。试胀管所用的管板、管子，一般应由锅炉厂提供，其材质、几何尺寸、加工精度、硬度等均应与试胀件相同；试胀管使用的胀管器是正式胀管时将要使用的胀管器。试胀管胀件质量合格的操作工人，方能参加正式胀管工作。

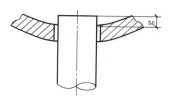

图 4-15　管端伸出管孔长度

试胀管程序：试胀前的准备工作→固定胀接→扳边扩张胀接→水压试验→补胀→解剖检查→确定最佳胀接工艺和胀管率。

试胀管关系到正式胀管时胀接质量的好坏，必须对试胀管的试件质量进行认真的检查。试胀管质量达到如下标准即为合格：胀口应无欠胀和过胀现象；胀口及扳边处应平滑光亮，管子应无裂纹和明显的切痕，扳边角度应在 12°~15°之间；胀口各部分尺寸及深度应正确；喇叭口根部与管壁连接状况良好；水压试验合格；经解剖检查，管外壁与孔壁接触部分的印痕、啮合情况应良好；管壁减薄和管孔变形状况应符合胀接要求。

（3）正式胀管　试胀合格后方可进行正式胀管。

应先将锅筒内部清理干净，锅筒内照明采用 12V 电源，锅筒内应满铺绝缘橡胶板，胀管工作应在 0℃ 以上进行。常用的胀管操作分两步进行：

第一步为固定胀管（初胀），用固定胀管器来完成，其目的是将管子与管孔间的间隙完全消失，并再扩张 0.2~0.3mm，初步将管子固定在锅筒上。它的控制方法是：用手工胀接时，可根据管子在管孔中不再摆动，同时感到胀杆转动开始用劲，再转动胀杆 1 圈即可；用电动胀接时，根据试胀管时的电流值控制。固定胀管采用固定胀管器，固定胀管器的结构，如图 4-16 所示，胀管器的外壳上有三个胀槽，胀槽沿圆周方向间隔 120°，每个胀槽

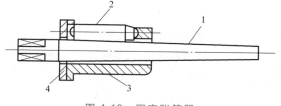

图 4-16　固定胀管器
1—胀杆　2—直胀珠　3—外壳　4—压盖

内设置1个直胀珠。因为直胀珠锥度为胀杆锥度（1/25～1/20）的一半，且互为反方向，所以在胀管过程中，胀珠外轮廓线与被胀管子内圆壁面，始终平行于被胀管子的中轴线。

固定胀管时应先胀锅筒两端的管排作为基准，然后再自中间分向两边逐排胀接，注意管子间距应均匀、排列应整齐。管子胀接端装入管孔后，应立即进行固定胀接，以防污物进入管壁与管孔间或生锈。同1根管子应先胀上锅筒端，后胀下锅筒端。

第二步为扳边胀管（复胀），可进一步使管壁和管孔继续沿径向扩大，直至达到胀管率，同时使管端扳成喇叭口，这样一则使管子与管孔结合得更紧密，并增加了管端的拉脱力，而且还能使进、出管口的流体的阻力减小，有利于锅炉汽水循环。扳边胀管工艺是由扳边胀管器完成的，扳边胀管器的结构，如图4-17所示。它与固定胀管器的主要区别是有1个短的扳边胀珠，其余结构基本相同。

当固定胀管完成后，为防止胀口生锈而影响胀接质量，应尽快进行扳边胀管。扳边胀管时，为避免邻近的胀口松弛，应采用反阶式的胀管顺序，如图4-18所示。在管排方面，按照Ⅰ、Ⅱ、…的顺序进行胀管；在管孔方面，按照1、2、3、4、…的顺序进行胀管。

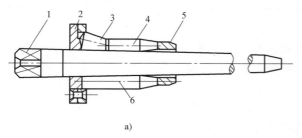

a)

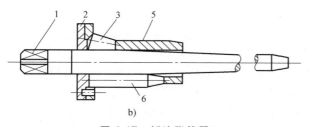

b)

图4-17　扳边胀管器
a）串列式　b）错列式

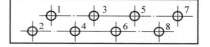

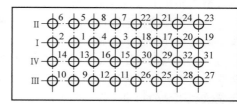

图4-18　反阶式的胀管顺序

1—胀杆　2—盖　3—扳边珠　4—短胀珠　5—胀套　6—胀珠

（4）胀管率的控制　胀管率的控制方法有两种，即内径增大率控制法和外径增大率控制法。

1）内径增大率控制法。内径增大率用下列公式计算

$$H_n = \frac{d_1 - d_2 - \delta}{d_3} \times 100\% \qquad (4-12)$$

式中　H_n——采用内径增大率控制法时的胀管率（%）；

　　　d_1——胀管后的管子实测内径（mm）；

　　　d_2——未胀时管子实测内径（mm）；

　　　d_3——未胀时管孔实测直径（mm）；

　　　δ——未胀时管孔与管子实测外径之差（mm）。

采用内径增大率控制法时的胀管率，一般控制在1.3%～2.1%。

2）外径增大率控制法。外径增大率用下列公式计算

$$H_w = \frac{d_4 - d_3}{d_3} \times 100\%$$ (4-13)

式中　H_w——采用外径增大率控制法时的胀管率（%）；

　　　d_4——紧靠锅筒外壁处胀完后的管子外径（mm）；

其余符号同前。

采用外径增大率控制法时的胀管率，一般控制在 1.0% ~ 1.8%。

2. 受压元件的焊接要求

锅炉受压元件的焊接应符合国家现行标准的有关规定。焊接之前，应制定焊接工艺评定指导书，并进行焊接工艺评定，编制用于施工的焊接作业指导书。

受热面管子的对接接头，当材料为碳素钢时，除接触焊对接接头外，可免做检查试件；当材料为合金钢时，在同钢号、同焊接材料、同焊接工艺、同热处理设备和规范的情况下，应从每批产品上切取接头数的 0.5% 作为检查试件，且不得少于一套试样所需接头数。锅筒、集箱上管接头与管子连接的对接接头、膜式壁管子对接接头等在产品接头上直接切取检查试件确有困难时，可焊接模拟的检查试件代替。在受压元件的焊缝附近，应采用低应力的钢印打上焊工的代号。受热面管子及其本体管道的焊接对缝应平齐，其错口不应大于壁厚的 10%，且不应大于 1mm。

对接焊接管口端面倾斜的允许偏差和焊接管直线度允许偏差，应符合表 4-11、表 4-12 中的规定。

表 4-11　对接焊接管口端面倾斜允许偏差　　　　（单位：mm）

管子外径		≤108	108 ~ 159	>159
端面倾斜度	手工焊	≤0.8	≤1.5	≤2.0
	机械焊	≤0.5		

表 4-12　焊接管直线度的允许偏差　　　　（单位：mm）

管子公称外径	允许偏差	
	焊缝处 1m	全长
≤108	≤2.5	≤5
>108		≤10

管子由焊接引起的变形，应采用钢直尺在距焊缝中心 50mm 处测量其直线度，焊接后的直线度及允许偏差如图 4-19 所示。

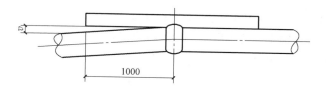

图 4-19　管子焊接后的直线度及允许偏差

对组装后缺陷难以处理的焊接管段，应在组装前做单根管段的水压试验。

3. 省煤器、空气预热器的安装

省煤器是锅炉尾部受热面，布置在尾部烟道中，有铸铁肋片管式省煤器和蛇形钢管式省煤器两种，工业锅炉常用铸铁肋片管式省煤器。

省煤器安装前应先检查和校核支承架的尺寸、标高和水平度；再检查铸铁肋片管、弯头等的

质量。对铸铁肋片管应逐根检查，每1根肋片管上损坏的肋片数，不应多于总肋片数的5%；整个省煤器中有破损肋片的管数，不应多于总管数的10%。省煤器管及弯头的法兰接触面不得有砂眼、气孔、裂纹、径向沟槽、凹坑、歪斜等缺陷。

铸铁肋片管式省煤器安装前，宜逐根（或组）进行水压试验，试验压力应符合表4-17的规定。

省煤器支撑架允许偏差应符合表4-13的规定。

表4-13 省煤器支撑架安装允许偏差

项　次	项　目	允许偏差/mm
1	支承架水平位置	±3
2	支承架的标高	0 −5
3	支承架的纵、横向平面度	长度的0.1%

空气预热器有钢管式和回转式两种，工业锅炉多采用前者，电站锅炉多采用后者。

钢管式空气预热器都是在制造厂组装成管箱整体出厂的，安装前应对其外观进行检查，检查各管箱的几何尺寸，各管口焊缝表面有无砂眼、裂纹、气孔、夹杂等缺陷；检查管子有无碰撞、挤扁、严重损伤，支承脚有无弯曲变形；检查波形伸缩节有无砸坏、挤扁、弯曲、破裂等缺陷。

钢管式空气预热器管箱整体吊装前，应检查支承框架的尺寸、标高、水平度，使其符合安装要求。钢管式空气预热器的安装允许偏差应符合表4-14的规定。

表4-14 钢管式空气预热器安装允许偏差

项　次	项　目	允许偏差/mm
1	支承框架上部平面度	±3
2	支承框架标高	0 −5
3	管箱垂直度	全长的1/1000

4. 受热面及锅炉本体范围内管子的焊接工艺

受热面及锅炉本体范围内管子的焊接位置有平、立、仰焊三种。这三种位置焊接既有共同点，又有差异。其共同点在于它们所用的焊接设备和材料相同，坡口形式和尺寸基本相同；操作要点基本相同，都要控制和掌握电流、电压、引弧、运条、收弧等。其差异在于各操作要点的具体内容上有所不同。

工业锅炉由于参数比较低（工作压力$p \leqslant 3.82$MPa，工质温度$t \leqslant 400$℃），因此，受热面材质多采用20钢。受热面及锅炉本体范围内管子的焊缝形式都是对接接头，但因其管径和管壁厚度不同，采用的焊接方法也不相同，常用的有氩-电联焊、气焊、手工电弧焊和全氩弧焊等多种形式。

（1）氩-电联焊　钨极氩弧焊有电弧稳定、穿透能力强、保护效果好等优点，因而在管道焊接中越来越被广泛应用。但因其焊接成本较高，对坡口质量要求高，施焊环境要求严格，又使其应用范围受到一定的限制。目前在工业锅炉管道焊接中，主要用于封底焊，以保证背面有良好的成形质量，对其余各层覆面焊则采用手工电弧焊，这就是"氩-电联焊"。

氩-电联焊一般用于直径不小于DN60管道的焊接。现以DN60mm×3.5mm水平固定管子的对接焊为例介绍其焊接工艺。

1）坡口。管子组对前，管端用机加工制成V形坡口。坡口两侧10~20mm范围内的铁锈用磨光机或锉刀清理干净，直至露出金属光泽，再用丙酮清洗，去除油垢和水分。

2）定位焊。定位时先用卡管器将待对接焊的两管固定、校直，使其同心，然后用氩弧焊点固。定位焊缝的位置在时钟的3、9、12点，长度10~15mm，厚度2~3mm。定位焊缝是正式焊缝的一部分，要与正式焊缝同样要求。

3）氩弧焊封底。若焊机带有高频引弧装置，将焊枪的钨极端头对准坡口根部，逐渐接近母材，电弧即可引燃；焊机无引弧装置时，应在坡口外轻轻将钨极与母材刮擦引弧，然后将电弧拉至坡口内。水平固定管对接一般分左右两个半圈进行焊接，先焊右半圈，后焊左半圈，如图4-20所示。

在焊接过程中，焊枪与管子、焊丝的夹角应保持不变。焊枪喷嘴与管子中心线呈90°角，与管子切线呈85°~105°角，与焊丝呈90°角。焊接时，电弧应交替加热坡口根部和焊丝端头，保持坡口两侧熔化均匀，保证管内壁焊缝成形均匀。右半圈到平焊位置时，应减少焊丝填充量，并使焊缝减薄，便于左半圈接头。在距中位置约8mm的"2"点灭弧，灭弧前应连送几滴填充金属，以防缩孔，并将焊枪喷嘴移至坡口一侧，然后熄

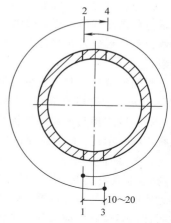

图 4-20　水平固定管对接的焊接方法

1、2—先焊半圈的起点、终点
3、4—后焊半圈的起点、终点

弧，待熔池颜色完全变暗后，停止送氩气。焊丝端部应始终处于氩气的保护之中，送丝动作要轻，不得扰动氩气保护层，以防空气侵入。钨极不得与焊丝、工件相接触，防止钨极烧坏和焊缝夹钨。

左半圈焊接与右半圈基本相同。每半圈的焊接应尽量一气呵成，若被迫中断，接头处应焊成或磨成斜坡，重新引弧的位置应在原弧坑后面，使焊缝重叠20~30mm，重叠处一般不加焊丝或少加焊丝，熔池要渗透到接头的根部，以确保接头处熔融。封底焊缝经自检合格后，方能进行覆面焊。

4）手工电弧焊覆面。封底焊焊后，应立即进行覆面焊接。覆面焊接的操作手法以小摆幅的月牙形或横向锯齿形连弧法施焊或以快速断弧法施焊。覆面焊接也是分成两个半圈按顺序进行。前半圈收弧时，要向弧坑稍填些铁水，使弧坑呈斜坡状，为后半圈收弧创造条件。后半圈开始焊接时，应在前半圈始焊点前10mm左右处引弧，并熔化掉前半圈10mm长的焊缝。后半圈收弧时应向熔池多填几滴铁水，以防止发生弧坑裂纹现象。覆面焊时焊条摆幅和前进速度都要均匀，以保证焊缝平滑、整齐、美观。焊缝表面不得有气孔、裂纹、夹渣、咬边等缺陷。

（2）气焊　气焊所需设备简单，施焊过程中焊接位置变化较慢，容易掌握；但焊接效率低，穿透能力弱，容易产生过热现象。所以，在工业锅炉焊接中，气焊主要用于小管径（$D \leqslant$ 57mm）、薄壁（$\delta \leqslant 3$mm）管子的对接焊。

1）坡口。施焊前应将对接管子坡口、焊口两侧20mm内和焊丝表面的油污、铁锈、氧化物等清除干净，直至露出金属光泽。

2）定位焊。施焊前先用卡管器将对接管子固定并校直，对水平固定管在时钟的3、6、9点处熔透点焊，焊缝长度10mm，厚2mm，焊接工艺与正式焊相同。

3）气焊工艺。气焊应按如下方法和要求操作：

对水平固定管分左、右两半圈进行焊接，先焊右半圈，后焊左半圈，如图4-20所示。首先，在"1"点用火焰适当加热，将熔池烧穿，形成略大于组对间隙的熔孔，以保证根部焊透；然后，保持焰心与熔池间的距离为4~5mm，维持熔孔前移和焊丝熔化。焊炬与焊丝的配合要适当，

焊炬画圆前进，焊丝始终浸没在熔池中，不断搅拌熔池，以利于焊丝熔化和杂质逸出。

在焊接过程中，要根据熔池的变化，不断调整焊炬位置。当熔池增大时，应立即移开火焰，使熔池稍微冷却后再焊，焊嘴离熔池不要过远或过近，过远会使焊丝熔化比母材快，而且火焰穿透弱，不易形成熔孔和背面成形；过近则会使焰心触及熔池金属，焊缝容易产生夹渣、气孔等缺陷。

焊至定位焊缝时，应将定位焊缝逐点熔入熔池中并多次抬起火焰，防止过烧。焊至平焊位置"2"点处，应将熔池填满，缓慢抬起火焰，脱离熔池，熄弧。

后半圈焊接与前半圈焊接基本相同，只是起点处的焊缝和终点处的焊缝都要与前半圈焊缝重叠 10mm 左右，即起焊点的位置是"3"点，而终焊点的位置是"4"点。

（3）手工电弧焊　在受热面及锅炉本体管道焊接中，手工电弧焊应用非常广泛，其工艺过程与氩-电联焊基本相同，只是封底不用氩弧焊，而是与覆面一样采用手工电弧焊。用手工电弧焊封底时，应从仰焊位置的时钟 6 点以前 5~10mm 的坡口面上引弧，然后移至对口间隙内，焊条在两钝边间微微横向摆动，当钝边熔化，铁水与焊条熔融在一起时，将焊条的铁水送至坡口底部，使整个电弧的 2/3 在管内燃烧，形成第一个熔池。随着焊接向上进行，焊条角度不断变化，在仰焊和下爬坡部位时，焊条与管子切线呈 80°~85°倾角，在立焊的位置时呈 90°倾角，在上爬坡部位时呈 85°~90°倾角，在平焊的位置时呈 80°倾角。

当焊至定位焊缝根部时，将焊条向下压，听到"扑扑"声后，快速向前施焊，焊到定位焊缝另一端时，焊条在接头处稍停，并向下压，听到"扑扑"声后，恢复原来手法继续施焊。

收弧时，将焊条逐渐引向坡口斜前方，再慢慢提高电弧，使熔池逐渐变小，停满弧坑。

封底焊完毕后，清除焊渣，确认无缺陷，再进行覆面焊，其焊接工艺与氩-电联焊的覆面焊完全相同。

（4）全氩弧焊　全氩弧焊指的是管道焊接时，封底焊和覆面焊全部采用氩弧焊，只是氩弧覆面焊时焊枪横向摆动幅度较封底焊稍大。

5. 焊接质量检验

焊接质量检验是确保受热面及锅炉本体范围内管道焊接质量的重要环节。现场施工安装的受热面和锅炉本体范围内管道的焊接多数是人工操作，焊缝容易出现缺陷。外部缺陷用肉眼和放大镜观察即可发现，而内部缺陷隐藏在焊缝内部及焊接热影响区的金属内部，必须借助于特殊手段方能发现。

（1）焊缝的外观检查　所有焊件清除焊渣后，必须经过焊工自检、焊接班组互检、焊接专职检查人员抽检等程序。

焊缝的外观质量应符合下列要求：焊缝的高度、宽窄应一致；在任何情况下，焊缝高度都不允许低于母材，焊缝与母材应圆滑过渡；焊缝及其热影响区表面应无裂纹、未熔透、夹渣、弧坑、气孔、咬边、焊瘤、烧穿等缺陷。

（2）焊接接头的性能鉴定　进行焊接接头的性能鉴定，应在安装现场的正式焊件上取样；当现场取样有困难时，可用模拟试件代替。

1）化学成分分析。焊缝化学成分分析的目的是检查焊缝金属的化学成分及其组成情况，因为焊缝的元素成分直接影响焊接质量。

2）金相分析。焊接接头的金相分析是分析焊缝金属及热影响区的金相组织，测定晶粒的大小及焊缝金属中各种显微氧化夹杂物、氢白点的分布情况，以鉴定该金属的焊接工艺是否正确，焊接规范、热处理和其他各种因素对焊接接头力学性能的影响等。

3）力学性能试验。一般做拉伸和弯曲试验。

拉伸试验是为了测定焊接接头和焊缝金属的强度极限、屈服强度、断面收缩率和伸长率等力学性能指标。

弯曲试验的目的是测定焊接接头的塑性，以试样弯曲角度的大小以及产生裂纹的情况作为评定指标。

（3）无损检测　检测依据为《承压设备无损检测》（NB/T 47013.1～47013.13）系列规范。常用的无损检测方法有射线（X 射线和 γ 射线）法、超声波法、磁力法等。受热面和锅炉本体范围内管道的焊接接头一般多采用射线法检查其内部缺陷，即射线探伤。

射线探伤就是利用射线穿过各种物质时穿透能力不同这一特点进行的。射线的穿透能力与波长有关，波长越短，穿透能力越强，γ 射线的波长较 X 射线短，因此，γ 射线的穿透能力较 X 射线强；射线的穿透能力与材料的性质有关，金属材料穿透能力强，非金属材料穿透能力弱；射线的穿透能力与材料的密度有关，密度越小，穿透能力越强；射线的穿透能力与材料的厚度有关，厚度越薄，穿透能力越强。

实际工程应用时，对于钢材厚度不大于 50mm 的工件，用 X 射线探伤；对于钢材厚度大于 50mm 的工件，用 γ 射线探伤。

工业锅炉受热面和锅炉本体范围内管道焊缝的射线探伤，应在外观检查合格后进行，探伤的数量应为焊接接头总数的 2%～5%。射线探伤应符合《金属熔化焊焊接接头射线照相》（GB/T 3323）标准的规定，底片质量不应低于 A、B 级。对于额定蒸汽压力 $p<0.1MPa$ 的蒸汽锅炉和额定出水温度 $t<120℃$ 的热水锅炉，Ⅲ 级焊缝为合格；高于上述参数的工业锅炉，Ⅱ 级焊缝为合格。

当射线探伤结果不合格时，除应对不合格焊缝进行返修并检验外，还应对该焊工所焊的同类焊接接头做不合格数的双倍复检，当复检仍有不合格时，应对该焊工焊接的同类焊缝全部做探伤检验。

4.1.6　锅炉燃烧设备的安装

燃煤锅炉最常用的燃烧设备有层燃炉，包括链条炉排炉、往复推饲炉排炉、抛煤机炉（配手摇翻转炉排或倒转链条炉排）；流化床锅炉，包括鼓泡流化床锅炉和循环流化床锅炉；室燃炉，包括煤粉锅炉、燃油锅炉和燃气锅炉等。各种燃烧设备的安装工艺和技术要求都不相同，应按锅炉制造厂的锅炉安装使用说明书和设计图施工安装。

1. 炉排的安装

炉排安装方法和要求如下：

1）炉排安装前应按设计图，检查炉排及调速箱的基础尺寸、位置、标高、水平度等项目。

2）安装前按锅炉厂设计图和装箱清单，检查炉排及调速箱的零部件的数量和质量；并将铸铁炉排片、炉排梁等构件配合处的飞边、毛刺等磨掉，以保证各部位配合良好，活动自如。

3）炉排安装顺序按炉排形式而定，一般是按由下而上的顺序进行。应严格按照设计图安装，保证偏差值在允许范围内，以免影响炉排使用。

4）炉排片组装不可过紧或过松，转动应灵活，边部炉排片与墙板之间应留有热膨胀间隙。

5）通过放线确定调速机构的位置，使调速机构输出轴与炉排主动轴中心线的同心度符合标准，并保证联轴器的安装偏差在允许范围内。

6）煤闸门升降应灵活，开度应符合设计要求，煤闸门下缘与炉排表面的距离偏差不应大于 10mm。

7）挡风门、炉排风管及其法兰结合处、各段风室、落灰门等均应平整，密封良好。

8）侧密封块与炉排的间隙应符合设计要求，防止炉排卡住、漏煤、漏风。

9）挡渣铁应齐整地贴合在炉排面上，在炉排运转时，不应有顶住、翻倒现象发生。

10）链条炉排安装质量应符合表4-15中的规定。

表4-15 链条炉排安装质量标准

项次	项 目		允许偏差/mm
1	炉排中心位置		2
2	墙板标高		±5
3	墙板垂直度		3
4	墙板间距离	跨距≤2m	+3 0
		跨距>2m	+5 0
5	墙板两对角线长度		5
6	墙板纵向位置		+5
7	墙板顶面纵向水平度		长度的1/1000,且不大于5
8	前、后轴水平度		长度的1/1000
9	前、后轴平行度		3
10	前、后轴两对角线长度		5
11	各导轨平面度		5
12	相邻两导轨间距离		±2

11）往复炉排安装质量应符合表4-16中的规定。

表4-16 往复炉排安装质量标准

项次	项 目		允许偏差/mm
1	两侧板标高		3
2	两侧板间距离	跨距≤2m	+3 0
		跨距>2m	+4 0
3	两侧板垂直度		3
4	两侧板间两对角线长度		5

2. 炉排的冷态空载试运转

炉排全部安装完毕后，炉墙砌筑前，要进行炉排的冷态空载试运转，并应符合下列要求：

1）冷态试运转的时间，链条炉排不应少于8h；往复炉排不应少于4h。试运转速度不应少于两级。

2）炉排转动应平稳，无异常声响、卡住、抖动和跑偏等现象。

3）链条的松紧程度符合设计要求；炉排的拉紧装置应有调节裕量。

4）炉排片运行自如，无凸起、鼓包、挤卡等现象。

5）滚柱转动应灵活，与链轮啮合应平稳，无卡住和打滑现象。

6）轴承润滑应良好，温度不应超过60℃。

3. 抛煤机的安装

1）安装前应按安装使用说明书要求，检查和清洗抛煤机各零部件。

2）抛煤机标高允许偏差为±5mm。

3）相邻两台抛煤机的间距允许偏差为±3mm。

4）抛煤机安装完毕后应进行试运转，并应符合下列要求：

a. 空负荷运转时间不应少于 2h，运转应正常，无异常的振动和噪声；冷却水应畅通。

b. 抛煤试验，在整个炉排面上煤层厚度和颗粒度分布应均匀。

4. 流化装置

（1）流化装置的组成结构　流化装置的功能是保证空气均匀地进入炉膛，并使床层上的物料均匀地流化。流化装置主要由花板、风帽、风室、排渣口和隔热耐火层等组成。花板和风帽的组合体称为布风板，如图 4-21 所示。

1）花板。其作用是支撑风帽、耐火层、保温层及流化床料。花板的形状有圆形和矩形，小型锅炉多用圆形。根据布风均匀性的要求，孔间距离相等，有矩形排列方式和菱形排列方式两种。

2）风帽。其作用是使进入流化装置的空气均匀地分布，以保证床层上各处的物料强烈掺混，均匀流化。风帽小孔采用圆周侧向均匀开孔，如图 4-22 所示。小孔直径 6~7mm，小孔中心线一般向下倾斜 15°，以利于床层（包括底层）上的物料都能受到强烈的扰动。空气通过小孔的速度为 30~35m/s。

3）风室。其作用是在空气进入布风板前起到稳压和均流，降低从风道进入风室空气的流速，使其均匀地进入各个风帽中。

4）排渣口。其作用是排除燃烧室内多余的床料和沉积在布风板上的大颗粒灰渣。其位置在布风板中央。排渣管要有一定的长度，使其内部可堆积一定数量的床料，从而起到密封作用。

5）隔热耐火层。其作用是防止花板受高温变形和烧坏。花板上敷 100mm 厚隔热层，隔热层上面再敷 30~50mm 厚的耐火层。

（2）流化装置的安装　其方法和要求如下：

1）安装前应对风帽进行逐个检查，检查其外形尺寸、孔眼大小是否符合设计图要求，孔是否有堵塞现象；对铸铁件应检查是否有砂眼、气孔，内部型砂是否清理干净；检查风室焊缝是否符合要求。

2）经检查合格的风帽，将其小孔用胶布封住。

3）按设计图要求，将花板就位于炉膛中；将风帽底座与花板焊牢。

4）用锤子把风帽逐个打进风帽底座，风帽与风帽底座之间不要焊接，便于风帽损坏后更换。

5）将风室焊在布风板底部，焊缝严密；将排渣管就位、焊牢。

6）按设计图要求施工隔热层和耐火层，并保持风帽最下面的一排小孔与耐火层表面的距离不大于 20mm。

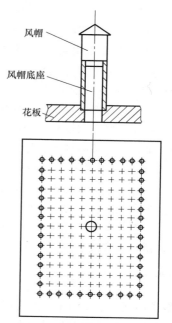

图 4-21　布风板结构

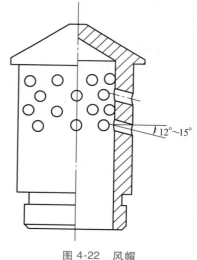

图 4-22　风帽

7）撕掉风帽上的胶布，清除炉膛和风室内的杂物。

8）进行冷态空气动力场试验。测定布风板阻力和均匀性；测定不同料层厚度下的最低流化风量，并画出最低流化风量-料层厚度的关系曲线图。

5. 室燃锅炉燃烧器的安装

（1）燃烧器安装前的检查　具体内容和要求如下：

1）安装燃烧器的预留孔位置应正确。

2）调风器喉口与油枪的同心度允许偏差为3mm。

3）油枪、油喷嘴和混合器内部应清洁、无堵塞现象，油枪应无弯曲、变形等缺陷。

（2）燃烧器安装　燃烧器安装应符合下列要求：

1）燃烧器的标高允许偏差为±5mm。

2）各燃烧器之间距离允许偏差为±3mm。

3）火焰不得直接冲刷水冷壁和炉墙。

4）调风装置调节应灵活。

4.1.7　锅炉整体水压试验

锅炉的汽、水压力系统及附属装置安装完毕后，应进行水压试验。锅炉的主汽阀、出水阀、排污阀和给水截止阀应与锅炉本体一起进行水压试验。安全阀应单独进行试验。锅炉水压试验前应完成以下检查：

锅筒、集箱等受压元部件内部和表面应清理干净；水冷壁、对流管束及其他管子应畅通；受热面管上的附件应焊接完成；应在系统的最低处装设排水管道和在系统的最高处装设放空阀。

试压系统的压力表不应少于2只。额定工作压力大于或等于2.5MPa的锅炉，压力表的精度等级不应低于1.6级；额定工作压力小于2.5MPa的锅炉，压力表的精度等级不应低于2.5级。压力表应经过校验并合格，其表盘量程应为试验压力的1.5～3倍。

锅炉整体水压试验范围包括：锅筒、下降管、集箱、水冷壁、汽水引出管、锅炉管束、蒸汽过热器、省煤器等部件；排空、排污、取样、加药、疏水、热工测点及仪表等系统；锅炉给水泵至省煤器进口集箱的给水系统；主蒸汽阀及蒸汽分汽缸前主蒸汽管道系统等。

锅炉整体及部件水压试验压力应符合表4-17的规定。

表4-17　锅炉整体及部件的水压试验压力　　　　　　　　　（单位：MPa）

项次	设备名称	锅筒（锅壳）工作压力 p	水压试验压力	适用规范条件
1	锅炉本体	$p<0.59$	$1.5p$，但不小于0.2	《建筑给水排水及采暖工程施工质量验收规范》（GB 50242—2002）
2		$0.59\leqslant p\leqslant1.18$	$p+0.3$	
3		$p>1.18$	$1.25p$	
4	锅炉本体	$p<0.8$	$1.5p$，但不小于0.2	《锅炉安装工程施工及验收规范》（GB 50273—2009）
5		$p=0.8\sim1.6$	$p+0.4$	
6		$p>1.6$	$1.25p$	
7	可分式省煤器	p	$1.25p+0.5$	《建筑给水排水及采暖工程施工质量验收规范》（GB 50242—2002）
8	非承压锅炉	大气压力	0.2	

（续）

项次	设备名称	锅筒（锅壳）工作压力 p	水压试验压力	适用规范条件
9	过热器		与锅炉本体水压试验压力相同	《锅炉安装工程施工及验收规范》（GB 50273—2009）
10	再热器		再热器工作压力 1.5 倍	
11	铸铁省煤器		锅筒工作压力的 1.25 倍加 0.5	
12	钢管省煤器		$1.25p+0.5$	

注：1. 工作压力 p 对蒸汽锅炉指锅筒工作压力，对热水锅炉指额定出水压力。

　　2. 铸铁锅炉水压试验同热水锅炉。

　　3. 非承压锅炉水压试验压力为 0.2MPa，试验期间压力应保持不变。

锅炉整体和部件水压试验应在环境温度高于 5℃ 的条件下进行，环境温度低于 5℃ 应采取可靠的防冻措施。水压试验用水应干净，温度高于环境露点温度，但不超过 70℃。锅炉应充满水，并排净空气后关闭放空阀。不同规格的锅炉适用规范不同，试压要求及合格标准如下：

1）符合《建筑给水排水及采暖工程施工质量规范》（GB 50242）适用条件的，在试验压力下 10min 内压力降不超过 0.02MPa，然后降至工作压力进行检查，压力不降，不渗、不漏；观察检查，不得有残余变形，受压元件金属和焊缝上不得有水珠和水雾为合格。

2）符合《锅炉安装工程施工及验收规范》（GB 50273）适用条件的，初步检查不漏后，缓慢升压。当压力上升到工作压力时，应暂停升压，检查各部分，应无漏水和变形等异常现象。然后升压至试验压力或 0.3~0.45MPa 时，应检查有无泄漏。在试验压力下压力保持 10min 或 20min，其间压力下降不应超过 0.05MPa。再降到工作压力下进行检查，检查期间压力保持不变，受压元件的金属壁面、焊缝、法兰接口、螺纹接口、阀门盘根等，均应无水珠和水雾，胀口不应滴水珠为合格。

水压试验不合格应返修，返修后应重做水压试验。水压试验合格后，应及时将锅水全部放尽，当立式过热器内的水不能放尽时，在冰冻期应采取防冻措施。

4.1.8　锅炉炉墙砌筑施工

炉墙砌筑施工是锅炉本体安装的最后一道工序，它使锅炉本体成为一个有炉膛、有烟道、有风道，能将燃料燃烧产生的火焰和高温烟气与外界环境隔开的锅炉。炉墙施工质量直接关系到锅炉的燃烧工况、出力、安全性、可靠性、经济性、周围环境、劳动条件和大修期的长短等。

锅炉燃料燃烧产生的全部烟气是通过炉墙围成的通道排出的，为了减少锅炉的散热损失，要求炉墙具有良好的绝热性能，这不仅给锅炉房创造了良好的操作环境，而且对锅炉运行的安全性、可靠性、经济性具有很大的意义。

炉墙应有足够的严密性，可减少锅炉运行时由于炉墙内外压力差而引起的冷空气的侵入和烟气的逸出。以负压运行的锅炉为例，漏风系数 $\Delta\alpha$ 每增加 0.1，锅炉热效率 η 则降低 0.4%~0.5%。正压燃烧的锅炉炉墙如果密封不良，高温烟气喷出后，就会对运行人员、电气及仪表设备、操作环境等产生有害的影响，严重时还会导致锅炉某些部件烧坏，造成事故。所以，保证炉墙的严密性是设计、施工和运行维护中的一项基本任务。

炉墙的各部分都在热状态下工作，光管水冷壁保护的燃烧室炉墙内表面壁温约为 400~800℃，无水冷壁保护的过热器烟道炉墙的内壁温度在 1000℃ 左右。因此，炉墙本身不仅要能耐高温，还要具有足以经受热膨胀的能力。

此外，炉墙应具有足够的强度和刚度，以承受自身的重量，运行中炉内正、负压力产生的横向推力，运行故障产生的附加外力以及地震力等造成的影响。

锅炉炉墙按结构形式分为两类，即重型炉墙和轻型炉墙。

重型炉墙也称基础式炉墙，其特点是炉墙厚而重，直接砌在锅炉基础上，其重量由基础承受，多用于蒸发量不超过50t/h的锅炉，因受到炉墙结构稳定性和砌体强度的限制，炉墙高度一般不宜超过12m。工业锅炉大多采用此型炉墙。

轻型炉墙又分为护板框架式炉墙和敷管式炉墙两种。此型炉墙适用于电站锅炉。

重型炉墙的施工必须在锅炉整体水压试验合格后，且所有应砌入炉墙内的零件、管子、支架、吊架等也已安装完毕后进行。砖的加工面和有缺陷的表面不宜作为炉膛或烟道的内表面。炉墙的黏土砖砌至一定的高度后，应随即进行外墙红砖的砌筑；拉固砖应在炉墙内、外层高度基本相等时放置。应在红砖外墙的适当部位埋入直径20mm的短钢管或暂留一块丁字砖不砌，作为烘炉时的排气孔，烘炉完毕后将孔洞堵塞。耐火浇灌料的品种和配合比应符合设计要求，浇灌体表面不应有剥落、裂纹、孔洞等缺陷。砌在炉墙内的柱子、梁、炉门框、看火孔、管子、集箱等与耐火砌体接触的面，均应铺贴石棉板和缠绕石棉绳。砌体伸缩缝的大小、构造及分布位置，必须符合设计要求，伸缩缝应均匀平直，伸缩缝宽度的允许偏差为0~+5mm，缝内应无杂物，并应填充直径大于缝宽的涂有耐火泥浆的石棉绳；朝向火焰的缝内，应填充硅酸铝耐火纤维毡条。炉墙垂直伸缩缝内石棉绳应在砌砖的同时压入。当砖的尺寸大小满足不了砖缝要求时，应进行砖的加工或选砖；砌砖墙时应拉线，以保证砖缝横平、竖直；砌砖时，砖缝灰浆的饱满程度不应低于90%。

砖砌体的质量应符合表4-18中的规定。

表4-18 砖砌体的质量标准

项次	项　　目			允许偏差/mm	检测方法
1	垂直度	黏土砖墙	每1m	3	—
			全高	15	
		红砖墙	全高≤10m	10	
			全高>10m	20	
2	表面平整度	黏土砖墙面		5	2m长靠尺检查靠尺与砖砌之间的间隙
		挂砖墙面		7	
		红砖清水墙面		5	
3	炉膛的长度和宽度			±10	
4	炉膛的两对角线长度			15	
5	烟道的宽度和高度			±15	
6	拱顶跨度			±10	

炉墙砌筑完成后，即可进行绝热层的施工。绝热施工层施工除符合锅炉的施工及质量验收规范外，还应遵守《工业设备及管道绝热工程施工规范》（GB 50126—2008）。

4.1.9　整体式锅炉的安装

整体式锅炉安装的特点是在锅炉房施工场地内进行整体吊装，就位于已施工验收的锅炉基础上，找平、找正，连接外部烟道，风道，烟囱，汽、水、燃油、燃气管道及上煤、除灰渣系统等，然后进行试车、试运行、投产、供汽。这种安装方法适用于蒸发量不大于4t/h的燃煤蒸汽锅炉和热功率不大于2.8MW的燃煤热水锅炉，以及蒸发量不大于30t/h的燃油、燃气蒸汽锅炉和热功率不大于 21MW 的燃油、燃气热水锅炉。上述锅炉属快装锅炉，锅炉出厂时，已将钢结构、受热面、燃烧设备、炉墙等构件和部件组合成一体，并坐落在底盘上。有些燃油、燃气锅炉还将给水泵、控制柜与锅炉本体设置成一体。此种安装方法的优点是安装简便、速度快、工期短、施工费用低，而且由于制造厂的生产环境、设备条件、检测手段等都优于工地，使锅炉本体质量得到保证。

1. 安装前的准备工作

（1）编制施工组织设计　施工组织设计是安装工程的施工总方案，是保质、保量、按期顺利完成安装任务的有效措施。整体式锅炉安装施工组织设计的内容，重点是应编制大型设备的吊装和施工现场的运输方案、吊装和运输机具的选择与布置、劳动力的组织和安排等。

（2）设备基础验收　由土建单位施工的设备基础达到设计强度后，安装单位应及时组织有关人员进行验收。根据设备设计图核对基础各部分尺寸和标高，核对预留孔洞、预埋件尺寸与数量；检查混凝土强度试验检测报告等。

（3）基础处理　首先应处理基础的尺寸和标高偏差，根据测定的标高配制垫片；进行基础画线，在基础上用墨线画出设备的纵向基准线和横向基准线。

2. 整体式锅炉的水平运输

整体式锅炉的施工现场运输常采用水平拖运方案，即坐落在底座上的锅炉本体，借助位于其下的滚杠在道木上滚动来运输。道木可用一定断面尺寸的枕木沿运输路线分两排纵向铺设在滚杠的下面，如图 4-23 所示。运输时，用卷扬机牵引锅炉底座，也可以用撬杠靠人力撬动锅炉底座，使整体式锅炉沿水平方向移动。

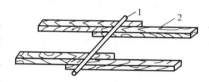

图 4-23　水平运输示意图
1—滚杠　2—道木

3. 锅炉安装程序

（1）吊装　用单桅杆起重机、汽车起重机或其他起重设备将整体式锅炉起吊并就位到锅炉基础上，也可以采用上述水平拖运方法，在基础上铺设道木，借助滚杠在道木上滚动将锅炉移动到基础上，再依靠千斤顶降落来就位，按照基础上已经划好的纵向和横向基准线找正，尺寸偏差不大于 5mm。标高找正以锅壳中心线为准。为利于锅炉排污，安装时，锅炉前端应较后端高50mm，因为以锅壳中心线的中点标高为设计标高，所以锅壳中心线的前端标高较设计值高25mm，而锅壳中心线的后端标高较设计值低 25mm。

（2）锅壳内部检查　打开前、后烟箱及检查孔，检查烟管、胀口、焊口和焊件，并做好记录。

（3）安装螺旋出渣机　先将落灰斗固定在锅炉排渣口的法兰盘上，以此定位，再将螺旋出渣机的法兰盘与落灰斗上相对应的法兰盘连接，所有法兰接口处均应加石棉橡胶垫，以防泄漏。

（4）安装炉排调速装置　炉排调速装置联轴器的轴向、径向允许误差不大于 0.05mm。调速装置的安全离合器应调整到空载试运正常、最佳煤层厚度不跳闸。

（5）安装燃烧器　对于燃油、燃气锅炉，安装前应对燃烧器进行仔细检查，然后将其准确地就位到炉前锅壳上预留的孔洞位置，调整后用螺栓固定。

（6）安装省煤器　以锅炉的纵向及横向基准线为准，在省煤器基础上划出省煤器的纵向及横向中心线；对省煤器进行一次全面检查，然后起吊省煤器就位于基础上，并将标高调整至规定值，连接烟道；省煤器安装后应单独做一次水压试验。

（7）锅炉本体范围内汽水系统、附件安装　安全阀安装前应做水压试验，以检查其强度和严密性；蒸汽锅炉安全阀排汽管应接至室外，阀体下部安装冷凝水管，接至排水地沟；热水锅炉安全阀排放管应接至软化水箱。安装快速排污阀应以顺时针方向为开，逆时针方向为关，以利于操作；快速排污阀应紧靠锅炉本体，紧接着安装截止阀。排污时，先全开快速排污阀，再缓慢开启截止阀，排污结束时，则先关闭截止阀，再关闭快速排污阀，这样操作的目的在于保护快速排污阀，而且一旦截止阀损坏，在不停炉的情况下也可以更换。安装省煤器再循环管，并将其接至软化水箱，这样一来，在锅炉点火起动和停炉过程中，省煤器内始终有水循环流动，以保护省煤器不被烧坏。

4.2　燃油锅炉、燃气锅炉、直燃机的安装

随着环保要求的提高，燃煤锅炉在许多地方被限制，电锅炉、燃油锅炉、燃气锅炉、直燃机、热泵等冷、热源形式在许多城市中受到推崇，用户逐渐增多。由于燃气锅炉房、燃油锅炉房、电锅炉房、直燃机房、热泵机房省去了运煤除渣系统，其燃烧后排放标准高，能满足环保的要求，近年来被越来越广泛地应用。与传统燃煤锅炉房安装工艺相比，燃气锅炉房、燃油锅炉房、电锅炉房、直燃机房的安装必须更加重视安全性。

燃油锅炉、燃气锅炉、直燃机，一般没有地下基础和设备的预留，均在地面基础上安装，其对基础要求与燃煤锅炉基本相同，主要区别在燃油、燃气的供应系统以及安全的配置。燃油锅炉房、直燃机房一般采用轻柴油作为燃料，其总储油容量一般不小于5~10d的最大耗油量。燃气、燃油锅炉房的锅炉台数不宜少于两台，小型建筑可设一台，其单台容量应满足在最大负荷和最小负荷时都能高效运行。

安全上要求包括照明在内的所有电气设施必须采用防爆型，防爆等级应符合《爆炸危险环境电力装置设计规范》（GB 50058—2014）的规定。

燃气锅炉房如图4-24所示。

a)　　　　　　　　　　　　　　　　　　b)

图4-24　燃气锅炉房

a）常规燃气锅炉　b）低氮排放燃气锅炉

燃油锅炉、燃气锅炉、电锅炉和直燃机安装的施工步骤为：先基础、后就位，先本体，后附属设备，即"先主后次"。安装完锅炉或直燃机本体和附属设备后即可安装它们之间的连接管路和阀门。最后再安装锅炉和附属设备上的附件、阀门、仪表、仪器等。在完成以上工作后，进行全面检查，直至符合安装要求为止。

4.2.1　燃气、燃油锅炉本体的安装

锅炉的安装应满足如下要求：设备基础的水平度为 0.08%；起吊须以顶部吊耳为着力点，起吊张角须小于 90℃；运输时，底座的前、后端及中部垫厚橡胶以隔振；在底座下垫滚杠时，须在底座下的前后端同时提升；拖拉只能挂拖拉孔，不得使用其他位置；放置时将机组底座前、后端塞严，以免扭伤。

燃油、燃气锅炉内部结构不同、尺寸不同，燃烧机位置不同，因而锅炉本体安装方法略有不同。如立式燃油、燃气锅炉的安装，卧式锅壳式内燃火管锅炉的安装。

一般供应商在包装和运输中把锅炉筒体和锅炉上的附件、仪表、燃烧器、烟筒进行分装，但也有个别供应商把锅炉筒体、锅炉上的附件、仪表、燃烧器组装后运输至用户。

立式燃油、燃气锅炉安装时应特别注意锅炉本体、附件、阀门、仪表、燃烧器不受破损和施工人员的安全，严禁施工人员对锅炉本体进行敲打。对锅炉附件、阀门、仪表、燃烧器等设备都要轻拿轻放，并使用正确的安装工具进行安装。施工人员应根据工种要求，做好安全施工防护措施。

对于卧式锅壳式内燃火管锅炉，燃油、燃气锅炉的形状特点是锅筒均为圆筒型，圆筒型锅筒下均设鞍型支座，锅筒上安装各种附件、阀门、仪表，锅筒的一端安装有燃烧器，燃油燃烧器前有油泵，锅筒旁安装有水泵、电控箱、爬梯，锅筒上有检修用的护栏，形成一整体装置。

运输和吊装锅炉与附属设备时，应考虑安装工作的前后顺序，也应考虑不影响后续工作，做到统筹安排。一般首先运输、吊装锅炉本体，然后是附属设备，如果锅炉本体运输和吊装在基础上就位后，会影响其他附属设备的运输和吊装，就应调整顺序。

锅炉、直燃机等一般由供货商运至安装现场，设备本体与附件、阀门、仪器仪表、燃烧器、管件往往是分开包装，在与供货方共同验收清点后，再按计划对锅炉进行安装。

在吊装中，严禁吊装绳索捆绑在锅炉附件的接口管上和锅炉前后门的把柄上，而应把吊装绳索分别套靠在支架四脚的罐圆周处（常用两根钢丝绳套上）。在吊装中，应慢慢升起。在升起过程中，施工人员应特别注意绳索的拉紧及变化情况，防止绳索拉断，也应注意绳索处锅炉外形有无异常情况，不应使绳索拉紧提升破坏锅炉外壁与外形。吊装中，吊装件下严禁站人，并有专人指挥，防止发生事故。

将锅炉就位在基础平面已预先划好的位置线上，燃烧器的一端应位于已设定的位置上。锅炉就位后，应对其水平度、垂直度进行测定，逐渐进行调整，应采用垫铁找齐，垫铁位置应正确，而且要稳固。在锅炉就位而且牢靠后，才可卸下起吊的绳索。

设备本体就位后，再用上述方法运输起吊就位其他附属设备。

外置燃烧机安装时，应确保预留孔位的正确，还应注意调风器喉口与油枪或燃气喷嘴的同轴度不大于 3mm、无弯曲变形；油枪、喷嘴和混合器内部应清洁，无堵塞现象。低氮锅炉的燃烧机的位置在锅炉外循环罩的内部，安装要求同上。

常见的燃油、燃气锅炉附件、仪器仪表、阀门与锅炉本体连接多为螺纹连接或法兰连接。螺纹连接是在接口处先抹油后缠麻丝再用管钳拧上，不要用力过猛，以免使螺纹遭受破坏。法兰在连接前先清理干净法兰面上的污垢，用干净合格的法兰垫圈，使法兰孔眼对准，再用同样规格的螺栓螺母相对拧上，拧螺母时用相应的活扳手，严禁用力过猛。

在大型燃油、燃气锅炉上，为便于锅炉顶上的仪器仪表及阀门、附件的安装和维修，需安装爬梯和护栏。装配式锅炉的爬梯和护栏也是由厂家预制的，在锅炉上也有预制的螺栓连接处，待锅炉本体安装完后，再用螺纹连接把它们安装上。如有防腐层破坏，在爬梯和护栏安装完后，应

修补防腐层，除锈刷油，油的颜色与爬梯扶栏原有的防腐油颜色应不同。

4.2.2 直燃机组的安装

直燃机实际上分为锅炉和制冷两个部分，锅炉部分安装基本程序和要求与锅炉本体基本相同，制冷部分应遵循《制冷设备、空气分离设备安装工程施工及验收规范》（GB 50274）以及《直燃型溴化锂吸收式冷（温）水机组》（GB/T 18362）中相关的安装要求。直燃机多为整体安装，土建施工时应注意机组基础应平整牢固，并留出安装通道或安装孔，主机到货后直接将机组安装在指定位置即可。直燃机水系统的组成如图4-25所示。

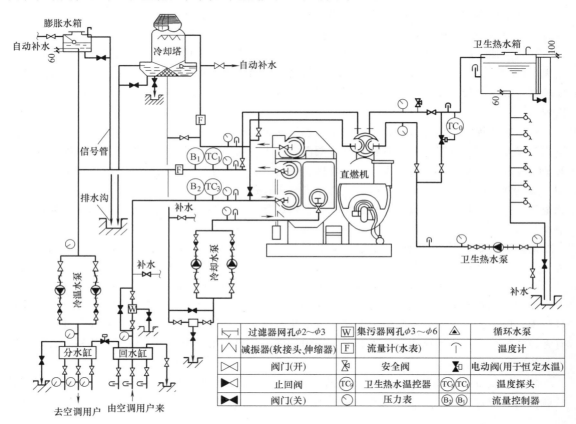

图 4-25　直燃机水系统组成示意图

对于直燃机，由于为防止制冷端内充的氮气泄漏使机组腐蚀，机组搬运时不得扳动阀门，吊装和拖带时还应注意吊点和拖点的位置和受力情况。

直燃机组安装完毕后，供给燃料前，应进行燃料配管系统的气密性试验，工程施工、安装及验收应严格执行有关规范、规程、确保工程质量。

机组的冷温水、冷却水入口必须安装过滤器，各循环泵入口也应安装过滤器，大型系统应加装集污器；机组水系统的入口、泵进口、出口必须安装可扰曲橡胶接头、金属软管等减振设施，系统管路的最低处应设置排水装置，最高处应安装自动排气装置。

当水系统静压高于0.25MPa时，应将冷却泵置于机组的出口段，以减少机组承压。对高于0.8MPa的系统，应选择高压型机组或系统采用二次换热的间接连接方式。

机组前、后方管道应安装可方便拆卸的管路阀门，管道不宜从机组上部穿过。现场确定管路和阀门安装位置时，应确保正常操作而不妨碍其他维护、清洗作业。

冷温水、温水等管道上应设置流量计或冷热量计，在冷却水主管道上也宜设置流量计；系统的补水管道上，必须设置水量计量装置。在机组外接管口附近还应安装压力表、温度计或其他测量仪表，其信号可远传至便于观察的地方。

卫生热水出、入口管道上必须安装安全阀。

机房内所有机外管路的重力均应由支架或吊架承担，不允许由机组承担。

机组所配冷却塔内应设置浮球阀控制的自动补水管，在塔底水出口处设置可方便拆洗的滤网。在冷温水泵及冷却水泵入口段应设置大流量补水管。补水阀宜设置在溢流信号管出口附近，以便观察系统满水情况。

空调制冷系统的膨胀水箱和卫生热水系统的水箱都应设置溢流信号管，并将补水阀设在信号管出口附近，以方便及时补水。当多台机组并联时，应为每台机组设置专用的冷温水泵、冷却水泵和卫生热水补水泵。

4.2.3 燃气系统的安装

燃气供气系统，可参照国家设计规范、施工验收规范和技术规程进行安装，首先应确保使用的安全。安装时，应按照燃烧机说明书的要求安装管路、阀门及各种仪表；机房内必须安装燃气泄漏检测报警器，并与机房强力排风机联动。所有连接管路都必须进行气密性试验，充入≥0.4MPa 的空气，并用皂液进行检漏。锅炉房燃气系统宜采用低压（≤0.5kPa）或中压系统（5~150kPa），不宜采用高压系统。通常，燃气进入机房的压力不应低于 3kPa，在 4.19~14.7kPa 的范围内均可满足使用要求，当燃气压力高于 14.7kPa，应设置减压装置。

燃气系统分为调压站管路系统和冷热源用气系统，图 4-26 所示为燃气调压站至热源燃气系统安装示意图。

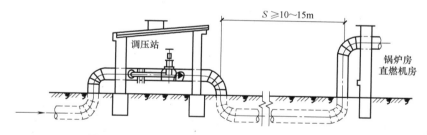

图 4-26 燃气调压站至热源燃气系统安装示意图

管路进入机房后，在距机组 2~3m 处应安装放散管、压力计、球阀、过滤器、流量计等，在管路的最低处还应安装泄水阀。

4.2.4 燃油系统的安装

燃油系统的安装包括室外储油箱、室内日用油罐、管路连接以及油泵、过滤器等附件的安装。油管路宜采用无缝钢管焊接，进行 0.8MPa 水压实验，确保无漏，安装前应彻底清除管内锈渣；管路最低处应安装排污阀；油位应高于燃烧机 0.1~15m。

地下油箱应设置检查孔（人孔），由检查井通向地面。油箱应安装呼吸阀、油位探针、进油阀等。油泵设置场所应有良好的通风和防火防爆措施。热源轻油系统安装示例如图 4-27 所示。

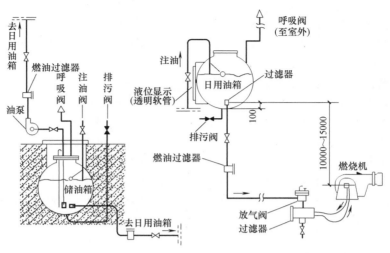

图 4-27　热源轻油系统安装示意图

4.2.5　排烟系统的安装

烟囱通常采用各种钢板或其他耐火材料制成，有些烟囱还带有保温，依据锅炉或直燃机技术图或设计图进行加工及安装。烟囱筒之间也有法兰连接和焊接连接之分，注意连接处的密封情况，需按要求安装烟囱的直径、走向和高度。

排烟道应尽可能减少拐弯，并应采用隔热措施。金属烟道视情况应安装热力补偿装置，烟囱口应安装防风罩、防雨帽及避雷针装置。穿越屋顶的烟囱应在囱壁焊接挡水罩，并应包裹石棉带；烟道的重量应由支架或吊架承受，不允许由机组承担；烟道焊接及法兰连接时必须密封，经过密封检查合格后方能进行保温。为便于拆卸，烟道上所有螺栓均应涂上石墨粉。燃气、燃油热源的排烟系统的防倒流措施如图 4-28 所示。

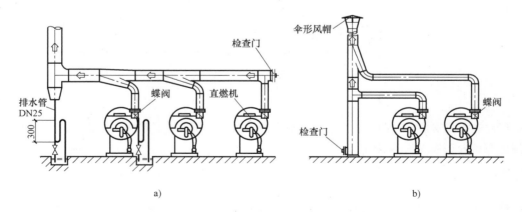

图 4-28　燃气、燃油热源的排烟系统的防倒流措施

4.3　热源辅助设备、附属设备及管道的安装

热源本体安装结束后，就要着手进行锅炉房辅助、附属设备及管道的安装。

4.3.1　锅炉仪表和安全附件的安装

　　热源热工仪表和安全附件主要包括压力表、水位计和安全阀等。热工仪表及控制装置安装前，应进行检查和校验，并应达到精度等级，符合现场使用情况。仪表安装应在压力管道和设备上采用机械加工的方法开孔；取源部件的开孔和焊接，必须在防腐和压力试验前进行。在同一管段上安装取压装置和测温元件时，取压装置宜装在测温元件的上游。风压管道上可用火焰切割，但孔口应磨圆锉光。

　　1. 压力表安装

　　压力表用于量测和指示锅炉、换热器以及系统管道内介质的压力，常采用弹簧管压力表。弹簧管压力表又分为测正压的压力表、测正压和负压的压力真空表与测负压的真空表，分别以代号 Y、YZ 和 Z 表示。

　　压力测点应选择在管道的直线段上，即介质流速稳定的地方。取压装置端部不应深入管道内壁。就地压力表所测介质温度高于 60℃时，表前二次阀门前应装 U 形或环形管；就地压力表所测为波动剧烈的压力时，在二次阀门后应安装缓冲装置。锅筒压力表表盘上应标有表示锅筒工作压力的红线。压力表安装前应检查压力表有无铅封，无铅封者不能安装。

　　压力表应安装在便于观察、方便检修和吹洗的位置，且不受振动、无高温和冻结的影响。就地安装的压力表不应固定在有强烈振动的设备和管道上，也不应安装在三通、弯头、变径管等附近。测量低压的压力表或变送器的安装高度宜与取压点的高度一致；测量高压的压力表安装在操作岗位附近时，宜距地面 1.8m 以上，或在仪表正面加护罩。压力表安装地点的环境温度宜在 -4~60℃，相对湿度不大于 80%。压力表应垂直安装在直管段上，当安装位置较高时，压力表可向前倾斜 30°。压力表安装时应有表弯管，其弯管内径不应小于 10mm。表弯管有 P 形、圆形两种，分别用于表管座水平、垂直连接，如图 4-29 所示。压力表弯不得保温。

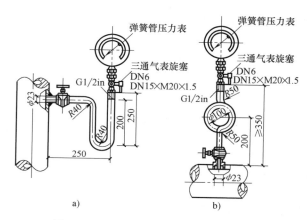

图 4-29　在管道上安装压力表的形式
a）在垂直管上安装　b）在水平管道上安装

　　在管道上开孔安装压力表时，须在试压前进行。开孔后应去掉毛刺、熔渣，并锉光。

　　压力表与表弯管之间多安装旋塞，为方便在吹洗管路或拆修压力表时能切断工质，一般选用三通旋塞阀。安装压力表时，如压力表接头螺纹（公制螺纹）与旋塞或阀门的连接螺纹（英制螺纹）不一致时，需在压力表与旋塞之间配制一个专用转换接头。

　　一般情况下，当压力表的安装高度小于 2m 时，表盘直径不小于 100mm；安装高度为 2~4m 时，表盘直径不小于 150mm；安装高度 4m 以上时，表盘直径不小于 200mm。

　　为防止测量误差过大和弹簧管疲劳损坏，使用的最小指示值，可取压力表最大刻度的 1/3。当测量较稳定的压力值时，使用的最大指示值不应超过压力表最大刻度的 3/4；测量波动压力时，使用的最大指标值不应超过压力表最大刻度的 2/3。

　　压力表的精度等级，应由设计规定，当设计无规定时，一般可选用 1.5~2.5 级的压力表。

　　2. 水位计安装

　　水位计（表）是观察炉内水位的仪表，其上、下端分别与锅筒的汽、水空间连通，利用连通器内水面高度一致的原理工作。

水位计由汽旋塞、水旋塞、平板玻璃（或玻璃管）、金属保护框吹洗阀等组成，有玻璃管和玻璃板式两种。水位计与锅筒有与锅筒壁直接连接，与锅筒的引出管相连接，与锅筒口接出的水表柱相连接三种连接方式，后两种连接方式则应用较多。

当水位计距操作层地面大于 6m 时，除了在上锅筒上装设独立的水位计外，还应在操作平台上装设低水位计。低位水位计有重液式、轻液式及浮筒式三种形式。

玻璃管（板）式水位表的标高与锅筒正常水位线允许偏差为 ±2mm，表上应标明"最高水位""最低水位"和"正常水位"标记。内浮筒液位计和浮球液位计的导向管或其他导向装置必须垂直安装，并保证导向管内液体流畅，法兰短管连接应保证浮球能在全程范围内自由活动。电接点水位表应垂直安装，其设计零点应与锅筒正常水位相重合。锅筒水位平衡容器安装前，应核查制造尺寸和内部管道的严密性；应垂直安装；正、负压管应水平引出，并使平衡器的设计零位与正常水位线相重合。

3. 安全阀安装

安全阀是锅炉系统重要附件，应逐个进行严密性试验。

锅炉上装有两个安全阀时，其中一个按表中较高值定压，另一个必须按照较低值定压。装有一个安全阀时，应按较低值定压。热水锅炉和省煤器安全阀的始启整定压力应符合表 4-19 所示的规定。

表 4-19　热水锅炉安全阀的始启整定压力

项次	工作设备	安全阀始启整定压力
1	热水锅炉	1.12 倍工作压力，但不少于工作压力 +0.07MPa
		1.14 倍工作压力，但不少于工作压力 +0.01MPa
2	省煤器	1.1 倍工作压力

蒸汽锅炉安全阀应符合表 4-20 的规定，其中必须有一个安全阀按照表中较低压力进行调整。对有过热器的锅炉，过热器上的安全阀必须按照较低的压力调整。

表 4-20　蒸汽锅炉安全阀的始启整定压力

额定工作蒸汽压力	安全阀的始启整定压力
≤1.27MPa	工作压力 +0.02MPa
	工作压力 +0.04MPa
1.27~2.5MPa	1.04 倍工作压力
	1.06 倍工作压力

注：表中的工作压力，对于脉冲式安全阀系指冲量接出地点的工作压力，其他类型的安全阀系指安全阀装设地点的工作压力。

锅炉安全阀必须垂直安装，并应装有足够截面的排汽管，直通至安全地点，其管路应保持畅通，并通往安全地点。排汽管底部应装有疏水管，省煤器的安全阀应装排水管。在排水管、排气管和疏水管上不能装阀门。

锅炉安全阀检验合格后，应加锁或铅封。

4. 水位报警器安装

蒸发量大于 2t/h 的锅炉，除安装水位计外，还应装设高低水位报警器，以便安全可靠地控制锅炉水位。水位报警器的安装有炉内安装、炉外安装两种形式。

锅内水位报警器由高、低水位浮筒，杠杆，报警汽笛，阀杆和阀座等组成。阀杆连在杠杆上，以支点为中心，两端可上下移动来开启或关闭通向汽笛的阀门。当阀门开启时，蒸汽冲出汽笛鸣响而发出警报。

4.3.2 锅炉房辅助设备及管道安装的允许偏差

锅炉辅助设备安装的允许偏差和检验方法见表 4-21，连接锅炉及辅助设备的工艺管道安装的允许偏差见表 4-22。

表 4-21 锅炉辅助设备安装的允许偏差和检验方法

项次	项 目		允许偏差/mm	检验方法
1	送、引风机	坐标	10	经纬仪、拉线和尺量
		标高	±5	水准仪、拉线和尺量
2	各种静置设备（各种容器、箱、罐等）	坐标	15	经纬仪、拉线和尺量
		标高	±5	水准仪、拉线和尺量
		垂直度（1m）	2	吊线和尺量
3	离心式水泵	泵体水平度（1m）	0.1	水平尺和塞尺检查
		联轴器 同心度　轴向倾斜（1m）	0.8	水准仪、百分表（测微螺钉）和塞尺检查
		径向位移	0.1	

表 4-22 工艺管道安装的允许偏差和检验方法

项次	项 目		允许偏差/mm	检验方法
1	坐标	架空	15	水准仪、拉线和尺量
		地沟	10	
2	标高	架空	±15	水准仪、拉线和尺量
		地沟	±10	
3	水平管道纵、横方向弯曲	DN≤100mm	0.2%，最大 50	直尺和拉线检查
		DN>100mm	0.3%，最大 70	
4	立管垂直		0.2%，最大 15	吊线和尺量
5	成排管道间距		3	直尺尺量
6	交叉管的外壁或绝热层间距		10	

4.3.3 循环水泵的安装

水泵安装前要详细检查基础，进行验收后，方可进行安装。水泵就位时需安装垫铁，一般在每台水泵基础的四角，各用 1 块平垫铁和 1 块斜垫铁，四角共同找平找正（较大水泵可适当增加垫铁）。

水泵地脚螺栓安装应满足：地脚螺栓垂直度偏差不得超过 1%；地脚螺栓底端不应碰孔底，距孔壁的距离应大于 15mm；地脚螺栓埋入部分油脂和污垢应清除干净，螺纹部分应涂黄油；拧紧螺母后，螺栓必须露出 1.5～5 个螺距，在二次灌浆达到强度后，再拧紧地脚螺栓。

水泵泵壳不应有裂纹、砂眼及凹凸不平等缺陷；多级泵的平衡管路应无损伤或折陷现象，蒸汽往复泵的主要部件、活塞及活动轴必须灵活。手摇泵应垂直安装。安装高度如设计无要求时，泵中心线距地面为 800mm。水泵试运转时，轮叶与泵壳不相碰，出口部位的阀门应灵活，轴承温升应符合产品说明书的要求。

水泵类型较多，热源常用泵有单级离心泵（循环）、多级离心泵（锅炉补水、定压）、双吸泵（大流量）、屏蔽泵（水冷）等，还可分为立式泵和卧式泵，可根据不同的需求进行选择。图 4-30 所示为水冷式屏蔽循环水泵的安装图片。

图 4-30 水冷式屏蔽循环水泵

水泵安装时，还应注意泵体减振和管道隔振。通用做法是泵体安装加装减振基础，管道上安装减振部件，并配合弹性减振支、吊架的应用，以减少噪声对周边环境的影响。图 4-31 所示为水泵基础减振做法之一，图 4-32 所示为双吸泵的管道隔振做法。

图 4-31　水泵基础减振做法

4.3.4　水处理装置

水处理包括水的软化装置和除氧装置，其中软化水装置使用较多，现多采用全自动软水装置。机组可根据用户的设定，当到达一定时间或到达一定的水处理量时，自动进行反洗，省去人工反洗的过程。其施工安装也十分简单。图 4-33 所示是全自动软水器原理及安装图。

软水器安装调试步骤如下：

图 4-32　双吸泵管道隔振做法

图 4-33　全自动软水器的安装示意图

首先进行设备定位。先将控制阀基座的密封圈装好，并将控制阀拧紧到罐子上面；将装好控制阀的罐子摆放在正确的安装位置上，且不得移动罐子；拆下装好的控制阀，保持罐子的位置和方向不动。

然后安装下布水器和中心管。使用 PVC 胶将下布水器和中心管进行胶粘对接；将胶粘好的下布水器和中心管放入罐子内，并将中心管上部多出的部分进行裁切，保持中心管和罐口齐平，上下误差不得超过 2mm。

接着进行树脂填装。将中心管放置在罐子底部中央，并用堵头堵住中心管上开口，防止填装树脂时树脂进入中心管内；将树脂填装入罐子内部 70% 左右。

安装控制阀和连接管路。将上布水器卡在控制阀的基座上；将控制阀安装在罐子上，注意阀头基座与中心管的对接；拧紧阀头和罐口的对接。将进水管对接到控制阀进水口，管道多采用 PVC 管、PPR 等管材。将出水管对接到控制阀出水口，对接排水口。

安装盐箱。使用吸盐管对接控制阀的吸盐口，吸盐管不得超过 3m，以防止吸盐水阻力过大；将盐箱放置在处理罐旁边，盐箱不宜离罐过远；将盐阀对接放置在盐箱最底部的吸盐管。

进行设备调试。通电接通控制阀，设置好各工位的参数，并将控制阀设置在反冲洗位置；打开进水球阀至一半位置，观察进水压力表的参数，压力不宜过大；当水慢慢浸满整个罐子时，打开进水球阀，此时为反洗状态，为冲洗罐内树脂过程；观察排水口的出水状态，当排水不再发黄时，即可切换至运行工位；打开取样阀，取出出水水样，并使用硬度指示剂对水样硬度进行检测。

检验合格后，设备即可投入运行，正常运行后，要及时向盐箱加盐。

除氧器也是热源的关键设备之一，除氧器的种类包括真空除氧器、热力除氧器、旋膜除氧器、高位除氧器、低位除氧器、大气式除氧器等，多数为成套产品。各种除氧器均有自己的适用条件和使用范围，体积相对较大，需要安装基础，可参见产品说明书及安装手册进行施工。

脱气机也是一种清除水中气体的设备，目前也在热源中广泛应用。该设备体积较小、重量较轻，一般可直接安装在热源内地面或简单的基础上，与系统回水管连接即可。

4.3.5　定压与补水装置

热源的定压方式主要有膨胀水箱定压、补给水泵定压、气体定压罐定压和补给水泵变频调速定压等多种方式。中小型热力站，应尽量采用开式膨胀水箱定压方式。开式水箱通常高架于小区最高的建筑上，膨胀管和循环管引回锅炉房，连接在循环水泵入口附近的回水管上，两管均不得安装阀门，并应相距 1.5~3m。大型热力站，通常采用闭式膨胀水箱定压方式或补给水泵定压。闭式膨胀水箱是利用罐内的气体压力来模拟水箱所在高度，可以放置在热源内。图 4-34 所示为一个小型供暖系统的闭式膨胀水箱。但闭式膨胀水箱的体积较大，需占用一定空间。对大多数供暖规模较大的热力站来讲，因受高位水箱高架条件的限制和闭式膨胀水箱占地面积的制约，通常采用补给水泵连续运行的定压方式，该种定压方式控制较为方便，但其运行电耗较大，如果

图 4-34　小型供暖（空调）系统闭式膨胀水箱

将定压补给水泵改为变频调速方式，初投资会有所增加，但系统运行稳定，运行电费较低。

系统的定压方案，可通过经济、技术比较后确定。

4.4 漏风试验、烘炉、煮炉、试运行及竣工验收

4.4.1 漏风试验

漏风试验是锅炉投运前的一项重要工作。进行漏风试验前应制定漏风试验方案，当具备以下条件时，可进行漏风试验：现场具备的引风机、送风机经单机调试试运转符合要求；烟道、风道及其附属设备的连接处和炉膛等处的人孔、洞、门等，封闭严密；再循环风机与烟道接通，其进出口风门开关灵活，开闭指示应正确；喷嘴及一、二次风门操作灵活，开闭指示应正确；锅炉本体的炉墙、灰渣井的密封严密，炉膛风压表应调校并符合要求；空气预热器、冷风道、烟风道等内部清理干净、无异物，其人孔、试验孔应封闭严密。整装锅炉可不做此项试验。

冷风道和热风道是两个系统，在运行中一个为正压系统，一个为负压系统，试验方法各不相同，因此需分别进行试验。

冷热风道的漏风试验包括送风机、吸风机、空气预热器和一、二次风管等。炉膛、各尾部受热面烟道、除尘器至引风机入口的漏风试验，用蜡烛火焰或烟气靠近各接缝和密封处检查，火焰、烟气不被吸偏摆为合格。为了方便检查，送风机入口处撒白粉或烟雾剂，用 30~40mm 水柱的正压或运行时的负压值改为正压值进行试验，检查各接缝、密封处，无烟雾漏出为合格。

炉墙漏风多数在炉顶与前和侧炉墙接缝处、锅炉管穿墙处、过热器以后的烟道负压较大处、各膨胀缝、炉墙门孔、出灰口等部分。装置结构不合理、制造质量差、密封填料不严往往会引起漏风，故上述部位是检查的重点。要着重检查烟道焊缝、风道与风道、风道与设备连接法兰及除尘器的锁气器等的密封情况，防止烟气短路。

4.4.2 烘炉

砌砖用的各种泥浆和现场浇灌混凝土时都含有大量的水分，这些水分在锅炉炉墙施工过程中带进砌体，在锅炉试运行前必须将其从砌体内部排除，否则在锅炉运行时会造成炉墙裂缝、凸起、错位、位移等不正常现象。使水分从炉墙砌体内部排出的过程称为"烘炉"。

1. 烘炉应具备的条件

1）已经编制烘炉方案，已经绘制烘炉升温曲线图。

2）锅炉及其汽、水系统，燃料供应系统，送、引风系统，除尘、脱硫、脱硝系统，除灰、除渣系统等均已安装完毕，并经试运转合格。

3）炉墙和热力设备、管道保温等均已施工完毕，且符合质量标准。

4）水位计、压力表、测温仪表、照明等烘炉所需要的电气、仪表均已安装完毕，并经试验和检验合格。

5）烘炉用水应符合《工业锅炉水质》（GB/T 1576—2008）。

6）锅筒和集箱上膨胀指示器已安装完毕，并已调整到零位。

7）炉墙上测温点和灰浆取样点已设置完毕。

8）管道、风道、烟道、阀门、挡板等均已标明开启方向、开度指示、介质流动方向。

9）炉膛及烟道已全部清扫完毕。

2. 烘炉过程

烘炉可根据现场条件采用火焰烘炉、蒸汽烘炉、热风烘炉等方法进行。

（1）火焰烘炉法　火焰烘炉法是最常采用的一种烘炉方法，工业锅炉烘炉多采用此法。一般在烘炉前几天就将烟道门、炉门、引风机风门挡板等打开，使其自然通风，干燥数日，以便提高烘炉效果。

1）火焰应集中在炉膛中央，开始用木柴燃烧烘烤，维持小火烘烤 2~3d，再转入燃料燃烧烘烤，火焰由小到大，缓慢增加。

2）在烘炉过程中，链条炉排应定期转动，以保护炉排不被烧坏。

3）烘炉过程中应控制过热器（或相当位置）后的烟气温度。根据不同的炉墙结构，其温升应符合以下要求：重型炉墙第 1 天温升不宜超过 50℃，以后每天温升不宜超过 20℃，后期烟温不应高于 220℃；砌砖轻型炉墙，每天温升不应超过 80℃，后期烟温不应高于 160℃；耐火浇灌料炉墙，养护期满后，方可开始烘炉，每 1h 温升不应超过 10℃，后期烟温不应高于 160℃，在最高烟温范围内持续时间不应少于 24h。

4）烘炉时间长短与锅炉结构形式、容量大小、炉墙结构及材料、施工季节、自然干燥时间等因素有关，一般重型炉墙为 10~14d，轻型炉墙为 4~7d。

（2）蒸汽烘炉法　蒸汽烘炉法适用于有水冷壁的各种类型锅炉。烘炉前由给水系统上水（水质合格的水）至锅炉正常水位，然后由正在运行的锅炉引来 0.3~0.4MPa 的饱和蒸汽，并从水冷壁下集箱的定期排污阀处连续、均匀地送入待烘炉的锅炉受热面内，逐渐加热炉水温度至 90℃左右，并始终保持此温度，锅筒水位应保持在锅炉正常水位处。烘炉后期应适当加入火焰烘烤，以保证烘炉效果。

烘炉期间应开启炉门及烟道挡板，以排除湿气。

烘炉时间长短应根据锅炉类型、炉墙形式、砌体湿度和自然通风干燥程度等情况确定。对于重型炉墙，烘炉时间一般为 14~16d；对于轻型炉墙，烘炉时间一般为 4~6d；对于整体安装的锅炉，烘炉时间一般为 2~4d。停止蒸汽烘炉后，再燃烧燃料用火焰烘炉法继续烘烤 1~2d。

（3）热风烘炉法　当有热风来源时，轻型炉墙可采用热风烘炉法。热风烘炉法是由正在运行的相邻锅炉引来 200~250℃ 的热风，从有待烘炉的锅炉炉膛下部引入，维持炉膛正压为 10~20Pa 进行烘炉。烘炉初期，微开除灰门及锅炉上部炉门，以排除湿气；后期封闭炉膛，开启烟道挡板，维持炉膛负压为 20~30Pa，以烘干尾部炉墙。烘炉过程中应控制过热器（或相当位置）后的气体温度，第 1 天温升不应超过 40℃，以后温升应均匀、缓慢，温升速度用调节热风量来控制。停止热风烘炉后，再燃烧燃料用火焰烘炉法继续烘烤 1~2d。

无论采用哪种烘炉方法，烘炉期间均应经常检查膨胀指示器以及炉墙砌体的膨胀情况，当出现异常现象、炉墙裂纹、变形等，应减慢升温速度或暂时停止烘炉，待查明原因，采取相应措施后，再恢复正常烘炉。

3. 烘炉合格标准

（1）炉墙灰浆试样法　在燃烧室两侧墙中部炉排上方 1.5~2m 处（或燃烧器上方 1~1.5m 处）和过热器（或相当位置）两侧墙中部，分别取耐火砖、红砖的丁字交叉缝处的灰浆样各 50g，分别化验其含水率，均应小于 2.5%。

（2）测温法　在燃烧室两侧墙中部炉排上方 1.5~2m 处（或燃烧器上方 1~1.5m 处）的红砖墙表面向内 100mm 处的温度达到 50℃，或者过热器（或相当位置）两侧墙耐火砖与隔热层结合处的温度达到 100℃，并能继续维持 48h。

4.4.3 煮炉

煮炉的目的在于清除锅炉在制造、运输、安装过程中，受热面内部积存的灰尘、铁锈、油质等杂物，以提高锅炉热效率，并保证合格的蒸汽品质和锅炉正常、安全、经济地运行。

1. 煮炉常用药剂

煮炉常用药剂有氢氧化钠（NaOH）和磷酸三钠（$Na_3PO_4 \cdot 12H_2O$）。煮炉开始时的加药量应符合锅炉技术文件或表 4-23 中的规定。

表 4-23　煮炉开始时的加药量

药 品 名 称	加药量/[kg/m³(水)]	
	铁锈较薄	铁锈较厚
氢氧化钠（NaOH）	2~3	3~4
磷酸三钠（$Na_3PO_4 \cdot 12H_2O$）	2~3	2~3

注：1. 药量按 100% 纯度计算。
　　2. 无磷酸三钠时，可用碳酸钠代替，用量为磷酸三钠的 1.5 倍。
　　3. 单独使用碳酸钠煮炉时，每 1m³ 水中加 6kg 碳酸钠。

2. 煮炉方法和要求

将药品溶解成溶液后加入锅筒，加药时锅炉应在低水位，煮炉时药液不允许进入蒸汽过热器内。煮炉时间以 2~3d 为宜。煮炉最后 24h，压力保持在额定工作压力的 75% 左右；当在较低压力下煮炉时，应适当延长煮炉时间。煮炉期间，应定期从锅筒和水冷壁下集箱取水样，进行水质分析。当炉水碱度低于 45mmol/L，应补充加药。煮炉结束时，应交替进行锅炉的持续上水和排污，直到水质达到运行标准。然后让锅炉自然冷却后，打开锅筒上的空气阀，并开启排污阀将锅水全部排出。冲洗锅炉内部和曾与药液接触过的阀门、水位计的连通管等，并应清除锅筒、集箱内的沉积物；检查和清洗排污阀，使其畅通。

3. 煮炉合格标准

打开人孔、手孔，检查锅筒和集箱内壁应无油垢，擦去附着物后金属表面应无锈斑；管路与阀门（包括排污阀）应清洁无堵塞。

4.4.4 严密性试验

严密性试验是在热状态下，用锅炉额定工作压力下的蒸汽或水来检查各承压部件和管路的严密性；同时，检查各部件在热状态下的热膨胀情况。

煮炉合格后，方可进行严密性试验。

1）当锅炉压力升至 0.3~0.4MPa 时，保持此压力，对锅炉范围内的法兰、人孔、手孔和其他连接螺栓，进行一次热状态下的紧固。

2）继续升压至工作压力，检查各人孔、手孔、阀门、法兰、垫料等处的严密性，同时观察锅筒、集箱、管路和支架等的热膨胀情况。

3）有过热器的蒸汽锅炉，应采用蒸汽吹扫过热器。吹扫时，锅炉压力宜保持在额定工作压力的 75% 左右，并维持适当的蒸汽流量，吹扫时间不应少于 15min。

4.4.5 调整安全阀

锅炉在进行严密性试验的同时，应进行安全阀的调整定压工作。

锅炉安全阀的调整定压直接关系到锅炉运行的安全性和经济性。若调整定压过大，则压力超过额定工作压力很多时，安全阀仍不动作，这种在热状态下的超压是很危险的，严重威胁着锅炉受压元件和部件的安全；若调整定压偏小，则压力刚达到或稍稍大于额定工作压力时，安全阀就动作或缓缓地冒汽，这种长期的频繁动作或漏汽，将影响锅炉的出力和造成汽、水损失，这是很不经济的。因此，一定要认真、精确地做好安全阀的调整定压工作。调整后的安全阀应立即铅封。

1. 蒸汽锅炉安全阀的调整定压

蒸汽锅炉锅筒和过热器的安全阀始启压力的整定应符合表 4-24 中的规定。

表 4-24　蒸汽锅炉锅筒和过热器的安全阀始启整定压力

额定蒸汽压力/MPa	安全阀的始启整定压力/MPa
≤0.8	工作压力+0.03
	工作压力+0.05
0.8<p≤2.5	1.04 倍工作压力
	1.06 倍工作压力

注：表中工作压力，是指安全阀装设地点的工作压力。

锅炉上必须有一个安全阀按表中较低的始启压力进行整定，对有过热器的锅炉，按较低压力进行整定的安全阀必须是过热器上的安全阀，过热器上的安全阀应先开启，以保护过热器不被烧坏。

2. 热水锅炉安全阀的调整定压

热水锅炉安全阀始启压力的整定应符合表 4-25 所示的规定。

表 4-25　热水锅炉安全阀始启整定压力

安全阀的始启整定压力/MPa
1.12 倍工作压力但不小于工作压力+0.07
1.14 倍工作压力但不小于工作压力+0.10

注：1. 锅炉上必须有一个安全阀按表中较低的始启压力进行整定。
　　2. 这里的工作压力是指与安全阀直接连接部件的工作压力。

4.4.6　锅炉试运行

锅炉安装各阶段验收合格，煮炉结束后，即可进行带负荷试运行。该项工作应由使用单位持有上岗合格证的操作人员上岗操作；安装单位密切配合，负责维护、抢修。试运行时，所有的电气、仪表、自动控制系统和其他辅助系统均应与锅炉一起进行试运行。在试运行期间，如发现影响锅炉安全运行的质量缺陷，应立即停止试运行，进行处理。质量缺陷经检修合格后，重新进行锅炉试运行。

整体式锅炉试运行时间为 4~24h；散装式锅炉试运行时间为 48h。

1. 锅炉试运行前的准备工作

试运行工作是由安装单位和使用单位共同完成的，为保证此项工作顺利进行，应成立试运行指挥机构，统一指挥，统一安排；制定锅炉试运行方案，并经上级技术部门审批；运行操作室内，应布置各系统工艺流程图；各岗位操作人员经考试合格，并已取得锅炉安全监督部门发给的上岗证；运行现场和设备周围经清理符合生产条件，照明和其他安全措施完好。

2. 锅炉试运行考核要点

试运行应在锅炉额定工况下进行，即在锅炉额定出力、额定工作压力和温度时，对锅炉本体及所有辅助设备和系统进行全面考核，考核内容如下：

1）锅炉在试运行期间能否在额定参数下，始终保持额定出力，而且各项运行指标（炉膛及烟气温度、负压、烟气分析成分、蒸汽品质等）正常。

2）各转动设备的运行工况（运行电流、振动频率、轴承温度、轴承箱油位及冷却水等）应正常。

3）锅炉各部位的热膨胀情况，特别应注意水冷壁穿出炉墙处的间隙、炉排与侧密封板的间隙、炉排与下集箱的间隙等均应正常；锅壳、锅筒、集箱等膨胀均应正常；炉墙应无裂纹，更不允许有裂缝；每半个小时检查各部位的膨胀指示器 1 次，并做好记录。

4）燃烧设备（炉排、抛煤机、流化装置、燃烧器等）的运行工况，应属正常。

5）电气系统，仪表自动控制系统，送、引风系统，输煤系统，排灰渣系统，汽、水系统，排污系统，烟气净化系统，消声系统、燃油（气）供应系统等，均应运行正常且能协调一致地进行工作。

6）试运行记录。对各项运行参数每小时记录 1 次；对试运行中暴露出的缺陷应做详细记录，留待试运行结束后统一处理。

4.4.7　竣工验收

锅炉安装工程是一项要求严格的工作，为了保证锅炉的安装质量和安全可靠地运行，必须按照国家有关规范、标准对锅炉的安装质量进行验收。锅炉安装质量验收就是对新安装锅炉的工程质量进行检查、评估，并做出相应的结论。

锅炉安装质量验收分为阶段验收和总体验收。所谓阶段验收是指安装工程进行到某一阶段时进行的定点检验，以便发现问题并得到及时的处理；所谓总体验收是指在锅炉安装工作全部完成后对锅炉安装工程进行的全面质量检查，并做出能否交工的结论。

锅炉总体验收是在各阶段验收合格的基础上，并经过试运行考核后，由建设单位、施工安装单位、监理单位、设计单位及安全质量监检单位联合组织对新安装的锅炉进行综合性检查。全面检查现场安装设备、管道系统、电气系统、仪表及自动控制系统等的安装质量，检查阶段验收时的实测数据及超差的处理情况，并审查安装施工记录。

锅炉总体验收合格后，安装单位和建设单位应办理工程交接手续。安装单位应向建设单位移交工业锅炉安装工程质量证明书、施工安装有关记录和有关文件、所有安装设备的出厂技术文件和合格证、竣工图等资料。

锅炉安装工程交工后，由建设单位向新安装锅炉所在监检区域内的锅炉检验所申请办理锅炉运行许可证，持证后的锅炉方可正式投入运行使用。

4.5　换热站的安装

热交换站又称为换热站，是集中供暖系统中应用较多的一种热源形式，在大中城市应用较为普遍。

4.5.1　换热器

换热器又叫热交换器，是进行质隔绝的热交换设备，换热器应选择高效、结构紧凑、便于维修、使用寿命长的产品。

换热器按照不同形式，可分为以下几类：容积式换热器、半容积式换热器、管式换热器（套管式、壳管式、肋管式）、快速换热器、板式换热器（板式、螺旋板式）、半即热式换热器等。每种换热器都有自己的特点和安装要求，常规换热器的安装，可参见相关施工安装标准图集，新型换热器的安装，可参见厂家样本。现多数换热器生产企业，都可根据用户使用要求，提供各种形式的选型服务。

图 4-35 ~ 图 4-42 是热力站的设备安装照片与几种换热器外形。

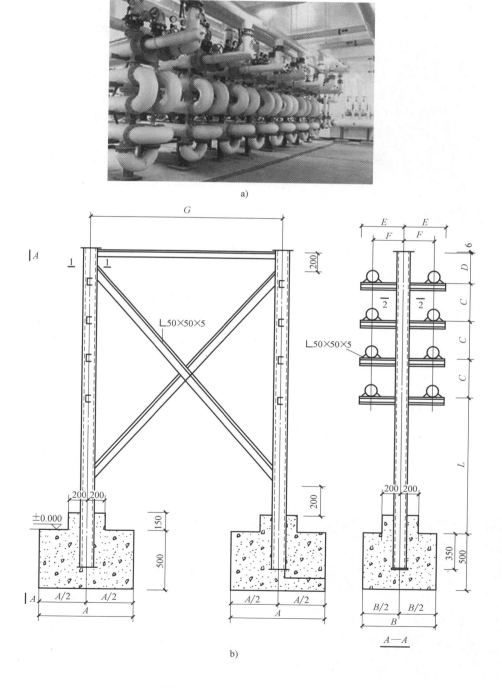

图 4-35　分段式波纹管换热器

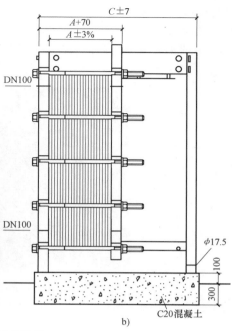

图 4-36 板式换热器

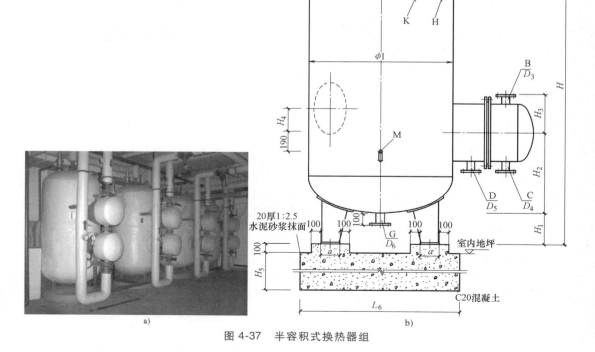

图 4-37 半容积式换热器组

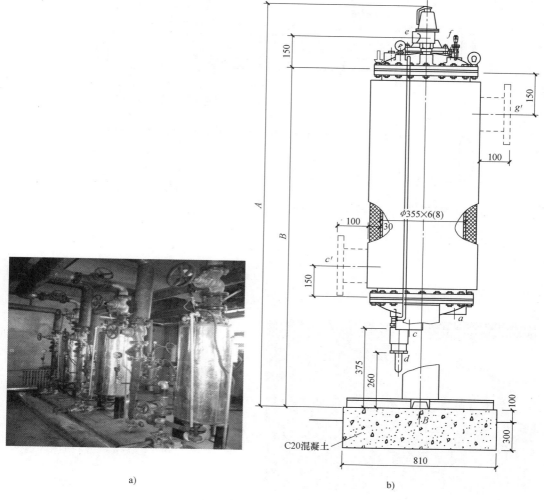

a)

b)

图 4-38　半即热式换热器

a)

图 4-39　壳管式水-水换热器

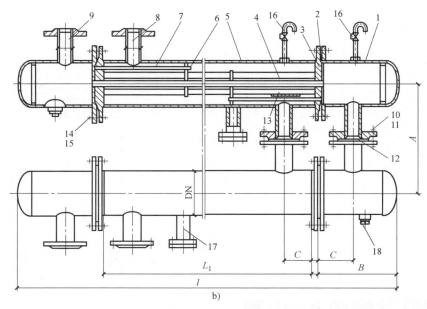

图 4-39 壳管式水-水换热器（续）

1—管箱 2、12—垫片 3—管板 4—换热管 5—壳体 6—支承板 7—拉杆 8—壳体连接管 9—管箱连接管
10、14—螺母 11、15—螺栓 13—防冲板 16—放气管 17—泄水管 18—排污管

图 4-40 浮头式换热器结构与外形

图 4-41 容积式换热器　　　　　　　　图 4-42 螺旋板式换热器

4.5.2 换热机组

换热机组是将循环水泵、定压装置、过滤装置等集合在一起的一种新型换热装置，具有紧凑、灵活、维修方便等特点，在许多中小型换热站中得到广泛应用。该设备的最大优点是安装简便，用户将使用要求和参数等报给生产厂家，厂家根据用户需要配好不同形式、规格的换热器、水泵、过滤装置、定压装备以及控制设备，在工厂或现场将全部设备安装在固定支座上，并将机组支座固定在建筑结构面上，再将管道与机组进行连接即可。机组中如果水泵与机组支架采用减振措施时，可直接固定在机组基础上，否则将采用减振橡胶垫等整体减振措施。图 4-43 所示为配备板式及浮动盘管换热器的智能换热机组外形图。

热力站施工前应先对换热器按压力容器的技术规定进行检查，对设备基础检查验收。然后安装好支架并开始固定换热器。其中壳管式换热器的安装，如设计无要求时，其封头与墙壁或屋顶的距离不得小于换热器的长度。换热器应以最大工作压力的 1.5 倍做水压试验，蒸汽部分应不低于蒸汽供汽压力加 0.3MPa；热水部分应不低于 0.4MPa。在试验压力下，保持 10min 压力不变化为合格。在高温水系统中，循环水泵和换热器的相对安装位置应按设计文件进行施工。最后连接管道和安装仪表，各种控制阀门应布置在便于操作和维修的部位。仪表安装位置应便于观察和更换。换热器蒸汽入口处应按要求装置减压装置。换热器上应装压力表和安全阀。回水入口应设置温度计，热水出口设温度计和放气阀。

a)   b)

图 4-43 配备板式及浮动盘管换热器的智能换热机组
a）板式换热器智能换热机组　b）浮动盘管换热机组

热力站施工完成后，与外部管线连接前，管沟或套管应采取临时封闭措施。站内设备基础施工前应根据设备图进行核实。

练 习 题

1. 锅炉与直燃机的安装工艺流程是什么？
2. 简述锅炉安装中的强度试验、严密性试验过程，说出试压及合格标准。
3. 锅炉的安全附件有哪些？在安装过程中各应注意哪些问题？
4. 简述锅炉安全阀的设置安装原则。
5. 燃气锅炉及直燃机的烟囱设置原则是什么？

6. 简述锅炉安装中的烘炉和煮炉的步骤与方法。

7. 简述常用换热设备的种类及安装要求。

8. 简述供暖系统的定压补水装置的种类及基本安装要求。

9. 简述供暖锅炉的试运行过程及竣工验收要求。

（注：加重的字体为本章需要掌握的重点内容。）

第 5 章
通风与空调工程管道及设备的安装

通风工程及空调工程是安装工程重要的组成部分，通风工程与空调工程在施工安装方面有许多相同之处，如风道及配件的安装、风机与空气处理设备的安装、系统的调节及试运行等，但也有不同之处，如除尘通风、气力输送、空气洁净室等，需满足各自不同的工艺要求。通常把送风、排风、换气、除尘、排毒、消防防烟排烟、气力输送等设施称为通风工程，把空气处理、舒适性空调、恒温恒湿空调、洁净空调等系统称为空调系统。通风与空调工程的施工安装，基本上可分为风道及配件加工和现场安装两大步骤。加工主要是按着施工图的要求，进行风管及配件的加工制作，包括放样、下料、板材连接、法兰制作、风管加固等。现在多采用在工厂加工车间加工的方式，现场有条件的情况下，也可在现场进行加工。成品或半成品的风道和配件在现场组装后进行安装。现场安装包括风道系统、机组设备、空调水系统等的安装。工程施工质量验收，应根据实际情况按规范所列的子分部工程及所包含的分项工程分别进行。可采用一次或多次验收，检验验收的批次、样本数量可根据工程实物数量与分布情况确定，并应覆盖整个分项工程。

5.1 风管及配件的加工制作

风管的材质分为金属、非金属和复合材料，其规格、制作及安装、检测可参照《通风管道技术规程》（JGJ/T 141）及《通风与空调工程施工质量验收规范》（GB 50243）中风管部分和风管安装部分的相关规定。通风与空调工程其他项目的施工安装，可按照《通风与空调工程施工规范》（GB 50738）及《通风与空调工程施工质量验收规范》（GB 50243）的相关条款执行。消防排烟系统还应遵守《建筑防烟排烟系统技术标准》（GB 51251）的有关条款。

风管分为微压、低压、中压和高压四个类别，详见表 5-1。

表 5-1 风管系列类别

类　别	风管系统工作压力 p/Pa	
	管内正压	管内负压
微压	$p \leqslant 125$	$-125 \leqslant p$
低压	$125 < p \leqslant 500$	$-500 \leqslant p < -125$
中压	$500 < p \leqslant 1500$	$-1000 \leqslant p < -500$
高压	$1500 < p \leqslant 2500$	$-2000 \leqslant p < -1000$

不同类别的风管应采用相应类别材质、连接方式和密封方式，其强度和严密性检测要求也有所不同。

防火风管的本体、框架与固定材料、密封垫料等必须采用不燃材料，防火风管的耐火极限时间应符合系统防火设计的规定。复合材料风管的覆面材料必须采用不燃材料，内层的绝热材料应采用不燃或难燃且对人体无害的材料。

5.1.1 风管及配件加工安装尺寸的确定

1. 三通尺寸的确定

三通尺寸可采用作图法确定，即绘制三通侧面图，如图 5-1 所示。

具体画法：按已确定的三通主管与支管轴线夹角 α（通常取用 30°），画出主、支管轴线交于 O，以 O 点为基准在主管轴线上试截取主管长度 L，并按主管下口直径 D_1、上口直径 D_2 画出上、下口直径线，再画出上、下口两侧边连线，即得到主管侧面图。由主管上口直径的 B 点向支管轴线画垂直线交于 D 点，以 D 点为中心画支管直径 d 线，再由直径 d 的两边端点，分别向主管下口直径的两边端点作连线，即得到支管的侧面图。最后由主、支管相邻侧边线的交点 C 向 O 点作连线，CO 线就是主管与支管的接口线。至此，得到支管轴线长度 H、主管上口与支管管口之间的净距离 δ。

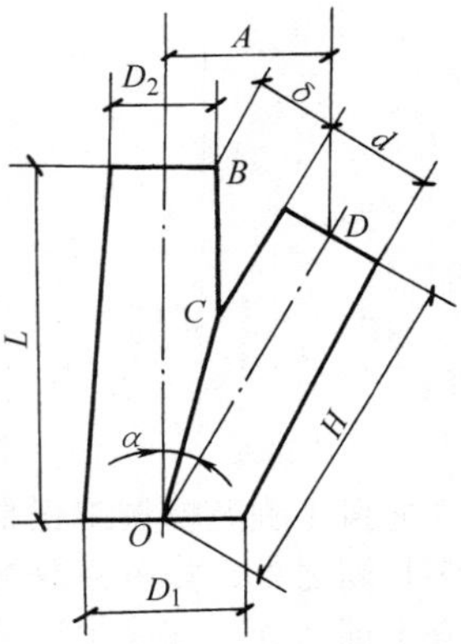

图 5-1　三通侧面图

作图时，必须使 δ 值便于法兰连接时的操作，$\delta = 80 \sim 100\text{mm}$。如果 δ 值符合要求，则可确定 L、H、δ 值；如果 δ 值不符合要求，则应修改 L 值，使 δ 值最终符合要求，进而最终确定 L、H、δ 值。

绘制三通侧面图的目的主要是取得主管、支管的轴线长度 L、H 和 δ 值，它们是三通的主要加工安装尺寸。

由于用作图法确定三通尺寸比较麻烦，在实际工作中通常采用计算法。

首先确定 δ 值，管径小时 δ 取较小值，管径大时 δ 取较大值，则有

$$L = \frac{\delta + \dfrac{d}{2}}{\sin\alpha} + \frac{D_2}{2\tan\alpha}$$

$$H = \frac{\delta + \dfrac{d}{2}}{\tan\alpha} + \frac{D_2}{2\sin\alpha}$$

当 $\alpha = 30°$ 时，以上两式简化为

$$L = 2\left(\delta + \frac{d}{2}\right) + 0.866D_2$$

$$H = 1.733\left(\delta + \frac{d}{2}\right) + D_2$$

当一条管道上相邻三通的管径规格相差不大时，管径较小三通的尺寸允许采用管径较大三通的尺寸，这样可使施工工作简化。

2. 三通与弯头组合体加工安装尺寸的确定

在绘制加工安装草图时，三通与弯头的组合是经常遇到的，如图 5-2 所示。图 5-2 中的三通弯头组合体，需确定的安装尺寸为 A、B，其计算公式为

$$B = \frac{H + R\tan\dfrac{\beta}{2}}{\sin(90° - \alpha)}$$

$$A = \frac{H + R\tan\dfrac{\beta}{2}}{\sin\alpha} + R\tan\frac{\beta}{2}$$

式中　H——三通支管轴线长度；

　　　R——弯头弯曲半径；

　　　α——三通主、支管夹角；

　　　β——弯头中心角 $\beta = (90° - \alpha)$。

当 $\alpha = 30°$ 时，以上两式简化为

$$B = 1.155(H+0.577R)$$

$$A = 2H+1.731R$$

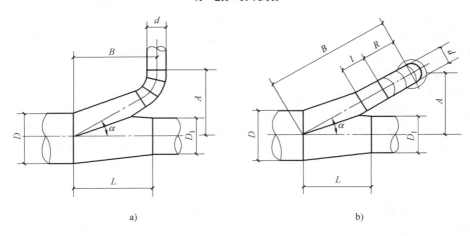

图 5-2 三通与弯头组合体

a）水平组合 b）立体组合

如图 5-2b 所示的三通与弯头立体组合时，需确定安装尺寸 A 和 B，进而决定 B 向长度范围内的三通支管与弯头之间是否需要增加中间短直管（长度为 l 的直管），该短直管应直接连接在弯头的端节上，而不应再增加接口。也允许采用加长三通支管长度的方法，与弯头端节直接连接而不设中间短直管。

这种组合体通常把 A 值作为已知尺寸，则 B 值为 $A/\sin\alpha$。在确定 A 值时，必须使 $B \geqslant R+H$，则中间短直管长度 l 为

$$l = R-H-R$$

如果弯头直接连接在三通支管上，则无中间短直管，此时

$$A = (R+H)\sin\alpha$$

3. 弯头与连续弯头组合体尺寸的确定

如图 5-3a 所示的弯头，安装尺寸 H、L 为

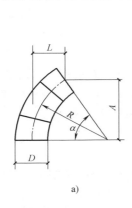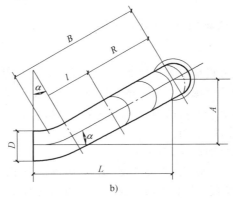

图 5-3 弯头与连续弯头

a）弯头 b）连续弯头

$$H = R\sin\alpha$$

$$L = R - R\cos\alpha = R(1-\cos\alpha)$$

当 $\alpha = 90°$ 时，$H = R$、$L = R$。

如图 5-3b 所示的连续弯头组合体，常用于风管主干管末端由水平方向转向垂直方向处。需确定安装尺寸 A 和 B。其中 A 值通常为已知，则 $B = A/\sin\alpha$。B 值确定后，再进一步计算在两个弯头间是否应增加中间短直管 l，该短直管应直接连接在垂直向下安装的弯头端节上，而不应再增加接口。

在确定 A 值时，应使 $B \geq R + C$（$C = R\tan\alpha/2$），中间短直管长度 l 为

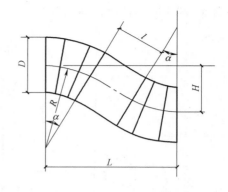

图 5-4　来回弯管

$$l = B - R - R\tan\frac{\alpha}{2} = B - R\left(1 + \tan\frac{\alpha}{2}\right)$$

4. 来回弯尺寸的确定

来回弯管由两个角度相同且小于 90° 的弯头组成。有时在两个弯头之间需增加中间短直管，如图 5-4 所示。中间短直管应直接连接于两个弯头的端节上，而不应再增加接口。

来回弯管需确定安装尺寸为 H、L。通常高度 H 值为已知，则

$$L = \frac{H}{\tan\alpha} + 2R\tan\frac{\alpha}{2}$$

当没有中间短直管时，H 值必须满足

$$H \geq 2R\tan\frac{\alpha}{2}\sin\alpha$$

则中间短管长度为

$$l = \frac{H}{\sin\alpha} - 2R\tan\frac{\alpha}{2}$$

以上介绍的弯头、连续弯头、来回弯管以及三通与弯头组合件中的弯头，当管径相同时，应采用相同的弯曲半径，以便使用一个弯头样板下料。如果采用的弯曲半径不相同，则必须用多个样板下料，造成施工麻烦，工料浪费。对于小于 90° 的弯头，应采用常用角度如 30°、45°、60° 等。

5.1.2　风管及配件的展开画线

1. 画线

对于用金属薄板加工制作风管时，用几何作图的基本方法，在板面上画出各种线段和加工件的展开图形是首要操作工序。经常划的线有直线及其平行线、直角线、各种角度的分角线、圆等，有关直线的等分、角的等分、圆的等分等几何作图方法必须熟练掌握。

2. 常用的画线工具

常用画线工具如图 5-5 所示。

（1）钢直尺　钢直尺用不锈钢板制成，其长度有 150mm、300mm、600mm、900mm、1000mm 几种，尺面上刻有米制长度单位。用于量测直线长度和画直线。

（2）90°角尺　90°角尺也称角尺，用薄钢板或不锈钢板制成，用于画垂直线或平行线，并可作为检测两平面是否垂直的量具。

（3）划规和地规　划规用于画较小的圆、圆弧、截取等长线段等；地规用于画较大的圆。划规和地规的尖端应经淬火处理，以保持坚硬和经久耐用。

（4）量角器　用于量测和画分各种角度。

（5）划针　一般由中碳钢制成，用于在板材上画出清晰的线痕。划针的尖部应细而硬。

（6）样冲　样冲多为高碳钢制成，尖端磨成 60°角，用来在金属板面上冲点，为圆规画圆或画弧定心，或作为钻孔时的中心点。

（7）曲线板　曲线板用于连接曲面上的各个截取点，画出曲线或弧线。

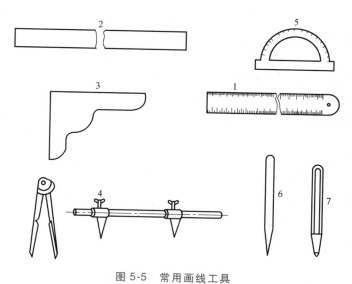

图 5-5　常用画线工具

1—不锈钢直尺　2—钢直尺　3—90°角尺　4—划规、地规
5—量角器　6—划针　7—样冲

3. 放样

即按 1:1 的比例将风管及管件、配件的展开图形画在板材表面上，以作为下料的剪切线。放样是基本操作技术，必须熟练掌握。

（1）直风管的展开放样　风管有圆形和矩形两种。其使用规格已标准化，并在全国范围内通用。圆形和矩形通风管道统一规格分别见表 5-2、表 5-3。

表 5-2　圆形通风管道统一规格

外径 D/mm		外径 D/mm		外径 D/mm		外径 D/mm	
基本系列	辅助系列	基本系列	辅助系列	基本系列	辅助系列	基本系列	辅助系列
100	80 90	250	240	560	530	1250	1180
120	110	280	260	630	600	1400	1320
140	130	320	300	700	670	1600	1500
160	150	360	340	800	750	1800	1700
180	170	400	380	900	850	2000	1900
200	190	450	420	1000	950		
220	210	500	480	1120	1060		

表 5-3　矩形通风管道统一规格

外边尺寸 $\left(\dfrac{长}{mm}\times\dfrac{宽}{mm}\right)$	外边尺寸 $\left(\dfrac{长}{mm}\times\dfrac{宽}{mm}\right)$	外边尺寸 $\left(\dfrac{长}{mm}\times\dfrac{宽}{mm}\right)$	外边尺寸 $\left(\dfrac{长}{mm}\times\dfrac{宽}{mm}\right)$	外边尺寸 $\left(\dfrac{长}{mm}\times\dfrac{宽}{mm}\right)$	外边尺寸 $\left(\dfrac{长}{mm}\times\dfrac{宽}{mm}\right)$
120×120	160×160	200×160	250×120	250×200	320×160
160×120	200×120	200×200	250×160	250×250	320×200
320×250	500×250	630×500	1000×320	250×500	1600×1000
320×320	500×320	630×630	1000×400	1250×630	1600×1250
400×200	500×400	800×320	1000×500	1250×800	2000×800
400×250	500×500	800×400	1000×630	1250×1000	2000×1000
400×320	630×250	800×500	1000×800	1600×500	2000×1250
400×400	630×320	800×630	1000×1000	1600×630	
500×200	630×400	800×800	1250×400	1600×800	

注：应优先选用基本系列。

1）圆形直风管的展开。圆形直风管的展开是一个矩形，其一边长为 πD，另一边长为 L，其中 D 是圆形风管外径，L 是风管的长度，如图 5-6 所示。

为了保证风管的加工质量，放样展开时，矩形展开图的四个角必须垂直，对画出的图样可用对角线法进行校验。当风管采用咬口卷合时，还应在图样的外轮廓线外再按板厚画出咬口留量，如图 5-6 中虚线所示的 M 值。当风管间采用法兰连接时，还应画出风管的翻边量，如图 5-6 中虚线所示的 10mm 值（法兰连接的风管端部翻边量一般为 10mm）。

当风管直径较大，用单张钢板料不够时，可按图 5-6 所示的方法先将钢板拼接起来，再按展开尺寸下料。

2）矩形直风管的展开。矩形直风管的展开图也是一个矩形，其一边长度为 $2(A+B)$，另一边为风管长度 L，如图 5-7 所示。放样画线时，对咬口折合的风管同样按板材厚度画出咬口留量 M 及法兰连接时的翻边量（10mm）。

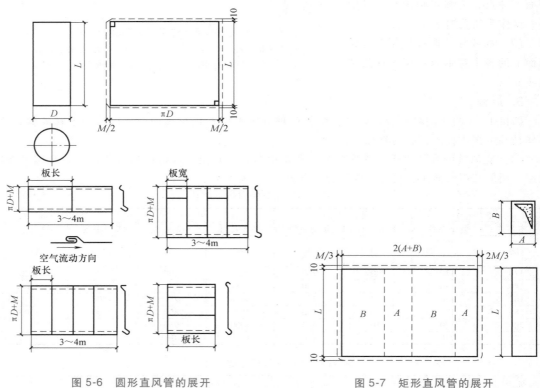

图 5-6　圆形直风管的展开　　　　　图 5-7　矩形直风管的展开

对画出的展开图必须经规方检验，使矩形图样的四个角垂直，以避免风管折合时出现扭曲现象。

（2）弯头的展开放样　根据风管的断面形状，弯头有圆形弯头和矩形弯头两种。弯头的尺寸主要取决于风管的断面尺寸、弯曲角度和弯曲半径。

1）圆形弯头的展开放样。圆形弯头俗称虾米腰，它由两个端节和若干个中间节组成，端节则为中间节的一半。弯曲半径应满足工程需要，且使流动阻力不能太大，加工时省工省料。圆形弯头的弯曲半径和最少节数应符合表 5-4 中的规定。

表 5-4　圆形弯头的弯曲半径和最少节数

弯管直径 D/mm	弯曲半径 R/mm	弯曲角度及最少节数/个							
		90°		60°		45°		30°	
		中节	端节	中节	端节	中节	端节	中节	端节
80~220		2	2	1	2	1	2		2
240~450		3	2	2	2	1	2		2
480~800	$R=(1\sim1.5)D$	4	2	2	2	1	2	1	2
850~1400		5	2	3	2	2	2	1	2
1500~2000		8	2	5	2	3	2	2	2

　　圆形弯管的展开采用平行线展开法。先由弯管直径查表 5-4 确定弯管弯曲半径及节数，画出弯管立面图，如图 5-8 所示。如弯管直径 $D=320\text{mm}$，弯曲半径为 $R=1.5D=480\text{mm}$，由 3 个中节，2 个端节组成。放样展开时，先将垂直线夹角四等分，过等分线与 R、D 圆弧线的交点分别做切线，内外弧上各切线交点的连线，即为各节间的连接线（如 DC），图中的粗线即弯管的立面图。画展开图时，只要用平行线法将端节展开，取 2 倍的端节展开图，就可得到中间节的展开图。

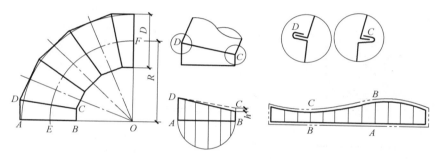

图 5-8　圆形弯管的展开

　　考虑到弯管咬口连接时，外侧咬口（背部）容易打紧，而内侧咬口（腹部）不易打紧的操作实际困难，画线时应将腹部尺寸减去 2mm（即图 5-8 中的 h 值），这样加工后的弯管将避免出现小于 90°的现象。

　　据此，只要知道弯管的直径和弯曲角度，就可从表 5-4 中查得弯管的弯曲半径、中间节及端节的节数，即可画出弯管的立面图及展开图。画好的端节、中间节展开图，均应加上咬口留量（对端节直线一侧的展开应加法兰翻边留量）后，剪下即可作为下料的样板。下料画线时，应合理用料，减少剪切工作量，常用的方法是套剪，如图 5-9 所示。套剪画线时，如样板已留出一个咬口宽度，则在端节（或中间节）的另一侧还应再留一个咬口宽度。

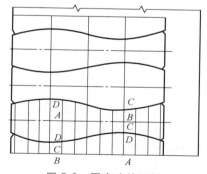

图 5-9　圆弯头的下料

　　2）矩形弯头的展开放样。常用的矩形弯头有内弧形矩形弯头、内外弧形矩形弯头、内斜线矩形弯头。它们主要由两块侧壁、弯头背、弯头里四部分组成，如图 5-10 所示。

　　对于内外圆弧形弯头，弯头背宽度以 B 表示，展开长度以 L_2 表示，$L_2=2\pi R_2/4=1.57R_2$；弯头里宽度为 B，展开长度 $L_1=2\pi R_1/4=1.57R_1$。侧壁宽度以 A 表示，其弯曲半径一般为 $1\times A$，则弯头里的弯曲半径为 $R_1=0.5A$，弯头背的弯曲半径为 $R_2=0.5A$，如图 5-10b 所示。

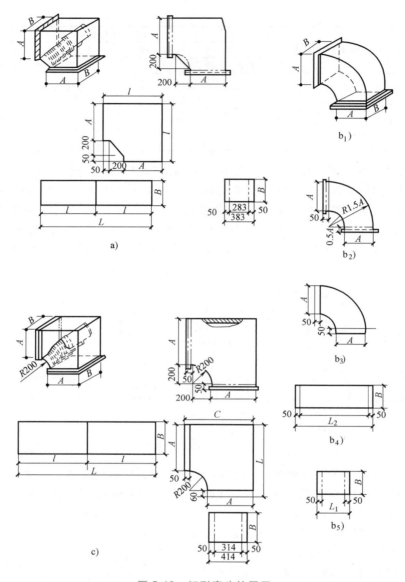

图 5-10　矩形弯头的展开

a）内弧形矩形弯头　b）内外弧形矩形弯头　c）内斜线矩形弯头

画线时先用 R_1、R_2 展开侧壁，并应在两弧线侧加上单边咬口留量，在两端头加上法兰翻边量。用弯头背及弯头里的计算展开长度画线，同样应加上咬口留量（应为单边咬口留量的2倍）及法兰翻边留量。

对于内弧形弯头，一般取内圆弧半径 $R = 200\text{mm}$，则弯头里展开长度 $L_1 = 1.57R = (1.57 \times 200)\text{mm} = 314\text{mm}$，弯头背展开长度 $L_2 = 2A + 2R = 2A + 400\text{mm}$，其宽度均为 B，如图 5-10a 所示。画线时按如上尺寸展开画线，并应加上咬口留量及法兰翻边量。

（3）三通的展开放样　三通有圆形和矩形两种。三通由主管和支管两部分组成，且按主管与支管的夹角情况不同，分为斜三通、正三通、Y形（裤叉）三通等，可根据工程情况选用。

1）圆形斜三通的展开放样，如图 5-11 所示。

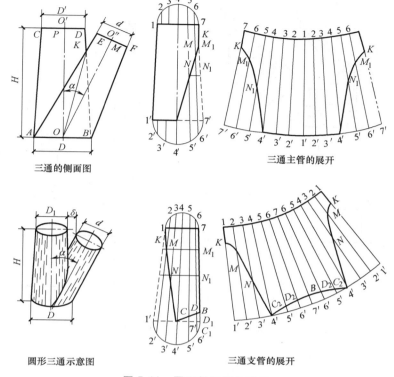

图 5-11　圆形斜三通的展开

根据主管大口直径 D，小口直径 D_1，支管直径 d，三通高 H 及主管与支管轴线的夹角 α，先画出三通立面图。在一般通风系统中 $\alpha = 25° \sim 30°$，除尘系统 $\alpha = 15° \sim 20°$。主管和支管边缘之间距离 d，应能保证安装法兰时便于操作，一般取 $d = 80 \sim 100$mm。

主管部分展开时，先作主管的立面图，在上下口径上各作辅助半圆并分别 6 等分，按顺序编上相应序号，并画出相应的外形素线。把主管先看作大小口径相差较小的圆形异径管，据此画出扇形展开图，并编上序号。在扇形展开图上截取 7—K，使等于立面图上 7—K，截取 6—M_1、5—N_1、4—4′使等于立面图上的上口、下口半圆等分点连接线与支管相贯斜线交点的实长线，将各截线交点 KM_1N_14'连成圆滑的曲线，两侧对称，则得主管部分的展开图。

支管部分的展开图画法基本上和主管部分展开图画法相同，如图 5-11 所示。

三通展开图画好后，应在法兰连接部分加法兰翻边留量。咬口连接时，主管与支管咬接部分应加咬口留量。

2）矩形三通的展开，如图 5-12 所示。

矩形整体三通由平侧板、斜侧板、角形侧板和两块平面板组成。展开时，先在 "矩形三通规格表" 中查出 A_1、A_2、A_3、B、H 等标准尺寸，再画出各部分的展开图。平侧板为一矩形，如图 5-12 所示的 L；斜侧板和角形侧板也为矩形，但必须在展开图中画出折线，便于加工时折压成形，如图 5-12 所示中的 2、3，两块平面板的尺寸是相同的，只画出一块即可，如图 5-12 所示的 4。

三通各部分展开图画好后，应在法兰连接部分加翻边留量，咬口连接时，咬接部分加咬口留量。

（4）圆形正心异径管的展开　根据已知大直径 D、小直径 d 及高 h，画出异径管的立面图及

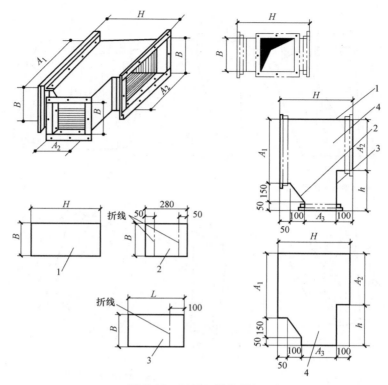

图 5-12　矩形三通的展开

1—平侧板　2—斜侧板　3—角形侧板　4—平面板

平面图，如图 5-13a 所示。延长 *AC*、*BD* 交于 *O* 点，以 *O* 为圆心，分别以 *OC*、*OA* 为半径画圆弧。将平面图上的大圆 12 等分，把等分弧段依次丈量到以 *OA* 为半径的圆弧上，则图形 *A″A′* 及 *C′C″* 即为圆形正心异径管的展开图。

　　当异径管大小直径相差很少，交点 *O* 将落在很远处而不易画线时，可采用近似的样板法作

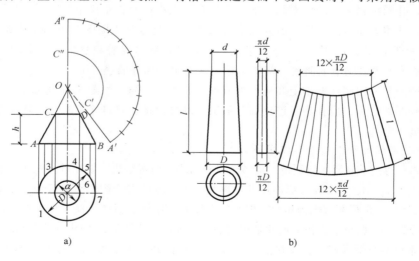

图 5-13　圆形正心异径管的展开

a）几何作图法展开　b）样板法展开

异径管展开图。如图 5-13b 所示。在画出的平面图上，把大小圆均做 12 等分，以异径管及 $\pi D/12$、$\pi d/12$ 作出分样图（样板），用小样板在薄板上依次画出 12 块，最后将上下各端点连成 πD、πd 圆弧，并经复核修正以减少误差，则得异径管的展开图。

（5）来回弯管的展开放样　来回弯管由两个小于 90° 的弯头组成，其展开方法与弯头的展开方法相同，有圆形来回弯和矩形来回弯两种常用形式。

1）圆形来回弯管的展开。如图 5-14 所示，若以 L 表示来回弯长度，h 表示偏心距。放样时先画出矩形 $ABCD$，使 $BD=h$，$CD=L$。连接 AD 并求出中点 M，分别作 AM、DM 的垂直平分线，与 DB 的延长线交于 O，与 AC 的延长线交于 O_1 点，O 和 O_1 点就是来回弯中心角的顶点。按已知风管直径，分别以 A、D 两点为中点，按风管半径截取得 1、2、3、4 点，再分别以 O 及 O_1 为圆心，以 O_3、O_4、$O_1 1$、$O_1 2$ 为半径画弧并相接，即得来回弯的立面图。连接 OO_1 两点，把来回弯分成两个角度相同的弯头，然后按圆形弯头的展开方法再进行分节展开。两弯头相连接处的端节画线时要画成一块，即不要把图中的 MN 线剪开，以免加工时多一道咬口，既浪费人工又影响美观。

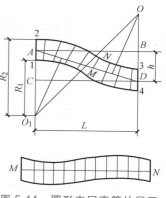

图 5-14　圆形来回弯管的展开

2）矩形来回弯管的展开。如图 5-15 所示，矩形来回弯管是由两块相同的侧壁和两块相同的上下壁组成。其立面图的画法与圆形来回弯相同，侧壁可按圆形来回弯的方法展开，上下壁的长度 L_1 是立面图上的弧线长度，可用钢卷尺围绕量得。

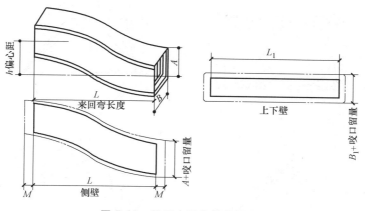

图 5-15　矩形来回弯管的展开

（6）天圆地方管件的展开放样　凡是圆形断面变为矩形断面的地方，均需用天圆地方管件，如风机出口、送风口、排气罩等与圆形风管的连接等处。

天圆地方管件有正心和偏心两种形式。

1）正心天圆地方管件的展开。如图 5-16 所示，根据已知的矩形管边长 A、B，圆形管直径 d 及天圆地方管的高度，可画出其平面图及立面图。展开时，先做一直线 $ab=2(A+B)/\pi$，在 ab 的垂直中心线上取高 h，作 $cd=$ 圆管直径 d，连 ac、bd 使交于 O。以 O 为圆心，分别以 Oc、Oa 为半径画圆弧。在大圆弧上依次截取 $A/2$、B、A、B、$A/2$ 得点 1、2、3、4、5、6，连接 $O1$、$O6$，与小圆相交于 7、8 两点。则内弧 $\overset{\frown}{78}$ 即为上口圆管的展开线。将 $\overset{\frown}{78}$ 四等分，自各等分点与大圆上

2、3、4、5点做连线，则得天圆地方管的折边线，连大圆上的1、2、3、4、5、6点间的连线，则得天圆地方管的矩形管展开图的一半。

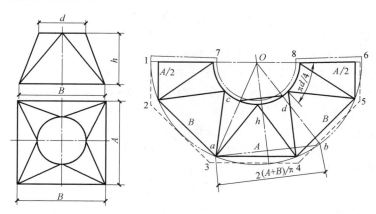

图5-16　正心天圆地方管件的展开

当两半个天圆地方展开图需用咬口连接时，咬合处应加咬口留量，上下口与法兰嵌接时，应加上法兰翻边留量。

2）偏心天圆地方管件的展开。如图5-17所示，根据已知圆口直径 D。矩形口边长、高度 h 及偏心距 e，画出偏心天圆地方平面图及立面图。在平面图上将半圆6等分，编上序号 1~7，并把各等分点和矩形底边的 $EABF$ 连接起来。其余步骤从略。

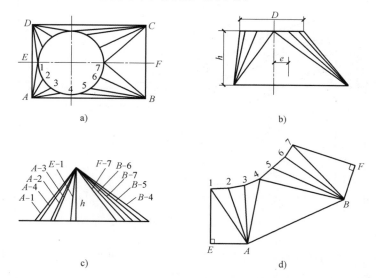

图5-17　偏心天圆地方管件的展开

5.1.3　金属风管及配件的加工制作

1. 金属风管板材厚度的选择

风管厚度应由设计确定，当设计无规定时，可按照表5-5~表5-7执行。金属风道规格以外径或外边长长边为准。

表 5-5　普通钢板或镀锌钢板风管的板材厚度规格　（单位：mm）

最大直径 D 或长边尺寸 b	微、低压风管	中压风管		高压风管	除尘系统风管
		圆形	矩形		
$D(b) \leqslant 320$	0.50	0.50	0.5	0.75	2.00
$320 < D(b) \leqslant 450$	0.50	0.60	0.60	0.75	2.00
$450 < D(b) \leqslant 630$	0.60	0.75	0.75	1.00	3.00
$630 < D(b) \leqslant 1000$	0.75	0.75	0.75	1.00	4.00
$1000 < D(b) \leqslant 1500$	1.0	1.00	1.00	1.00	5.00
$1500 < D(b) \leqslant 2000$	1.0	1.20	1.20	1.20	按设计
$2000 < D(b) \leqslant 4000$	1.2	按设计	1.20	1.50	按设计

注：1. 螺旋风管的钢板厚度可按圆形风管减少 10%～15%。
　　2. 排烟系统风管钢板厚度可按高压系统。
　　3. 不适用于地下人防与防火隔墙的预埋管。
　　4. 高压负压风管的厚度可比同规格正压风管的厚度提高一个级别。

表 5-6　不锈钢风管的板材厚度　（单位：mm）

直径 D 或长边尺寸 b	微、低压、中压风管	高压风管
$D(b) \leqslant 450$	0.50	0.75
$450 < D(b) \leqslant 1120$	0.75	1.00
$1120 < D(b) \leqslant 2000$	1.00	1.20
$2000 < D(b) \leqslant 4000$	1.20	按设计

表 5-7　铝板风管的板材厚度　（单位：mm）

直径 D 或长边尺寸 b	微、低压、中压风管	高压风管
$D(b) \leqslant 320$	1.00	—
$320 < D(b) \leqslant 630$	1.50	—
$630 < D(b) \leqslant 2000$	2.00	—
$2000 < D(b) \leqslant 4000$	按设计	—

2. 金属板材的剪切

应根据板材的厚度不同选择相应的工具，按板材上的画线剪切。

（1）剪切工具　剪切分为手工剪切和机械剪切。

1）手工剪切。手工剪切常用的工具有直剪刀、弯剪刀、侧刀剪和手动滚轮剪刀等，可依板材厚度及剪切图形情况选用。手工剪切的剪切厚度在 1.2mm 以下。

2）机械剪切。常用的剪切机械有龙门剪板机、振动式曲线剪板机、双轮直线剪板机。

① 龙门剪板机：适用于板材的直线剪切，剪切宽度为 2000mm，厚度为 4mm。龙门剪板机由电动机通过带轮和齿轮减速，经离合器动作，由偏心连杆带动滑动刀架上的刀片和固定在床身上的下刀片进行剪切。当剪切大批量规格相同的板材时，可不必画线，只要把床身后面的可调挡板调至所需要的尺寸，板材靠紧挡板就可进行剪切，如图 5-18 所示。

② 振动式曲线剪板机：适于剪

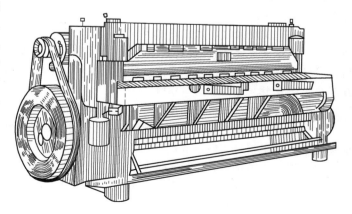

图 5-18　龙门剪板机

切厚度为 2mm 以内的曲线板材，能在板材中间直接剪切内圆（孔），也能剪切直线，但效率较低。它由电动机通过带轮带动传动轴旋转，使传动轴端部的偏心轴及连杆带动滑块做上下往复运动，用固定在滑块上的上刀片和固定在床身上的下刀片进行剪切。该剪板机刀片小，振动快，剪切曲线板材最为方便，如图 5-19 所示。

③ 双轮直线剪板机：适用于剪切厚度在 2mm 以内的板材，可做直线和曲线剪切，如图 5-20 所示。该剪板机使用范围较宽，操作也较灵活，人工操作时手和圆盘刀应保持一定距离，防止发生安全事故。

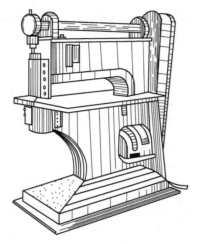

图 5-19　振动式曲线剪板机

图 5-20　双轮直线剪板机

（2）剪切　金属薄板的剪切就是按画线的形状进行裁剪下料。切剪前必须对所画出的剪切线进行仔细的复核，避免下料错误造成材料浪费。剪切时应对准画线，做到剪切位置准确，切口整齐，即直线平直、曲线圆滑。

3. 风管及配件的成形

即将剪切后的板材折方或卷圆成形，将接口连接成为风管或配件。

（1）弯头的成形　对于圆弯头，把剪切下的端节和中间节先做纵向接合的咬口折边，再卷圆咬合成各个节管，再用手工或机械在节管两侧加工立咬口的折边，进而把各节管一一组合成弯头。要求弯头的咬口严密一致，各节的纵向咬口应错开，成形的弯头应和要求的角度一致，不应发生歪扭现象。

当弯头采用焊接时，先将各管节焊好，再次修整圆度后，进行节间组对点焊成弯管整形，经角度、平整等检查合格后，再进行焊接。定位焊点应沿弯头圆周均匀分布，按管径大小确定点数，但最少不少于 3 处，每处定位焊缝不宜过长，以点住为限。施焊时应防止弯管两面及周长出现受热集中现象。焊缝采用对接缝。

矩形弯头的咬口连接或焊接参照圆形弯头咬口的加工。

（2）三通的成形　圆形三通主管及支管下料后，即可进行整体组合。主管和支管的结合缝的连接，可采用咬口、插条或焊接连接。

当采用咬口连接时，用覆盖法咬接，如图 5-21 所示。先把主管和支管的纵向咬口折边放在两侧，把展开的主管平放在支管上，如图 5-21 中 1、2 所示的步骤套好咬口缝，再用手将主管和支管扳开，把结合缝打紧打平，如图 5-21 中 3、4 所示。最后把主管和支管卷圆，并分别咬好纵向结合缝，打紧打平纵向咬口，进行主、支管的正圆修整。

当用插条连接时，主管和支管可分别进行咬口、卷圆、加工成独立的部件，然后把对口部分放在平钢板上检查是否贴实，再进行接合缝的折边工作。折边时主管和支管均为单平折边，如图5-22所示。用加工好的插条，在三通的接合缝处插入，并用木锤轻轻敲打。插条插入后，用小锤和衬铁打紧打平。

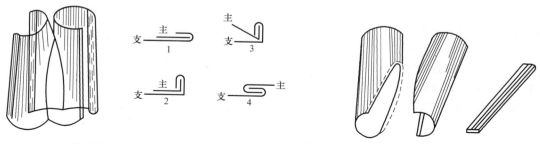

图 5-21　三通的覆盖法咬接　　　　　　图 5-22　三通的插条法加工

当采用焊接使主管和支管连接时，先用对接缝把主管和支管的结合缝焊好，板料经平整消除变形后，将主、支管分别卷圆，再分别对缝焊接，最后进行整圆的修整。

矩形三通的加工可参照矩形风管的加工方法进行咬口连接。当采用焊接时，矩形风管和三通可按要求采用角焊缝、搭接角焊缝或扳边角焊缝，如图5-27所示。

（3）来回弯管的成形　圆形和矩形来回弯管的加工方法与圆形、矩形弯头相同，在此不做重复介绍。

（4）变径管的成形　圆形变径管下料时，咬口留量和法兰翻边留量应留得合适，否则会出现大口法兰与风管不能紧贴，小口法兰套不进去等现象，如图5-23a所示。为防止出现这种现象，下料时可将相邻的直管剪掉一些，或将变径管高度减少，将减少量加工成正圆短管，套入法兰后再翻边，如图5-23b所示。

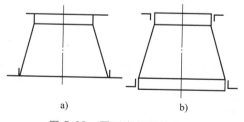

图 5-23　圆形变径管的加工

为使法兰顺利套入，下料时可将小口稍微放小些，把大口稍微放大些，从上边穿大口法兰，翻边后，再套入上口法兰进行翻边。

矩形变径管和天圆地方管的加工，可用一块板材加工制成。为了节省板材，也可用四块小料拼接，即先咬合小料拼合缝，再依次卷圆或折边，最后咬口成形。

弯头、三通、变径管等风管配件已标准化，可按实际需要查阅"全国通用通风管道配件图表"，以图表规定的标准规格和尺寸作为配件加工的依据。

当通风或空调系统采用法兰连接时，所有直风管、风管配件在加工后均应同时将两端的法兰装配好。

4. 风管的连接

风管的连接方法有咬口连接、铆接和焊接三种大的形式。其中以咬口连接应用最为普遍。金属板材的连接有拼接、闭合接和延长接三种情况。拼接是将两张钢板的板边相接以增大面积，闭合接是把板材卷制成风管时对口缝的连接，延长接是把一段段风管连接成管路系统。常用的连接方式还有法兰式、抱箍式、插接式、插条式等。

（1）咬口连接　咬口连接是把需要相互结合的两个板边折成能互相咬合的各种钩形，钩接后压紧折边。这种连接方法不需要其他材料，适用于厚度 $d \leqslant 1.2\text{mm}$ 的薄钢板、厚度 $d \leqslant 1.0\text{mm}$

的不锈钢板和厚度 $d \leqslant 1.2$mm 的铝板。其咬口形式有如下一些：

1）单平咬口。用于板材的拼接缝和圆风管纵向的闭合缝以及严密性要求不高的制品接缝。

2）单立咬口。用于圆风管端头环向接缝，如圆形弯头、圆形来回弯各管节间的接缝。

3）转角咬口。用于矩形风管及配件的纵向接缝和矩形弯管、三通的转角缝连接。

4）联合角咬口。也叫包角咬口，咬口缝处于矩形管角边上，用途同转角咬口。应用在有曲率的矩形弯管的角缝连接更为合适。

5）按扣式咬口。适用于矩形风管和配件的转角闭合缝。在加工时，一侧的板边加工成有凸扣的插口，另一侧板边加工成折边带有倒钩状的承口，安装时将插口插入承口即可组合成接缝。这种咬口的特点是咬合紧密，运行可靠。

各种咬口的形式如图 5-24 所示。

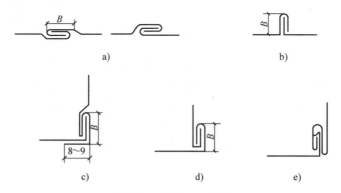

图 5-24　各种咬口形式

a）单平咬口　b）单立咬口　c）转角咬口　d）联合角咬口　e）按扣式咬口

风管和配件的咬口宽度与板材厚度有关，应符合表 5-8 中的规定。

表 5-8　单平咬口、单立咬口折边尺寸　　　　　　　（单位：mm）

咬口形式	咬口宽度	折边尺寸		咬口形式	咬口宽度	折边尺寸	
		第一块钢板	第二块钢板			第一块钢板	第二块钢板
单平咬口	8	7	14	单立咬口	8	7	6
	10	8	17		10	8	7
	12	10	20		12	10	8

画线时咬口留量的大小与咬口宽度 B、重叠层数及使用的机械有关。一般对于单平咬口、单立咬口和转角咬口，在一块板上的咬口留量等于咬口宽度 B，在与其咬合的另一块板上，咬口留量为 2 倍的咬口宽度。对联合角咬口，一块板上的咬口留量为咬口宽度 B，另一块板上为 3 倍的咬口宽度。

手工咬口使用的工具有：硬木拍板，用来平整板料，拍打咬口，其尺寸为 45mm×35mm×450mm；硬质木锤，用来打紧打实咬口；钢制小方锤，用来碾打圆形风管单立咬口或咬口合缝以修整；工作台上设置固定的槽钢，作折方或拍打的垫铁，垫铁必须平直，保持棱角锋利；固定在工作台上的圆管，作为卷圆和修整圆弧的垫铁。此外，还有手持垫铁及咬口套。咬口套用来压平咬口或控制咬口宽度。

咬口加工过程就是折边（折方）、折边套合及咬口压实。折边的质量应能保证咬口的平整、严密及牢固，所以要求折边宽度一致，既平且直，否则咬口就扣挂不上，或压实时出现含半咬口和胀裂现象。折边宽度应稍小于咬口宽度，因为压实时一部分留量将变为咬口宽度。当咬口宽度为 6~8mm 时，折边宽度应比咬口宽度少 1mm，咬口宽度大于等于 10mm 时，折边宽度应比咬口宽度少 2mm。

图 5-25 所示为单平咬口加工过程，图 5-26 所示为联合角咬口加工过程。

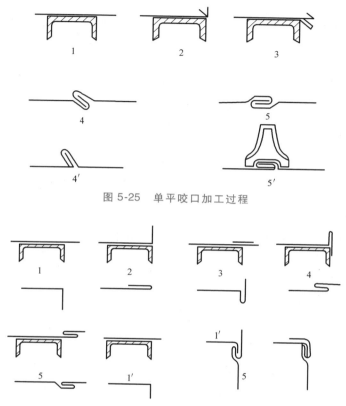

图 5-25　单平咬口加工过程

图 5-26　联合角咬口加工过程

机械咬口常用的机械有：直线多轮咬口机、圆形弯头联合咬口机、矩形弯头咬口机、合缝机、按扣式咬口机和咬口压实机等。目前已生产的有适用于各种咬口形式的圆形、矩形直管和矩形弯管、三通的咬口机系列产品（如 SAF-3 至 SAF-10 通风机械）。利用咬口机、压实机等机械加工的咬口，成形平整光滑，生产效率高，操作简便，无噪声，大大改善了劳动条件。目前生产的咬口机体积小，搬动方便，既适用于集中预制加工，也适合于施工现场使用。

（2）焊接　当普通（镀锌）钢板厚度 $d>1.2mm$（或 1mm），不锈钢板厚度 $\delta>0.7mm$，铝板厚度 $d>1.5mm$ 时，若仍采用咬口连接，则因板材较厚，机械强度高而难以加工，且咬口质量也较差，这时应当采用焊接的方法，以保证连接的严密性。常用的焊接方法有气焊（氧-乙炔焊）、焊条电弧焊或接触焊；对镀锌钢板则用锡钎焊，这样可以加强咬口接缝的严密性。

常用的焊缝形式有对接焊缝、角焊缝、搭接焊缝、搭接角焊缝、扳边焊缝、扳边角焊缝等，如图 5-27 所示。板材的拼接缝、横向缝或纵向闭合缝可采用对接焊缝；矩形风管和配件的转角采用角焊缝；矩形风管和配件及较薄板材拼接时，采用搭接焊缝、扳边角焊缝和扳边焊缝。

焊条电弧焊一般用于厚度大于 1.2mm 的薄钢板焊接。其预热时间短，穿透力强，焊接速度快，焊缝变形较小。矩形风管多用电焊焊接。焊接时应除去焊缝周围的铁锈、污物，对接缝时应

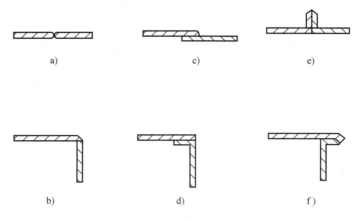

图 5-27　焊缝形式

a）对接焊缝　b）角焊缝　c）搭接焊缝　d）搭接角焊缝　e）扳边焊缝　f）扳边角焊缝

留出 0.5~1.0mm 的对口间隙，搭接焊时应留出 10mm 左右的搭接量。

气焊用于厚度 0.8~3mm 钢板的焊接。其预热时间较长，加热面积大，焊接后板材变形大，影响风管表面的平整。为克服这一缺点，常采用扳边焊缝及扳边角焊缝，先分段点焊好后再进行连续焊接。

风管的拼接缝和闭合缝还可用点焊机或缝焊机进行焊接。

镀锌钢板的锡钎焊仅作为咬口的配合工艺使用，以加强咬口缝的严密度。锡钎焊用的烙铁或电烙铁、锡钎焊膏、盐酸或氯化锌等用具和钎料必须齐备。锡钎焊必须严格进行接缝处的除锈，方可焊接牢固。

氩弧焊接由于有氩气保护了被焊接的板材，故熔焊接头有很高的强度和耐蚀性能，且由于加热量集中，热影响区小，板材焊接后不易发生变形，因此更适于不锈钢板及铝板的焊接。

所有焊接的焊缝表面应平整均匀，不应有烧穿、裂缝、结瘤等缺陷，以符合焊接质量的要求。

（3）铆接　铆接主要用于风管、部件或配件与法兰的连接。它是将要连接的板材翻边搭接，用铆钉穿连并铆合在一起的连接，如图 5-28 所示。铆接在管壁厚度 $d \leqslant 1.5$mm 时，常采用翻边铆接，为避免管外侧受力后产生脱落，铆接部位应在法兰外侧。铆接直径应为板厚的 2 倍，但不得小于 3mm，其净长度 $L = 2\delta + (1.5~2)d$。这里，d 为铆钉直径，δ 为连接钢板的厚度。铆钉与铆钉之间的中心距一般为 40~100mm，铆钉孔中心到板边的距离应保持（3~4）d。

手工铆接时，先把板材与角钢画好线，以确定铆钉位置，再按铆钉直径用手电钻打铆钉孔，把铆钉自内向外穿过，垫好垫铁，用钢制方锤打敲钉尾，再用罩模罩上把钉尾打成半圆形的钉帽。这种方法工序较多，工效低，锤打噪声大，工人劳动强度大。

手提电动液压铆接钳是一种效果良好的铆接机械。它由液压系统、电气系统、铆钉弓钳三部分组成。图 5-29 所示为电动拉铆枪。其铆接方法及工作原理是：先将铆钉钳导向冲头插入角铁法兰铆钉孔内，再把铆钉放入磁性座中，按动手钳上的电钮，使压力油进入软管注入工作油罐，罐内活塞迅速伸出使铆钉顶穿薄钢板实现冲孔。活塞杆上的铆克将工件压紧，使铆钉尾部与风管壁紧密结合，这时油压加大，又使铆钉在法兰孔内变形膨胀挤紧，外露部分则因塑性变形成为大于孔径的鼓头。铆接完成后，松开按钮，活塞杆复位。整个操作过程平均为 2.2s。使用铆接钳工效高，省力，操作简便，穿孔、铆接一次完成，噪声很小，质量很高。

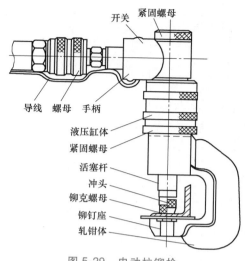

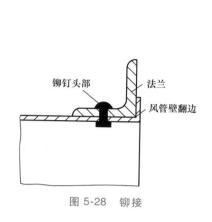

图 5-28　铆接

图 5-29　电动拉铆枪

5. 法兰

法兰有圆形法兰和矩形法兰两种。在通风和空调系统中，法兰用于风管与风管、风管与配件、部件之间的延长连接，同时对风管整体有一定的加固作用，使安装和维修都很方便。

法兰用角钢、扁钢加工制成。随着风管及风管配件、部件的定型化，其连接件法兰也已定型化。表 5-9 和表 5-10 分别列出了圆形和矩形风管法兰的标准规格定型尺寸及螺栓规格，可作为加工预制的依据。

表 5-9　圆形风管法兰尺寸及螺栓规格

风管外径 D/mm	法兰用料规格					配用螺栓规格尺寸 /mm	配用铆钉规格尺寸 /mm
	型钢规格尺寸 $\dfrac{b}{mm} \times \dfrac{s}{mm}$	螺　孔		铆　孔			
		ϕ_1/mm	$n_1/$个	ϕ_2/mm	$n_2/$个		
80	−20×4	7.5	4	4.5	—	M6×20	—
90			4				
100~140			6				
150~200	−25×4		6				
210~280			8				
300~360	∟25×4		10		8		φ4×8
380~450			12		10		
480~500			12		12		
530~560			14		12		
600~630	∟30×4		16		14		
670~700			18		16		
750~800			20		18		
850~900			22		20		
950~1000			24		22		
1060~1120	∟36×4	9.5	26	5.5	24	M8×25	φ5×10
1180~1250			28		26		
1320~1400			32		28		
1500~1600			36		32		
1700~1800	∟40×4		40		36		
1900~2000			44		40		
					44		

表 5-10　矩形风管法兰尺寸及螺栓规格

风管规格		法兰用料规格					配用螺栓规格尺寸 /mm	配用铆钉规格尺寸 /mm
A	B	角钢规格尺寸	螺　孔		铆　孔			
/mm		$\dfrac{b}{mm}\times\dfrac{s}{mm}$	ϕ_1/mm	孔数/个	ϕ_2/mm	孔数/个		
120	120	∟25×4	7.5	4	4.5	8	M6×20	φ4×8
160	120			6				
	160			8				
200	120			6				
	160			8				
	200			8				
250	120			6				
	160			8		10		
	200			8				
	250			8		12		
320	160			8		10		
	200			10		12		
	250			10				
	320			12				
400	200			10				
	250			10		14		
	320			10				
	400			12		16		
500	200		9.5	12		14		
	250			12		16		
	320			12				
	400			14		18		
	500			16		20		
630	250			14		18		
	320			16				
	400			16		20		
	500			18		22		
	630			20		24		
800	320	∟30×4	9.5	18	5.5	20	M8×25	φ5×10
	400			18		22		
	500			20		24		
	630			22		26		
	800			24		28		
1000	320			20		22		
	400			20		24		
	500			22		26		
	630			24		28		
	800			26		30		
	1000			28		32		
1250	400			22		28		
	500			24		30		
	600			26		32		
	800			28		34		
	1000			30		36		
1600	500	∟40×4		30		34		
	630			32		36		

（续）

风管规格		法兰用料规格					配用螺栓规格尺寸 /mm	配用铆钉规格尺寸 /mm
A	*B*	角钢规格尺寸 $\frac{b}{mm} \times \frac{s}{mm}$	螺　孔		铆　孔			
/mm			ϕ_1/mm	孔数/个	ϕ_2/mm	孔数/个		
1600	800	∟40×4	9.5	34	5.5	38	M8×25	ϕ5×10
	1000			36		40		
	1250			38		44		
2000	800			38		44		
	1000			40		46		
	1250			42		50		

（1）法兰材料的选用　风管法兰用角钢或扁钢加工制成。表 5-11 所列为金属风管配用法兰及螺栓的规格。

表 5-11　金属风管法兰及螺栓规格

风管法兰种类	圆管直径 *D* 或矩形长边 *b*/mm	法兰用料规格尺寸 $\frac{b}{mm} \times \frac{s}{mm}$		螺栓规格
		扁钢	角钢	
圆形风管法兰	$D(b) \le 140$	—20×4		M6
	$140 < D(b) \le 280$	—25×4		
	$280 < D(b) \le 630$	—	∟25×3	
	$630 < D(b) \le 1250$	—	∟30×4	
	$1250 < D(b) \le 2000$	—40×4		M8
矩形风管法兰	$D(b) \le 630$	—	∟25×3	M6
	$630 < D(b) \le 1500$	—	∟30×4	
	$1500 < D(b) \le 2500$	—	∟40×4	M8
	$2500 < D(b) \le 4000$	—	∟50×5	M10

（2）法兰的加工　圆形法兰，如图 5-30 所示，可用手工或机械弯制。由于法兰弯制时外圆弧受拉，内圆弧受压，改变了原来材料长度，在加热弯制时，还存在材料的受热伸长问题，均应在下料时予以考虑。圆形法兰的下料长度的计算式为

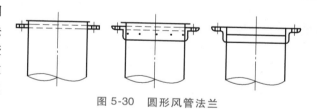

图 5-30　圆形风管法兰

$$L = \pi(D + b/2)$$

式中　*D*——法兰内径（mm）；

　　　b——扁钢或角钢的宽度（mm）。

当用手工冷弯圆法兰时，按上式的计算长度 *L* 下料切断后，在弧形槽钢模上用锤敲打起弯，直到圆弧均匀成形，最后焊接、平整、钻孔制成。当用手工煨热法兰时，先将角钢或扁铁加热至可塑状态，在圆形胎具上弯曲成形，对准起点和搭接处画线切割，经焊接、平整、钻孔制成。一般情况下，在法兰标准胎具上加工法兰可不需计算切断下料，只要用长料在胎具上连续弯制、切断、再弯制圆形法兰即可，如图 5-31 所示。还可使用法兰弯制机械弯制圆形法兰。

矩形法兰如图 5-32 所示，它由四根角钢组成。总下料长度 $L = 2(A + B + 2b)$。*A*、*B* 分别为矩形风管法兰的内边长，它们应大于风管外边长 2~3mm，*b* 为角钢宽度。

矩形风管加工时，先把角钢调直，用小钢角尺下料，下料尺寸要准确，然后切断组装点焊，经平整后复测对角线尺寸，规方后焊接各接口缝，最后钻孔制成。

所有圆形和矩形法兰均应配对钻孔，即将两支相互连接的法兰点焊在一起，一并画线钻孔。钻孔直径应大于螺栓直径1.5mm。只有在按风管或配件（附件）编号配用法兰时，方可打掉法兰定位焊处，将法兰按编号组装到风管或配件上。

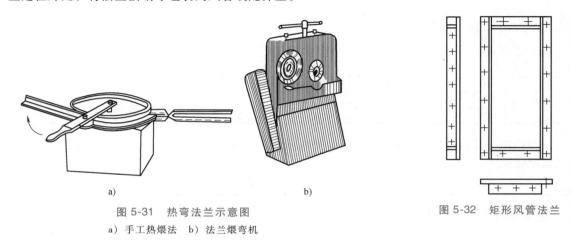

图 5-31　热弯法兰示意图
a）手工热煨法　b）法兰煨弯机

图 5-32　矩形风管法兰

6. 风管的加固

风管加固的目的是保持风管截面形状不发生变化，减少由于管壁振动而产生的噪声。以下风管均应进行加固：直咬缝圆形风管直径大于等于800mm，且长度大于1250mm或总面积超过4m²；螺旋风管用于高压的风管直径大于2000mm；矩形风管长边大于630mm（保温风管长边大于800mm）且长度大于1250mm；低压风道单边平面面积超过1.2m²，中、高压风管大于1.0m²。加固的方法有钢板轧制加强筋、外加固框和管内支撑，也可利用风管法兰（小于风道连接允许间距值）进行加固。

（1）圆形直风管的加工与加固　圆形直风管是在下料后经咬口加工、卷圆、咬口打实、正圆等操作过程加工而成的。其制作长度应按系统加工安装草图并考虑运输及安装方便、板材的标准规格、节省材料等因素综合确定。一般不宜超过4m，即两张板长的拼接长度。圆形风管由于本身强度较高，加之直风管两端的连接法兰有加固作用，因此一般不再考虑风管自身的加固。对于较薄钢板也有通过风管轧制加强筋的加固方法。

（2）矩形风管的加工与加固　矩形直风管在下料后即可进行加工制作。当风管周边总长小于板材标准宽度，即用整张钢板宽度折边成形时，可只设一个角咬口，当板材宽度小于风管周长，大于周长1/2时，可设两个角咬口；当风管周长很大时，可在风管四个角分别设咬口，如图5-33所示。

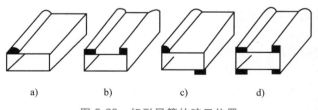

图 5-33　矩形风管的咬口位置

风管的折边可用手动扳边机扳成直角，再将咬口咬合打实后即成矩形风管。矩形风管可依工程要求，采用转角咬口、联合角咬口或按扣式咬口等不同咬口形式。制作好的风管应无扭曲、翘角现象。

矩形风管与圆形风管相比，自身强度低，因此当大边长度大于或等于630mm，管段长度在1.2m以上时，为减少风管在运输和安装中的变形，制作时必须同时加固。

矩形风管的加固方法应根据大边尺寸确定。常用的加固方法有如下三种：

1）将钢板面加工成凸棱。大面上凸棱呈对角线交叉，不保温风道凸向风管外侧，保温风管凸向内侧。这种方法不需要加固用钢材，但只适用于矩形边长不大的风管。凸棱加固在空气净化系统中不能用。

2）在风管内壁纵向设置加固肋条。将镀锌薄钢板条压成三角棱形铆在风管内，也可省钢材，但洁净系统不能使用。

3）采用角钢做加固框，这是使用较普遍的加固方法。矩形风管边长在 1000mm 以内的用∟25×4，边长大于 1000mm 的用∟30×4 做加固框，铆接在风管外侧，如图 5-34a 所示。边长在 1500～2000mm 时，还应在风管外侧对角线铆接∟30×4 的角钢加固条，如图 5-34b 所示。框与框或框与法兰之间的距离为 1200～1400mm，铆钉直径为 4～5mm，铆钉间距为 150～200mm。

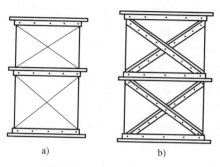

图 5-34　矩形风管的加固
a）边长 1000mm 以内时
b）边长 1500～2000mm 时

5.1.4　非金属风管及配件的加工制作

非金属风管分为无机玻璃钢风管、有机玻璃钢风管、硬聚氯乙烯风管、聚丙烯（PP）风管、复合风管等。其中，硬聚氯乙烯、聚丙烯风管板材厚度见表 5-12，玻璃钢风管的板材厚度见表 5-13。

表 5-12　硬聚氯乙烯、聚丙烯风管的板材厚度　　　　　　　（单位：mm）

圆形风管			矩形风管		
风管直径 D	板材厚度		风管长边 b	板材厚度	
	微压、低压	中压		微压、低压	中压
$D \leqslant 320$	≥3.0	≥4.0	$b \leqslant 320$	≥3.0	≥4.0
$320 < D \leqslant 800$	≥4.0	≥6.0	$320 < b \leqslant 500$	≥4.0	≥5.0
$800 < D \leqslant 1250$	≥5.0	≥8.0	$500 < b \leqslant 800$	≥5.0	≥6.0
$1250 < D \leqslant 2000$	≥6.0	≥10.0	$800 < b \leqslant 1250$	≥6.0	≥8.0
$D > 2000$	按照设计要求		$1250 < b \leqslant 2000$	≥8.0	≥10.0
			$b > 2000$	按照设计要求	

表 5-13　玻璃钢风管的板材厚度　　　　　　　　　（单位：mm）

有机玻璃钢		无机玻璃钢	
圆形管直径 D 或矩形管大边长 b	壁厚	圆形管直径 D 或矩形管大边长 b	壁厚
$D(b) < 200$	≥2.5	$D(b) \leqslant 300$	2.5～3.5
$200 < D(b) \leqslant 400$	≥3.2	$300 < D(b) \leqslant 500$	3.5～4.5
$400 < D(b) \leqslant 630$	≥4.0	$500 < D(b) \leqslant 1000$	4.5～5.5
$630 < D(b) \leqslant 1000$	≥4.8	$1000 < D(b) \leqslant 1500$	5.5～6.5
$1000 < D(b) \leqslant 2000$	≥5.2	$1500 < D(b) \leqslant 2000$	6.5～7.5
		$D(b) > 2000$	7.5～8.5

注：表格数据适用于微压、低压、中压系统。

1. 硬聚氯乙烯塑料风管及配件的加工制作

硬聚氯乙烯风管的加工过程：画线→剪切→打坡口→加热→成形（折方或卷圆）→焊接→装配法兰。

（1）板材画线　硬塑料风管的画线，展开放样方法同薄钢板风管及配件。但在画线时，不能用金属划针画线，而应用红蓝铅笔，以免损伤板面。又由于该板材在加热后再冷却时，会出现收缩现象，故画线下料时要适当地放出余量。

（2）板材切割 板材的剪切可用剪板机（剪床），也可用圆盘锯或手工钢丝带锯。剪切应在气温15℃以上的环境中进行。当冬季气温较低或板材厚度在5mm以上时，应把板材加热至30℃左右再进行剪切，以免发生脆裂现象。

（3）板材打坡口 板材打坡口是为了提高焊缝强度。坡口的角度和尺寸应均匀一致，可用锉刀、木工刨或砂轮机、坡口机进行加工。

（4）风管及配件加热成形 板材的加热可用电加热、蒸汽加热和热风加热等方法。一般工地常用电热箱来加热大面积塑料板材。硬塑料板的焊接用热空气焊接。

硬塑料圆形风管是在展开下料后，将板材加热至100~150℃达到柔软状态时，在胎模上卷制成形，如图5-35所示，最后将纵向结合缝焊接制成的。板材在加热卷制前，其纵向结合缝处必须将焊接坡口加工完好。

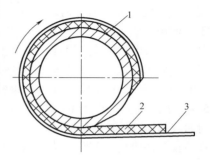

图5-35 塑料板卷管示意图
1—模具 2—塑料板 3—钢带

硬塑料矩形风管是用计算下料的大块板料四角折方，最后将纵向结合缝焊接制成的。风管折方应加热，加热可用热空气喷枪烤热。板厚在5mm以上时，可用管式电加热器，通过自动控制温度加热。该法是把管式电加热器夹在板面的折方线上，形成窄长的加热区，因而其他部位不受热影响，板料变形很小，这样加热后折角的风管表面色泽光亮，弯角圆滑，管壁平直，制作效率也高。矩形风管在展开放样画线时，应注意不使其纵向结合缝落在矩形风管的四角处，因为四个矩形角处要折方。

圆形、矩形风管在延长连接组合时，其纵向接缝应错开，如图5-36所示。风管的延长连接用热空气焊接。焊接前，连接的风管端部应做好坡口，以加强对接焊缝的强度。焊接的加热温度为210~250℃，选用塑料焊条的材质应与板材材质相同，直径见表5-14。

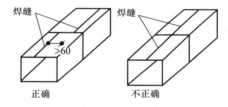

图5-36 矩形风管纵向接缝位置

表5-14 塑料焊条选用直径

板材厚度/mm	焊条直径/mm
2~6	2
5.5~15	3
16以上	3.5

当圆形风管直径或矩形风管大边长度大于630mm时，应对硬塑料风管进行加固。加固的方法是利用风管延长连接的法兰加固，以及用扁钢加固圈加固，如图5-37所示。塑料风管加固圈规格及间距见表5-15。

表5-15 塑料风管加固圈规格及间距

圆 形			矩 形		
风管直径	扁钢加固圈		大边尺寸	扁钢加固圈	
	宽×厚（$a×b$）	间距 L		宽×厚（$a×b$）	间距 L
560~630	−40×8	800	500	−35×8	600
700~800	−40×8	800	650~800	−40×8	800
900~1000	−45×10	800	1000	−45×8	400

（续）

圆　　形			矩　　形		
风管直径	扁钢加固圈		大边尺寸	扁钢加固圈	
	宽×厚（$a×b$）	间距 L		宽×厚（$a×b$）	间距 L
1120～1400	−45×10	800	1260	−45×10	400
1600	−50×12	400	1600	−50×12	400
1800～2000	−60×12	400	2000	−60×15	400

2. 玻璃钢风管及配件的加工制作

在通风和空调工程中，传统的风管材料是薄钢板（镀锌的或非镀锌的），但因钢板易锈蚀，在潮湿地区尤为严重，使用年限受到很大限制，又有易产生共振、噪声较大等缺陷。20 世纪 80 年代开始应用有机玻璃钢制作风管。有机玻璃钢解决了钢板风管的锈蚀问题，但未能解决阻燃问题，已发生过的多起火灾都是因为有机玻璃钢风管燃烧造成的火势蔓延，因此，一些大中城市的消防管理部门已明令禁止使用有机玻璃钢制作风管，而且有机玻璃钢风管价格也偏高。

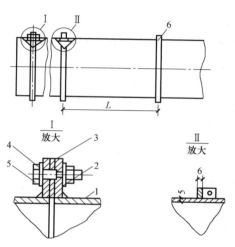

图 5-37　塑料风管的加固
1—风管　2—法兰　3—垫料　4—垫圈
5—螺栓　6—加固圈

近年来，在不少地区已开始采用无机玻璃钢制作通风管道和部件。无机玻璃钢具有不易被腐蚀、不易燃烧，有一定的吸声性、价格较低等优点，是一种有前途的风管材料。

（1）无机玻璃钢风管的制作　无机玻璃钢风管的制作是在专用的整体胎模上，铺以塑料薄膜作为内衬，滚涂或压抹菱镁材料，贴铺玻璃丝布，重复多次，直至达到要求的玻璃丝布层数和总厚度。操作中玻璃丝布应相互搭接，法兰处应另有加层。最后加铺厚的塑料薄膜，再经滚压，揭开薄膜即为成形。然后自然风干，当固化度达到 60% 后脱胎膜，再揭内衬薄膜。待固化程度达到 90% 后可以从加工点运往工地。成形的无机玻璃钢风管或部件是与法兰连接成整体的，无须另配法兰盘，安装时要在玻璃钢法兰上加工螺栓孔。

（2）无机玻璃钢风管的质量要求　包括制作质量要求和安装质量要求。

1）制作质量要求。若设计无规定，应符合以下要求：

① 无机玻璃钢风管及其部件的规格、尺寸必须符合设计要求。

② 玻璃丝布应保持干燥清洁，不含蜡；玻璃丝布的铺置接缝应错开，无重叠现象。

③ 无机玻璃钢风管的壁厚应满足表 5-17 的要求。

④ 玻璃钢风管及配件的内表面应平整光滑，外表面应整齐美观，厚度均匀，边缘无毛刺，不得有气泡、分层、外露玻璃丝布的现象，固化度应达到 90% 以上；风管每平方米上的表面缺陷应符合表 5-16 的规定。

表 5-16　风管表面缺陷的允许值

项　　目	内　　容	允　许　值
表面缺陷	外露玻璃丝布	无
	严重飞边毛刺	无
裂纹	表面裂纹长度/mm	≤20
	表面裂纹深度/mm	≤1
	允许裂纹个数/个	≤2

（续）

项　目	内　容	允　许　值
气泡	表面上气泡长度/mm	≤5
	表面上气泡坑的深度/mm	≤1
	表面上气泡个数/个	≤5

⑤ 无机玻璃钢风管的法兰平面应与风管轴线呈 90°。

⑥ 无机玻璃钢风管的制作尺寸偏差见表 5-17。

表 5-17　无机玻璃钢风管的制作尺寸允许偏差

项　目			允许偏差/mm
壁厚	矩形长边或圆形直径/mm	≤1000	+1.0 −0.5
		>1000	+1.5 −0.5
边长或直径	矩形长边或圆形直径/mm	≤400	±2.0
		400～700	±2.5
		800～1120	±3.0
		1250～2000	±3.5
圆形风管的横截面圆度			≤3
矩形风管截面两对角线长度差			≤3
矩形风管每米长的弯曲度			≤2
法兰对风管轴线垂直度（每米）			≤2
法兰平面的平面度			≤2

2）安装质量要求。若设计无规定应符合以下要求：

① 安装必须牢固，位置、标高和走向应符合设计要求，部件方向正确、操作方便。防火阀的检查孔位置必须设在便于操作的部位。

② 支架、吊架、托架的形式、规格、位置、间距及固定必须符合设计要求；一般每节风管应有一个及一个以上的支架。

③ 风管法兰的连接应平行、严密，螺栓紧固，螺栓露出长度一致，同一管段的法兰螺母应在同一侧。法兰间的填料（密封胶条或石棉绳）均不应外露在法兰以外。

④ 玻璃钢风管法兰与相连的部件法兰连接时，法兰高度应一致，法兰两侧必须加镀锌垫圈。

⑤ 风管安装平行度的公差为 3/1000，全长上的公差为 20mm；垂直风管安装的垂直度公差为 2/1000，全高上的公差为 20mm。

5.2　通风空调管道的安装

风管穿过防火、防爆墙体或楼板时，必须设置厚度不小于 1.6mm 的钢制套管，并采用不燃柔性材料封堵。风管内严禁其他管线穿越。输送或经过易燃易爆气体环境的风管要防静电并不得设接口。拉索等金属件严禁与避雷网相连。

5.2.1　风管系统的安装

1. 管道安装的施工条件

通风空调管道安装应具备下列条件：

1）一般送、排风系统和空调系统的管道安装，宜在建筑物的围护结构、屋面做完，安装部位的障碍物清理干净的条件下进行。

2）空气洁净系统的管道安装，需在建筑物内部有关部位的地面干净、墙面已抹灰、室内无大面积扬尘的条件下进行。

3）一般除尘系统风管的安装，需在厂房内与风管有关的工艺设备安装完毕，设备的接管或吸、排尘罩位置已定的条件下进行。

4）通风及空调系统管路组成的各种风管、部件、配件均已加工完毕，并经质量检查合格。

5）与土建施工密切配合。应预留的安装孔洞、预埋的支架构件均已完好，并经检查符合设计要求。

6）施工准备工作已做好，如施工工具、吊装机械设备、必要的脚手架或升降安装平台已齐备，施工用料已能满足要求。

2. 风管支架、吊架的形式及安装

风管常沿墙、柱、楼板或屋架敷设，安装固定于支架、吊架上。因此，支架的安装成为风管安装的先头工序，且其安装质量将直接影响风管安装的进程及安装质量。

（1）风管支架在墙上的安装　沿墙安装的风管常用托架固定，其形式如图 5-38 所示。风管托架横梁一般用角钢制作，当风管直径大于 1000mm 时，托架横梁应用槽钢。支架上固定风管的抱箍用扁钢制成，钻孔后用螺栓和风管托架结为一体。

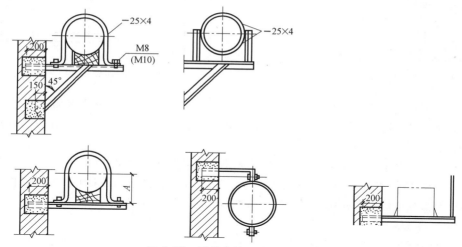

图 5-38　风管在墙上安装的托架

托架安装时，圆形风管以管中心标高，矩形风管以底标高为准，按设计标高定出托架横梁面到地面的安装距离。横梁埋入墙内应不少于 200mm，栽埋要平整、牢固。斜撑角钢与横梁的焊接应使焊缝饱满连接牢固。

风管安装的支架、吊架间距为：对水平安装的风管，直径或大边长小于 400mm 时支（吊）架间距不超过 4m，大于或等于 400mm 时支（吊）架间距不超过 3m；对垂直安装的风管，支（吊）架间距不应超过 4m，且每根立管的固定件不应少于 2 个。保温风管的支架间距由设计确定，一般为 2.5～3m。

（2）风管支架在柱上安装　如图 5-39 所示，风管托架横梁可用预埋钢板或预埋螺栓的方法固定，或用圆钢、角钢等型钢做抱柱式安装，均可使风管安装牢固。

（3）风管吊架　当风管的安装位置距墙、柱较远，不能采用托架安装时，常用吊架安装。圆形风管的吊架由吊杆和抱箍组成，矩形风管吊架由吊杆和托梁组成，如图 5-40 所示。

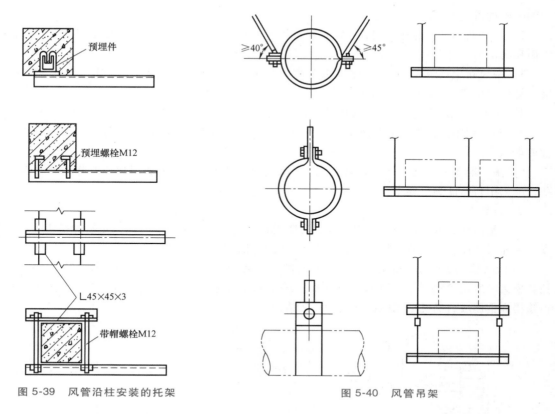

图 5-39　风管沿柱安装的托架

图 5-40　风管吊架

　　吊杆由圆钢制成，端部应加工有 50~60mm 长的螺纹，以便于调整吊架标高。抱箍由扁钢制成，加工成两个半圆形，用螺栓卡接风管。托梁用角钢制成，两端钻孔位置应在矩形风管边缘外 40~50mm，穿入吊杆后以螺栓固定。

　　圆形风管在用单吊杆的同时，为防止风管晃动，应每隔两个单吊杆设一个双吊杆，双吊杆的吊装角度宜采用 45°。矩形风管采用双吊杆安装，两矩形风管并行时，采用多吊杆安装。吊杆上部可用螺栓抱箍或电焊固定在风管上部的建筑物结构上，如图 5-41 所示。

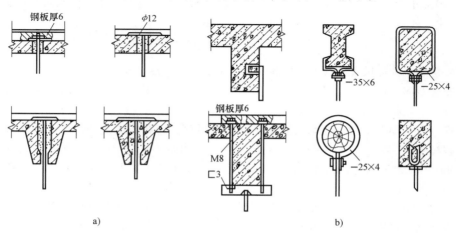

图 5-41　吊架吊杆的固定

a）楼板及屋面上　　b）梁上及屋架上

（4）垂直风管的固定　垂直风管不受荷载，可利用风管法兰连接吊杆固定，或用扁钢制作的两半圆管卡栽埋于墙上固定，如图 5-42 所示。

（5）风管支架的安装要求　风管支架安装除满足设计要求外，还应符合下列要求：

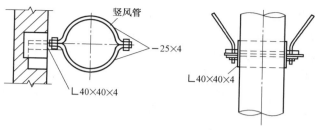

图 5-42　垂直风管的固定

1）支架不得设在风口、风阀及检查门处。吊架不得直接吊在风管连接法兰处。

2）托架上的圆风管与横梁结合处应垫圆弧木托座，其夹角不宜小于 60°。

3）矩形保温风管的支架应设在保温层外部，并不应损伤保温层。

4）铝板风道的钢支架应做镀锌处理。不锈钢风管的钢支架应按设计要求喷刷涂料，并在支架与风管之间垫以非金属垫块。

5）塑料风管与支架的接触部位应垫 3～5mm 厚的塑料板。

6）圆风管直径改变时，托架横梁栽埋应注意随管径的改变而调整安装标高。

3. 风管的吊装

为加快施工速度，保证安装质量，风管的安装多采用现场地面组装，再分段吊装的施工方法。地面组装按加工安装草图及加工件的出厂编号，按已确定的组合连接方式进行。

地面组装管段的长度一般为 10～12m。组装后应进行量测检验，方法是以组合管段两端法兰作基准拉线检测组合的平直度，要求在 10m 长度内，测线与法兰的量测差距不大于 7mm，两法兰之间的差距不大于 4mm。拉线检测应沿圆管周圈或矩形风管的不同边至少量测 2 处，取最大的测线不紧贴法兰的差距计算安装的直线度。如检测结果超过要求的允许数值，则应拆掉各组合接点重新组合，经调整法兰翻边或铆接点等措施，使最后组合结果达到质量要求。

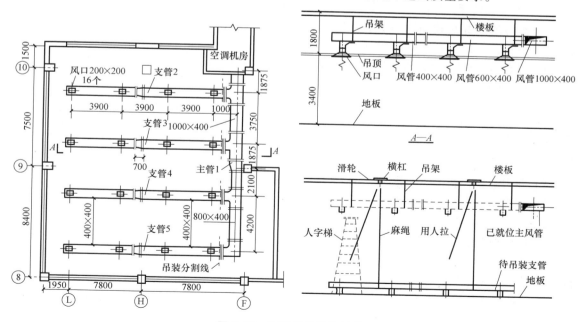

图 5-43　空调系统风管吊装

　　风管吊装前应再次检查各支架安装位置、标高是否正确、牢固。吊装可用滑轮、麻绳拉吊,滑轮一般挂在梁、柱的节点上,或挂在屋架上。起吊管段绑扎牢固后即可起吊。当吊至离地200~300mm时,应停止起吊,再次检查滑轮、绳索等的受力情况,确认安全后再继续吊升直至托架或吊架上。水平管段吊装就位后,用托架的衬垫、吊装的吊杆螺栓找平找正,并进行固定。水平主管安装并经位置、标高的检测符合要求并固定牢固后,方可进行分支管或立管的安装。图5-43所示是一个空调系统风管的吊装实例,首先起吊主风管,吊装就位后,分别将四条支风管起吊就位,并和主管风管进行连接,形成整体。

　　在距地面3m以上进行连接操作时,应检查梯子、高凳、脚手架、起落平台等的牢固性,并应系安全带,做好安全防护。组合连接时,对有拼接缝的风管应使接缝置于背面,以保持美观。每组装一定长度的管段,均应及时用拉(吊)线法检测组装的平直度,使整体安装横平竖直。

　　安装地沟内敷设的风管时,可在地面上组装更长一些的管段,用绳子溜送到沟内支架上。垂直风管可分段自下而上进行组装,每节组装长度要短些,以便于起吊。

　　4. 风管安装的技术要求

　　若设计无规定,风管安装的一般要求是:

　　1)风管的纵向闭合缝要求交错布置,且不得置于风管底部。有凝结水产生的风管底部横向缝宜用锡焊焊平。

　　2)风管与配件的可拆卸接口不得置于墙、楼板和屋面内。风管穿楼板时,要用石棉绳或厚纸包扎,以免风管受到腐蚀。风管穿越屋面时,屋面板应预留孔洞,风管安装后屋面孔洞应做防雨罩,安装示意如图5-44所示。防雨罩与屋面接合处应严密不漏水。

　　3)风管平行度公差不大于3/10000,8m以上的水平风管平行度公差不应大于20mm。垂直度公差不大于2/10000。10m以上的垂直风管,公差不应大于20mm。

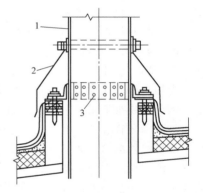

图5-44　风管穿过屋面的做法
1—金属风管　2—防雨罩　3—铆钉

　　4)地下风管穿越建筑物基础,若无钢套管时,在基础边缘附近的接口应用钢板或角钢加固。

　　5)输送潮湿空气的风管,当空气的相对湿度大于60%时,风管安装应有0.01~0.15的坡度,并坡向排水装置。

　　6)安装输送易燃易爆气体的风管时,整个风管应有良好的接地装置,并应保证风管各组成部分不会因摩擦而产生火花。

　　7)地下风管和地上风管连接时,地下风管露出地面的接口长度不得少于200mm,以利于安装操作。

　　8)用普通钢板制作的风管、配件和部件,在安装前均应按设计要求做好防腐涂料的喷涂。

　　9)保温风管宜在吊装前做好保温工作,吊装时应注意不使保温层受到损伤。

　　5. 风管的安装连接

　　在通风空调系统的风管、配件及部件已按加工安装草图的规划预制加工、风管支架已安装的情况下,根据风管的连接方法不同,风管的安装可分为法兰连接风管安装和无法兰连接风管安装两部分。

　　(1)法兰连接风管安装　常用的风管法兰连接方法有以下几种:

　　1)法兰连接。风管与风管、风管与配件及部件之间的组合连接采用法兰连接,安装及拆卸都比较方便,有利于加快安装速度及维护修理。风管或配件(部件)与法兰的装配可用翻边法、翻边铆接法和焊接法。

当风管与扁钢法兰装配时，可采用 6~9mm 的翻边，将法兰套在风管或配件上。翻边量不能太大，以免遮住螺栓孔。

当风管壁厚 $\delta \leqslant 1.2$mm 时，法兰与风管的装配可用直径为 4~5mm 的铆钉铆接，再用小锤将风管翻边，如图 5-28 所示。

当风管壁厚 $\delta > 1.2$mm 时，风管与角钢法兰的装配宜采用焊接。一种做法是风管翻边后法兰点焊，一种做法是将风管插入法兰 4~5mm 后进行满缝焊接。

法兰对接的接口处应加垫料，以使连接严密。输送一般空气的风管，可用浸过油的厚纸作衬垫。输送含尘空气的风管，可用 3~4mm 厚的橡胶板作衬垫。输送高温空气的风管，可用石棉绳或石棉板作衬垫。输送腐蚀性蒸汽和气体的风管，可用耐酸橡胶或软聚氯乙烯板作衬垫。衬垫不得突入管内，以免增大气流阻力或造成积尘阻塞。

风管组合连接时，先把两法兰对正，能穿入螺栓的螺孔先穿入螺栓并戴上螺母，用别棍插入穿不上螺栓的螺孔中，把两法兰的螺孔别正。当螺孔各螺栓均已穿入后，再对角线均匀用力将各螺栓拧紧。螺栓的穿入方向应一致，拧紧后法兰的垫料厚度应均匀一致且不超过 2mm。

2）矩形风管组合法兰连接。组合法兰是一种新颖的风管连接件，它适用于通风空调系统中矩形风管的组合连接。

组合法兰由法兰组件和连接扁角钢（法兰镶角）两部分组成。法兰组件用厚度 $\delta \geqslant 0.75$~1.2mm 的镀锌钢板，通过模具压制而成，其长度可根据风管的边长而定，见图 5-45 和表 5-18。连接扁角钢用厚度 $\delta = 2.8$~4.0mm 的钢板冲压制成，如图 5-46 所示。

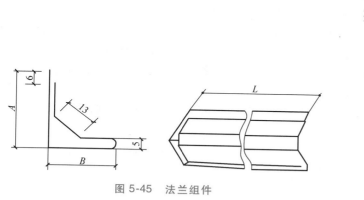

图 5-45　法兰组件　　　　　　　　　图 5-46　连接扁角钢

表 5-18　法兰组件长度　　　　　　　　　　　　（单位：mm）

风管边长	200	250	320	400	500	630	800	1000	1250	1600
组件长度 L	174	224	294	874	474	604	774	974	1224	1574

风管组合连接时，将四个扁角钢分别插入法兰组件的两端，组成一个方形法兰，再将风管从法兰组件的开口处插入，并用铆钉铆住，即可将两风管组装在一起，如图 5-47 所示。

安装时两风管之间的法兰对接，四角用 4 个 M12 螺栓紧固，法兰间垫一层闭孔海绵橡胶作垫料，厚度为 3~5mm，宽度为 20mm，如图 5-48 所示。

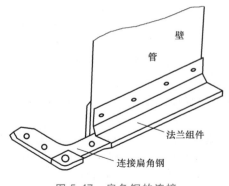

图 5-47　扁角钢的连接

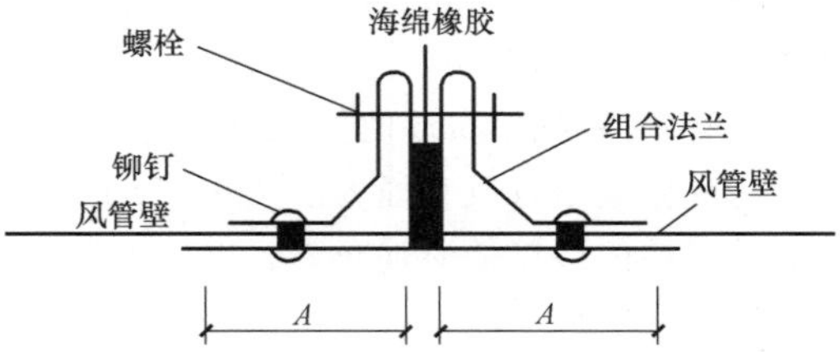

图 5-48　组合法兰的安装

与角钢法兰相比，组合法兰式样新颖，轻巧美观，节省型钢，安装简便，施工速度快。对沿墙或靠顶敷设的风管可不必多留安装空隙。组合法兰的制作规格见表 5-19。

表 5-19　法兰组件制作规格

风管周长/mm	800~1200	1800~2400
法兰组件 $\dfrac{A}{mm} \times \dfrac{B}{mm}$	30×24	36×30
风管周长/mm	3200~4000	6000
法兰组件 $\dfrac{A}{mm} \times \dfrac{B}{mm}$	42×36	46×40

（2）无法兰连接风管安装　风管无法兰连接的特点是：节省法兰连接用材料；减少安装工作量；加工工艺简单；管道重量轻，可适当增大支架间距以减少支架。

1）圆形风管的无法兰连接。圆形风管的无法兰连接是在国外发展起来的新技术，在国内也已采用，其主要特点是节省较多的法兰连接材料，主要用于一般送排风系统和螺旋缝圆风管的连接。

抱箍连接，如图 5-49 所示。抱箍连接前先将风管两端轧制出鼓筋，且使管端为大小口。对口时按气流方向把小口插入大口风管内，将两风管端部对接在一起，在外箍带内垫上密封材料（如油浸棉纱或废布条），拧紧紧固螺栓即可。

插入连接，如图 5-50 所示。插入连接是将带凸棱的连接短管嵌入两风管的结合部，当两端

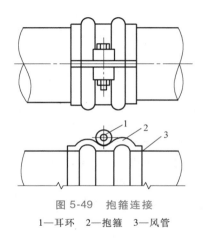

图 5-49　抱箍连接

1—耳环　2—抱箍　3—风管

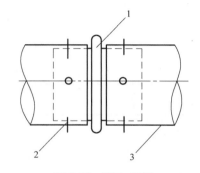

图 5-50　插入连接

1—连接短管　2—自攻螺栓或抽芯铆钉　3—风管

风管紧紧顶住短管凸棱后，在外部用抽芯铆钉或自攻螺钉固定。为保证风管的严密性，还可在凸棱两端风管插口处用密封胶带粘贴封闭。

2）矩形风管的插条连接。插条连接也称搭栓连接。根据矩形风管边长不同，把镀锌薄钢板加工成不同形状的插条，其形状和连接方法如图 5-51 所示。

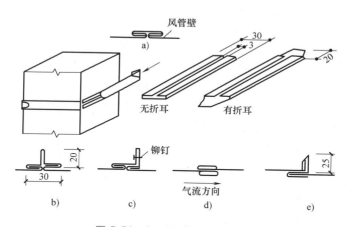

图 5-51　矩形风管的插条连接
a）平插条　b）立式插条　c）角式插条　d）平 s 形插条　e）立 s 形插条

图 5-51a 所示为平插条，分有折耳、无折耳两种形式。风管的端部也需折边 180°，然后将平插条插入风管两端的折边缝中，最后把折耳在风管角边复折。此插接形式适用于矩形风管长边小于 460mm 的风管。

图 5-51b 所示为立式插条。安装方法与平插条相同，适用于长边为 500～1000mm 的风管。

图 5-51c 所示为角式插条。在立边上用铆钉加固，适用于长边≥1000mm 的风管。

图 5-51d 所示为平 s 形插条。采用这种插条连接的风管端部不需折边，可直接将两段风管对插入插条的上下缝中，适用于长边≤760mm 的风管。

图 5-51e 所示为立 s 形插条。用这种插条连接时，一端风管需折边 90°，先将立 s 形插条安装上，另一端直接插入平缝中，可用于边长较大的风管。

采用插条连接时需注意下列事项：

1）插条宽窄应一致，应采用机具加工。

2）插条连接适用于风管内风速为 10m/s、风压为 500Pa 以内的低风速系统。

3）接缝处凡不严密的地方应用密封胶带粘贴，以防止漏风。

4）插条连接最好用于不常拆卸的通风空调系统中。

5.2.2　常用部件的制作与安装

1. 柔性短管的制作与安装

柔性短管用于风机和风管的连接处，防止风机振动噪声通过风管传播扩散到空调房间。

柔性短管的材质应符合设计要求，一般用帆布或人造革制作。输送潮湿空气或安装于潮湿环境的柔性短管，应选用涂胶帆布；输送腐蚀性气体的柔性短管，应选用耐酸橡胶或 0.8～1mm 厚的软聚氯乙烯塑料。柔性短管长度一般为 150～250mm，应留有 20～25mm 搭接量，用 1mm 厚条形镀锌钢板（或涂漆普通薄钢板）连同帆布短管铆接在角钢法兰上，连接缝应牢固严密，帆布外边不得涂刷油漆，防止帆布短管失去弹性和伸缩性，起不到减振作用。当柔性短管需要防潮时，应涂刷专用帆布漆（如 Y02-11 帆布漆）。空气洁净系统的柔性短管，应选用里面光滑不积尘，不透气材料，如软橡胶板、人造革、涂胶帆布等，连接应严密不漏气。

柔性短管的安装应松紧适当，不得扭曲。安装在风机一侧的柔性短管可装得绷紧一点，防止风机起动时被吸入而减小断面尺寸。不能用柔性短管当成找平找正的连接管或异径管。柔性短管外部不宜做保温层，以免减弱柔性。

当系统风管穿越建筑物沉降缝时，也应设置柔性短管，其长度视沉降缝宽度适当加长。

2. 防火阀的制作与安装

随着高层建筑的发展，在高层建筑内的空调系统中，防火阀的设置越来越显得重要。当发生火灾时，它可切断气流，防止火灾蔓延。阀门的开启和关闭应有指示信号，且阀门关闭后还可打开与风机联锁的接点，使风机停止运转。因此，防火阀是空调系统重要的安全装置。

通常防火阀的关闭方式是采用温感易熔片，其熔断温度为 72℃，当火灾发生时，气温升高达到熔断点，易熔片熔化断开，阀板自行关闭，将系统气流切断，如图 5-52 所示。

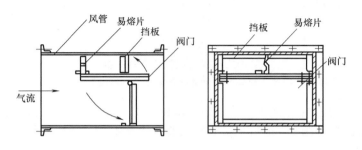

图 5-52　防火阀

防火阀制作时，外壳钢板厚度不应小于 2mm，防止在火灾状态下外壳变形影响阀板关闭。阀门轴承等可动部分必须用黄铜、青铜、不锈钢及镀锌钢件等耐腐蚀材料制作，以免在火灾时因锈蚀影响阀件动作而失灵。防火阀的易熔片是关键部件，必须用正规产品制作，而不能用尼龙绳或胶片等代替。易熔片的检查应在水浴中进行，其熔点温度与设计要求的允许偏差为 −2℃。易熔片要安装在阀板的迎风侧。防火阀制作后应做漏风检验，以保证阀板关闭严密，能有效地隔绝气流。

防火阀有水平安装、垂直安装和左式、右式之分，安装时不得随意改变，以保证阀板的开启方向为逆气流方向，易熔片处于气源一侧。

风道穿越伸缩缝及防火分区时防火阀安装方法如图 5-53所示。

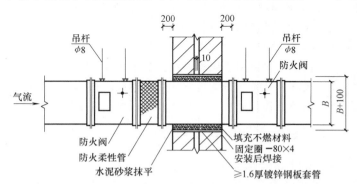

图 5-53　风道穿越伸缩缝及防火分区时防火阀安装方法

3. 斜插板阀安装

斜插板阀多用于除尘系统，安装时应考虑使其不积尘。如果安装方向不正确就容易积尘。其安装位置与气流方向的关系，如图 5-54 所示。

4. 风口的制作与安装

风口的形式较多，其中有一部分可按标准图集自行加工制作，另一部分已有定型产品，可按厂家样本选用。

风口一般明露于室内，直接影响室内布置上的美观。故用于高级民用建筑的风口，对风口的外形制作要求更为严格。除能满足技术要求外，风口的外形应平整美观，对圆形风口应做到圆弧

图 5-54　斜插板阀的安装

均匀，任意两正交直径的允许偏差不应大于 2mm；矩形风口应做到四角方正，两对角线长度之差不大于 3mm；风口的转动调节部分应灵活、叶片正直并且与边框不得有碰擦。制作时应对外框与叶片的尺寸严格量测，调节转动部件的加工应精细，油漆应在组装前完成并经干燥，防止油漆将转动部分粘住。

（1）插板（或算板）式风口　插板式风口常用于通风系统或要求不高的空调系统的送、回风口，是借助插板改变风口净面积。制作的插板应平整，边缘光滑，以使调节插板时平滑省力。算板式风口常用于回风口，是通过调节螺栓调节孔口的净面积。活动算板式风口应注意孔口间距，制作时应严格控制孔口位置，其偏差在 1mm 以内，并控制累计误差，使上下两板孔口间距一致，防止出现叠孔现象，影响风口的回风量。

（2）百叶片式风口　百叶风口是空调系统常用的风口，有联动百叶风口和手动百叶风口。新型百叶风口内装有对开式调节阀，以调节风口风量。单层百叶风口用于一般送风口，双层百叶风口用于调节风口垂直方向气流角度，三层百叶风口用于调节风口垂直和水平方向的气流角度。

为满足系统试验调整工作的需要，百叶风口的叶片必须平整、无毛刺，间距均匀一致。风口在关闭位置时，各叶片贴合无明显缝隙，开启时不得碰撞外框，并应保证开启角度。手动百叶风口的叶片直接用铆钉固定在外框上，制作时不能铆接过紧或过松，否则将有调整叶片角度时扳不动或气流吹过时颤动等现象。

百叶风口可在风管上、风管末端或墙上安装，与风管的连接应牢固。

（3）散流器　散流器常用于空调或空气洁净系统。有直片型和流线型散流器两类送风口。

直片型散流器有圆形和方形两种。制作时，圆形散流器应使调节环和扩散圈同轴，每层扩散圈的周边间距一致，圆弧均匀。方形散流器的边线应平直，四角方正。

流线型散流器的叶片竖向距离，可根据要求的气流流型进行调整，其叶片形状为曲线形，和百叶风口的叶片一样，手工制作不易达到要求，一般多采用模具冲压成形。目前，有的工厂已批量生产新型散流器，其特点是散流片整体安装在圆筒中，并可整体拆卸，散流片的上面还装有整流片和风量调节阀。

（4）孔板式风口　孔板的孔径一般为 6mm，加工孔板式风口时，为使孔口对称和美观并保证所需要的风量和气流流型，孔径与孔距应按设计要求进行加工，孔的毛刺应锉平，对有折角的孔板式风口，其明露部分的焊缝应磨平、打光。

（5）风口的安装　各类风口的安装应横平竖直，表面平整。在无特殊要求情况下，露于室内部分应与室内线条平行，各种散流器的风口面应与顶棚平齐。有调节和转动装置的风口，安装后应保持制作后的灵活程度。为使风口在室内保持整齐，室内安装的同类型风口应对称布置，同一方向的风口，其调节装置应处于同一侧。

散流器与风管连接时，应使风管法兰处于不铆接状态，散流器按正确位置安装后，再确定出风管法兰的安装位置，最后按划定的风管法兰安装位置，将法兰与风管铆接牢固。

5. 排气罩的制作与安装

排气罩（吸尘罩）是局部排风装置，用于聚集和排除粉尘及有害气体。根据工艺设备情况，排气罩可制作成各种形式，并安装成上吸式、下吸式、侧吸（单、双侧吸）、回转升降式等吸气罩形式。

制作吸气罩（吸尘罩）应符合设计要求或国标图规定，部件各部位尺寸应准确，连接处应牢固，外壳不应有尖锐的边角。对有回转升降机构的排气罩，所有活动部件应动作灵活，操作省力方便。安装时，位置应正确，固定牢固可靠，支架不能设置在影响工艺操作的部位。

6. 风帽的制作与安装

风帽装于排风系统的末端，利用风压或热压作用，加强排风能力，是自然排风的重要装置之一。

排风系统常用风帽有伞形风帽、锥形风帽和筒形风帽。伞形风帽用于一般机械排风系统，锥形风帽用于除尘和非腐蚀性有毒系统，筒形风帽用于自然通风系统。

风帽安装于室外屋面上或排风系统的末端排风口处。各类风帽应按国标规格和定型尺寸加工制作，制作尺寸应准确，形状规则，部件牢固。安装于屋面上的筒形风帽应注意做好屋面防水，使风帽底部和屋面结合严密。如在底座下设有滴水盘，其排水管应接到指定位置或有排水装置的地方。

7. 排烟阀与排烟口的安装

机械排烟系统应设置排烟阀或排烟口，平时不使用的排烟阀或排烟口应为常闭，并设有手动或自动开启装置，或与消防系统联动，多数排烟阀或排烟口有远控装置，一般为80℃打开，280℃关闭，其外形与防火阀相似。排烟阀可与防火阀、调节阀组合，成为集防火阀、调节阀和排烟阀为一体的组合型阀门。可实现70℃关闭，火灾时开启，280℃再关闭的功能。排烟风口及远控装置的安装如图5-55所示。

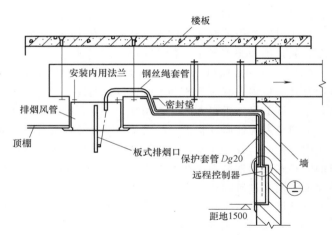

图 5-55　排烟风口及远控装置的安装

风管系统安装完成后，应以主干管为主进行严密性检验。

5.3　净化空调系统安装的特殊要求

净化空调属工艺性空调，为了避免被外界污染，材料和设备的选择、加工工艺、加工安装环境、设备部件储存环境，均有特殊的要求。其施工及质量验收规范除执行《通风与空调工程施工质量验收规范》（GB 50243）外，还要遵守执行《洁净室施工及验收规范》（GB 50591）、《洁净厂房施工及质量验收规范》（GB 51110）等规范、规程的相关条款。

5.3.1　施工现场的环境要求

净化空调系统风管及其部件的安装，应在该区域的建筑地面工程施工完成后，且室内具有防尘措施的条件下进行。洁净空调系统制作、安装质量的好坏，速度的快慢同施工、制作现场的环境有很大关系。施工、制作现场必须保持清洁，远离尘源或位于上风一侧。

风管、配件和部件制作完毕，应将其两端和所有开口处封闭，一般采用塑料薄膜包口，并用胶带进行扎封，防止灰尘进入管内。

　　洁净系统安装应在门窗及地坪全部完成及风管支吊架预埋好后进行，以使风管不受污染。制作风管的房间应在地坪上铺上橡胶垫，这样既可以保护风管不受损伤，还有利于环境清洁。风管成形前必须先对板材进行清洗，去除板面上的油污。风管成形并擦拭干净后再用吸尘器吸去浮尘，然后将风管的开口处用塑料薄膜包封好。

　　此外，风管制作安装的人员本身也要保持清洁，操作时要穿带清洁的工作服、手套和工作鞋等。

5.3.2　风管及配件的制作要求

　　净化空调的风管材质应按照设计要求选用，设计无要求时，宜采用镀锌钢板，且镀锌层厚度不应小于 $100g/m^2$。当要求采用非金属风道时，应采用不燃和难燃材料，且表面要光滑、不产尘、不霉变。

1. 选用严密性较好的咬口缝

　　矩形风管制作上广泛使用按扣式咬口，但按扣式咬口漏风量较大，在咬口缝处应涂抹密封胶。洁净风管按扣式咬口缝可加入不产生灰尘的细密封带填料再涂抹密封胶。按扣式咬口主要优点就是加工方便，有利于机械化、工厂化施工和加快施工进度。

2. 其他接口的密封措施

　　洁净系统中凡是有可能漏风的部位，如风管的各法兰接口、螺栓孔、铆钉孔等处都应采取密封措施，如采用硅胶、树脂腻子或锡钎焊等，也可以涂抹密封胶。

3. 法兰垫料

　　应选用不产尘、弹性好和具有一定强度的垫料，如橡胶板、闭孔海绵橡胶板，并严禁采用易产尘和漏风量大的厚纸板、石棉板、石棉绳、铅油、麻丝及油毡等材料作法兰垫料。

4. 洁净系统

　　洁净系统风管、配件及部件上所配法兰的螺栓孔和铆钉孔距，应比一般风管法兰的螺栓孔、铆钉孔间距小，其螺栓孔间距不应大于 120mm，铆钉孔间距不应大于 100mm。

5. 避免集尘的其他措施

　　为了保证洁净系统的清洁度，还应注意以下要求：

1）制作风管时应尽量减少拼接缝。

2）风管的加固筋不得设置在风管内，应设在风管外。

3）风管系统所用的铆钉都应为镀锌铆钉。

4）风阀及风口上用的活动件、固定件及拉杆等，凡与净化空气接触的都要做防腐处理。

5.3.3　高效过滤器的安装

　　高效过滤器是洁净空调系统的重要设备，高效过滤器在出厂前都经过严格的检验。系统未安装前不得开箱。安装前，必须对洁净室进行全面清扫、擦净，净化空调系统内部如有积尘，应再次清扫。也可运行一段时间后再行安装。在技术夹层或吊顶内安装高效过滤器，则技术夹层或吊顶内也应进行全面清扫、擦净。

　　高效过滤器在安装前应认真检查滤纸和框架有无损坏，损坏的应及时修补。滤料受损可以用过氯乙烯胶或 88 号胶涂抹。边框接合处如漏风，可用硅橡胶涂抹。

　　高效过滤器的安装步骤如图 5-56 所示。

　　高效过滤器密封垫的漏风是造成过滤总效率下降的主要原因之一。密封效果的好坏与密封

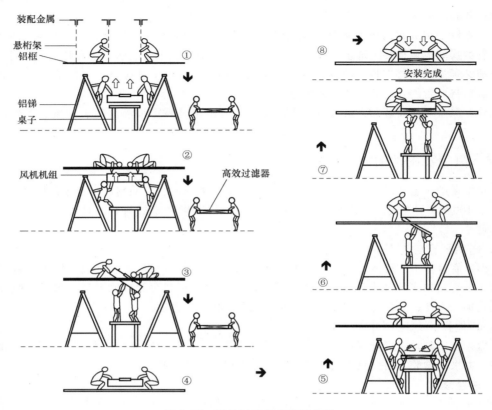

图 5-56　高效过滤器的安装步骤

垫材料的种类、表面状况、断面大小、拼接方式、安装质量、框架端面加工精度和表面粗糙度等都有密切关系。

密封垫的接头一般可采用榫接，如图 5-57 所示。

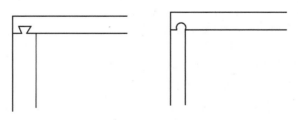

图 5-57　榫接示意图

安装过滤器时，应注意保证密封垫受压后，最小处仍有足够的厚度。

5.4　空调及通风设备的安装

空调和通风设备的安装，包括通风机、空调机组、空调末端设备和消声、除尘设备等的安装。

5.4.1　通风机的安装

通风机是通风与空调系统中的主要设备之一，它的安装质量直接影响系统的运行效果。常用的通风机按结构和工作原理可分为离心式、轴流式、贯流式和混流式等。根据用途的不同，又可分为一般通风机、高温通风机、防爆通风机、防腐通风机、防火排烟风机等。空气幕中通常使用贯流式通风机，风机盘管、空调机组常采用离心风机，大型风机多是离心式风机，管道风机多为轴流式和斜流式风机。

通风机的安装可分为整体式、组合式或零件解体式，其安装的基本技术要求为：风机的基础、消声防振装置应符合设计的要求，安装位置正确、平整，固定牢固，地脚螺栓应有防松动措施；风机轴转动灵活，叶轮旋转平稳，方向正确，停转后不应每次都停留在同一位置上；风机在搬运和吊装过程中应有妥善的安全措施，不得随意捆绑拖拽，防止损伤机件表面。通风机传动装置的外露部位以及直通大气的进、出风口，必须装设防护罩、网或采取其他安全防护措施。

1. 通风机安装前的准备工作

通风机在安装前，应进行开箱检查，并形成验收文字记录。箱内应有装箱单、设备说明书、产品出厂合格证和产品质量鉴定文件，如属进口设备还应具备商检证明；开箱检查时应根据设备装箱清单，核对叶轮、机壳和其他部件的主要尺寸以及进出风口的位置等是否与设计图相符，叶轮的旋转方向是否符合设备技术文件的规定，风机的外观是否破损等。

安装前，应对设备基础进行全面的检查和验收，检查其尺寸、标高、地脚螺栓孔位置等是否与设计要求相符。

2. 离心式通风机的安装

离心式通风机的安装基本顺序是：①通风机混凝土基础浇注或型钢支架的安装制作；②通风机的开箱检查；③机组的吊装、校正、找平；④地脚螺栓的二次浇灌或型钢支架的初紧固；⑤复测机组安装的中心偏差、平行度和联轴器的轴向偏差、径向偏差等是否满足要求；⑥最后，机组进行试运行。大型通风机的安装如图 5-58 所示。

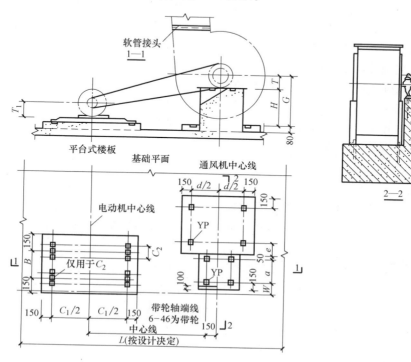

图 5-58　大型通风机的安装

安装时的注意事项：①在安装通风机之前，应再次核对通风机的型号、叶轮的旋转方向、传动方式、进出口位置等；②检查通风机的外壳和叶轮是否有锈蚀、凹陷和其他缺陷。有缺陷的通风机不能进行安装，外观有轻度损伤和锈蚀的通风机，进行修复后方能安装。

对于整体式小型通风机，应在底座上穿入地脚螺栓，并将风机连同底座一起吊装在基础上；调整底座的位置，使底座和基础的纵、横中心线相吻合；用水平尺检查通风机的底座放置是否水平。不水平时可用平垫片和斜垫片进行平行度的调整；对地脚螺栓可进行二次浇灌；约养护两周后，当二次浇灌的混凝土强度达到设计强度的75%时，再次复测通风机的平行度并进行调整，并用手扳动通风机轮轴，检查有无剐蹭现象。

对于分体式风机，应在通风机机座上穿入螺栓，并把通风机机座吊装到基础上；调整通风机的中心位置，使通风机和基础的纵、横中心线相吻合；将通风机叶轮安装在它的轴上；吊装电动机和轴承架到基础上并调整位置；用水平仪或水平尺检查风机安装的平行度，并视情况调整使之水平；当通风机与电动机采用带传动时，先将传动带的一端挂在通风机带轮的下部，一面用力将带压到带轮上，同时向上转动风机带轮；使带借势滚上风机带轮。安装传动带时应使电动机轴和风机轴的中心线平行，带的拉紧程度应适当，一般以用手敲打带中间，以稍有弹跳为准。轴瓦研刮前，应先将转子轴心线与机壳轴心线校正，同时调整叶轮与进气口间的间隙和主轴与机壳轴孔间的间隙，使其符合设备技术文件的规定。主轴和轴瓦安装时，应按设备技术文件的规定进行检查。

3. 轴流式通风机安装

轴流式通风机的安装一般有墙内安装和支架上安装两种形式。

（1）墙洞内安装　轴流通风机墙内、洞内安装时应配合土建施工预留的孔洞和提前预埋的挡板框和支架，安装前注意复核孔洞的位置、标高和尺寸是否满足安装的要求。通风机安装时应放置端正，在复核位置和标高符合设计要求后，用水泥砂浆填塞机壳和孔洞之间的缝隙，然后再安装出风弯管或金属百叶。通风机在墙洞内的安装如图5-59所示。

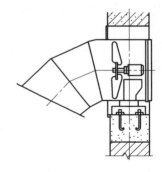

图5-59　轴流通风机在墙洞内安装

（2）墙、柱支架上安装　轴流式通风机安装在风管中间时，或就在墙（柱）体上安装通风机时，均应安装在支架上，安装方法和支架做法如图5-60所示。

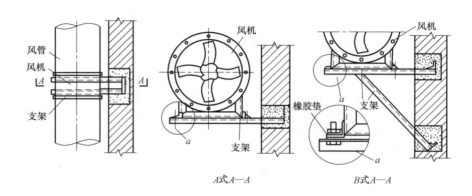

A式A—A　　　　　　　B式A—A

图5-60　轴流风机在墙（柱）上安装

5.4.2　空气处理设备的安装

1. 空调机组的安装

空调机组主要由空气过滤器、冷热换热器和送风机组成。常见的空调机组有新风空调机组、柜式空调机组、组合式空调机组等。按形状可分为卧式空调机组、立式空调机组和吊顶式空调机组。

（1）吊顶式空调机组的安装　吊顶式空调机组，不需单独占据机房。由于机组高度尺寸较小，风机也多为低噪声风机，吊装于楼板之下、吊顶之上，为了吊装方便，其底部两个框架的两根槽钢较长，槽钢上有 4 个吊装孔，其孔径大小根据机组质量和吊杆直径确定。机组的质量应由建筑结构承担。

吊顶式空调机组安装的程序和方法如下：应首先详细阅读产品样本与产品使用说明，掌握其结构、尺寸、质量与安装要点；在安装前确认吊装楼板或梁的混凝土强度等级是否合格，钢筋混凝土承重能力是否满足要求；当机组的风量、质量、振动较小时，吊杆顶部可采用膨胀螺栓与楼板连接，吊杆底部采用螺纹加装橡胶减振垫的方式与吊装孔连接；如果机组的风量、质量、振动较大，吊杆在钢筋混凝土内应加装钢板。吊装较大机组时，吊杆的做法如图 5-61 所示。

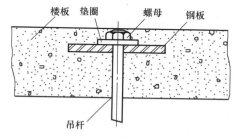

图 5-61　大机组吊杆顶部连接

为了保证吊挂空调机组的安全，应合理选择吊杆的大小。机组应采取适当的减振措施，安装时注意机组的进、出风方向和进、出水方向及过滤器的抽出方向是否正确。注意保护进、出水管和冷凝水管的连接螺纹，保证管路连接的严密性，没有漏水现象。应注意保护机组凝结水盘的保温材料，保证凝结水盘没有裸露情况。应保证机组安装的平行度和垂直度，连接机组的冷凝水管应有大于或等于 0.05 的坡度，坡向排出点。当机组安装完毕后，还应检查通风机运转方向是否正确，冷热换热器有无渗漏现象等。

机组安装完毕后进行通水试压时，应开启冷热换热器上的排气旋塞将空气排尽，以保证系统的压力和水系统的流动通畅。

机组的送风口与送风管道的连接应采用帆布软管连接方式。

（2）柜式空调机组、卧式空调机组的安装　柜式空调机组、卧式空调机组一般为框板式结构，框架采用轧制型钢，螺栓连接，可现场进行组装。壁板为双层钢板，中间粘贴超细玻璃棉板。框、板间用密封腻子密封，机组应进行防腐处理。采用 CR 型铜管铝片型换热器，换热器采用机械胀管、二次翻边、条缝式结构。风机多为低噪声风机，叶轮轴承选用自动调心轴承，并装有减振器。机组的初效过滤器滤料为锦纶网，通常采用插板式结构。

机组可采用自动控制系统控制空气温度、湿度、风压及风量。

（3）组合式空调机组的安装　组合式空调机组外形较大，它有十余种功能段：新风、回风混合段，初效过滤段，中效过滤段，表面冷却段，加热段，加湿段，回风机段，送风机段，二次回风段，消声段，中间段等。各段组合如图 5-62 所示。

安装空调机组时可根据需要，取舍各功能段。其安装程序和要求如下：

1）开箱检查设备的名称、规格、型号是否与设计一致；产品说明书、合格证书是否齐全；各种附件、专用工具是否齐全完好；还应检查风机中的叶轮与机壳是否卡塞，风机减振是否满足要求等。

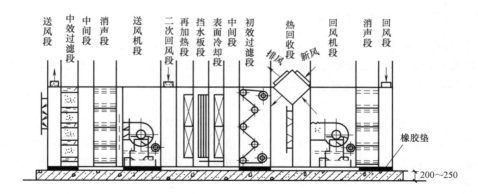

图 5-62　组合式空调机组各段组合示意图

2）空调机组应分段组装，从机组的一端开始，逐一将各段体抬上底座并校正位置后，加上衬垫，将相邻的两个段体用螺栓连接紧密、牢固；每连接一个段体前，必须将内部清理干净；与加热段相连接的段体，应采用耐热垫片做衬垫；机组内部安装有换热器的排气阀、泄水阀，必要时应在机组外部的进出水管上安装排气阀、泄水阀；用冷热水作为介质的换热器，下为进水口，上为出水口；用蒸汽为介质的换热器，上为进汽口，下为凝水口；与外管路连接的管道，必须在冲洗干净后，才能与空调机组的进出水管相连接。当电压检查符合要求后，方能与电动机连接，接通后先起动电动机，检查通风机转向是否正确；通风机应接在有保护装置的电源上，并可靠接地；空调机组的进、出风口与风道的连接处，应采用软接头连接。

3）空调机组的四周、操作面、外接管一侧应有充足的操作和维护空间；机组应有平整的混凝土垫层或槽钢底座基座，基座应高于机房地平面 200~250mm，且四周应设有排水沟或地漏，以便排放冷凝水及清洗机房用水。

2. 风机盘管的安装

（1）风机盘管的安装方式　风机盘管的安装分为卧式明装、卧式暗装、立式明装和立式暗装。

卧式明装一般将风机盘管吊装于顶棚下或门窗上方；卧式暗装将风机盘管吊装于吊顶内，回风口方向可设在下部或后部。立式明装和立式暗装一般将风机盘管设置于室内地面上或设置于窗台下，其送风口方向可在机组的上方或前方。在立式机组的后背墙壁上可开设新风采气口，并用短管软接头与风机盘管相连接，就地入室，为防止雨、虫、噪声的影响，墙上安装有进风百叶窗，短管部分有粗效过滤器等。新风管可采用软接头与风机相连接，风口紧靠在机组的出口处，以便于两股气流能够很好地混合。

卧式暗装风机盘管在房间的吊装位置及房间气流组织情况如图 5-63 所示，卧式风机盘管的安装剖面图如图 5-64 所示。对于高大空间，从节能角度讲，应尽量采用吊顶下回风。

（2）风机盘管的安装程序和方法　根据设计要求确定风机盘管的安装位置；根据安装位置选择支、吊架的类型，并对支、吊架进行制作与安装；风机盘管安装一定要水平，机组凝水管不能压扁、折弯，保证应有的坡度和坡向；凝水管连接严密，不得渗漏；风机盘管与风管、回风室及风口连接处应严密；风机盘管同冷热媒管道应在管道清洗排污后进行连接，以免堵塞换热器；卧式暗装的盘管应由支架、吊架固定，并便于拆卸和检修。

3. 空气诱导器的安装

空气诱导器有立式、卧式两种类型。立式可装于窗台下的壁龛内，卧式可悬吊于靠近房间的

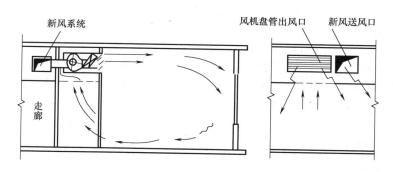

图 5-63　风机盘管在房间的吊装位置及室内气流组织

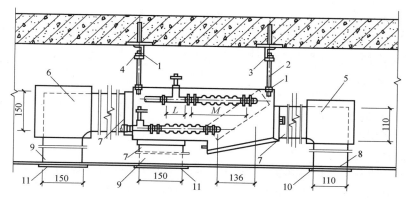

图 5-64　卧式风机盘管的安装剖面图

1—螺母　2—吊杆　3—槽钢　4—方斜垫圈　5—送风消声弯头
6—回风消声弯头　7—风管软接头　8—送风管　9—回风管
10—送风口　11—带过滤网回风口

墙的顶棚下。其安装程序与方法如下：

1）安装前，应检查确认空气诱导器各连接部分无松动、变形和破裂；喷嘴不能脱落、松动和堵塞；静压箱封头的缝隙密封材料无裂疤、脱落；一次风调节阀应灵活、可靠。

2）按设计要求的型号，根据施工现场实际情况，确定安装位置，并注意喷嘴的型号；空气诱导器与一次风接管处要密闭，防止漏风；水管接头方向与回风面朝向应按设计要求安装。

3）立式双面回风诱导器，应将靠墙一面留 50mm 以上的空间，以利于回风；卧式双面回风诱导器，要保证靠楼板的一面有足够的空间。

4）诱导器的出风口或回风口的百叶格栅有效通风面积不能小于 80%，凝水盘要有足够的排水坡度，保证排水通畅。

5）用于地下车库等场合，为使空气流动而设置的空气诱导器，无水系统连接，一般按照设计的空气流动方向设置，采用吸顶式安装。

4. 消声器的制作与安装

在通风与空调系统中，消声器是必不可少的。常用的消声器有阻性管式消声器、阻性片式消声器、阻抗复合式消声器和微穿孔式消声器等。制作消声器的材料应符合设计的要求，如防火、防潮、防腐；充填的消声材料应按规定的密度均匀铺设并有防止下沉的措施；外壳、隔板、壁面应牢固，紧贴严密；穿孔板应平整无毛刺，孔眼排列均匀，孔径和穿孔率应符合设计的要求。

　　消声器可成品采购或现场加工制作。对成品采购的消声器，除检查技术文件外还应进行外观检查，主要是消声器板材表面应平整无明显的压伤划痕，厚度均匀一致，并没有裂纹、麻点和锈蚀。

　　对现场制作的消声器，其所用的材料应符合设计或标准图的要求，不得有影响质量的缺陷，吸声材料应严格按照设计要求选用，满足防腐、防潮、防火的性能要求；为防止吸声材料的纤维飞散，在消声层表面均用织布加以覆盖包裹，并用金属穿孔板加以保护。

　　消声器在运输和安装过程中，不能受潮，充填的消声材料不应有明显的下沉；消声器和消声弯头应单独设置支架，其质量不应由风管来承担。在消声器安装就位后，应采取必要的防护措施，严禁其他支吊架固定在消声器的支架和法兰上。消声器内外金属构件应做好防腐涂装工作；当空调系统为恒温或要求比较高时，消声器外壳应和风管同样做保温处理。图 5-65 所示为阻式消声器的结构示意图。

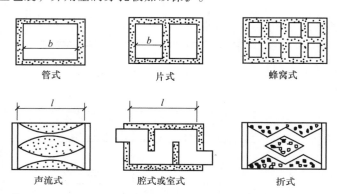

图 5-65　阻式消声器结构示意图

5. 除尘器的安装

　　在通风工程中常用的除尘器有袋式除尘器、旋风式除尘器、湿式除尘器、静电式除尘器等。除尘器的种类规格繁多，但安装方式可归纳为地面型钢支架安装、墙上安装和楼板孔洞内安装等几种形式。安装除尘器应位置正确、牢固平稳，型号、规格、进出口方向必须符合设计的要求。除尘器的活动或转动部件的动作应灵活、可靠，排灰口、卸料口、排泥口的安装应严密，还应便于操作和维护。静电式除尘器外壳要可靠接地。

　　中小型除尘器的质量一般不大，可安装在墙、柱的钢支架上。墙上支架一般用角钢或槽钢制作，由横梁、斜撑和连接梁组成。横梁栽埋在墙体内或抱在柱上，用于支撑除尘器的质量并与除尘器的安装耳环连接；斜撑则辅助横梁支撑；连接梁则将两组或多组横梁及斜撑连接成框形支架，使得支撑结构连成整体。

6. 带热回收装置的组合式空调机组的安装

　　（1）机组安装　按照节能设计标准，当送风量（或新风量）较大，且送排风温差≥8℃时，空调风系统宜设置空气热回收装置，并要求额定热回收率不低于 60%。热回收装置分为空气-空气热回收装置（也称新风换气机，由热回收器、送排风机、空气过滤器组成，通常配带有简单的电控装置）及空气-空气组合式热回收机组（简称组合式热回收机组，由热回收器、送排风机、空气过滤器、冷热盘管、加湿器等组成，装配在组合式空调机组内）。带热回收装置的空调机组内的热回收装置，又分为转轮式热回收装置、板式和翅板式热回收装置、热管式热回收装置、液体循环式热回收装置及溶液吸收式热回收装置等。组合式热回收空调机组的体积较大，其本体安装与普通空调机组基本相同，但不同机组进出风口的位置和方向也不相同，其机房内风道的数量、走向相对复杂，通常需要较大的空间。图 5-66 所示为带热回收装置的组合式空调机组结构示意图，可以看出机组风口位置及风道走向。

　　（2）安装与调试　为便于维护管理，热回收装置宜设置在专用机房内。热回收装置的周围，应考虑适当的设备检修和空气过滤器占有的空间。热回收装置吊装时，应采用弹性吊架。落地安

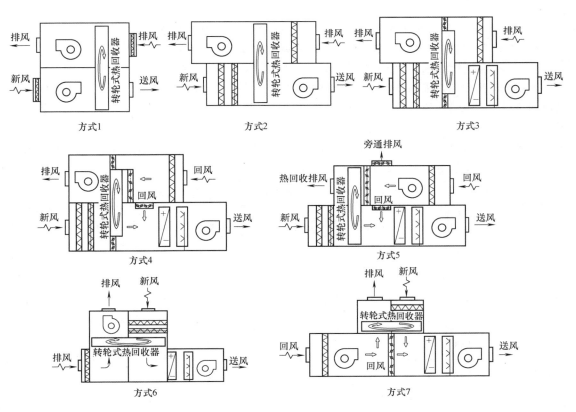

图 5-66　带热回收装置的组合式空调机组结构示意图

装时，应设置在设备专用基础上，基础高度可取 50～100mm，尺寸宜取设备底座外扩 100mm。当空气处理过程有冷凝水排出时，基础应按排放需要设置高度。热回收装置两侧宜装配观察窗，以便观察和测试设备的运行状态。

热回收装置的安装，应遵守其相关设备和系统的施工、验收规范，同时还应依据产品生产企业提供的技术资料要求。在抵达现场安装前，应对热回收装置的型号、规格以及性能等进行核验，设备标牌上应有热回收装置（器）名义工况条件下的性能参数。

热回收装置在安装完毕后，应进行新风、排风之间交叉渗漏风的监测调试；还应进行通风、空调系统与该装置的联动调试。

热回收装置的安装、调式应遵守《通风与空调工程施工质量验收规范》（GB 50243）、《机械设备安装工程施工及验收通用规范》（GB 50231）、《组合式空调机组》（GB/T 14294）的有关规定。

7. 变风量末端装置的安装

（1）变风量空调系统末端装置的分类　变风量末端装置又称为 VAV BOX，是改变房间送风量以维持室内温度的重要设备。变风量空调系统属于全空气系统，由变风量机组与变风量末端装置组成，它根据室内负荷变化或室内要求参数的变化，保持恒定送风温度，自动调节空调系统送风量，而风量的减少带来了风机能耗的降低。

末端装置有以下几种分类方法：

1）按改变房间送风方式，可分为单风道型、风机动力型、旁通型、诱导型以及变风量风口等。

2）按补偿系统压力变化的方式，可分为压力相关型和压力无关型。

3）按末端装置送风量的变化来划分，可分为定风量型和变风量型。

4）按再热方式划分，可分为无再热型、热水再热型、电热再热型。

电动节流型变风量末端装置主要有 BDM（顶送）系列和 BCM（侧送）系列，对 BDM 系列，其前端接口与主风道连接，后端接口与出风口连接，其间连接管宜采用软管，接口处以管箍卡紧，再以密封胶或胶带缠紧，以免漏气。对 BCM 系列，通常采用变风量箱与风口一体化的做法，送风口可采用双百叶风口，并可调成水平贴附射流。BDM 系列变风量末端装置型号及参数见表 5-20，BMC 系列变风量末端装置型号及参数见表 5-21。

表 5-20　BDM（顶送）系列变风量末端装置型号及参数

规格	额定风量 /(m³/h)	外形尺寸/mm				质量 /kg
		宽 B	高 H	空气接入端 D_1	空气出口端 D_2	
BDM-1	400	340	200	$\phi150$	$\phi100\times2$ $\phi150\times1$	11
BDM-2	600	340	220	$\phi180$	$\phi120\times2$ $\phi180\times1$	14
BDM-3	800	340	260	$\phi200$	$\phi150\times2$ $\phi200\times1$	17
BDM-4	1000	400	280	$\phi220$	$\phi180\times2$ $\phi220\times1$	20
BDM-5	1200	460	300	$\phi250$	$\phi200\times2$ $\phi250\times1$	23
BDM-6	1400	520	320	$\phi300$	$\phi220\times2$ $\phi300\times1$	26

表 5-21　BMC（侧送）系列变风量末端装置型号及参数

规格	额定风量 /(m³/h)	额定阻力 /Pa	外形尺寸/mm			质量 /kg
			长 L	宽 B	高 H	
BCM-1	500	≤150	680	300	150	9.5
BCM-2	700	≤150	680	400	150	12.5
BCM-3	1400	≤150	710	500	250	14.5
BCM-4	1700	≤150	710	500	250	17.5

（2）末端装置的安装要求　设备的施工验收需严格按照设计要求及《通风与空调工程施工质量验收规范》（GB 50243）实施，此外，同时要满足以下要求：

装置抵达现场安装前，应对其型号、规格以及性能等进行核验，设备铭牌上应有装置名义工况条件下的性能参数；产品存放时不要拆除原包装，并注意防潮、防尘；搬运、吊装过程中受力点不可以在一次风进风管和控制电气箱处；应根据产品的安装指导要求并由有经验的技工进行安装；应在空调箱及主支风管安装完毕后安装；安装前须将空调箱开启对风管进行吹污，防止垃圾进入变风量空调系统的末端装置；安装时注意管道的送风方向和末端箱体上标示方向一致；末端设备应设单独支架，且不得放在进出风管处；安装位置需根据现场情况使 DDC 控制箱便于接线、检修；封闭吊顶需要设置检修口；进风圆管直管段长度需大于进风管直径的 4 倍以上，且为金属材料，密封无泄漏，外加保温；外加的保温材料需要避开执行器和风阀的主轴，不影响末端设备的运行和维修；驱动风阀需在驱动器释放后能在 0～90° 范围内灵活转动；室内温控器的安装位置需能代表该房间的温度，并不受其他热源的影响。

（3）变风量末端装置（VAV BOX）调试程序　变风量系统的调试工作是个系统工程，主要分成设备测试、参数调整和系统平衡这三大部分，其中设备测试部分的重点是空气处理机（含新/排风）、变风量末端以及相关的自控设备。设备调试第一步便是变风量末端的调试。下面介绍需要调试的内容：

1）检查末端装置的连接是否正确。末端设备的连接主要是指风管与末端进口、末端与出口静压箱（或风管）、再热盘管和热水管以及各控制器、执行器和电路的接线是否正确。

2）确定末端控制器单元的工作程序。变风量末端根据不同的形式、不同的使用区域、不同的附件配置以及不同的使用要求均会对应不同的工作程序，各自控厂商对该部分程序均有详细的介绍和严格的定义，如果是采用不同于已有固化程序的工作模式需要进行二次开发。

3）确定末端控制器单元在系统中工作的地址。根据系统调试的统一定义对各个末端的工作地址进行编码，地址名称应简单易记，且有明显规律可循，以便于系统调试中对末端的定位和访问。

4）确定与末端控制器单元相配合的末端设备尺寸及大小。如果需要在现场进行设定，仅需根据末端设备提供商所提供的设备一次风入口尺寸，输入到相应的控制程序中即可。

5）根据 VAV BOX 的设计最大、最小风量设定末端控制器单元参数，与之相匹配。让控制器识别其工作的上下限位置，进而改变执行器的工作方向，实现对风阀的调节。

6）修正阀位从全开至全关所需的时间调整。执行本步骤时需注意风阀安装位置与风阀执行器位置是否统一，避免阀位不同步甚至反装。让风阀自动启闭几次，在最大、最小风量限值内逐步修正动作时间。

7）根据实际需要修改供冷或供暖模式的转换时间。末端装置使用要求会因区域、季节或其他个性化的要求而不同，供冷、供暖模式的转变或者部件启停等需要按照特定条件进行调整。这里的特定条件需要根据系统的控制方式而进行调整，如果系统是单冷+末端再热，则末端也是相应控制程序和"发生"条件；如果是冷暖+末端再热，则末端需要根据送风温度进行模式的转换。需注意的是风机动力型末端有的厂家会没有固化"供暖+风机+末端再热"的控制程序。

8）用流量罩实测此末端各风口的风量，并与末端控制器单元实测风量比较，确定流量因子。该步骤就是所谓的现场精整定，此时的风量是综合了现场真实的变风量末段入口压力、送风至各风口的压降的真实风量，是真正体现变风量末端调节功能的重要一环，其重要性甚至高于在工厂的参数整定。流量因子因不同的厂家、不同的末端而不同，是个与实际阻力和产品结构相关的系数，也是难以预知的一个量，因此该步骤工作是项重要的基础工作。

9）系统整体运行测试。工作模式是否正确，风量变化是否符合房间负荷变化，要结合系统调试，检验各末端送风调节的正确性；并检验在系统模式转换时，末端是否正确动作。需要说明的是完成本步骤严格地讲，需要至少两个供冷/供暖空调季，在空调季对设备进行带负荷实际调试，以进一步调整各项设定参数。

（4）变风量末端装置单机试运转及调试　变风量末端装置单机试运转及调试应符合下列规定：控制单元单体供电测试过程中，信号及反馈应正确，不应有故障显示；启动送风系统，按控制模式进行模拟测试，装置的一次风阀动作应灵敏可靠；带风机的变风量末端装置，风机应能根据信号要求运转，叶轮旋转方向应正确，运转应平稳，不应有异常振动与声响；带再热的末端装置应能根据室内温度实现自动开启与关闭。

变风量末端装置的最大风量调试结果与设计风量的允许偏差应为 0 ~ +15%；变各空调区域运行工况或室内温度设定参数时，该区域变风量末端装置的风阀（风机）动作（运行）应正确。

对整个变风量空调系统联合调试还应包括：系统空气处理机组应在设计参数范围内对风机实现变频调速；空气处理机组在设计机外余压条件下，系统总风量应满足设计要求，新风量的允许偏差应为0~+10%；改变室内温度设定参数或关闭部分房间空调末端装置时，空气处理机组应自动正确地改变风量；应正确显示系统的状态参数。

图5-67所示是带有变风量末端装置的空调系统工程照片。

图5-67　变风量系统工程现场

5.5　通风空调系统的调试、试运行与竣工验收

5.5.1　通风空调系统调试与试运行

通风与空调工程安装完毕后应进行系统调试。系统调试应包括设备单机试运行及调试和系统非设计满负荷条件下的联合试运行及调试。

系统调试与试运行由施工单位负责，监理单位监督，设计单位与建设单位参与配合。也可由施工企业或委托有调试能力的其他单位进行。

1. 基本要求

系统调试前应编制调试方案，调试方案一般应包括编制依据、系统概况、进度计划、调试准备、资源配置计划、采用调试方法及工艺流程、调试人员安排、其他专业配合要求、安全操作和环境保护措施等基本内容。方案应报送专业监理工程师审核批准。系统调试应由专业施工和技术人员实施，调试结束后，应提供完整的调试资料和报告。

系统调试所使用的测试仪器应检定合格或在校准合格有效期内，精度等级及最小分度值应能满足工程性能测定的要求。

事前应注意熟悉工程资料，同时对工程的风管、管道、设备安装、各类阀门安装、防腐及保温工程进行整体的外观检查。

通风与空调工程系统非设计满负荷条件下的联合试运行及调试，应在制冷设备和通风与空调设备单机试运行合格后进行，其中空调系统试运行不少于8h，通风系统不少于2h。恒温恒湿空调工程的检测和调整应在空调系统正常运行24h及以上，达到稳定后进行。净化空调系统运行前，应在回风、新风的吸入口处和粗、中效过滤器前设置临时无纺布过滤器。净化空调系统的检测和调整应在系统正常运行24h及以上，达到稳定后方可进行。工程竣工洁净室（区）洁净度的检测应在空态或静态下进行。

2. 各设备的单机试运行及调试

主要包括通风机、空调机、水泵、制冷机、冷却塔风机、带有动力的除尘器与空气过滤器等的单机试运行。

1）设备单机试运行及调试应符合下列规定：

通风机、空气处理机组中的风机，叶轮旋转方向应正确、运转应平稳、应无异常振动与声响，电动机运行功率应符合设备技术文件要求。风机在额定转速下连续运行2h后，滑动轴承外壳最高温度不得大于70℃，滚动轴承不得大于80℃。风机盘管机组的调速、温控阀的动作应正确，并应与机组运行状态一一对应，中档风量的实测值应符合设计要求。水泵叶轮旋转方向应正确，壳体密封处不得渗漏，紧固连接部位应无松动，应无异常振动和声响，电动机运行功率应符合设备技术文件要求。水泵连续运转 2h 后，滑动轴承外壳最高温度不得超过 70℃，滚动轴承不得超过 75℃。普通填料密封的泄漏水量不应大于 60mL/h，机械密封的泄漏水量不应大于 5mL/h。

风机、空气处理机组、风机盘管机组、多联式空调（热泵）机组等设备运行时，产生的噪声不应大于设计及设备技术文件的要求。

冷却塔风机与冷却水系统循环试运行不应小于 2h，运行应无异常。冷却塔本体应稳固、无异常振动。冷却塔运行产生的噪声不应大于设计及设备技术文件的规定值，水流量应符合设计要求。冷却塔的自动补水阀应动作灵活，试运行工作结束后，集水盘应清洗干净。制冷机组的试运行除应符合设备技术文件和现行国家标准《制冷设备、空气分离设备安装工程施工及验收规范》（GB 50274）的有关规定，同时机组运转应平稳、应无异常振动与声响；各连接和密封部位不应有松动、漏气、漏油等现象；吸、排气的压力和温度应在正常工作范围内；能量调节装置及各保护继电器、安全装置的动作应正确、灵敏、可靠；正常运行不应少于 8h。

2）多联式空调（热泵）机组系统应在充灌定量制冷剂后，进行系统的试运行，并应符合下列规定：

系统应能正常输出冷风或热风，在常温条件下可进行冷热的切换与调控；室外机的试运行正常；室内机的试运行不应有异常振动与声响。百叶板动作应正常，不应有渗漏水现象，运行噪声应符合设备技术文件要求；具有可同时供冷、供暖的系统，应在满足当季工况运行条件下，实现局部内机反向工况的运行。

电动调节阀、电动防火阀、防排烟风阀（口）的手动、电动操作应灵活可靠，信号输出应正确。变风量末端装置单机的控制单元单体供电测试过程中，信号及反馈应正确，不应有故障显示；启动送风系统后，按控制模式进行模拟测试，装置的一次风阀动作应灵敏可靠；带风机的变风量末端装置，风机应能根据信号要求运转，叶轮旋转方向应正确，运转应平稳，不应有异常振动与声响；带再热的末端装置应能根据室内温度实现自动开启与关闭。

3. 无生产负荷系统联合试运行及调试

通风与空调工程的试运行是在系统的设备、管道均已安装完好，设备安装已进行单机试运行并均已达到合格及以上标准后，对各通风与空调系统进行的联合试运行。

通风与空调系统的试运行分无生产负荷联合试运行和带生产负荷的综合效能试验与调整两个阶段。前一阶段的试运行由施工单位负责，是安装工程施工的组成部分；后一阶段的试验与调整由建设单位负责，设计与施工单位配合进行，由于不在工程验收范围以内，本节将不做重点讨论。

通风、空调工程的无生产负荷联合试运行应包括：通风机的风量、风压及转速的测定，系统与风口的风量平衡，制冷系统的压力、温度、流量等各项技术数据应符合有关技术文件的规定，空调、通风、除尘系统的试运行。

（1）通风机的风量、风压及转速测定　离心式通风机在安装完毕，试运行合格后，即可进行风量、风压及转速的测定。

1）通风机风压的测定。风机的压力常以全压表示，应测出风机压出端和吸入端全压的绝对值，两者相加即为风机的全压。测定风机全压的仪器为皮托管和倾斜式微压计，如图 5-68 所示。

测孔位置选择时，在吸入端应尽可能靠近风机吸入口处，在压出端应尽可能选在靠近风机出口而气流比较稳定的直管段上。测定截面上的测点个数：对矩形风管所分成的小方格面积不大于 0.05m²，并不少于 9 个测点数，如图 5-69 所示，测点设在小方格中心；对圆形风管应根据

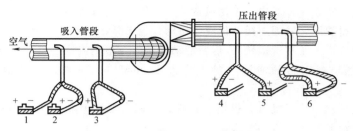

图 5-68 皮托管和倾斜式微压计的连接

1、2、3—皮托管 4、5、6—倾斜式微压计

管径大小，分成若干个面积相等的同心圆环，测点应设于相互垂直的两个直径上，如图 5-70 所示。各测点圆环数见表 5-22，圆环上的测点至测孔的距离参见表 5-23。

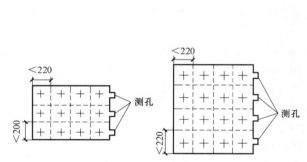

图 5-69 矩形截面内的测点位置

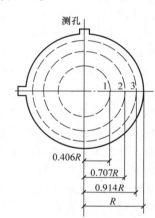

图 5-70 圆形截面内的测点位置

表 5-22 圆形风管测定截面的环数

风管直径/mm	200 以下	200~400	400~700	700 以上
圆环个数	3	4	5	6

表 5-23 圆环上各测点至测孔的距离

测　　点	圆　环　数			
	3	4	5	6
	距　离			
1	0.1R	0.1R	0.05R	0.05R
2	0.3R	0.2R	0.2R	0.15R
3	0.6R	0.4R	0.3R	0.25R
4	1.4R	0.7R	0.5R	0.35R
5	1.7R	1.3R	0.7R	0.5R
6	1.9R	1.6R	1.3R	0.7R
7		1.8R	1.5R	1.3R
8		1.9R	1.7R	1.5R
9			1.8R	1.65R
10			1.95R	1.75R
11				1.85R
12				1.95R

若选定的测孔距风机出口较远时，计算全压时应加上这部分管道的理论压力损失值。在皮

托管与微压计连接时，吸入管要接入"−"接头，压出管要接入"+"接头。测压差时，将较大压力接"+"接头，较小压力接"−"接头（"+"接头指倾斜式微压计的垂直进口，"−"接头指微压计的倾斜接口）。

各测点测得的参数的算术平均值，即认为是断面参数的平均值，例如：

断面平均风速

$$v = \frac{v_1 + v_2 + \cdots + v_n}{n}$$

断面平均温度

$$t = \frac{t_1 + t_2 + \cdots + t_n}{n}$$

断面平均风压

$$p = \frac{p_1 + p_2 + \cdots + p_n}{n}$$

断面平均水蒸气压力

$$e = \frac{e_1 + e_2 + \cdots + e_n}{n}$$

式中　n——测点总数。

如果已知断面平均风速 v，就可计算出通过断面的风量 L，即

$$L = Fv \times 3600$$

式中　F——风管断面面积（m^2）。

在测定中，如用微压计测出动压头，取平均值后，代入下列公式，可求得断面平均风速

$$v = \sqrt{\frac{2p_d}{\rho}}$$

式中　p_d——断面平均风速动压（Pa），

　　　ρ——空气密度（kg/m^3）。

测定风机的风量与风压时，应把所有风量调节阀全部打开，把三通调节阀调整到中间位置。图 5-68 中把测定风机进、出口全压（p_{qx}、p_{qy}）、静压（p_{jx}、p_{jy}）和动压（p_{dx}、p_{dy}）的测量仪表安装接管方法已全面示出，可依测定要求选择连接方法，但应注意不要接错。

风机的全压 p_{qt} 为

$$p_{qt} = |p_{qx}| + |p_{qy}|$$

即通风机的风压为风机吸入口和压出口所测平均全压的绝对值之和。

2）通风机风量的确定。在分别测定吸入口和压出口动压平均值后，代入平均风速的计算公式，分别计算出吸入口及压出口的平均风速，最后代入流量方程式，分别计算出吸入端风量 L_x 及压出端风量 L_y。如计算结果 L_x 及 L_y 的差值超过 5%，则应重新测定。

通风机的平均风量按下式计算

$$L_t = \frac{L_x + L_y}{2}$$

即通风机的平均风量为吸入端风量与压出端风量之和的平均测定值（应略大于空调系统总风量）。

3）通风机转速的测定。用转速表可直接测量通风机或电动机的转速。对于带传动的风机，

也可在测得电动机转速的情况下，用下式计算风机转速

$$n_t = \frac{n_d D_d}{D_t K_p}$$

式中　n_t、n_d——风机、电动机的转速（r/min）；

　　D_t、D_d——风机、电动机带轮直径（mm）；

　　K_p——传动带的滑动系数，取 $K_p = 1.05$。

（2）系统风压及风量的测定　包括风管内和风口的风压及风量的测定：

1）风管内风压及风量的测定。系统总风管和各支管内风量与风压的测定方法与风机风量、风压的测定方法相同。测定截面的位置应选择在气流均匀处，按气流方向，应选择在局部阻力之后大于或等于4倍直径（或矩形风管大边尺寸）和局部阻力之前大于或等于1.5倍管径（或矩形风管大边尺寸）的直管段上，当条件受到限制时，距离可适当缩短，且应适当增加测点数量。

系统总风管、主干风管、支风管各测点实测风量与设计风量的误差不应大于10%。

2）风口风量的测定。用叶轮风速仪或杯式风速仪，在紧贴近风口处做定点测量或等速回转法测量风速，取定点法各测点风速的平均值，或等速回转法3次以上测量的风速平均值，再将送、回风口的截面积代入流量方程式，即可求得送、回风口的实测风量。等速回转法测定风速的操作路线如图5-71所示。

在计算送风口风量时，由于大部分送风口带有格栅或网格，其有效面积和外框面积相差较大，送出气流会出现紧缩现象，因此，当计算采用风口外框面积时，应乘以0.7~1.0的修正系数，使计算风量更符合实际风量。而对于吸风口，由于吸风口吸气作用范围较小，气流相对均匀，只要将测定点靠近吸风口，测量结果一般相当准确。

风口实测风量与设计风量的误差应不大于10%。

（3）系统风量的平衡　在风机风量、风压测定，系统风量的全面测定（包括送、回风总风量，新风量，一二次回风量，排风量以及系统中各总、干、支风管风量，风口风量，室内正压值等）达到设计要求后，即在全系统风量摸底的基础上，方可进行系统的调整，从而达到系统风量的平衡。

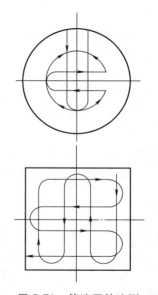

图 5-71　等速回转法测定风速的操作路线

系统风量的平衡调整，可通过各类调节装置实现。如利用系统新风，一、二次风，风口处的百叶窗及百叶阀，风机及各部管道处的调节阀等。调整常用的方法如下：

1）流量等比分配法。图5-72所示为系统风量平衡调整示意图。当采用等比流量分配法进行风量平衡调整时，是先从系统最不利环路（一般为系统最远的一个分支系统，如图5-72所示的1、2支管）开始，根据支管1、2的实测风量数据，利用调节阀将其风量 L'_2/L'_1 的比值，调整到与设计风量 L_2/L_1 的比值近似相等，即使 $L'_2/L'_1 = L_2/L_1$ 后，再依次调整使 $L'_3/L'_4 = L_3/L_4$，$L'_5/L'_6 = L_5/$

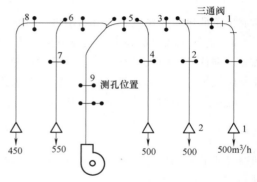

图 5-72　系统风量平衡调整示意图

L_6，$L'_7/L'_8 = L_7/L_8$，最后调整 9 管段，使 $L'_9/L_9 \approx 1$（实际总风量近似等于设计总风量）。

2）逐段分支调整法。这种方法是先从风机开始，将风机送风量先调整到大于设计总风量 $5\% \sim 10\%$，再调整 7、8 两分支管以及 1 和 2 支管，使之依次接近于设计风量，将不利环路调整近似平衡后，再调整 5 和 6 管。最后再调整 9 管段的总风量，使之接近于设计风量。

这种调整方法带有一定的盲目性，属于"试凑"性的方法，由于前后调整都互有影响，必须经数次反复调整才能使结果较为合适。但对于较小的系统，有经验的试调人员也常采用。

制冷系统的压力、温度、流量等各项技术数据应符合有关技术文件的规定。

5.5.2　通风空调系统的竣工验收

通风与空调工程的竣工验收应由建设单位负责组织施工、监理单位项目负责人和设计单位专业负责人，以及施工单位的技术、质量部门人员、监理工程师共同参加对本分部工程进行的竣工验收，合格后即可办理四方验收手续。

通风与空调工程共分为送风、排风、防排烟、除尘、舒适性空调风、恒温恒湿空调风、净化空调风、地下人防通风、真空吸尘、空调冷热水、冷却水、冷凝水、土壤源热泵、水源热泵、冰水蓄能、压缩制冷、吸收制冷、多联机、太阳能空调、设备自控系统 20 个子分部工程，各分部工程又分为若干个分项工程。

对工程进行全面的外观检查、审查竣工交付文件后，在施工单位经自检提交的分项、分部工程质量检验评定表的基础上，对工程的质量等级进行最终的评定，如评定结果质量等级达到合格及以上标准后，即可办理验收手续，进行通风与空调分部工程的竣工验收。

通风与空调工程竣工验收时，各设备及系统应完成调试，并可正常运行。当空调系统竣工验收时因季节原因无法进行带冷或热负荷的试运行与调试时，可仅进行不带冷（热）源的试运行，建设、监理、设计、施工等单位应按工程具备竣工验收的时间给予办理竣工验收手续。带冷（热）源的试运行应待条件成熟后，再施行。

1. 通风与空调工程各系统的观感质量检查

通风与空调工程各系统的观感质量应符合下列要求：

1）风管表面应平整、无破损，接管应合理。风管、部件和管道的支吊架形式、位置及间距应符合设计要求。风管、部件、管道及支架的油漆应均匀，不应有透底返锈现象，油漆颜色与标志应符合设计要求。风管的连接以及风管与设备或调节装置的连接处（含软性接管），不应有接管不到位、强扭连接等缺陷，接管应正确牢固。

2）风口表面应平整，颜色应一致，安装位置应正确，风口的可调节构件动作应正常。

3）各类阀门安装位置应正确牢固，调节应灵活，操作应方便。

4）制冷机、水泵、通风机、风机盘管机组等设备的安装应正确牢固；组合式空气调节机组组装顺序应正确，接缝应严密；室外表面不应有渗漏。

5）制冷及空调水管道系统的管道、阀门及仪表安装位置应正确，系统不应有渗漏。

6）除尘器、积尘室安装应牢固，接口应严密。消声器安装方向应正确，外表面应平整、无损坏。

7）绝热层材质、厚度应符合设计要求，表面应平整，不应有破损和脱落现象；室外防潮层或保护壳应平整、无损坏，且应顺水流方向搭接，不应有渗漏。

8）测试孔开孔位置应正确，不应有遗漏。

9）多联空调机组系统的室内、室外机组安装位置应正确，送、回风不应存在短路回流的现象。

10）净化空调系统的空调机组、风机、净化空调机组、风机过滤器单元和空气吹淋室等的安装位置应正确，固定应牢固，连接应严密，允许偏差应符合规定；高效过滤器与风管、风管与设备的连接处应有可靠密封；送回风口、各类末端装置以及各类管道等与洁净室内表面的连接处密封处理应可靠严密；净化空调机组、静压箱、风管及送回风口清洁不应有积尘；装配式洁净室的内墙面、吊顶和地面应光滑平整，色泽应均匀，不应起灰尘。

2. 通风与空调工程应交验的技术文件资料

通风与空调工程竣工验收应交验的技术文件资料包括：

1）图纸会审记录、设计变更通知书和竣工图。

2）主要材料、设备、成品、半成品和仪表的出厂合格证明及进场检（试）验报告。

3）隐蔽工程验收记录。

4）工程设备、风管系统、管道系统安装及检验记录。

5）管道系统压力试验记录。

6）设备单机试运行记录。

7）系统非设计满负荷联合试运行与调试记录。

8）分部（子分部）工程质量验收记录。

9）观感质量综合检查记录。

10）安全和功能检验资料的核查记录。

11）净化空调的洁净度测试记录。

12）新技术应用论证资料等。

练 习 题

1. 通风空调系统的施工及质量验收应遵循哪些规范和技术标准？

2. 常用的风道规格有哪些？

3. 钢板风管有哪几种连接方法？各有什么特点？如何选择连接方法？

4. 为什么要对风管进行加固？金属风管的加固方式有哪些？

5. **风管安装前应具备哪些条件？安装流程是什么？风管吊装的步骤是什么？**

6. 常用的风阀种类有哪些？各安装在什么位置？

7. **简述防火阀、排烟阀的安装基本要求。**

8. 管道安装有哪些方式？支、吊架的形式有哪几种？安装应注意哪些问题？

9. **消声器安装的基本要求是什么？**

10. 简述风机安装的基本顺序和基本技术要求。

11. 空调机组安装的基本要求是什么？有哪几种形式？

12. 简述集中空调系统的试运行、调试和验收过程。

（注：加重的字体为本章需要掌握的重点内容。）

第 6 章
空调冷热源设备及管道的安装

空调冷源由制冷设备、附属设备、管道、管件及阀门仪表等组成，其施工质量验收应执行《通风与空调工程施工质量验收规范》（GB 50243）、《制冷设备、空气分离设备安装工程施工及验收规范》（GB 50274）以及与设备有关的施工规范、技术规程。

空调用制冷机组较为普遍地采用蒸气压缩式制冷中的活塞式、离心式、螺杆式压缩冷水机组。对于电力资源紧张或余热充足的地方，吸收式制冷也是一种不错的空调冷源选择。受环保要求的影响，部分制冷剂工质已被禁止或限制使用，注意替代工质的使用和由此带来的制冷设备及管道在安装方面的变化。

由于制冷系统是与大气隔绝的密闭式系统，它的内部充满着制冷剂，其压力有时比大气压力要高出数倍，有时又要低于大气压力呈真空状态。因此，保证制冷系统的严密性，防止制冷剂从系统内泄漏及防止空气渗入系统内，是保证制冷系统正常运行的关键。另外，制冷系统内要保持清洁，防止堵塞，以延长制冷压缩机的使用寿命。

本章主要介绍冷源与室内设备中制冷机组及管道的安装，对于机组以外的冷冻水、冷却水系统以及通风、电气系统的安装请参照有关章节或书籍，这里不再赘述。

6.1 冷源设备安装的基本要求

制冷设备、附属设备、管道、管件及阀门等产品的性能及技术参数应符合设计要求，设备机组的外表不应有损伤，密封应良好，随机文件和配件应齐全，并具有产品合格证书及性能检验报告。与之配套的蒸汽、燃油、燃气供应系统，也应符合设计文件和产品技术文件及国家现行标准的规定。

6.1.1 冷源设备安装的基本规定

1. 一般规定

制冷系统的附属设备在现场安装时，安装的位置、标高和进、出管口方向，应符合设计和随机技术文件的规定。采用地脚螺栓固定的制冷设备或附属设备，垫铁的放置位置应正确，接触应紧密，每组垫铁不应超过 3 块；螺栓应紧固，并应采取防松动措施。带有集油器的设备，集油器的一端应稍低一些。洗涤式油分离器的进液口的标高，宜低于冷凝器的出液口标高。低温设备的支撑与其他设备的接触处，应垫设不小于其他绝热层厚度的垫木或绝热材料，垫木应经防腐处理。制冷剂泵的轴线标高，应低于循环贮液器的最低液面标高；进出管管径应大于泵的进、出口直径；两台及以上泵的进液管应单独敷设，不应并联安装；泵不应在无介质和有汽蚀的情况下运转。附属设备应进行单体吹扫和气密性试验，气密性试验压力应符合随机技术文件的规定；无规定时，R134a 工质试验压力≥1.2MPa，其余工质试验压力≥1.8MPa。

2. 水平度要求

对设备的混凝土基础应进行质量交接验收，且应验收合格。对于整体出厂的制冷机组安装水平度，应在底座或与底座平行的加工面纵向和横向进行检测，其偏差均不应大于 1/1000。对于解体出厂的制冷机组及其冷凝器、贮液器等附属设备的安装水平度，应在相应的底座或与水平面平行的加工面纵向和横向进行检测，其偏差均不应大于 1/1000。

3. 制冷剂系统阀门安装要求

制冷剂系统阀门安装前应进行清洗、研磨，并进行强度和严密性试验，且试验合格。强度试验压力应为公称压力的 1.5 倍，保压 5min 应无泄漏；严密性试验压力应为公称压力的 1.1 倍，持续时间 30s 不漏为合格。或进行常温严密性试验，以在最大工作压力下关闭、开启 3 次以上，并分别停留 1min 以上，填料密封处无泄漏为合格。

阀门装设的位置应便于操作、调整和检修；电磁阀、热力膨胀阀、升降式止回阀、自力式温度调节阀等的阀头应向上，热力膨胀阀应高于感温包，并安装在蒸发器出口的回气管上。

安全阀应垂直安装在便于检修的位置，排气管出口应朝向安全地带，排液管应装在泄水管上。

4. 其他技术要求

制冷设备清洗的清洁度，应符合随机技术文件的规定，无规定时，应符合《制冷设备、空气分离设备安装工程施工及验收规范》（GB 50274）的要求。对出厂时已充灌制冷剂的整体出厂制冷设备，应在检查其无泄漏后，进行负荷试运转。

制冷机组的润滑、密封和液压控制系统除组装清洗洁净外，应以最大工作压力的 1.25 倍进行压力试验，保持压力 10min 应无泄漏现象。制冷机组的安全阀、溢流阀或超压保护装置，应单独按随机技术文件的规定进行调整和试验；其动作正确无误后，再安装在规定的位置上。制冷剂充灌和制冷机组试运行过程中，严禁向周围环境排放制冷剂。

制冷系统吹扫排污应采用表压为 0.5~0.6MPa 的干燥压缩空气或氮气，应以白色（布）标识靶检查 5min，目测无污物为合格。系统吹扫干净后，系统中阀门的阀芯应拆下清洗干净。

法兰、螺纹等连接处的密封材料，应与管内介质相适应，通常选用金属石墨垫、聚四氟乙烯带、氯丁橡胶密封液或甘油一氧化铅。管道的法兰、焊缝和管路附件等不应埋于墙内或不便检修的地方。排气管穿过墙壁处应加保护套管，排气管与套管的间隙宜为 10mm。管道绝热保温的材料和绝热层的厚度应符合设计的规定，与支架和设备相接触处，应垫上与绝热层厚度相同的垫木或绝热材料。

6.1.2 制冷管道的安装

1. 一般规定

制冷设备管道在现场安装时，应执行国家标准《工业金属管道工程施工规范》（GB 50235）和《自动化仪表工程施工及质量验收规范》（GB 50093）的规定，且输送制冷剂的碳素钢管道应采用氢弧焊封底、电弧焊盖面的焊接工艺。

在液体管上接支管，应从主管的底部或侧部接出；在气体管上接支管，应从主管的上部或侧部接出。吸、排气管道敷设时，其管道外壁之间的间距应大于 200mm；在同一支架敷设时，吸气管宜敷设在排气管下方。水平液体管道不应有局部向上"凸"起的现象，气体管道不应有向下"凹"陷现象，以免产生"气囊"和"液囊"现象，如图 6-1 所示。

设备之间制冷剂管道连接的坡向及坡度，当设计或随机技术文件无规定时，应符合表 6-1 所示的规定。

制冷剂管道系统应按设计要求或产品要求进行强度、气密性及真空试验，且应试验合格。直接膨胀蒸发式冷却器的表面应保持清洁、完整，空气与制冷剂应呈逆向流动；冷却器四周的缝隙应堵严，冷凝水排放应畅通。

管道与机组连接应在管道吹扫、清洁合格后进行。与机组连接的管路上应按设计要求及产品技术文件的要求安装过滤器、阀门、部件、仪表等，位置应正确、排列应规整。管道应设独立的支吊架；制冷设备及管路的阀门，均应经单独压力试验和严密性试验合格后，再正式装至其规定的位置上，压力表距阀门位置不宜小于 200mm。制冷机组冷却水套及其管路，应以 0.7MPa 压力进行水压试验，保持压力 5min 应无泄漏现象。

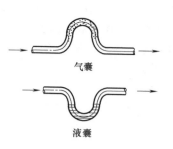

图 6-1　管道中的气囊与液囊

表 6-1　设备之间制冷剂管道连接的坡向及坡度

管道名称	坡向	坡度
压缩机进气水平管（氨）	蒸发机	≥3/1000
压缩机进气水平管（氟利昂）	压缩机	≥10/1000
压缩机排气水平管	油分离器	≥10/1000
冷凝器至贮液器的水平供液管	贮液器	1/1000～3/1000
油分离器至冷凝器的水平管	油分离器	3/1000～5/1000
机器间调节站的供液管	调节站	1/1000～3/1000
调节站至机器间的加气管	调节站	1/1000～3/1000

2. 压缩机的管道配置

1）压缩机至冷凝器的排气管道，应有不小于 0.01 的坡度并坡向冷凝器，防止润滑油返流进入压缩机造成液击，如图 6-2 所示。

2）为了防止管道中的液体制冷剂返流回制冷压缩机造成液击，自蒸发器至压缩机的吸气管道应有不小于 0.005～0.01 的坡度，坡向蒸发器，如图 6-3 和图 6-4 所示。

3）多台压缩机的排、吸气管，其支管应错开，应从主管侧部或顶部接出，还应设置一定的固定支架，防止过度振动。

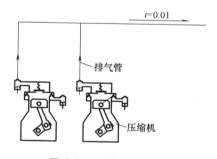

图 6-2　压缩机排气管

3. 冷凝器至贮氨器之间的管道配置

1）立式冷凝器的水平出液管应有不小于 0.003 的坡度，坡向贮液器，如图 6-5 所示，贮液器到蒸发器的给液管，坡度不应小于 0.002，如图 6-6 所示。

2）采用立式冷凝器时，冷凝器出液管与贮氨器进液阀之间最小高差为 300mm，液体管道应有不小于 0.02 的坡度，且须坡向贮液器。管道内液体流速不应大于 0.8m/s。

3）蒸发器安装在压缩机之上时，其连接方法如图 6-7 所示；蒸发器安装在冷凝器或贮液器之下时，其连接方法如图 6-8 所示。

4. 制冷管材及附件的选择

（1）氨制冷管道　工作温度高于 -40℃ 的氨制冷系统的管道，采用优质碳钢无缝钢管，低于 -40℃，使用经热处理的无缝钢管或低合金钢管（如 09Mn 钢），不得使用铜及铜合金材料。与制冷剂接触的铝密封垫片应使用纯度高的铝材。氨管道的弯头一般采用冷弯或热弯的弯头，弯曲半径不应小于4D，不使用焊接弯头或褶皱弯头。三通宜采用顺流三通。氨管道法兰应采用公称压力为2.5MPa的凹凸面平焊方形或腰形法兰，垫片采用耐油石棉橡胶板，安装前用冷冻油浸湿并加涂石墨粉。氨管道所用的阀门、仪表均为专用，DN25以上的是法兰连接，DN25以下的则是螺纹连接。

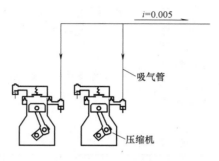

图6-3　氨压缩机吸气管

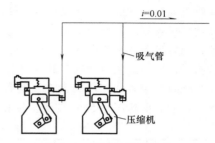

图6-4　氟压缩机吸气管

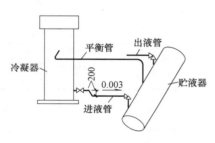

图6-5　冷凝器与贮液器之间的关系

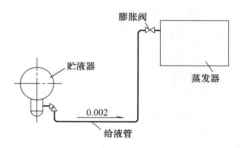

图6-6　贮液器与蒸发器之间的关系

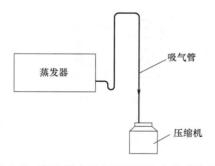

图6-7　蒸发器安装在压缩机之上管道连接

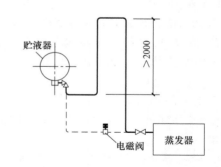

图6-8　蒸发器安装在贮液器之下管道连接

（2）氟利昂及替代工质的制冷管道　氟利昂管道管径小于20mm时，采用纯铜管；管径大于20mm时，采用符合国家标准的无缝钢管。冷却水和盐水管道，常采用焊接钢管、镀锌钢管和无缝钢管，法兰采用公称压力小于1.6MPa的平焊法兰。

（3）制冷管道在安装前必须进行除锈、清洗、干燥、封存等工作　对钢管可用与管内径相同的圆钢丝刷在管内往复拉擦，将污物、铁锈彻底清除，再用布将管壁擦干净。对氨管道，用干净回丝蘸煤油擦净，对氟利昂可用干净回丝蘸汽油擦净。擦洗之后，再用干燥过的压缩空气吹净管子内部，防潮封存。纯铜管退火后，将纯铜管放入质量分数为98%的硝酸（质量分数30%）和水（质量分数70%）的混合液中浸泡数分钟，取出后用碱中和，再用清水冲洗烘干，可以清除管壁氧化皮。

5. 管道的连接

制冷管道的连接主要有三种形式：焊接、法兰连接、螺纹连接。除配合阀门、设备安装采用法兰连接和螺纹连接外，其余均采用焊接。

（1）焊接 管径≥DN50 的钢管采用电焊，管径<DN50 的钢管采用气焊；纯铜管宜采用插接焊，扩口迎向介质流向，插接长度为管径。焊接连接必须保证焊透，并且不得有咬边、夹渣、气孔等缺陷。铜管与铜管之间，纯铜管与黄铜管之间均采用铜焊。如需补焊，应将表面清除干净，原为铜焊的可采用银合金焊料，原为银合金焊料仍用银合金，原为磷铜焊只能用磷铜焊料补焊，补焊的次数一律不超过两次。

（2）法兰连接 用于管径≥DN32 的管道与阀门、设备的连接，均采用凹凸面法兰，填料采用 2~3mm 的石棉橡胶板作垫片。法兰焊接在管子上的密封面与管轴心的垂直偏差不允许超过 0.5mm。

（3）螺纹连接 适用于管径≤DN25 的设备、阀门连接处。螺纹连接的填料采用黄粉（一氧化铅）和甘油的调和料，不得使用白厚漆和麻丝作填料。

6. 制冷管道安装的技术要求

空调用冷源除满足一般安装规定外，还应满足下列要求：

1）压缩机的吸、排气管的安装应符合设计配置的要求，使液体不返流回压缩机。

2）冷凝器的出液管与贮液器进口之间的高差及平管的坡度应保证制冷剂靠重力流入贮液器。

3）制冷管道应设置一定的固定支架或吊架，避免过分振动的影响，安装时应注意不影响维修及交通，并预留出绝热的操作空间。

4）穿墙、穿楼板应加设套管，套管内应填塞防火材料。

5）为了避免冷损失和冷桥现象，管道与支架接触处应垫浸沥青的木垫，大小应与绝热尺寸相符。

6.1.3 制冷系统的试运行

对于新装或大修后的制冷设备，在装配完毕之后，必须进行系统的试运行，以鉴定机器装配之后的质量和运行性能。制冷系统的试运行主要分为单机试运行、系统试验及系统试运行。

活塞式压缩机为单体安装形式（即集中式配套形式）的制冷设备，一般要进行单机试运行及系统试验与试运行。分体组装形式或整体组装式制冷设备，如出厂已充注规定压力的氨气密封，且机组内压力没有变化时可仅做系统试验中的真空试验，充注制冷剂及进行系统试运行。整体组装式制冷设备，如出厂已充注制冷剂，且机组内压力无变化时，可只做系统试运行。

1. 单机试运行

以活塞式制冷机为例对单机试运行进行简单介绍。

压缩机分空负荷试运行、空气负荷试运行、抽真空试验。抽真空为压缩机负荷运转前应进行的重要的运行内容。单机试运行前，应检查设备安装质量、内部清洁情况、机体各紧固件是否拧紧、运行是否灵活，仪表和电气设备是否调试合格，并应在气缸内壁添加少量冷冻机油，在系统充灌制冷剂后试车，并应做好记录。

（1）空负荷试运行 应先拆去气缸盖和吸、排气阀并固定缸套；先起动压缩机运转 10min，停车检查温升和润滑情况，无异常后，继续运行 1h，检查运行是否平稳、主轴承温升是否正常、油封是否有滴漏、油泵供油是否正常，停车后，检查气缸是否有磨损。

（2）空气负荷试运行　将吸、排气阀组安装固定后，应调整活塞的止点间隙，使之符合设备技术文件的规定；压缩机的吸气口应加装空气滤清器。起动压缩机，当吸气压力为大气压力时，有水冷却的排气绝对压力应为 0.3MPa，无水冷却的排气绝对压力为 0.2MPa，并应连续运转不得少于 1h。油压调节阀的操作应灵活，调节的油压宜比吸气压力高 0.15~0.3MPa；能量调节装置的操作应灵活、正确。压缩机各部位的允许温升应满足下述条件：有水冷却时，轴承、轴封、润滑油温升≤40℃；无水冷却时，轴承、轴封温升≤50℃，润滑油温升≤60℃。气缸套的进、出口水温度，不能大于 35℃ 和 45℃，且运行应平稳，吸、排气阀跳动正常，各连接部位、轴封、缸盖等应无漏气、漏油、漏水现象。试运行后，还应拆除空气滤清器和油滤清器，更换润滑油。

（3）抽真空试验　应关闭吸、排截止阀，打开放气孔，开动压缩机进行抽真空，其中曲轴箱应抽至绝对压力 0.015MPa，油压不应低于绝对压力 0.1MPa。

2. 系统试运行

系统试运行分为系统吹污、气密性试验、真空试验、充注制冷剂四个阶段进行。

（1）系统吹污　管中在系统安装前已经过清洗，但为了避免整个系统内残存杂质而影响运行，故需对整个系统再次进行吹污。吹污时，所有阀门（安全阀除外）处于开启状态。氨系统吹污介质为干燥空气，氟利昂及替代物系统可用氮气，吹污压力为 0.60MPa。一般选择最低点作为排污口，用白布布置在排污口 300mm 至 500mm 处观察，5min 内白布上无污物为合格。吹污时难免有少量杂物滞留在阀门里，因此吹污结束后将阀芯拆下清洗并吹干。

（2）气密性试验　系统气密性试验压力见表 6-2。

表 6-2　系统气密性试验压力　　（单位：MPa）

系统压力	活塞式制冷机			离心式制冷机
	R717	R22	R12	R11
低压系统	1.18		0.91	0.091
高压系统	1.77		1.57	0.091

试验时间共计 24h，前 6h 压降不大于 0.03MPa，后 18h 压力无变化（除去因环境温度变化而引起的误差外）为合格。

环境温度变化而影响的压差可按下式修正

$$p_2 = p_1(273+t_2)/(273+t_1)$$

式中　p_1、t_1——试验开始时的压力（MPa）及温度（℃）；

　　　p_2、t_2——试验终了时的压力（MPa）及温度（℃）。

（3）真空试验　以剩余压力表示，保持时间也是 24h。氨系统的试验压力不高于 0.008MPa，24h 后压力基本无变化为合格；氟系统的试验压力不高于 0.0053MPa，24h 后回升不大于 0.0005MPa 为合格。

（4）充注制冷剂　首先充适量制冷剂检漏。氨系统加压到 0.1~0.2MPa，用酚酞试纸检漏。氟利昂系统加压到 0.2~0.3MPa，用卤素喷灯式卤素检漏仪检漏。经检查无渗漏方可继续加液（如有渗漏则抽尽所注制冷剂，检查修补后再试）。充注时，防止吸入空气和杂质。因空气中有水分，进入系统后会加剧对金属的腐蚀，氟利昂系统还会造成"冰塞"现象，破坏系统正常运行，重者会损坏压缩机；对氨系统虽不会产生"冰塞"但也会产生蒸发压力和蒸发温度升高，冷冻水温不易下降，冷量下降，功耗增加等现象。所以，充注时要防止吸入空气。防止空气和水分吸入，可采取以下方法：

1）先利用少量制冷剂将临时连接管冲洗一下，以排出管内的空气。

2）在充注时，管路中临时串接一只特制的干燥过滤器，容积要大一些（约比全系统大 1 倍）。让制冷剂先通过干燥过滤器，再进入系统而除去水分。

当第一次灌注氟利昂时，一般采用高压段充灌。在真空试验停车后系统仍处于真空状态，将充液铜管接到压缩机排气截止阀旁通孔上，靠钢瓶内的氟利昂与系统之间的压力差与高度差自行进入系统。充注氟利昂液体时，切不可起动压缩机，以防发生事故。

（5）系统试运行　在系统内充注了额定的制冷剂后才可进行系统试运行。运行前，应首先起动冷凝器的冷却水泵及蒸发器的冷冻水泵或风机，并检查供水量、风量是否满足要求。凡有油泵设备的应先起动油泵，检查压缩机油面高度、压缩机电动机运转方向等，确认无误后方可运行。正常试运行应不少于 8h。在运行过程中要注意油温、油压、水温是否符合要求。由于带制冷剂与单机试运行不同，不同的制冷剂在不同工况下其排气温度的控制值也不同，可通过制冷剂的特性参数得到。例如制冷剂为 R717、R22 时排气温度不得超过 145℃；如为 R12 时则不得超过 130℃。系统试运行正常后，停车时必须按照下列顺序进行：先停制冷机、油泵（离心制冷系统应在主机停车 2min 后停油泵），再停冷冻水泵、冷凝水泵。虽然有些工程在设计时已对电气开关采取了程序控制措施，但施工或管理人员还是应了解这一程序。

试运行结束后，应清洗滤油器、滤网，必要时更换润滑油。对于氟利昂系统还需更换干燥过滤器的硅胶。清洗完毕后，将有关装置调整到准备起动状态。

6.2　活塞式制冷系统的安装

活塞式制冷机通常分为整体式、组装式和散装式。从安装角度来说，组装式和整体式安装相对比较简单，散装式安装最为复杂，但在安装方面有着许多共同的规律，安装方法大同小异。本章重点讲述散装活塞式制冷机组的安装。

6.2.1　活塞式制冷机组主体设备的安装

制冷机安装在混凝土基础上，为了防止振动和噪声通过基础和建筑结构传入室内影响周围环境，应设置减振基础或在机器的底脚下垫以隔振垫。如图 6-9 所示。

活塞式制冷压缩机的安装步骤如下：

1. 开箱检查验收

先要进行开箱检查和验收工作，还应在制冷压缩机就位之前，检查和验收混凝土基础，并依据设计施工图放线找出混凝土基础中心线，如有多台压缩机时，应使中心线平行并且对齐。上述两项工作完成后，就可以进行机组的搬运和吊装。

2. 吊装就位

吊装前，先将基础表面清理干净，按施工图坐标位置，找出中心线、地脚螺孔中心线和设备底座边缘线，如图 6-10 所示。将压缩机搬运到基础旁，准备好设备就位的吊装工具，用强度足够的钢丝绳套在压缩机的起吊部位，接触的地方应垫以软木或布等加以保护。按吊装的技术安全规程将压缩机吊起，在压缩机坐落到基础上之前穿上地脚螺栓，对准基础中心线，在地脚螺栓孔两侧摆上垫铁，徐徐下落到预先浇筑好的混凝土基础上，一切准备妥当之后，将压缩机慢慢放在垫铁上。压缩机就位后，它的中心线应与基础中心重合。若出现纵横偏差，可用撬棍进行拨正。拨正方法如图 6-11 所示。

3. 测量水平度

用水平仪测量压缩机的纵横水平度，压缩机纵横向水平度的偏差应小于 0.1%，不符合要求

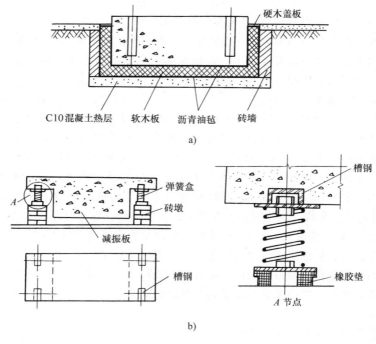

图 6-9 减振基础

a) 软木减振基础 b) 弹簧减振基础

时，用斜垫铁调整。当水平度达到要求后，用强度等级高于基础一级的混凝土将地脚螺栓孔灌实，待混凝土强度达到的 75% 后，再做一次校核，符合要求后将垫铁用定位焊固定，然后拧紧地脚螺栓，进行二次灌浆。

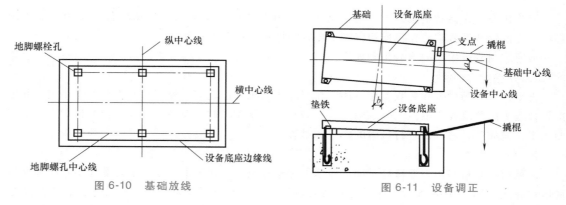

图 6-10 基础放线

图 6-11 设备调正

4. 传动装置的安装

当压缩机与电动机不在一个共用底座上时，还需进行传动装置的安装。安装方法如下：将电动机及其导轨安装好，并用拉线的办法使电动机和压缩机带轮在同一个平面上。常用的传动装置有联轴器和带轮两种形式，在小型活塞式制冷压缩机中，联轴器和带轮既是能量传动装置，又起蓄放能量的飞轮作用，以达到压缩机和电动机运转均匀、平稳和电流波动小的目的。在中小型活塞式制冷压缩机中，一般都不单独设置飞轮而采用弹性联轴器（图 6-12）。这种联轴器由一副联轴器（压缩机轴上装 1 个联轴器，电动机轴上装 1 个联轴器）组成，中间插入几只上面套有橡胶弹性圈的柱形销，橡胶弹性圈柱销能起缓冲、减振作用。联轴器的安装关键是要保证压缩机和电动机的两轴同心，否则弹性橡胶容易损坏，并引起压缩机振动。在安装调整时，先固定压缩机，然后再调整电动机位置，检查时，将千分表的支架固定在电动机半联轴器的柱销上，千分表的测头触在飞轮的内侧角上，旋转一周，如果两轴不同心，在转动过程中，由于橡胶的弹性，千分表指针必然出现摆动，可以根据指针摆动的大小和方向来判定两轴不同心度的偏差大小和偏差方向，通过不断调整电动机的位置来使两轴同心（图6-13）。但实际两轴绝对同心不易做到，同时弹性连接不同于刚性连接，即使两轴绝对同心，转动时千分表的指针也会出现轻微摆动。因此，在实际工作中，千分表的摆动在 ± 0.3mm 范围内时，即可认为符合要求。为了提高校正精度，也可用两只千分表同时进行校正。将一只千分表的测头触在联轴器端面的垂直方向，另一只千分表的测头触在水平方向。这种校正方法比单表校正麻烦一些，但比较精确。

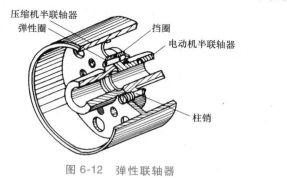

图 6-12　弹性联轴器　　　　图 6-13　测两轴同心度

5. 传动带的安装

中小型活塞式制冷压缩机一般都采用 V 带。V 带有 O、A、B、C、D、E、F 七种型号。从 O 型至 F 型，传递功率依次递增。各型号 V 带适用的功率范围及推荐的 V 带型号见表6-3。

表 6-3　推荐 V 带型号

传递功率/kW	0.4~0.75	0.75~2.2	2.2~3.7	3.7~7.5	7.5~20	20~40	40~75	75~150	150 以上
推荐 V 带型号	O	O、A	O、A、B	A、B	B、C	C、D	D、E	E、F	F

安装带轮时应注意电动机带轮与压缩机带轮之间的相对位置和 V 带的拉紧程度。两轮之间的相对位置偏差过大，会造成 V 带自行滑脱，并加速 V 带的磨损；V 带拉得过紧，会造成压缩机轴或电动机轴发生弯曲，加速主轴承过早地发生磨偏；且 V 带处于大的张力下会缩短寿命，张得过松又会因打滑影响功率的传递。检查两轮之间相互位置偏差可用直尺或拉线的方法进行（图6-14），用调整电动机位置的方法使两轮位于同一直线上。检查 V 带的拉紧程度，经验做法是用食指压两轮中间的 V 带，以能压下 20mm 为宜。另外，在固定电动机滑轨时，应留出 V 带使用伸延后调整电动机的余量，以便于调整 V 带的松紧度。

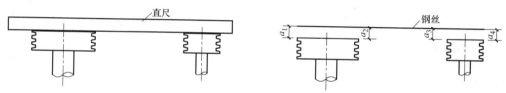

图 6-14　V 带偏差的检查

6. 压缩机的拆卸与清洗

一般认为在技术文件规定的期限内，压缩机在外观完整、机体无损伤和锈蚀等情况下，不必进行全面拆洗，仅需拆卸缸盖，清洗油塞、气缸内壁、连杆、吸排气阀等部件，并打开曲轴箱盖，清洗油路系统和更换箱内润滑油。对充有保护性气体的机组，在设备技术文件规定期限内，外观完整和氮封压力无变化的情况下，可不做制冷压缩机的内部清洗，只做机壳外表面擦洗。在擦洗过程中，应防止将水分混入内部。半封闭离心式压缩机一般可不做解体清洗，但应把油箱、油路清洗干净并保证油路畅通。在安装前或就位后，应用 0.6MPa 的压缩空气将内部彻底吹洗干净，不得有污物、铁屑等存留在设备内。

6.2.2 活塞式制冷机组辅助设备的安装

活塞式制冷机辅助设备包括冷凝器、蒸发器、贮液器、油分离器、空气分离器等。

1. 强度试验和严密性试验

对冷凝器、贮液器、蒸发器、油分离器等受压容器，安装前应进行强度试验和严密性试验。如设备在制造厂已经做过强度试验，无损伤和锈蚀现象以及在技术文件规定的期限内安装的，可不做强度试验，仅做严密性试验。当在运输、装卸途中有损伤或有意外情况不符合上述三个条件时，仍需做强度试验。强度试验以水为介质，试验压力应按技术文件规定的压力值进行。若无规定时，可按表 6-4 中的压力值进行。

表 6-4 强度试验压力值 （单位：MPa）

工作压力 p	试验压力 p_s
<0.6	$1.5p$
0.6~1.2	$p+0.3$
>1.2	$1.25p$

水压试验装置如图 6-15 所示，试验时先打开阀门 5、6、7 和排气阀 8，由自来水管 11 向水槽和设备内充水，当水槽内的水足够试压用时，关闭阀门 5，当设备内水位升至阀门 8 处见水后再将阀门 6、8 关闭，然后开启阀门 4，起动试压泵 1 对设备加压。在加压过程中，压力应缓慢均匀地上升，一般每分钟不超过 0.15MPa。当压力升至 0.3~0.4MPa 时，应进行一次检查。如果有漏水处应泄压排水进行修补，然后继续试压。当压力达到试验压力时，停止加压，关闭阀门 4，使设备在试验压力下

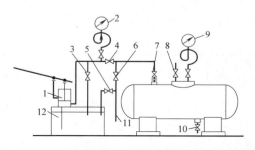

图 6-15 水压试验装置

1—试压泵 2、9—压力表 3、4、5、6—阀门 7—进水阀门 8、10—排气阀 11—自来水管 12—水槽

维持 5min，此时可不做详细检查，然后稍启阀门 4、3，使压力降至工作压力时进行检查。检查时用小锤沿焊缝两旁 150mm 处轻轻敲击，如果没有渗漏和变形，同时压力表上的压力值也无下降，则水压试验合格。

若严密性试验的介质为干燥空气或氮气，其方法可参照上述以水为介质的严密性试验。对于卧式壳管式冷凝器，做严密性试验时，应将筒体两端的封盖拆下以便检漏。为防止系统停止运行后，卧式蒸发器及卧式冷凝器水侧的冷冻水或冷却水渗漏到制冷剂系统内，严密性试验合格后，最好用 0.5MPa 的自来水对水侧做水压试验，稳压 15min 后，压力无下降为合格，方法与强度试验一样。

2. 冷凝器与贮液器的安装

冷凝器分为立式冷凝器和卧式冷凝器。

立式冷凝器一般安装在室外冷却水池上部的槽钢上或钢筋混凝土水池盖上。对于立式冷凝器应按施工图对基础进行放线，以确定冷凝器就位方向。在槽钢上安装冷凝器时，先在混凝土水池口上预埋长 300mm、厚 10mm，宽度与池壁厚相同的钢板预埋件（图 6-16、图 6-17），然后将槽钢按照冷凝器底板地脚螺栓孔尺寸及位置钻上孔，将槽钢放置在预埋钢板上，再将冷凝器吊装到槽钢上，并用螺栓固定，然后对冷凝器找垂直（图 6-18），不符合要求时应用垫铁调整，达到要求后，将槽钢、垫铁及预埋钢板用电焊固定即可。在钢筋混凝土水池盖上安装冷凝器时，应先按冷凝器地脚螺栓位置预理地脚螺栓，待牢固后将冷凝器吊装就位，用事先准备的调垫铁，调整冷凝器的垂直度，冷凝器垂直后，拧紧地脚螺栓将冷凝器固定，垫铁留出的空间应用混凝土填实。立式冷凝器安装后应保证其垂直，允许偏差不得大于 0.1%，并且不允许有偏斜和扭转。测量偏差的方法是在冷凝器顶部吊一线锤，测量筒体上、中、下三点距垂线的距离，X、Y 方向各测一次，a_1、a_2、a_3 的差值不大于 0.1% 为合格。

图 6-16　立式冷凝器
安装节点图

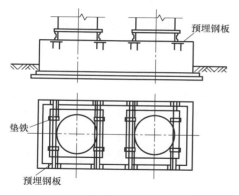

图 6-17　立式冷凝器的安装

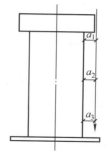

图 6-18　立式冷凝器找垂直

卧式冷凝器与贮液器一般安装于室内，为满足两者的高差要求，卧式冷凝器可用型钢支架安装在混凝土基础上，也可直接安装于高位的混凝土基础上。为充分节省机房面积，通常的做法是将卧式冷凝器与贮液器一起安装于垂直于地面的钢架上。设备的水平度主要取决于钢架的水平度，因此焊接钢架的横向型钢时，要求用水平仪进行测量。由于型钢不是机加工面，仅测一处误差较大，应多选几处进行测量，取其平均值作为水平度。一般情况下，当集油罐在设备中部或无集油罐时，卧式冷凝器与贮液器应水平无坡安装，允许偏差不大于 0.1%；当集油罐在一端时，设备应设 0.1% 的坡度，坡向集油罐。由于卧式高压贮液器顶部的管接头较多，特别是进、出液管，进液管是焊在设备表面上，出液管多由顶部表面插入筒体下部，一般进液管直径大于出液管的直径，安装时注意不要接错。卧式高压贮氨器如图 6-19 所示。

冷凝器与贮液器之间都有高差要求，应严格按照设计要求进行，不得任意更改高度。一般情况下，冷凝器的出液口应比贮液器的进液口至少高出 200mm，如图 6-20 所示。

吊装冷凝器时，不允许将绳索绑扎在连接管上，应绑扎在筒体上。立式冷凝器的重心较高，就位后应采取措施防止其摆动或倾倒。待冷凝器牢固地固定后，再安装梯子、平台、顶部水槽等附件。

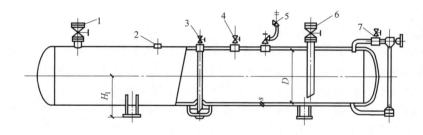

图 6-19　高压贮氨器

1—氨液进口　2—平衡管　3—放油　4—放空　5—安全阀　6—氨液出口　7—压力表阀

3. 蒸发器的安装

蒸发器的安装分为立式蒸发器的安装和卧式蒸发器的安装。

立式蒸发器一般安装于室内保温基础上，基础用混凝土垫层、"两毡三油"、绝热材料及与绝热层厚度相同的浸沥青枕木组成，枕木的数量根据蒸发器的重量及长度而定。基础做好之后，将经试水压不漏的蒸发器箱体安放在基础上，再吊装蒸发器管束并予以固定。直立管蒸发器和螺旋管式蒸发器如图 6-21 和图 6-22 所示。

蒸发器水箱基础在设计无规定时可按下述方法施工：先将基础表面清理平整，尘土清除干净，然后在基础上刷

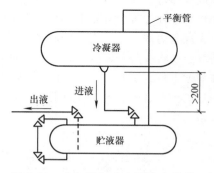

图 6-20　冷凝器与贮液器的安装高差

一道沥青底漆，用热沥青将油毡铺在基础上，在油毡上每隔 800～1200mm 处放一根与保温层厚度相同的防腐枕木，并以 0.001 的坡度坡向泄水口。为防止"冷桥"的产生，蒸发器支座与基础之间垫以 50mm 厚的防腐垫木（经浸泡沥青处理）。在垫木上，再放上石棉板，使其受力均匀。枕木之间用保温材料填满，最后用油毡热沥青封面。立式蒸发器本身不带水箱盖板，安装时，通常的方法是用 5cm 厚，并经过刷油防腐的木板做成活动盖板，以减少冷损失。

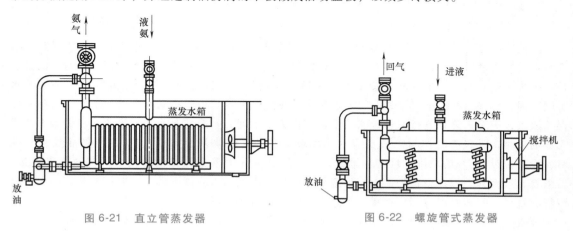

图 6-21　直立管蒸发器　　　　　　　图 6-22　螺旋管式蒸发器

水箱安装就位前应做渗漏试验，具体做法是：将水箱各处管接头堵死，然后灌满水，经 8～12h 不渗漏为合格。吊装水箱时，为防止水箱变形，可在水箱内支撑木方或其他支撑物。水箱就位后，将各排蒸发管组吊入水箱内，并用集气管和供液管连成一个大组，然后垫实固定。要求每

排管组间距相等，并以 0.001 的坡度坡向集油器，以利于排油。

安装立式搅拌器时，应先将刚性联轴器分开，取下电动机轴上的平键，用油砂布、汽油或煤油将其内孔和轴进行仔细地除锈和清洗，清除干净后再用刚性联轴器将搅拌器和电动机连接起来，用手转动电动机轴以检查两轴的同心度，转动时搅拌器不应有明显的摆动，然后调整电动机的位置，使搅拌器叶轮外圆和导流筒的间隙一致。调整好后将安装电动机的机架型钢与蒸发器水箱用电焊固定。

卧式蒸发器一般安装于室内的混凝土基础上，用地脚螺栓与基础连接。为防止冷桥的产生，蒸发器支座与基础之间应垫以 50mm 厚、面积不得小于蒸发器支座的面积的防腐垫木。其安装水平度要求与卧式冷凝器及高压贮液器相同。一般在筒体的两端和中部选三点，直接测量，取三点的平均值作为设备的实际水平度。不符合要求时用平垫铁调整，平垫铁应尽量与垫木纹的方向垂直。

由制造厂供货的蒸发器均不带水箱盖板，为减少冷损失，必须设置盖板。通常的方法是用5cm 厚，并经过刷油防腐的木板做成活动盖板。图 6-23 所示为卧式蒸发器。

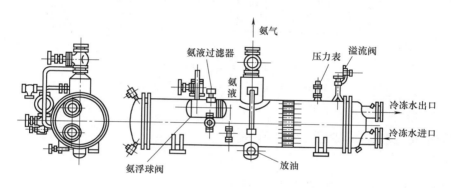

图 6-23　卧式蒸发器

4. 油分离器的安装

油分离器多安装于室内或室外的混凝土基础上，用地脚螺栓固定，垫铁调整。

安装油分离器时，应弄清油分离器的形式（洗涤式、离心式或填料式），进、出口接管位置，以免将管接口接错。对于洗涤式油分离器，安装时应特别注意与冷凝器的相对高度，一般情况下，洗涤式油分离器的进液口应比冷凝器的出液口低 200～250mm。油分离器应垂直安装，允许偏差不大于 0.15%，可用吊垂线的方法进行测量，也可直接将水平仪放置在油分离器顶部接管的法兰盘上测量，符合要求后拧紧地脚螺栓将油分离器固定在基础上，然后将垫铁用定位焊固定，最后用混凝土将垫铁留出的空间填实（即二次灌浆）。

5. 空气分离器的安装

目前常用的空气分离器有立式和卧式两种形式，一般安装在距地面 1.2m 左右的墙壁上，用螺栓与支架固定，如图 6-24 所示。

安装的方法是：先制作支架，然后在安装位置放好线，打出埋设支架的孔洞，将支架安装在墙壁上，待埋设支架的混凝土达到强度后将空气分离器用螺栓固定在支架上。

6. 集油器的安装

集油器一般安装于地面的混凝土基础上，其高度应低于系统各设备，以便收集各设备中的润滑油，其安装方法与油分离器相同。

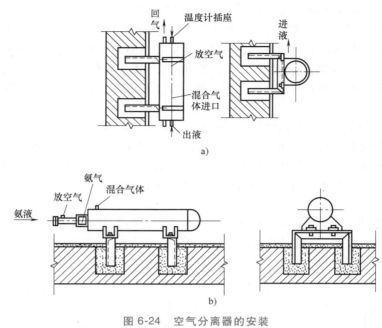

图 6-24　空气分离器的安装

a) 立式空气分离器安装　b) 卧式空气分离器安装

6.3　其他形式的制冷机组的安装

6.3.1　离心式制冷系统的安装与运行

离心式制冷机组是由作为主机的离心式制冷压缩机和包括冷凝器、节流装置、经济器、蒸发器等辅助设备一起组成的机组。这种机组大致可以分成两大类：一类为冷水机组，其蒸发温度在 -5℃ 以上，大多用于大型空调或制取 5℃ 以上冷水或略低于 0℃ 盐水的工业场合；另一类是低温机组，其蒸发温度为 -5~40℃，多用于化工过程。本节重点叙述离心式冷水机组。离心式制冷机组的主机是离心式制冷压缩机，它不同于容积式制冷压缩机，属于速度型制冷压缩机，其流量比容积式要大得多。为了产生有效的动量转换，其旋转速度必须很高，对安装有较高的要求。

离心式制冷压缩机吸气量 0.03~15m³/s，转速 1800~30000r/min，吸气压力 14~700kPa，排气压力小于 2MPa，压缩比在 2~30 之间，几乎可采用所有制冷剂。

1. 机组安装

机组安装前的准备工作：一般离心式冷水机组已在工厂完成装配、接线，并经泄漏测试。安装工作主要包括机组吊装及将水和电接至机组。起吊、安装、现场接管、水室端盖绝热层的完全安装，由建设单位完成。机组安装前必须进行以下工作：

首先检查技术资料是否齐全，其中包括：工作合同和规范、机组位置图、起吊要求、接管图和详细资料、现场接线图、供应商提供的起动柜安装资料以及供应商提供的正式图样等。

其次检查机组运输质量，检查运输时机组是否已有损坏，如有损坏或发现装运定位移动，应及时请运输部门进行检查，并直接通知运输公司，分析机组可能损坏的原因和责任方。装箱单检查时应注意设备及附件是否完整，如有缺件，应立即通知经销商或直接与制造公司联系。在开始安装前，不要拆开零件的原始包装。所有的开口已用盖板或塞子密封，以防止装运过程中脏物进入。

第三，应检查机组铭牌上的型号、出场日期和编号及换热器的型号、规格，是否与合同和有关技术文件中的一致。

最后，应检查机组保护装置及配件，防止受潮和安装过程中的灰尘。

在安装前不要拆除安装过程中的保护盖板。如果机组水系统已安装好，并暴露于结冰的温度下，请打开水箱的排水口，排出冷凝器和蒸发器内所有的水，并让排水口一直开着，直到整个系统安装完毕。

2. 机组的安装基础

由于离心式机组体积较大，机组的安装基础必须进行隔振处理。隔振处理有以下几种形式：

（1）简易隔振　简易隔振的基本原理如图 6-25 所示。

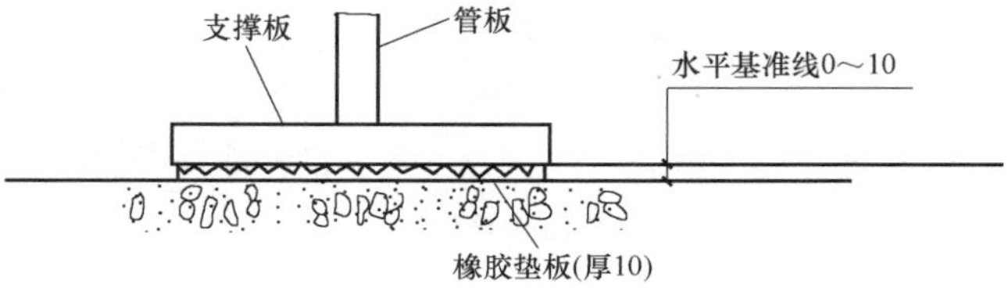

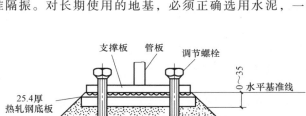

图 6-25　简易隔振

（2）标准隔振　地面不平或出于别的考虑，就可使用图 6-26 所示的标准隔振。对长期使用的地基，必须正确选用水泥，一般推荐使用高强度非收缩型水泥。

（3）弹簧隔振　图 6-27 所示为弹簧隔振示意图。隔振弹簧可以直接装在机组支撑板的下面或装在基础地板的下面。

3. 机组就位

按有关标准，在机组安装时，必须考虑留有维修空间，如图 6-28 所示为某机组的维修空间。

图 6-26　标准隔振

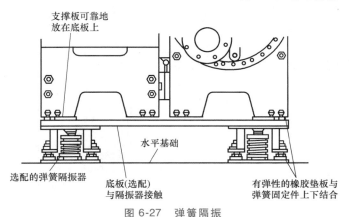

图 6-27　弹簧隔振

4. 泵出系统

在高压制冷剂（如 R22、R134a、R12）机组中，为解决高压制冷剂的灌入和排出，采用了泵出系统。泵出系统由小型活塞压缩机、冷凝器（或冷却器）及阀门组成。

（1）19XL 机组的泵出系统　该机组使用 R22 或 R134a，适用于充注或维修中加压输送制冷剂。蒸发器和冷凝器为双筒体结构。蒸发器的设计工作压力与冷凝器相同，作为压力容器进行制造，且蒸发器和冷凝器之间带有隔离阀。这种泵出系统有如下两种形式：

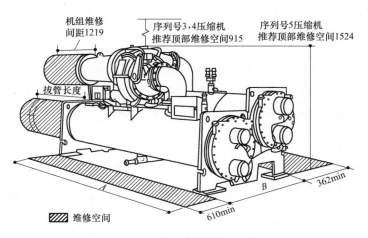

图 6-28　机组的维修空间图

1）带贮液筒的泵出系统。当机组台数较多，制冷剂用量较大时，或在维修中要将制冷剂全部泵出时选用带贮液筒的泵出系统。此系统可对机组直接充注液态制冷剂。

2）不带贮液筒的泵出系统。若在维修蒸发器或冷凝器时，需将制冷剂输入另一换热器，或在开机前充注制冷剂，可采用如图 6-29 所示的泵出系统。此系统可通过阀 a、b、c、d 和机组的相关阀门组合，达到制冷剂输送的目的。利用泵出系统还可以对机组进行抽真空。

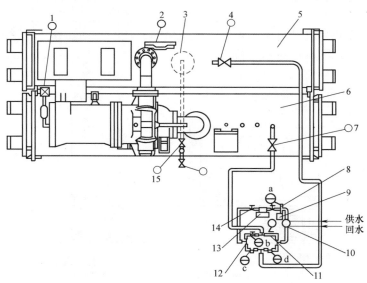

图 6-29　19XL 机组的泵出系统接管（不带贮液筒）

⊖—泵出系统检修阀　○—机组检修阀

1—制冷机冷却阀　2—冷凝器隔离阀　3—线性浮阀　4—冷凝器输送阀　5—冷凝器　6—蒸发器
7—蒸发器输送阀　8—压缩机排气阀　9—油分离器　10—泵出系统冷凝器　11、12—转向阀
13—泵出系统压缩机　14—压缩机吸气阀　15—蒸发器隔离阀

（2）KF 系列机组的泵出系统　该机组使用 R12 为制冷剂。这种机组还具有贮液筒和除湿器，它可以从外部加入制冷剂液体，抽出机组内制冷剂气体，把机组内的制冷机液体和气体送入贮液筒，或反向进行等。图 6-30 所示为将制冷剂抽出贮液筒的系统。起动小型活塞式压缩机 1

后，贮液筒中的制冷剂经过阀 C 到压缩机进口，经增压后，一部分经过阀 C 进入离心式制冷压缩机的进气管路上，另一部分通过冷却器 3、除湿器 4 进入机组或进入贮液筒 5。

5. 开机前准备

（1）工作资料　开机前应准备资料如下：产品样本资料（提供设计温度及压力表）；机组合格证、质量保证书、压力容器证明等；起动装置及线路图；特殊控制或配制的图表或说明；产品安装说明书、使用说明书。

（2）工具　开机前应准备工具如下：真空泵或泵出设备的制冷常用工具，数字型电压/电阻表（DVM），钳形电流表，电子检漏仪，500V 绝缘测试仪。

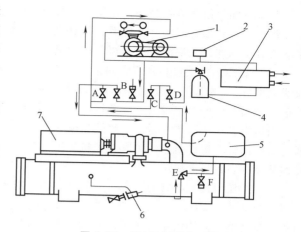

图 6-30　KF 机组泵出系统
1—小型活塞式压缩机　2—压力开关　3—冷却器　4—除湿器
5—贮液筒　6—过滤干燥器　7—电动机

（3）机组密封性检测　图 6-31 所示是机组泄漏试验的过程步骤和方法。机组抽真空后充注制冷剂，加压后，使用电子检漏仪检查所有的法兰及焊接连接处，如果发现泄漏，继续进行泄漏测试步骤。

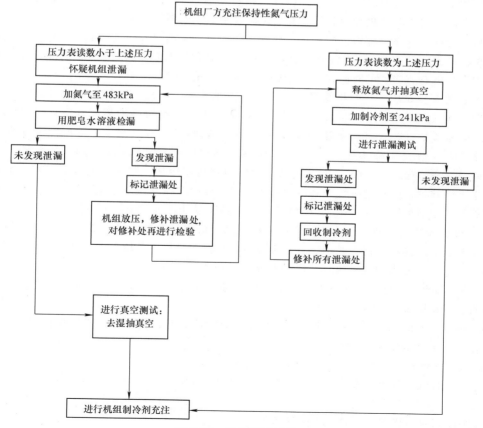

图 6-31　泄漏测试过程

如果压缩机组是弹簧减振，将所有弹簧两头固定，以防可能的管压及在检漏试验过程中，将制冷剂从一个容器移入另一个容器，或任何转移制冷剂的时候引起伤害。只有当制冷剂处于工作状态且水回路已充满时，才能再调整弹簧。

（4）制冷剂检漏仪和机组泄漏试验　推荐使用符合环保要求的制冷剂检漏仪（即电子检漏仪或卤素灯）。如果机组处于压力下，也可用超声波检漏仪。考虑到制冷剂泄漏难以控制及从制冷剂中分离杂质的难度较大，推荐按图 6-31 所示的泄漏试验、泄漏测试步骤。

当机组工作压力正常时，应继续完成如下工作：从容器中排出保持性充注气体；如果需要，通过增加制冷剂提高机组压力，直到机组压力等于周围环境温度的饱和压力；按泵出程序，将制冷剂从储存容器送入机组。

当机组压力读数异常时，应进行如下工作：对带制冷剂运输的机组，进行泄漏试验，通过连接氮气瓶加压至 207kPa，用肥皂水检查所有连接处，如果试验压力能保持 30min，则进行小泄漏试验；发现泄漏处均需做好标记。然后放掉系统压力，修补所有泄漏处，并重新试验修补处。完成泄漏试验后，按照机组去湿程序，尽可能除去氮气、空气及水分，然后添加制冷剂，缓慢提高系统压力至最大值 1103kPa，对 R134a 的最小压力不低于 241kPa，然后进行小泄漏检测试验，用电子检漏仪、卤素灯或肥皂水仔细检查机组。如果电子检漏仪发现泄漏，可用肥皂水进一步确认，统计整个机组泄漏率，若整机的泄漏率超过 0~45kg/年，则必须修补。如果在初次开机时没有发现泄漏，则在完成制冷剂气体从储存容器到整个机组的转移后，再次测试泄漏。未发现泄漏时，完成如下工作：将制冷剂移入储存容器，执行标准的真空测试；如果机组无法通过真空测试，检查大的泄漏；如果机组通过标准真空试验，给机组去湿，用制冷剂充注机组。如果发现泄漏，应将制冷剂泵入储存容器，如果有手动隔离阀，也可将制冷剂泵进未泄漏的容器。移出制冷剂后，机组压力降到 40kPa，进行修补泄漏，从第二步开始重复以上步骤，确保密封（如果机组在大气中敞开已有相当长的时间，在开始重复泄漏试验前排空）。

（5）标准真空试验　进行机组真空试验或去湿抽真空，需用压力表或真空计，气体指示仪在短时间内无法显示小量泄漏。真空试验步骤如下：用一个绝对压力表或真空计机组与机组相连；用真空泵或抽气装置将容器压力降至 41kPa；关闭阀门保持真空，记下压力表或真空计读数；如果 24h 内泄漏压降小于 0.17kPa，表明机组密封性相当好；如果 24h 内泄漏压降超过 0.17kPa，机组需重新进行试验。如果能从其他容器获得制冷剂，则恢复机组至正常工况进行试验；如果无法获得，则利用氮气和制冷剂指示计进行试验。在常温下最大气体压力约为 482kPa；如果用氮气，则最大泄漏测试压力为 1585kPa。修补泄漏处，再试验并去湿。

（6）机组去湿　如果机组敞开相当长一段时间，机组已含有水分，或已完全失去保持性充注或制冷剂压力，建议进行去湿抽真空。去湿可在室温下进行。环境温度越高，除湿也越快。在环境温度较低时，要求用较高的真空度来去湿。去湿过程如下：

1）将一高容量真空泵（0.002m³/s 或更大）与制冷剂充注阀相连，从泵到机组的接管尽可能短，直径尽可能大，以减小气流阻力。

2）用一绝对压力表或一真空仪测量真空度，只有读数时，才将真空仪的截止阀打开，并一直开启 3min，以使两边真空度相等。

3）如果要对整个机组除湿，开启所有隔离阀。

4）当周围环境温度到达 15.6℃ 或更高时，进行抽真空，直至绝对压力为 34.6kPa 时，继续抽 2h。

5）关闭阀门和真空泵，记录测试仪读数。

6）等候 2h，再记一次读数，如果读数不变，除湿完成。如果读数表示真空度已无法保持，重复 4）、5）步。

如果几次测试后，读数一直在变化，在最大达 1103kPa 压力下，执行泄漏试验，确定泄漏处并进行修补，重新进行除湿。参照管路图及产品安装说明书中的管路结构检查水路、检查蒸发器和冷凝器管路，确保流动方向正确及所有管路已满足技术要求。如果装有泵出系统，检查以确保冷却水排进该系统。根据提供的工作资料，检查现场提供的截止阀及控制元件，检查现场安装管线中制冷剂的泄漏。

（7）检查安全阀及接线　遵照安全法规，应将安全阀管接至户外，同时还应检查接线，看是否满足如下要求：检查接线是否符合接线图和各有关电气规范；对低压（600V 以下）压缩机，把电压表接到压缩机起动柜两端的电源线，测量电压，将电压读数与起动柜铭牌上的电压额定值进行比较；将起动柜铭牌上的电流额定值与压缩机铭牌上的进行比较，过载动作电流必须是额定负载电流的 108%～120%；检查接至油泵接触器、压缩机起动柜和润滑系统动力箱的电压，与铭牌值进行比较；明确油泵、电源箱和泵出系统都已配备熔断开关或断路器；检查所有的电子设备和控制器是否都按照接线图及有关电气规范接地；明确用户的建设单位已查核水泵、冷却塔风机和有关的辅助设备运行正常，包括电动机也已进行润滑，电源及旋转方向正确；对于现场安装的起动柜，用 500V 绝缘测试仪（如电阻表）测试机组压缩机电动机及其电源导线的绝缘电阻。如果现场安装的起动柜读数不符合要求，拆除电源导线，在电动机端子处重新测试电动机。如果读数符合要求，那么是电源导线出故障。

（8）检查起动柜　对机械类起动柜，应检查现场接线线头是否接紧，活动零件的间隙和连接是否正确；接触器是否能够移动自如，机械连锁装置是否工作正常；所有的机电装置是否能工作正常。对固态起动柜，应确保所有接线均已正确接至起动柜、接地线已安装正确，并且线径足够；确保所有的继电器均已可靠安装于插座中，所有的交流电均已按说明书接到起动柜。

（9）油充注及油加热器　油箱充满位置在上视镜的中部，最低油位为下视镜的底部。如果需加油，必须满足离心压缩机油的技术规范，通过充油阀进行加油，当制冷剂压力比较高时，必须使用加油泵。加油或放油必须在机组停机时进行。在给控制系统通电以前，应检查油加热器，要确保能看到油位。起动柜内的断路器可以使控制系统的油加热器上电，这要在机组起动前几小时进行，以减少跑油，也可通过控制润滑动力箱内的接触器对油加热器控制。

6. 离心式制冷压缩机的使用注意事项

为了延长离心式制冷压缩机的使用寿命，使用者必须经常注意做好日常维护保养工作，除了对机组各点温度、压力、流量、液位、电气数据以及加进的制冷剂做好记录外，还应注意以下情况：

（1）必须保持系统密封　当运行低压离心式制冷机组时，系统泄漏将导入不凝性气体和水汽，影响机件的寿命。当运行高压离心式制冷机组时，泄漏会导致油和制冷剂的损失。真空泄漏可以通过检查压力和温度是否对应，或放气装置的频繁运行来了解。高压系统的泄漏则可通过吸气压力下降、吸气过热升高等现象来判断制冷剂是否跑掉。这些泄漏现象必须加以制止以防止零部件的损坏。

（2）压缩机油的检查更换　遵照制造厂推荐的油过滤器的定期检查和更换，可以了解压缩机润滑系统的状况是否正常。油过滤器经常阻塞表明系统污染。定期将油取样分析含酸量、含水量和杂质等，有助于判断存在的问题。

（3）控制器的检查　运行和安全控制器应定期检查和校准，以保安全。

（4）接地电阻测量　应遵照制造厂的规定程序，定期检测封闭电动机对地电阻值。这有助于检测内部电气绝缘是否有损坏，是否有任何漏电现象。

（5）清洗　根据水质情况，对水冷式油冷却器的水侧进行定期清洗，对自动水控制器进行检查。

（6）机组润滑　需要定期对机组、联轴器及其附属设备等其他机外部件进行人工润滑，定期更换机械密封。对于具有内装式润滑系统的装置，在长期停车期间（如冬季），必须采取措施将油加热器长期通电，或者在再启用前更换润滑油。所有机组、装置都应进行定期保养。

（7）定期进行振动测量　这些故障包括不平衡、不同心、轴弯曲、轴承损伤、齿轮损坏、机械部位移动等。可以不进行拆卸就能在早期发现这些故障隐患，从而避免发生大的、紧急的和费用昂贵的修理。

6.3.2　溴化锂吸收式制冷机组的安装

溴化锂吸收式机组的安装过程很重要，特别是机组的水平度，也是保证机组性能及正常运行的重要环节之一。

本章所述的机组调试，是指制造厂家新产品的调试。溴化锂吸收式机组的性能是通过机组的调试而测得的，通常机组试验合格后才能交付用户使用。通过机组的调试，可以发现机组设计及制造中的问题，也可以发现机组设计制造及需要改进的方面，同时可给用户提供一些重要的数据，如溴化锂溶液充注量及水系统的阻力损失等。新机组的调试一般在制造厂家的试验台上进行，也有的在用户现场进行。虽然溴化锂吸收式机组运动部件少、振动噪声较小、运行较平稳、机组的基础及安装要求并不高，但是，对机组的水平度有较高的要求。

机组调试一般由制造厂家的专业技术人员进行。

1. 机组整体就位与安装

溴化锂吸收式机组是大型制冷设备。为了便于制造及运输方便，根据机组制冷量的大小，通常将机组分为整体出厂和分体出厂。分体机组通常为二件运输，但也可根据用户的要求做成三件或四件。

安装前，应首先进行机组的检查。机组在出厂前，内部已充注 0.02~0.04MPa（表压）氮气，每台机组都装有压力表。机组运输时，一般不装箱，因此，在机组就位与安装前，应检查机组压力情况，一旦发现机组在运输过程中由于损坏而发生泄漏，要立即与制造厂家联系，防止机组发生锈蚀，影响机组的正常使用。同时，还应检查电气仪表是否被损坏。

安装一般采用钢丝绳起吊机组，由于制造厂家的不同，机组起吊方法也各异。一般用两根钢丝绳起吊机组主筒体的两端，也有的机组用钢丝绳通过机组的吊孔起吊。吊装机组应非常仔细，确保不损坏机组的任何部分。当钢丝吊索与容易损坏的部分接触时要调整吊绳的位置。如果确实有困难，也可在该部件上设置软垫加以保护。要特别当心细管、接线和仪表等易损件不被损坏。在机组起吊及就位时，要保持机组的水平。当放下时，机组所有的底座应同时并轻轻地接触地面或基础表面。

溴化锂吸收式机组振动小，运行平稳，其基础是按静荷载来设计的。在机组就位前，应清理基础表面的污物，并检查基础标高和尺寸是否符合设计要求，检查基础平面的水平度，同时，在基础支撑平面上各放一块面积稍大于机组底脚的硬橡胶板，厚度约 10mm，然后将机组放在其上。机组就位后，必须对机组进行水平校正才能安装。对于发生器来说，溴化锂溶液在发生器中上下折流前进，机组不平，就加大了溶液在两端的液位差，还可能引起冷剂水的污染及高温换热器的汽击；对于蒸发器来说，会减少冷剂水的贮存量，从而影响机组在变工况时的运行；对于冷凝器，因水盘很低，如冷剂水从端部流出，就会影响至蒸发器的流动。

机组的水平校正方法如下：在吸收器管板两边，或者在筒体两端，找出机组中心点。如果找不到机组的中心点，也可利用钣金加工部位作为基准点。可取一根透明塑料管，管内充满水，塑料管不能打结，也不能压扁，管内的水中不允许存有气泡。然后，在机组两端中心放置水平，一端为基准点，另一端点则表明了纵向水平差。再将塑料管置于一端管板的两边，用同样的方法来校正横向水平差。机组合格的水平标准是纵向在 1mm/m 内，若机组尺寸是 6m 或大于 6m，合格值应小于 6mm。机组横向水平标准是小于 1mm/m。可用水平仪校正机组的水平。

当机组水平检测不合格时，可用起吊设备，通过钢丝绳慢慢吊起机组的一端，用钢制长垫片来调节机组的水平。如果没有合适的起吊设备，可以在机组的一端底座下半部焊上槽钢，用两只千斤顶，均匀地慢慢将机组顶起，再调节机组的水平，直至水平合格为止。

机组在运输、就位及安装过程中，一定要防止人为的损坏和无目的拨弄阀门及仪表，禁止将机组上的管道及阀门作为攀登点。要保护好机组上的控制箱、电气仪表及电气接线，非专业人员不得开启电气控制箱、拆动仪表及线路。

2. 机组分体就位与安装

小型机组在制造厂内已经组装，主要的安装工作就是将机组搬到基础上并校正水平。但大型溴化锂吸收式机组是分体出厂并运输至用户，因此分体机组的就位与安装要比整体机组复杂。安装步骤如下：

1）分体出厂的机组与整体出厂的机组所需的基础是一致的，都是根据机组运行质量而设计。机组安装前，同样需在基础上放置略大于机组底脚，厚度约 10mm 的硬橡胶板。

2）分体机组在出厂时，每一件内部都充以氮气，因此，在机组就位前，应检查每件内部的压力并与出厂值进行比较，一旦发现机组由于损坏而发生泄漏，应及时与制造厂家联系。

3）对于分二件或三件机组的吊装，与单件机组吊装基本相同，应先将下筒体用钢丝绳吊在基础上并校正水平，然后，再将上筒体吊装在下筒体上。

4）分体机组就位后，也要校正机组的水平。其方法和整体机组校正一样，不过，在筒体就位后，先要对下筒体进行水平校正，不仅要校正机组纵向水平，还要校正横向水平。只有在下筒体水平合格后，方可将上筒体吊装在下筒体上，同时还要对上筒体进行纵向及横向水平校正。

如果机组水平不合格，可用垫钢板来调节机组的水平，先要调节好下筒体的水平，然后才能吊装上筒体，通过在上筒体底脚下垫钢板来调整。如果分体机组各部件已经就位，但机组水平未校正，也可用上述方法，分别校正上、下筒体的水平，并用垫钢板来调节。

3. 部件的安装

当上、下筒体就位完毕后，就要连接上、下筒体间的有关管道及部件，并现场焊接安装。打开蒸发器-吸收器组件上的辅助阀门（一般为真空隔膜阀），将蒸发器-吸收器壳体内充入的氮气放出，使壳体内的氮气压力和外面大气压一致。打开发生器或冷凝器上的辅助阀，将发生器-冷凝器壳体内的加压氮气放出。用火焰切割方法割去所有管道上的盖板，除去毛刺和垃圾，以防进入机组。由具有合格证的电焊工焊接管道结合点。所有接管应经清洁处理，除去管内的铁锈、油污等杂物并保持清洁。为了防止焊接时的焊渣、铁锈等杂物进入机组内，可采用如图 6-32 所示的内衬管焊接方法。应注意：机组在安装接管时，严禁将管道及阀门作为攀登点，不可将真空隔膜阀作为扶手来攀登机组。机组在就位及焊上、下筒体有关连接管道时，不要损坏电气仪表及电气线路。

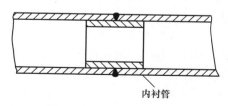

图 6-32　内衬管焊接方式

真空隔膜阀一般采用焊接式结构，其焊接部位离隔膜（一般为橡胶材料）较近，在焊接真空隔膜阀时，应采取保护隔膜免受高温损害的有效措施，如采用特种焊接，或焊接时对阀体采取有效冷却等。

6.3.3　螺杆式制冷机组的安装

螺杆压缩机在制冷系统中起着将蒸发器出来的低温低压的制冷剂气体变成高温高压气体的作用，是制冷系统的心脏部件。和活塞压缩机一样，螺杆压缩机属于容积式压缩机，主要由机壳、螺杆转子、轴承、能量调节装置等组成。

螺杆压缩机具有结构简单、工作可靠、效率高和调节方便等优点，20世纪70年代以来，在制冷空调领域得到了越来越广泛的运用。

按照螺杆转子数量的不同，螺杆压缩机有双螺杆与单螺杆。按压缩机台数，分为单机头和多机头。

1. 机组安装

（1）机组安装前的准备工作　机组在运输过程中，应防止机组发生损伤。机组运达现场后，应存放在库房中。如无库房必须露天存放时，应将机组底部适当垫高，防止浸水。箱体上必须加以遮盖，以防止雨水淋坏机组。安装前进行开箱检查，查看机组型号是否与合同订货机组型号相符，根据随机出厂的装箱清单清点机组、出厂附件以及所附的技术资料，做好记录。检查机组及出厂附件是否有损坏和锈蚀。如机组经检查后不及时安装，必须将机组加上遮盖物，防止灰尘及产生锈蚀。设备在开箱后必须注意保管，放置平整。法兰及各种接口必须封盖、包扎、防止雨水灰沙侵入。机组在吊装时，必须严格按照厂方提供的机组吊装图进行施工。在安装前，必须考虑好机组搬运和吊装的路线。在机房预留适当的搬运口，如果机组的体积较小，可以直接通过门框进入机房，如果机组的体积较大，可待设备搬入后，再进行补砌。如果机房已建好又不想损坏，而整机进入机房又有一定困难，有些机组可以分体搬运。一般是将冷凝器和蒸发器分体搬入机房，然后再进行组装。

（2）机房选择与机组定位　机房位置选择应避免高温，保证通风良好、干燥、清洁、排水通畅。机组安装时应按照平面布置图所注各设备与墙中心或柱中心的关系尺寸，划定设备安装地点的纵、横基准线，根据随机所附的技术资料，在机组与机组之间、机组与墙体之间留有相应的空间，以便于机组维修保养和现场操作。螺杆式冷水机组一般要求安装在地基上。在修筑地基前，应核算所需地基是否满足机组运行质量的承重要求，机组的运行质量可以查阅技术资料或直接向厂方询问。地基一般用混凝土浇筑而成，在基础浇筑时必须注意要留下相应的地脚螺栓孔，具体位置可以参照厂方提供的地基图。地脚螺栓一般都由厂方提供，随机组一同出厂。一般螺杆式冷水机组在安装时，需要在地基上安装防振垫片。但随着螺杆式冷水机组的发展，机组的振动大大减少，有的机组已不需要防振垫片，可以直接将机组安装在地基上，紧固地脚螺栓即可。

（3）机组就位　机组在就位后，需要连接水管路，与整个空调系统相连接。水管路的连接形式有法兰连接、螺纹连接及焊接连接等形式。一般螺杆式冷水机组都采用法兰连接，但也有采用焊接连接的。有的小制冷量的机组，由于水管接口较小，也可以采用螺纹连接。与机组连接的水管建议采用软管，防止由于机组振动或移动对水管路带来损伤。

电气安装方面，目前的螺杆式冷水机组都已将机组的配电柜、起动柜和控制柜集成在机组上了。所以，只需要将电缆线连接至配电柜中。具体的连接方法和连接形式各个制造厂家会有所不同，须参考各自的技术资料。

2. 机组调试

制冷系统的正确调试是保证制冷装置正常运行、减少能耗、延长使用寿命的重要环节。对于现场安装的大、中型制冷系统，调试前首先应按设计图要求，熟悉整个系统的布置和连接，了解各个设备的外形结构和部件性能，以及电控系统和供水系统等。为此，调试时应有制冷和水电等工程师参加。用户在调试前应认真阅读厂方提供的产品操作说明书，按操作要求逐步进行。操作人员必须经过厂方的专门培训，获得机组的操作证书才能上岗操作，以免错误操作给机组带来致命的损坏。

（1）调试前的准备　螺杆式冷水机组属于中大型制冷机，在调试中需要设计、安装、使用三方面密切配合。为了保证调试工作进行得有条不紊，有必要由有关方面的人员组成临时的试运转小组，全面指挥调试工作的进行。负责调试的人员应全面熟悉机组设备的构造和性能，熟悉制冷机安全技术，明确调试的方法、步骤和应达到的技术要求，制定详细具体的调试计划，并使各岗位的调试人员明确自己的任务和要求。检查机组的安装是否符合技术要求，机组的地基是否符合要求，连接管路的尺寸、规格、材质是否符合设计要求。单独对冷水和冷却水系统进行通水试验，冲洗水路系统的污物，水泵应正常工作，循环水量符合工况的要求。清理调试的环境场地，达到清洁、明亮、畅通。准备好调试所需的各种通用工具和专用工具。准备好调试所需的各种压力、温度、流量、质量、时间等测量仪器仪表。准备好调试运转时必需的安全保护设备。机组的供电系统应全部安装完毕并通过调试。

（2）制冷剂的充注　目前，制冷机组在出厂前一般都按规定充注了制冷剂，现场安装后，经外观检查如果未发现意外损伤，可直接打开有关阀门（应先阅读厂方的使用说明书，在运输途中，机组上的阀门一般处在关闭状态）开机调试。如果发现制冷剂已经漏完或者不足，应首先找出泄漏点并排除泄漏现象，然后按产品使用说明书要求，加入规定牌号的制冷剂，注意制冷剂充注量应符合技术要求。有些制冷机组需要在用户现场充注制冷剂，制冷剂的充注量及制冷剂牌号必须按照规定。制冷剂充注量不足，会导致冷量不足。制冷剂充注量过多，不但会增加费用，而且对运行能耗、设备安全等可能带来不利影响。如果一旦发生意外泄漏事故，制冷剂可能会给环境带来严重的污染。在充注制冷剂前，应预先备有足够的制冷剂。充注时，可直接从专用充液阀门充入。由于系统处于真空状态，钢瓶中制冷剂与系统压差较大，当打开阀门时（应先用制冷剂吹出连接管中的空气，以免空气进入机组，影响机组性能），制冷剂迅速由钢瓶流入系统，充注完毕后，应先将充液阀门关闭，再移去连接管。

（3）制冷系统调试　制冷剂充注结束后（如需要充注制冷剂），可以进行负荷调试。由于近年来，螺杆式冷水机组在机组性能和电气控制方面都有了长足的进步，许多机组在正式开机前，可以对主要电控系统做模拟动作检测，即机组主机不通电，控制系统通电，然后通过机组内部设定，对机组的电控系统进行检测，检查组件是否运行正常。如果电控系统出现问题，可以及时解决。最后再通上主机电源，进行调试。在调试过程中，应特别注意以下几点：检查制冷系统中的各处阀门，是否处在正常的开启状态，特别是排气截止阀，切勿关闭；打开冷凝器的冷却水阀门和蒸发器的冷水阀门，冷水和冷却水的流量应符合厂方提出的要求；起动前应注意观察机组的供电电压是否正常；按照厂方提供的开机手册，起动机组；当机组起动后，根据厂方提供的开机手册，查看机组的各项参数是否正常；可根据厂方提供的机组运行数据记录表，对机组的各项数据进行记录，特别是一些主要参数一定要记录清楚；在机组运行过程中，应注意压缩机的上下载机构是否正常工作；应正确使用制冷系统中安装的安全保护装置，如高低压保护装置，冷水和冷却水断水流量开关，安全阀等设备，如有损坏应及时更换；机组如出现异常情况，应立即停机检查。

在制冷系统调试前，一定要做好空调系统内部的清洁和干燥工作。如果前期工作不认真进行，在调试期间将会增加许多工作量，而且会给制冷装置以后运行带来许多隐患。

3. 故障分析和对策

制冷机组的故障主要来自电控系统和制冷系统两方面。故障会导致机组无法正常起动、运行，制冷量明显下降或者机组产生严重损坏。正确判断各种故障产生的原因并采取合理的排除方法，这不但涉及电气和制冷技术方面的理论知识，更重要的是还需具备实践技能，只有通过长时间的实践，才能获得维护制冷装置的丰富经验。随着螺杆式冷水机组的发展，机组的故障率较之以往大大减少。同时，机组控制系统也日趋完善。许多厂家的机组控制系统都带有自动检测故障的功能。机组如果出现异常故障，通过传感器或其他一些设备控制系统会产生报警，并把报警代码或内容显示到机组的操作界面上，便于维修人员查阅。如出现机组报警显示系统错误并不是造成故障的直接原因，就需要检查与报警相关的其他部件是否正常。

4. 机组维护保养

螺杆式冷水机组维护保养的主要内容，包括日常保养和定期检修。定期的维修保养能保证机组长期正常运行，延长机组的使用寿命，同时也能节省制冷能耗。对于螺杆式冷水机组，应有运行记录，记录机组的运行情况，而且要建立维修技术档案。完整的技术资料有助于发现故障隐患，及早采取措施，以防故障出现。

（1）压缩机　螺杆压缩机是机组中非常关键的部件，压缩机的好坏直接关系到机组的稳定性。由于螺杆压缩机制造材料和制造工艺的不断提高，许多厂家制造的螺杆压缩机寿命都有了显著的提高。如果压缩机发生故障，由于螺杆压缩机的安装精度要求较高，一般都需要厂方来进行维修。

（2）冷凝器和蒸发器的清洗　水冷式冷凝器的冷却水由于是开式的循环回路，一般采用的自来水经冷却塔循环使用，或者直接来源于江河湖泊，水质相差较大。当水中的钙盐和镁盐含量较大时，极易分解和沉积在冷却水管上而形成水垢，影响传热。结垢过厚还会使冷却水的流通截面缩小，水量减少，冷凝压力上升。因此，当使用的冷却水的水质较差时，对冷却水管每年至少清洗一次，去除管中的水垢及其他污物。一般使用专门的清管枪、清洗剂对管子进行清洗。

（3）更换润滑油　机组在长期使用后，润滑油的油质变差，油中的杂质和水分增加，所以要定期观察和检查油质，一旦发现问题应及时更换，更换的润滑油牌号必须符合技术资料的规定。

（4）干燥过滤器更换　干燥过滤器是制冷剂进行正常循环的重要部件。由于水与制冷剂互不相溶，如果系统内部含有水分，将大大影响机组的运行效率，因此保持系统内部干燥是十分重要的，干燥过滤器内部的滤芯必须定期更换。

（5）安全阀的校验　螺杆式冷水机组的冷凝器和蒸发器均属于压力容器，根据规定，要在机组的高压端即冷凝器筒体上安装安全阀，一旦机组处于非正常的工作环境时，安全阀可以自动泄压，以防止高压可能对人体造成的伤害。所以安全阀的定期校验，对于整台机组的安全性是十分重要的。

（6）制冷剂的充注　如没有其他特殊的原因，一般机组不会产生大量的泄漏。如果由于使用不当或在维修保养后，有一定量的制冷剂发生泄漏，就需要重新添加制冷剂。充注制冷剂必须注意机组使用制冷剂的牌号。

5. 运行管理和停机注意事项

（1）螺杆式冷水机组运行管理注意事项　机组的正常开机、停机，必须严格按照厂方提供的操作说明书的步骤进行操作；机组在运行过程中，应及时、正确地做好参数的记录工作；机组运行中如出现报警停机，应及时通知相关人员对机组进行检查，如无法排除故障，可以直接与厂方联系；机组在运行过程中严禁将水流开关短接，以免冻坏水管；机房应有专门的工作人员负责，严禁闲杂人员进入机房，操作机组；机房应配备相应的安全防护设备和维修检测工具，如压力表、温度计等，工具应存放在固定的位置。

（2）螺杆式冷水机组停机注意事项　机组在停机后应切断主电源开关；如机组处于长期停机状态期间，应将冷水、冷却水系统的内部积水全部放净，防止产生锈蚀，水室端盖应密封；机组在长期停机时，应做好维修保养工作；在停机期间，应该将机组全部遮盖，防止积灰；在停机期间，与机组无关的人员不得接触机器。

6.4　热泵机组的施工安装

热泵机组不但可以制冷、制热，更重要的是可以把低品位能量转变为高品位能量，且具有环保、节能特点，目前应用的十分广泛。常用的有空气源热泵冷热水机组、水源热泵冷热水机组、地源热泵冷热水机组以及家用分体热泵式空调器等。

6.4.1　空气源热泵机组

空气源热泵机组使用的压缩机组有活塞式、螺杆式、整体式、模块式等形式，单台机组制冷量 3~400RT，按机组容量大小分为户式小型机组、中型机组、大型机组，按机组组合形式分为整体式机组（由 1 台或几台压缩机共用 1 台水侧换热器的机组称为整体式机组）和模块化机组（由几个独立模块组成的机组，称为模块化机组）等。对于大型机组，其制冷机的安装，同前所述，只是冷却装置有所不同；对于小型一体机，则安装方式有所不同。

1. 空气源热泵的使用特点

空气源热泵系统，又称为风冷热泵机组，是一种将冷、热源合一，无须锅炉、不产尘、不排放有害物质、无冷却水系统、对环境无污染、可采用模块化组合设计、可靠程度高的空调冷热源形式。空气源热泵系统可以不占用建筑的有效使用面积，机组可放置在屋顶或地面。空气源热泵适用于我国绝大多数地区，对于长江流域及以南地区，提倡采用复合式冷却的热泵机组；在我国北方严寒地区进行冬季制热供暖时，常需在系统末端设置辅助加热装置，或在室外机出风口处设加热器，机组也可以采用单级双循环或多级压缩等技术来保证供暖。在某些地区应用时，冬季室外机有结霜问题，应引起注意。在选择热泵机组时，除了将铭牌上标准工况（干球温度 70℃，湿球温度 6℃）下制热量，变为使用工况下制热量外，还要考虑使用工况下结霜除霜的热量损失。一般按最佳平衡点温度（热泵供热量等于建筑物耗热量时的室外计算温度）来选择热泵机组和辅助热源，对于需同时供冷、供暖的场合，可选用热回收式机组。

2. 空气源热泵机组的安装

空气源热泵机组分为冷热水机组和冷媒机组，其冷水机组和管道安装与普通水冷机组基本相同，只是机组和附件安装在屋面和室外，基础做法有些差异。空气源热泵机组的安装包括室内机和室外机组的安装。对于冷热水机组，室内空调末端设备的安装与普通空调系统安装基本相同，请参照有关章节。对于冷媒系统，例如 VRV 变流量冷媒机组的安装，可按照《多联机空调系统工程技术规程》（JGJ 174）执行。安装应与建筑、结构、电气、给水排水、装饰等专业相互协调，合理布置。设备外表观检查应无损伤、密封应良好，随机文件和配件应齐全。设备的搬运和吊装，应符合产品技术文件的有关规定，并应做好设备的保护工作，不得因搬运或吊装而造成设备损伤。

室外机安装时，应确保室外机的四周按照要求留有足够的进排风和维护空间。进排风应通畅，必要时应安装风帽及气流导向格栅。室外机应安装在水平和能够承受室外机组的运行重量和振动荷载的基础和减振部件上，且必须与基础进行固定，机组与基础之间要做好减振处理。基础周围应做排水沟。当室外机安装在屋顶上时，应检查屋顶的强度并应采取防水措施。

制冷剂管道的施工时，铜管弯曲应使用弯管器，开口应使用专用工具胀管，切割必须使用专用割刀。切割后的铜管开口应去除多余的毛边，磨平开口并把黏附在铜管内壁的切屑全部清除干净。焊接应采用充氮焊接，焊接的部位应清洁、脱脂。其铜管喇叭口的制作应符合要求。

图 6-33 所示是空气源热泵在屋顶安装的图片。

图 6-33　空气源热泵机组机屋面安装

6.4.2　地源热泵系统

地源热泵系统是一种有效利用岩土体、地下水或地表水等低温热源，由水源热泵机组、地热能交换系统、建筑物内系统组成的供暖空调系统。大型热泵主机机组安装同制冷设备安装，小型热泵系统或热泵空调设备的安装同空调系统末端设备安装，这里不再详述。地源热泵系统方案设计前，应进行工程场地状况调查，并应对浅层地热能资源进行勘察。根据地热能交换系统形式的不同，地源热泵系统分为地埋管地源热泵系统、地下水地源热泵系统和地表水地源热泵系统。

1. 换热器的分类

换热器分为普通换热器和土壤换热器。当采用抽取地下水然后经换热器换热后回灌时，可采用普通的高效换热器。普通换热器的安装参见有关章节。土壤换热器是由埋于地下的密闭循环管组构成的换热器，根据管路埋置方式不同，分为水平地埋管换热器和竖直地埋管换热器，如图 6-34 所示。

换热器还可细分为水平式土壤换热器、垂直式 U 形土壤换热器、垂直套管式土壤换热器、热井式土壤换热器、直接膨胀式土壤换热器等。

（1）水平式地埋管换热器　当地面宽广且可利用地表面岩土、湿地、水体等资源较丰富时，可采用水平式系统。水平式地埋管换热器的类型如图 6-35 所示。该系统多使用在单相运行状态的空调系统中，在土壤中设计埋管深度多在 2~4m 之间，只用于供暖时，沟的深度和管间距通常要求较大，如图 6-36 所示。

图 6-34　土壤换热器的形式示意图

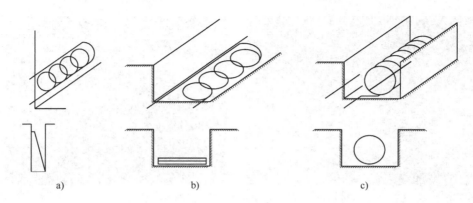

图 6-35　水平地埋管换热器的类型

a）垂直排圈式　b）水平排圈式　c）水平螺旋式

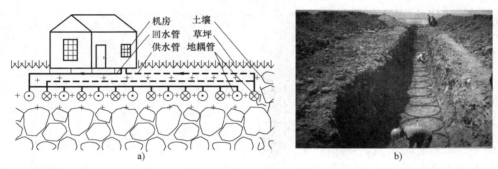

图 6-36　水平式土壤换热器埋管方式

　　水平埋管主要有单沟单管、单沟双管、单沟二层双管、单沟二层四管、单沟二层六管等形式，由于多层埋管的下层管处于较稳定的温度场，换热效率好于单层，而且占地面积较少，因此应用多层管的较多。近年又新开发了两种水平埋管形式，一种是扁平曲线状管，另一种是螺旋状管。它们的优点是管子长度增加，可充分利用地表浅层能量资源，也使地沟的长度缩短。水平式换热器的其他埋管方式如图 6-37 所示。

图 6-37　水平式换热器的其他埋管方式

　　（2）垂直式 U 形土壤换热器　将 U 形管垂直深埋于地下，埋管形式如图 6-38 所示。与水平土壤换热器相比，垂直式 U 形土壤换热器具有占地面积小、运行稳定、效率高等优点。

图 6-38 垂直式 U 形土壤换热器埋管方式

　　垂直式地埋管换热器根据埋管形式的不同，一般有单 U 形管、双 U 形管、套管式管、小直径螺旋盘管、大直径螺旋盘管、立式柱状管、蜘蛛状管等形式（图 6-39）；按埋设深度不同分为浅埋（≤30m）、中埋（31~80m）和深埋（>80m）。目前使用最多的是单 U 形管、双 U 形管，如图 6-40、图 6-41 所示。

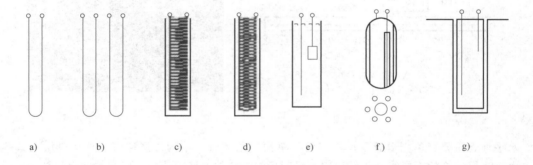

a)　　　　　b)　　　　　c)　　　　　d)　　　　　e)　　　　　f)　　　　　g)

图 6-39 垂直地埋管换热器形式

a) 单 U 形管 b) 双 U 形管 c) 小直径螺旋盘管 d) 大直径螺旋盘管 e) 立柱状 f) 蜘蛛状 g) 套管式

图 6-40 单 U 形埋管

图 6-41　双 U 形埋管

（3）垂直套管式土壤换热器　垂直套管式土壤换热器有内套管和外套管的闭路循环系统，
水从外套管的上部流入管内，循环时，水
沿外套管自上至下流动，从外套管的底部
经内套管上流到顶部出套管。套管式土壤
换热器适合在地下岩石深度较浅，钻深孔
困难的地表层使用。通过竖埋单管试验，
套管式换热器较 U 形管效率高 20% ~ 25%。
竖埋套管式孔距 3 ~ 5m，孔径 150 ~ 200mm，
外套管直径 63 ~ 120mm，内套管直径 25 ~
32mm。垂直套管式土壤换热器埋管方式如
图 6-42 所示。

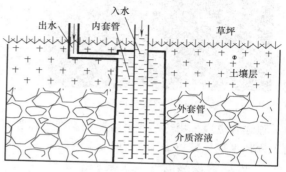

图 6-42　垂直套管式土壤换热器埋管方式

（4）与建筑结构合为一体的地埋换热
器　换热器利用结构基础灌注桩埋管的方式，采用将换热管与桩基柱体结合成一体进行包封的
做法，如图 6-43 所示。换热管可采用钢管或 PE 管等。

图 6-43　与桩基柱体结合成一体的换热器换热管做法

2. 换热器的连接

地埋换热器的连接通常分为集管式和非集管式。集管式连接管即采用两根大口径的管材将 U
形管进水支管和出水支管分别连接起来，起到分水器和集水器的作用，但各支路没有控制阀门，如
图 6-44 所示。非集管式连接管即将每个钻孔的进、出水管分别独立引入分水器和集水器，各分支管

设有阀门,便于控制和调节,如图 6-45 所示。分水器和集水器分为室外和室内设置两种形式。

图 6-44 集管式连接

图 6-45 非集管式连接

埋地管道应采用热熔或电熔连接。聚乙烯管道连接应符合国家现行标准《埋地塑料给水管道工程技术规程》（CJJ 101）的有关规定。

3. 地埋管换热器安装工程施工工艺

地下换热器施工工艺：施工前准备→放线、钻孔→U 形管的选择、试压与清洗→下管、二次试压与封井→测量、开挖横沟、布置水平管→水平管熔接、试压→检查井、分集水器井的安装→系统试压。

（1）施工前准备 地埋管换热系统施工前应具备埋管区域的工程勘察资料、设计文件和施工图，并完成施工组织设计。施工前应了解埋管场地内已有地下管线、其他地下构筑物的功能及其准确位置，并应进行地面清理，铲除地面杂草、杂物，平整地面。确保施工时，不损坏既有地下管线及构筑物。

（2）放线、钻孔 将地埋管换热器设计图上的钻孔的排列、位置逐一落实到施工现场，孔径约 150mm。孔径的大小以能够较容易地插入所设计的 U 形管为度。安装应尽可能遵循设计要求，但也允许结合场地具体情况有所调整。平面图上应标明开挖地沟或钻凿竖井的位置和通往建筑物或机房的入口位置，还应标明在规划建设工地范围内所有地下公用事业设备的位置，以保证进行钻洞、筑洞、灌浆、冲洗的要求。

灌浆用管采用相同材料和规格，为确保 U 形管顺利安全地插入孔底，孔径要适当，必要时应固化。在钻孔过程中，根据地下地质情况、地下管线敷设情况及现场土层热物性的测试结果，适当调整钻孔的深度、个数及位置，以满足设计要求，降低钻孔、下管及封井的难度，减少已有地下工程的影响。当第一个孔钻成后，应及时对钻孔深度方向上土层的热物性进行测定，以便对地热换热器的设计做适当修正。

（3）U 形管的选择、试压与清洗 直地埋管换热器插入钻孔前、水平地埋管换热器放入沟槽前，应做第一次水压试验。在试验压力下，稳压至少 15min，稳压后压力降不应大于 3%，且无泄漏现象。将其密封后，在有压状态下插入钻孔，完成灌浆之后保压 1h。

安装前还应对管道进行清洗。竖直地埋管换热器的 U 形弯管接头，宜选用定型的 U 形弯头成品件，不宜采用直管道煨制弯头。竖直地埋管换热器 U 形管的组对长度应能满足插入钻孔后与环路集管连接的要求，组对好的 U 形管的两开口端部，应及时密封，以防杂物进入。

（4）下管、二次试压与封井 工程上通常采用人工下管的方法。

水平地埋管换热器在土壤铺设前，沟槽底部应先铺设相当于管径厚度的细砂。安装时，应防止石块等重物撞击管身。管道不应有折断、扭结等问题，转弯处应光滑，且应采取固定措施。回填料应细小、松散、均匀，且不应含石块及土块。回填压实过程应均匀，回填料应与管道接触紧密，且不得损伤管道。竖直地埋管换热器 U 形管安装应在钻孔钻好且孔壁固化后立即进行。当钻孔孔壁不牢固或者存在孔洞、洞穴等导致成孔困难时，应设护壁套管。U 形管头部应设防护装置，以防止在下管过程中的损伤。U 形管内宜充满水，增加自重，减少下管过程中的浮力。每钻完一个孔，应接着下管。人工下管如图 6-46 所示。

图 6-46 人工下管

下管过程中，U 形管内宜充满水，并宜采取措施使 U 形管两支管处于分开状态。将聚乙烯管插入孔中，直至孔底，U 形管的长度应比孔深略长，以使其能够露出地面。下管完成后，进行第二次水压实验。竖直或水平地埋管换热器与环路集管装配完成后，回填前应进行第二次水压试验。在试验压力下，稳压至少 30min，压力降不应大于 3%，且无泄漏现象。确认无渗漏后，方可灌浆回填封孔。当埋管深度超过 40m 时，灌浆回填应在周围临近钻孔均钻凿完毕后进行。灌浆回填料宜采用膨润土和细砂（或水泥）的混合浆或专用灌浆材料。当地埋管换热器设在密实或坚硬的岩土体中时，宜采用水泥基料灌浆回填。

（5）测量、开挖横沟、布置水平管 根据系统设计，分配每个回路上所连接的 U 形管位置，确定水平管位置走向，开挖水平横沟，水平横管配管，如图 6-47、图 6-48 所示。

图 6-47 水平横沟

图 6-48 水平横管配管

（6）水平管熔接、试压 按各回路连接 U 形管，待该回路所有接口都熔接好后，进行第三次试压。在试验压力下，稳压至少 30min，且无泄漏。确定系统可靠性后回填该回路。管路的熔接方法见有关章节，管道试压如图6-49所示。

图 6-49　管道试压

（7）检查井、分集水器井的安装　按照施工详图，在确定的检查井、分集水器井位置上完成管路及阀件安装，安装完成后由土建专业砌筑检查井，做好防水处理，并在底部设置排污管至集水井，如图6-50所示。

图 6-50　检查井、分集水器井的安装

环路集管与机房分集水器连接完成后，回填前应进行第三次水压试验。在试验压力下，稳压至少2h，且无泄漏现象。

（8）系统的整体试压　地埋管换热系统全部安装完毕，且冲洗、排气及回填完成后，应进行第四次水压试验。在试验压力下，稳压至少12h，稳压后压力降不应大于3%。

水压试验宜采用手动泵缓慢升压，升压过程中应随时观察与检查，不得有渗漏；不得以气压试验代替水压试验。回填过程的检验应与安装地埋管换热器同步进行。

地源热泵系统的水压试验压力要求如下：当工作压力≤1.0MPa时，试验压力应为工作压力的1.5倍，且不应小于0.6MPa；当工作压力>1.0MPa时，试验压力应为工作压力加0.5MPa。

4. 地源热泵系统的施工检验与验收

（1）热泵机组及室内供暖设备　热泵机组及建筑物内系统安装应符合现行国家标准《制冷设备、空气分离设备安装工程施工及验收规范》（GB 50274）、《通风与空调工程施工质量验收规范》（GB 50243）、《建筑给水排水及采暖工程施工质量验收规范》（GB 50242）的有关规定。

（2）整体运转、调试与验收　地源热泵系统交付使用前，应进行整体运转、调试与验收。

整体运转与调试前应制定整体运转与调试方案，并报送专业监理工程师审核批准。地源热泵系统调试应分冬、夏两季进行，且调试结果应达到设计要求，调试完成后应编写调试报告及运行操作规程，并提交甲方确认后存档。整体验收前，应进行冬、夏两季运行测试，并对系统的实测性能做出评价。

地源热泵系统整体运转、调试与验收除应符合《地源热泵系统工程技术规范》（GB 50366）外，还应符合现行国家标准《通风与空调工程施工质量验收规范》（GB 50243）和《制冷设备、空气分离设备安装工程施工及验收规范》（GB 50274）、《建筑给水排水及采暖工程施工质量验收规范》（GB 50242）等的相关规定。

练　习　题

1. 制冷设备及管道的施工及质量验收主要依据哪些规范和规程？
2. 简述制冷机基础验收的基本要求。
3. 制冷系统管道安装的基本要求有哪些？
4. 简述制冷机安装的空间要求。
5. 简述制冷机及附属设备的安装基本要求。
6. 简述制冷剂的充注过程。
7. 简述常用热泵系统的分类及安装要求。
8. 简述地源热泵的换热方式和安装要求。

（注：加重的字体为本章需要掌握的重点内容。）

第 7 章
建筑给水排水管道及设备的安装

建筑给水排水工程包括建筑生活给水、生产给水、消防给水、建筑排水以及建筑废水、中水等。室内及建筑周边的给水排水系统通常被划分为建筑给水排水工程范畴，施工及质量验收应遵循《建筑给水排水及采暖工程施工质量验收规范》（GB 50242）；城镇或较大区域的给水排水系统，通常被划分为市政工程范畴，按照《给水排水管道工程施工及验收规范》（GB 50268）进行施工质量的验收。不同的消防给水系统分别按照各自系统的施工质量及验收规范或规程执行。给水排水工程施工还应遵守城镇建设行业（CJJ 系列）行业规范、技术规程、技术措施的有关规定。各种承压管道系统和设备应做水压试验，非承压管道系统和设备应做灌水试验。

7.1 建筑给水系统的安装

建筑给水系统按用途可分为生活给水、生产给水和消防给水，也可将上述三种给水系统组合成形成生活-生产、生产-消防、生活-消防等共用给水系统。工作压力不大于 1.0MPa 的给水系统和消防给水系统执行《建筑给水排水及采暖工程施工质量验收规范》（GB 50242）；消防给水系统还应满足《自动喷水灭火系统施工及验收规范》（GB 50261）、《消防给水及消火栓系统技术规范》（GB 50974）的条件。系统的支、吊架还应满足建筑抗震设计的要求。

7.1.1 室内给水管道及配件安装

室内给水管道及设备包括给水引入管，入户总水表，给水立管、干管、支管，分户水表，配水节点以及为能保证建筑正常供水而设置的升压、储水设备、加压装置、二次净化装置等。

1. 生活给水管道安装的一般规定

给水管道必须采用与管材相适应的管件及连接方法，为防止生活饮用水在输送中受到二次污染，生活给水系统所涉及的材料，必须达到饮用水卫生标准。

管径小于或等于 100mm 的镀锌给水钢管通常应采用螺纹连接，套螺纹时破坏的镀锌层表面及外露螺纹部分应做防腐处理，镀锌钢管与法兰的焊接处应做二次镀锌处理。

给水铸铁连接可采用水泥捻口或橡胶圈接口方式进行连接。给水塑料管和复合管可以采用橡胶圈接口、粘接接口、热熔连接、专用管件的连接等方式，不同材质管道连接应采用专用转换管件。铜管连接可采用专用接头或焊接，当管径小于 22mm 时宜采用承插或套管焊接，承口应迎介质流向安装；当管径大于或等于 22mm 时宜采用对口焊接。

室内给水管道的水压试验必须符合设计要求。当设计未注明时，各种材质的给水管道系统试验压力均为工作压力的 1.5 倍，但不得小于 0.6MPa。金属及复合管给水管道在试验压力下观测 10min，压力降不应大于 0.02MPa，然后降到工作压力进行检查，应不渗不漏；塑料管给水系统应在试验压力下稳压 1h，压力降不得超过 0.05MPa，然后在工作压力的 1.15 倍状态下稳压

2h，压力降不得超过 0.03MPa，同时检查各连接处不得渗漏。

给水系统交付使用前必须通过观察和开启阀门、水嘴等放水方式，进行通水试验并做好记录以备查验。

生活给水系统管道在交付使用前必须冲洗和消毒，并经有关部门取样检验并提供检测报告，符合国家生活饮用水标准方可使用。

室内直埋的给水管道（塑料管道和复合管道除外）应做防腐处理。埋地管道防腐层的材质和结构应符合设计要求。

给水引入管与排水排出管的水平净距不得小于 1m。室内给水与排水管道平行敷设时，两管间的最小水平净距不得小于 0.5m；交叉铺设时，垂直净距不得小于 0.15m。给水管应铺在排水管上面，若给水管必须铺在排水管下面时，给水管应加套管，其长度不得小于排水管管道直径的 3 倍。

管道及管件焊接时，焊缝外形尺寸应符合设计施工图和工艺文件的规定，焊缝高度不得低于母材表面，焊缝与母材应圆滑过渡；焊缝及热影响区表面应无裂纹、未熔合、未焊透、夹渣、弧坑和气孔等缺陷。

为了在试压冲洗及维修时能及时排空管道的积水，给水水平管道应有 0.002 ~ 0.005 的坡度坡向泄水装置。

给水管道和阀门安装的允许偏差应符合表 7-1 所示的规定。

表 7-1　给水管道和阀门安装的允许偏差和检验方法

项次	项目			允许偏差/mm	检验方法
1	水平管道纵横方向弯曲	钢管	每米 全长 25m 以上	1 ≤25	用水平尺、直尺、拉线和尺量检查
		塑料管 复合管	每米 全长 25m 以上	1.5 ≤25	
		铸铁管	每米 全长 25m 以上	2 ≤25	
2	立管垂直度	钢管	每米 5m 以上	3 ≤8	吊线和尺量检查
		塑料管 复合管	每米 5m 以上	2 ≤8	
		铸铁管	每米 5m 以上	3 ≤10	
3	成排管段和成排阀门	在同一平面上间距		3	尺量检查

地下室或地下构筑物外墙有管道穿过的，应采取防水措施。对有严格防水要求的建筑物，必须采用柔性防水套管；管道穿过结构伸缩缝、抗震缝及沉降缝敷设时，应根据情况在墙体两侧采取柔性连接，在管道或保温层外皮上下留有不小于 150mm 的净空，在穿墙处做成方形补偿器等保护措施。

管道及管道支墩（座），严禁铺设在冻土和未经处理的松土上，管道的支、吊架安装应平整、牢固，其间距应符合《建筑给水排水及采暖工程施工质量验收规范》（GB 50242）的要求，可参见表 3-2 ~ 表 3-4。

2. 给水系统安装工艺流程

室内给水安装工艺流程：安装前准备 → 预制加工 → 干管安装 → 立管安装 → 支管安装 → 管道试压 → 管道冲洗 → 管道防腐。

管道安装时一般从总进入口处开始，总进口端头加好临时螺塞以备试压。把预制完的管段运到安装部位按编号依次排开，安装前清扫管腔，螺纹连接管道抹上铅油缠好麻或缠好聚四氟乙烯生料带，用管钳按编号依次上紧，螺纹外露 2~3 扣。安装完后找直找正，复核分支留口的位置、方向及变径无误后，清除麻头并对被损坏的镀锌层表面及外露螺纹部分做防腐处理。法兰连接配置好法兰，先焊接一段，安装中所有敞开管口均应临时堵死，以防污物进入。在安装立管时，应注意先自顶层通过管洞向下吊线，以检查管洞的尺寸和位置是否正确，并据此弹出立管位置线；立管自下向上安装时每层立管先按立管位置线装好立管卡，安装至每一楼层时加以固定。立管的垂直度偏差不超过 2/1000，超过 5m 的层高总偏差不超过 10mm，可用线坠吊测检查。

3. 室内生活给水管道的安装

内容包括施工前的准备、管道安装、试压强度和严密性试验、验收等环节。

（1）施工前的准备工作　施工前要认真阅读设计施工图，领会设计意图，根据施工方案决定的施工方法和技术交底的具体措施做好准备工作。管道安装应按照设计图进行，同时，参看有关专业设备图和建筑结构图，核对各种管道的位置、标高、管道排列所用空间是否合理。设计图有平面图、系统图及剖面图或大样图。从图中可了解室内外管道的连接情况、穿越建筑物的做法，室内引入管、干管、立管、支管的安装位置及要求等。若发现原设计有问题和需要修改之处，应及时与设计人员沟通，并办好变更协商记录。

管道的预制加工就是按设计图画出管道分支、变径、管径、预留管口、阀门位置等的施工草图，在实际安装的结构位置上做上标记，按标记分段量出实际安装的准确尺寸，记录在施工草图上，然后按草图测得的尺寸预制加工（断管、套螺纹、上零件、调直、校对），并按管段分组编号。

正式安装前应具备以下几个条件：①地下管道必须在房心土回填夯实或挖到管底标高时敷设，且沿管线铺设位置应清理干净；②管道穿墙处已预留的管洞或安装好的套管，其洞口尺寸和套管规格符合要求，位置、标高应正确；③暗装管道应在地沟未盖盖或吊顶未封闭前进行安装，其型钢支架均应安装完毕并符合要求；④明装干管安装必须在安装层楼板完成后进行，将沿安装位置的模板及杂物清理干净，托、吊架均安装牢固，位置正确；⑤立管安装应在主体结构完成后进行，支管安装应在墙体砌筑完毕，墙壁未装修前进行。

（2）引入管的安装　引入管又称入户管，当管径>DN50 时，常采用给水铸铁管，当管径≤DN50 时，采用镀锌钢管或其他管材。引入管穿过承重墙或基础时，应配合土建预留孔洞，图 7-1 所示为给水管道穿基础做法示意图，各类管道穿过基础、墙壁和楼板预留孔洞尺寸见表 7-2 和表 7-3。

给水引入管的埋深不应小于 0.7m，并在当地冰冻线下，与排水排出管的水平净距不得小于 1.0m；与排水管平行铺设时，两管间的最小水平净距应为 0.5m，交叉铺设时垂直净距为 0.15m，给水管应铺设在排水管的上面。当地下管较多，敷设有困难时，可在给水管上加钢套管，其长度不应小于排水管管径的 3 倍，且其净距不得小于 0.15m。

引入管穿越地下室或地下构筑物外墙时应采取防水措施，对有严格防水要求的建筑，必须采用柔性防水套管，并应有不小于 0.003 的坡度坡向室外给水管网。在每条引入管上都应安装阀门，必要时还应安装泄水装置。泄水阀门井如图 7-2 所示。

当给水引入管在地沟内敷设时，应位于供暖管道的下面或另一侧，并在检修的地方设置活动盖板，留出足够检修的距离。

（3）建筑总水表的安装　建筑物的总水表一般安装在室外引入管上，寒冷地区往往安装在水表井内，温暖地区可安装在地面上，也有将水表安装在地下室等部位。室外水表安装分不设

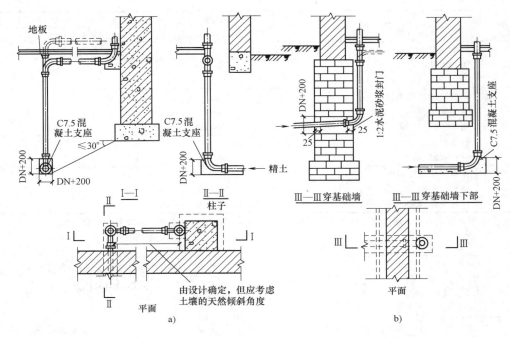

图 7-1　给水管穿基础

a）用于柱形基础进水管　b）用于条形基础进水管

表 7-2　给水引入管穿基础预留孔洞尺寸规格

管径/mm	50 以下	50~100	125~150
留洞尺寸/mm	200×200	300×300	400×400

表 7-3　无设计要求时预留孔洞尺寸规格　　　　　　（单位：mm）

项次	管道名称	明管 留洞尺寸（长×宽）	暗管 墙槽尺寸（长×宽）
1	供暖或给水立管 管径≤25mm 管径 32~50mm 管径 70~100mm	100×100 150×150 200×200	130×130 150×150 200×200
2	一根排水立管 管径≤50mm 管径 70~100mm	150×150 200×200	200×130 250×200
3	一根给水立管和一根排水立管一起 管径≤50mm 管径 70~100mm	200×150 250×200	200×130 250×200
4	两根供暖或给水立管 管径≤32mm	150×100	200×130
5	两根给水立管和一根排水立管一起 管径≤50mm 管径 70~100mm	200×150 350×200	250×130 380×200
6	给水支管或散热器支管 管径≤25mm 管径 32~40mm	100×100 150×130	60×60 150×100

（续）

项次	管道名称	明管	暗管
		留洞尺寸（长×宽）	墙槽尺寸（长×宽）
7	排水支管 管径 ≤80mm 管径 100~125mm	250×200 300×350	
8	供暖或排水主干管 管径 ≤80mm 管径 100~125mm	300×250 350×300	
9	给水引入管 管径 ≤80mm	300×200	
10	排水排出管穿基础 管径 ≤80mm 管径 100~150mm	300×300 （管径+300）×（管径+300）	

注：给水引入管，管顶上部净空一般不小于 100mm；排水排出管，管顶上部净空一般不小于 150mm。

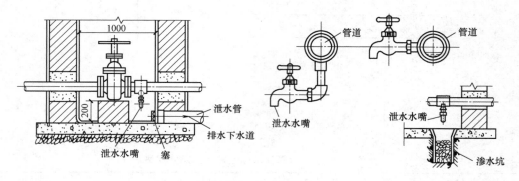

图 7-2　泄水阀门井

旁通管和设旁通管两种。目前室内给水系统的计量广泛采用流速式水表水平安装。按构造不同，分为旋翼式和螺翼式两种。其中螺翼式水表阻力较小，适合于较大流量的计量，表前与阀门间的直管段长度应不小于 8 倍的水表直径；安装其他形式的水表时，表前、表后的直管段长度不应小于 300mm。井中安装的水表应用红砖或混凝土预制块垫起来。水表井如图 7-3 和图 7-4 所示。

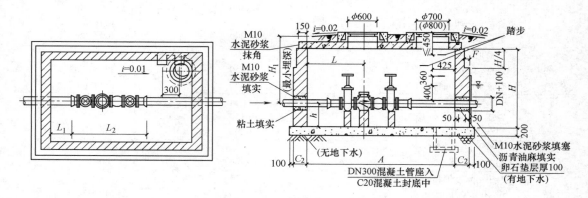

图 7-3　不设旁通管的水表安装方式

（4）干管、立管的安装　给水横干管应有 0.002~0.005 的坡度，坡向泄水装置；立管上管件预留接口的位置，一般应根据卫生器具的安装高度或施工图上注明的标高确定；立管阀门一

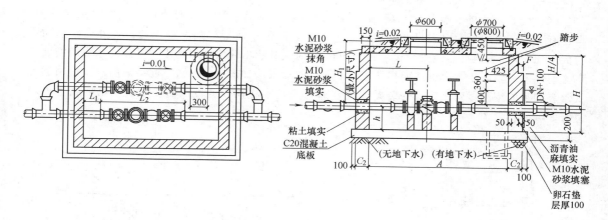

图 7-4　设旁通管的水表安装方式

般安装在底层出地面 150mm 以上处，与装有三个或三个以上配水点支管的始端一样，应安装活接头、法兰等可拆卸的连接件；明装立管在沿墙敷设时，应保证足够的检修净距，一般为 30～50mm；立管穿过楼板时应加设钢套管，普通房间应高出地面 20mm，厨卫等房间应高出地面 50mm。

当室内采用塑料给水管时，还应注意设置套管。一般在穿越地坪、楼板、基础墙时，除需预留孔洞外，还应设置金属套管，其做法如图 7-5 所示。塑料管之间的连接可以采用粘接或热熔连接，也可采用管件连接。塑料管与金属管之间的连接，应采用专用管件螺纹连接，并使用聚四氟乙烯带作为填充物。

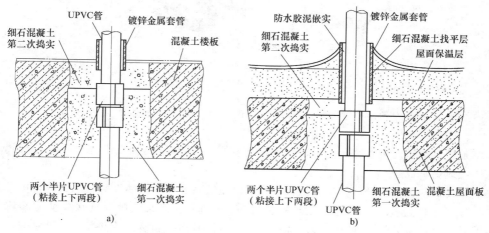

图 7-5　塑料给水管穿越楼板和屋面做法
a）穿越楼板　b）穿越屋顶

楼层高度不超过 5m 时，立管上只需设一个管卡，距地面 1.5～1.8m，层高大于 5m 时，应均匀安装 2 个以上管卡；立管不宜穿过污水池、小便槽等；立管的接口不能置于楼板内。

（5）支管的安装　支管应有不小于 0.002 的坡度坡向立管；支管明装沿墙敷设时，管外壁距墙面应有 20～25mm 的距离；暗装时设在管槽中，可拆卸接头应装在便于检修的地方。冷、热水管和水嘴并行安装时，若上下平行安装，热水管应安装在冷水管上面；若垂直平行安装，热水管应装在冷水管的左侧；在卫生器具上安装冷、热水水嘴，热水水嘴应安装在左侧。

（6）分户水表的安装 住宅建筑中的分户水表，高层建筑一般安装在专门的管道竖井中，但也有一些建筑的分户水表只能安装在室内。水表应位于便于观察和操作处，表外壳距墙面不得大于30mm，表前后直线管段长度大于300mm时，其超出管段应煨弯沿墙敷设。水表的安装是有方向性的，要防止水表倒装而损坏表件。普通水表安装如图7-6所示。近年来用户多使用远传式水表和智能型预付费水表，安装要求同普通水表基本相同，也可按照产品说明书的技术要求进行安装（图7-7）。

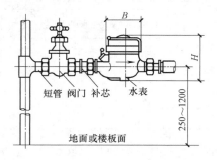
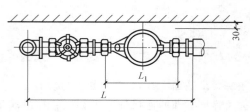

图 7-6 室内普通水表的安装

图 7-7 智能预付费水表和远传水表

7.1.2 室内给水设备的安装

室内给水设备指为满足建筑正常供水而采用的加压、贮水设备及特殊部件等。

1. 水泵的安装

水泵是给水加压的主要装置，除较小的管道泵外，一般都安装在专门水泵房中，与其他控制设备共同组成给水设备。

安装水泵的步骤依次是：基础施工及验收，机座安装、水泵泵体安装、水泵电动机安装。

（1）安装前的检查 安装前应对水泵进行以下检查：按水泵铭牌检查水泵性能参数，即水泵规格型号、电动机型号、功率、转速等；设备不应该有损坏和锈蚀等情况，管口保护物和堵盖应完整；用手盘车应灵活、无阻滞、卡住现象，无异常声音。

（2）水泵基础施工及验收 小型水泵多为整体组装式，安装时只需将机座安装在混凝土基础上即可。另一类是水泵泵体与电动机分别装箱出厂的，安装时把泵体和电动机分别安装在各自的混凝土基础上。

水泵基础一般用混凝土、钢筋混凝土浇筑而成，强度等级不低于C15。有水泵机座的基础，其基础各向尺寸要大于机座100~150mm；无机座的基础，外缘应距水泵或电动机地脚螺栓孔中心150mm以上。基础顶面标高应满足水泵进出口中心高度要求，并不低于室内地坪100mm。固定泵体用地脚螺栓，如能保证螺栓位置精确，可随浇筑混凝土同时埋入；如难以保证位置精确，可先预留埋置螺栓的深孔，待安装机座时再穿上地脚螺栓进行浇筑，目前水泵安装多采用二次浇筑的方法。

地脚螺栓直径 d 是根据水泵底座上的螺栓孔直径确定的，一般 d 比孔径小 2~10mm，地脚螺栓直径及埋深见表7-4。

表7-4 地脚螺栓直径及埋深
（单位：mm）

螺孔直径	12~13	14~17	18~22	23~27	28~33	34~40	41~47	48~55
螺栓直径	10	12~14	16	20	24	30	36	42
埋深尺寸	200~400				500		600	700

注：水泵基础深度一般比地脚螺栓埋深多200mm。

地脚螺栓埋入基础的尾部做成弯钩或燕尾式，埋入深度可参照直径确定。地脚螺栓的垂直度不大于 10/1000；地脚螺栓距孔壁的距离不应小于15mm，其底端不应碰预留孔底；安装前应将地脚螺栓上的油脂和污垢消除干净；螺栓与垫圈、垫圈与水泵底座接触面应平整，不得有毛刺、杂屑；地脚螺栓的紧固，应在混凝土达到设计要求或相应的验收规范要求后进行；拧紧螺母后，螺栓必须露出螺母的1.5~5个螺距。地脚螺栓拧紧后，用水泥砂浆将底座与基础之间的缝隙嵌填充实，再用混凝土将底座下的空间填满填实，以保证底座的稳定。水泵的基础与预留示意做法如图7-8所示。

图7-8 水泵的基础与预留示意做法

当基础混凝土强度等级符合设计要求、外表面平整光滑、浇灌和抹面密实，用手锤轻打时声音实脆且无脱落，平面位置、标高、外形尺寸、地脚螺栓留孔数量、位置、大小、深度尺寸与设计数据相同，则认定为合格。当基础强度达到70%以上，可进行水泵安装。在气温 10~15℃ 时，一般要在 7~12d 以后才可进行二次浇筑并进行安装。

（3）水泵泵体安装 水泵整机在基础上就位，机座中心线应与基础中心线重合，安装时首先在基础上划出中心线位置。机座用调整垫铁的方法进行找平，垫铁厚度依需要而定，垫铁组在能放稳和不影响灌浆的情况下，应尽量靠近地脚螺栓。每个垫铁组一般不超过3块，并少用薄垫铁。放置平垫铁时，最厚的放在下面，最薄的放在中间，并将各垫铁相互焊接（铸铁垫铁可不焊），以免滑动影响机座稳固。机座的水平误差沿水泵轴方向，不超过0.1/1000，与水泵轴垂直方向，不超过 0.3/1000。若水泵泵体、电动机为一体，则机座就位后找正、找平即完成安装。如分体安装，则还要进行水泵泵体和电动机的安装和连接。此时应按施工图要求在机座上定出水泵纵横中心线，纵中心线就是水泵轴中心线，横中心线则以出水管的中心线为准。

电动机轴的中心要与水泵轴的中心线在一条直线上，一般用钢直尺立在联轴器上做接触检查，转动联轴器，两个靠背轮与钢直尺处处紧密接触为合格。这是水泵安装中最关键的工序。另外，还要检查靠背轮之间的间隙能否满足在两轴做少量自由窜动时，不会发生顶撞和干扰的要求。规定其间隙为：小型水泵 2~4mm，中型水泵 4~5mm，大型水泵 4~8mm。

水泵安装允许偏差应符合表 7-5 所示的规定；水泵安装基准线的允许偏差和检验方法见表 7-6。

表 7-5　水泵安装允许偏差

序号	项　目		允许偏差 /mm	检验频率		检　验　方　法
				范围	点数	
1	底座水平度		±2		4	用水准仪测量
2	地脚螺栓位置		±2		1	用尺量
3	离心立式泵体垂直度（每米）		0.1		2	用水准仪和塞尺测量
4	离心卧式泵体水平度（每米）		0.1	每台	2	
5	联轴器同心度	轴向倾斜（每米）	0.8		2	在联轴器互相垂直四个位置上用水平仪、百分表、千分尺和塞尺检查
		径向位移（每米）	0.1		2	
6	带传动轮宽中心平面位移	平带	1.5		2	在主从动带轮端面拉线用尺检查
		V 带	1.0		2	

表 7-6　水泵安装基准线的允许偏差和检验方法

项次	项　目		允许偏差/mm	检验方法
1	安装基准线	与建筑轴线距离	±20	用钢卷尺检查
2		与设备 平面位置	±10	用水准仪和钢直尺检查
3		标高	+20 −10	

（4）水泵的配管　加压水泵一般采用离心式清水泵，其连接管有吸入管和压出管两部分，吸入管上装有闸阀（截断关闭用阀门），吸入管要装设过滤器，吸入口在水池中，但部分吸入管高于水池液面的吸水口还应装设底阀。压出管上装有截止阀（作为截断关闭或调节流量用阀门）。每台水泵宜设单独的吸水管，若共用吸水管，应采用吸水母管制，水泵吸水管不应少于 3根，并在连通母管上装设分段阀门，吸水管合用部分应处于自灌状态。如水泵为自灌式或水泵直接从室外管网抽水时，应在吸水管上装设阀门、止回阀和压力表。

压水管管径一般比吸水管小一号。与泵出口连接的铸铁变径管，应作为泵体配件一同供货。在大流量供水系统中通常用微阻缓闭止回阀代替普通止回阀。在正常运行时，微阻缓闭止回阀是常开的，因此阻力小，当停泵，水停止流动时，阀板快速闭合并剩余 20% 左右开启面积，以缓解回流水击作用力，随后阀板徐徐缓闭，缓闭时间可在 0~60s 范围内调节。与普通旋启式止回阀相比，微阻缓闭止回阀可减少阻力 20%~50%，节电大于 20%，并起到防止水击的安全作用。

（5）水泵的隔振与减振　根据《水泵隔振技术规程》（CECS 59：94），下列场合设置水泵应采取隔振措施：①设置在播音室、录音室、音乐厅等建筑的水泵必须采取隔振措施；②设置在住宅、集体宿舍、旅馆、宾馆、商住楼、教学楼、科研楼、化验楼、综合楼、办公楼等建筑内的水泵应采取隔振措施；③工业建筑内的水泵，邻近居住建筑和公共建筑的独立水泵房内的水泵，有人操作管理的工业企业集中泵房内的水泵宜采取隔振措施。在有防振和安静要求的房间，其上下和毗邻的房间内，不得设置水泵。

水泵噪声主要来自于振动，并通过固体传振和气体传振两条途径向外传送。固体传振防治重点在于隔振，空气传振防治重点在于吸声。因此，水泵隔振包括：水泵机组隔振、管道隔振、管道支架隔振。一般采用隔振为主，吸声为辅。水泵的隔振、减振做法如图 7-9 ~ 图 7-12 所示。

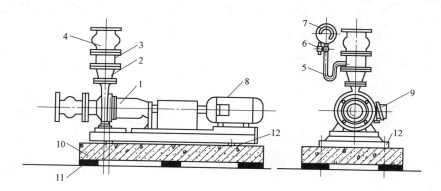

图 7-9　卧式水泵隔振垫基座安装示意图

1—水泵　2—吐出锥管　3—短管　4—可曲挠接头　5—表弯管　6—表旋塞
7—压力表　8—电动机　9—接线盒　10—钢筋混凝土基座　11—减振垫　12—固定螺栓

2. 水箱的安装

（1）水箱设置条件　在建筑给水系统中，水箱是贮水装置，常用于需要增压、减压或调节、贮存水量的情况，多数采用开式水箱，又分为高位水箱和低位水箱。

在下列情况下需设置高位开式水箱：

1）当室外给水系统中的水压对多层建筑室内所需压力周期性不足时，需设置单独的高位水箱，在用水低峰时进水，以备高峰水压不足时依靠水箱供给上面数层用水。

2）当室外给水系统中的水压经常不能满足室内所需时，需设置水泵和水箱联合工作，当不允许直接从外网抽水时，还应设置隔离水箱。

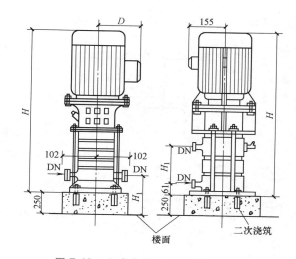

图 7-10　立式水泵不隔振基座安装图

3）高层、大型公共建筑中，为确保用水安全及贮备一定的消防水量，也需要设置高位水箱。

4）分区给水高层建筑中的并联、串联、减压供水方式，均应分别设置高位水箱。

5）临时高压的消防给水系统，按照消防规范要求，应设置高位水箱以及增压设备。

6）室内给水系统需要保持恒压的情况下，应设置高位水箱，如某些科研试验室用水设备需恒定压力。对使用非常集中以淋浴为主且有热水供应的公共浴室，为避免非恒压式系统使用喷头时忽冷忽热难以调节和控制水压、水温的弊病，则需分别设置冷、热水箱，以稳定水压水温。

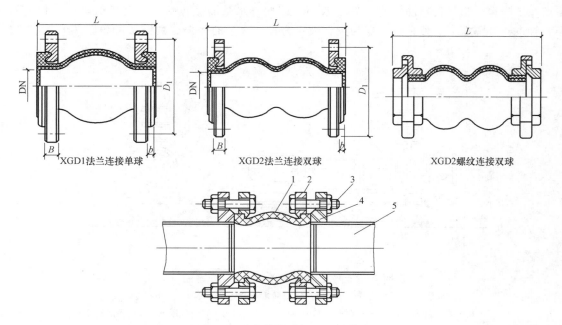

XGD1法兰连接单球   XGD2法兰连接双球   XGD2螺纹连接双球

图 7-11 可曲挠橡胶接头及安装连接

1—可曲挠橡胶接头 2—特制法兰 3—螺杆 4—普通法兰 5—管道

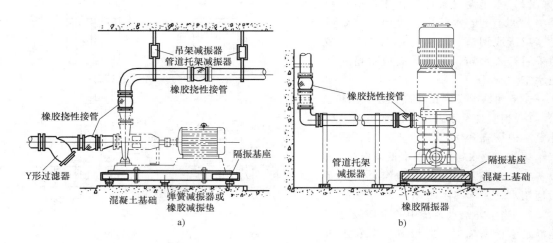

a)   b)

图 7-12 水泵及管道减振安装示意图

a）卧式水泵减振 b）立式水泵减振

（2）水箱构造 水箱常用金属、钢筋混凝土、塑料、玻璃钢等材料制成。常用水箱形状有圆形、方形、矩形和球形，特殊情况下，也可根据具体条件设计成其他任意形状。水箱内表面必须进行防腐处理，对于生活用水箱，防腐材料不得有碍卫生要求。目前已有各种材料制成的装配式水箱，在现场组装时，板块之间夹橡胶垫密封并用螺栓连接，装配式水箱已被列为国家建筑设计的标准设计。水箱一般应设进水管、出水管、溢水管、泄水管、通气管、液位计、人孔等。开式水箱如图 7-13 所示，闭式水箱如图 7-14 所示。

（3）水箱安装　在大多数情况下，水箱安装在屋顶，温暖地区直接安装在屋面，寒冷地区一般安装在屋顶专用小室内，必要时还需采取防冻措施。水箱的有效水深，一般采用 0.70～2.50m，水箱用槽钢或钢筋混凝土支墩支承。为防止水箱底与支承的接触面腐蚀，在它们之间垫以石棉橡胶板、橡胶板或塑料板等绝缘材料。水箱底距地面宜有不小于 800mm 的净空高度，以便进行检修和安装管道。

水箱进水管一般从侧壁接入，也可以从底部或顶部接入。当水箱利用管网压力进水时，进水管水流出口应尽量装液压水位控制阀或者浮球阀，控制阀由顶部接入水箱，当管径 ≥50mm 时，其数量一般不少于两个，每个控制阀前应装有检修阀。当水箱利用加压泵进水，并利用水位升降自动控制加压泵运行时，不应装水位控制阀。

水箱出水管可从侧壁或底部接出，出水管内底（侧壁接出）或管口顶面（底部接出）应高出水箱内底不少于 50mm。出水管上应设置内螺纹（小口径）或法兰（大口径）闸阀，不允许安装阻力较大的截止阀。当需要加装止回阀时，应采用阻力较小的旋启式代替升降式，止回阀标高应低于水箱最低水位 1m 以上。生活与消防合用一个水箱时，除了确保消防贮备水量不作他用的技术措施之外，还应尽量避免产生死水区。消防出水管上的止回阀应低于生活出水虹吸管顶（低于此管时，生活虹吸管真空破坏，只保证消防出水管有水流出）2m 以上，使其具有一定的压力推动止回阀，在火灾发生时，消防贮备水才能真正发挥作用。

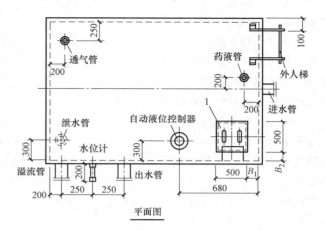

平面图

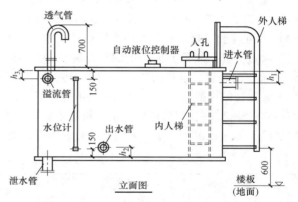

立面图

图 7-13　开式水箱及附件

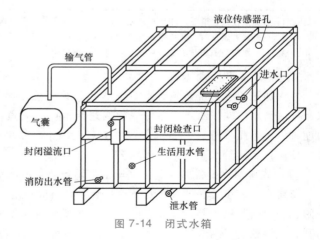

图 7-14　闭式水箱

水箱溢水管可从侧壁或底部接出。其管径宜比进水管大 1～2 号，但在水箱底 1m 以下管段可用大小头缩成等于进水管管径。溢水管上不得装设阀门。溢水管不得与排水系统直接连接，必须采用间接排水。溢水管上应有防止尘土、昆虫、蚊蝇等进入的措施，如设置水封、滤网等。

水箱泄水管应从底部最低处接出。泄水管上装设内螺纹或法兰闸阀（不应装截止阀）。泄水管可与溢水管相接，但不得与排水系统直接连接。泄水管管径在无特殊要求时，一般不小于50mm。

供生活饮用水的水箱应设有密封箱盖，箱盖上应设有加锁的检修人孔和通气管。通气管可伸至室内或室外，但不得伸到有有害气体的地方，管径一般不小于50mm，管上不得装设阀门、水封等妨碍通气的装置，并不得与排水通气系统和通风道连接。管口应有防止灰尘、昆虫和蚊蝇进入的滤网，一般应将管口朝下设置。

一般应该在水箱侧壁上安装玻璃液位计，用于指示水位。若水箱未装液位计，可设信号管给出溢水信号。信号管一般从水箱侧壁接出，其设置高度应使其管内底与溢水管内底或喇叭口顶面溢流水面齐平。信号管管径一般为15mm。信号管可接至经常有人值班的房间内的洗面器、洗涤盆等处。若水箱液位与水泵联锁，则应在水箱侧壁或顶盖上安装液位继电器或信号器。常用液位继电器或信号器有浮球式、杆式、电容式和浮子式等。

水泵压力进水的水箱电控水位高低均应考虑保持一定的安全容积，停泵瞬时的最高电控水位应低于溢水位不少于100mm，而开泵瞬时的最低电控水位应高于设计最低水位不少于200mm，以免稍有误差时，造成水流满溢或放空后的不良后果。

（4）水箱满水试验 水箱组装完毕后，应进行满水试验。关闭出水管和泄水管，打开进水管，边放水边检查，放满为止，经24h，不渗水为合格。

（5）水箱间布置 水箱间的位置应便于管道布置，尽量缩短管道长度。水箱间应有良好的通风、采光和防蚊蝇措施，室内最低气温不得低于5℃。水箱间的结构应为非燃烧材料。水箱间的净高不得低于2.2m，同时还应满足水箱布置要求。水箱布置间距见表7-7。对于大型公共建筑和高层建筑，为保证供水安全，宜将水箱分成两个或设置两个水箱。

表7-7 水箱布置间距 （单位：m）

形式	水箱外壁至墙面的距离		水箱之间	水箱顶至建筑最低点的距离
	有阀门一侧	无阀门一侧		
圆形	0.8	0.5	0.7	0.6
矩形	1.0	0.7	0.7	0.6

注：1. 水箱旁连接管道时，表中所规定的距离应从管道外表面算起。

2. 当布置有困难时，允许水箱之间或水箱与墙壁之间的一面不留检查通道。

3. 表中有阀或无阀指有无液压水位控制阀或浮球阀。

3. 二次加压给水设备的安装

二次加压给水系统按照给水系统形式分为高位水箱给水、水泵加压给水、水泵水箱联合给水、分区给水、气压给水、各种变频调速给水以及无负压（叠压）给水等形式，从卫生和节能角度讲，无负压（叠压）给水方式可充分利用市政管网压力，且系统封闭，对原水水质的影响小，目前在生活给水系统中应用较多。

（1）气压给水设备的安装 气压给水设备通常由汲水水池（箱）、气压水罐、水泵、补气装置、管路阀门、仪表、补气装置及电控装置等组成，由气压罐替代高位水箱。阀门常用闸阀、截止阀、止回阀、蝶阀等；仪表有压力表、电接点压力表、水位计等；电控装置主要有电控箱，包括开关、接触器、继电器及电气导线等。安装程序为：浇筑混凝土基础→吊装就位气压水罐→气压水罐罐腿与基础用地脚螺栓紧固→质量检查。

设备安装的房间应有良好的光线和通风，无灰尘、无腐蚀性和不良气体，环境条件较好，且不结冻；应有安装运输通道或洞口，其尺寸应能保证最大罐体的出入；房间地面或楼板的强度，应满足气压给水设备运行荷载的需要，顶板应预留起吊装置；房间地面应有良好的排水措施；房间墙体及门窗应有效的限制噪声措施，房间内的噪声值不大于 50dB。

　　气压罐顶至建筑结构最低梁底距离不宜小于 1.0m，罐与罐之间及罐与墙面之间的净距离不宜小于 0.70m，罐体应置于混凝土底基上，可做成单罐基础，也可做成多罐的通体基础。基础尺寸必须符合气压水罐安装详图的要求，底座应高出地面不小于 0.10m。气压水罐安装时不应使罐体上所连的管的管口端螺纹、管口法兰发生碰撞而破坏或倾斜变形。安装时其水平度纵向和横向允许偏差不大于直径的 1/1000，且不大于 3mm；垂直度不大于气压水罐高度的 1/1000，标高允许偏差不超过 ±15mm，中心线位移不大于 5mm。一般采用水准仪、水平尺（直形或 U 形）检查。

　　气压给水设备中的水泵通常靠近气压水罐，其混凝土基础与气压水罐的基础分开且每泵分设基础，其安装程序和质量要求同水泵的安装。图 7-15 所示为单罐双泵给水设备安装关系图，图 7-16 所示为气压给水设备图片。

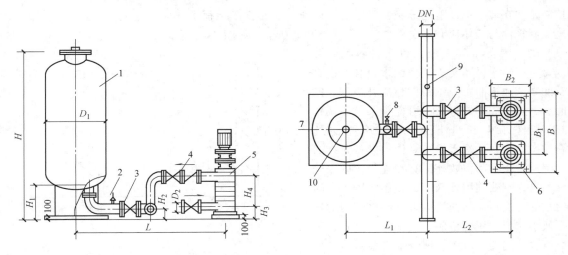

图 7-15　单罐双泵气压给水设备安装关系图
1—气压罐　2—安全阀　3—阀门　4—止回阀　5—水泵　6—水泵底座　7—气压罐底座
8—泄水阀　9—缓冲罐接口　10—充气嘴

　　气压给水设备自控仪表主要有电接点压力表、水位继电器，它们直接安装在气压水罐罐体上，应按设计要求或产品样本选择它们的规格和型号。电接点压力表、水位继电器与罐体均为螺纹连接，应保证不漏气。由接触器、开关、继电器组装的电控箱按产品样本所提供的要求进行安装，且符合电气安装工程规范的要求。

图 7-16　气压给水设备

　　一般在气压水罐、水泵、水池（或水箱）施工安装完毕后，即可进行气压给水设备的管路阀门的安装。具体安装可分两部分，第一部分包括泵前管道和罐后管道安装；第二部分包括泵后管道和罐进水管道的连接安装。

这两部分谁先谁后按施工现场所提供的条件以及安装单位的人力、各种机具的备置等情况决定。气压给水设备管路阀门的安装应保证气密性符合要求，即不渗不漏，且按安装规范要求设置管、阀支墩、支架和托架。阀门手轮要水平，管道应横平竖直且安装牢靠，主要部分完成后，再安装仪表。

气压给水设备为承压设备，安装完成后应进行水压试验，水压试验在试验压力下 10min 压力不降，不渗不漏为合格。一般试验压力为工作压力的 1.5 倍，不得小于 0.6MPa。

（2）变频调速给水设备的安装 微机控制变频调速给水设备由水泵和变频装置组成。变频装置进行水泵的电动机供电电源变频，从而使电动机、水泵的转速发生变化，达到水泵扬程和流量的变化。水泵常用离心水泵，安装方法同前。当水泵电机采用风冷却时，应注意变频降速不能影响电机散热，也有采用单独降温风扇进行电机降温的。

水泵变频调速装置常由生产厂家安装，其安装要求同电控箱安装，有挂式、落地式等，安装在专用的电气设备房间内，房间内要求光线明亮、通风良好、不易受潮。挂式安装即把变频调速控制箱挂在墙体上，落地式安装即把变频调速控制箱立于地面上或立于地面的支架上，变频调速控制箱体与墙体应有一定距离，一般为 50~150mm，如图 7-16 所示。

（3）无负压（叠压）供水设备的安装

无负压给水设备又称叠压供水设备，由自动变频调速控制柜、不锈钢稳流补偿器、贮能器、真空控制器以及多组多级泵与不锈钢阀门管件等组成，分罐式和箱式两种形式，新型产品为智联供水设备。供水设备直接通过倒流防止器与市政外网直接连接，省去隔离水箱，有效利用外网压力，还解决了生活给水的二次污染问题。当市政给水管网的压力低于一定的压力值时，设备停止工作，不会给水外网造成负压。该给水设备对室外给水外网的管径、资用压力也有一定的要求，安装前应征得当地有关管理部门的同意。罐式无负压、箱式无负压及智联供水设备外形如图 7-18 所示。

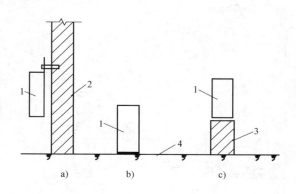

图 7-17　微机控制变频调速控制箱的安装
a）挂式安装　b）落地式安装立于地面上
c）落地式安装立于支架上
1—控制箱　2—墙体　3—底座　4—地面

图 7-18　罐式、箱式、智联无负压给水设备

无负压给水设备的安装较为简单，多自带槽钢支座，将支座与地面结构固定即可。也可做简单的砖砌或混凝土基础，将设备放置在基础上固定即可。但设备机房应满足当地卫生防疫部门对生活给水站房的卫生要求。

　　无负压供水系统的重要配件之一是倒流防止器（也称防污隔断阀）套件，它可有效地防止水的逆向回流，有螺纹连接、法兰连接和自带除污器等多种规格和型号。其作用类似于止回阀，但不能用止回阀代替。该组件的水头损失在 3~10m，需要水平安装，阀前后还应安装蝶阀（或闸阀）、过滤器及橡胶软接头（或伸缩器）等，图 7-19 所示为几种倒流防止器的外形，图 7-20 所示为倒流防止器的组件安装图。

图 7-19　几种倒流防止器

图 7-20　倒流防止器的组件安装图

4. 消毒净水装置的安装

　　给水经过水箱的生活用水给水系统，一般都要经过二次消毒，其方法和手段有许多，这里仅做简单介绍。消毒设备一般由专业厂家直接供货和安装，并提供售后服务，其中较常用的是二氧化氯发生器消毒装置和紫外线消毒器，如图 7-21 所示为生活用水给水箱连接二氧化氯发生器系统图，图 7-22 所示为紫外线消毒器安装图。

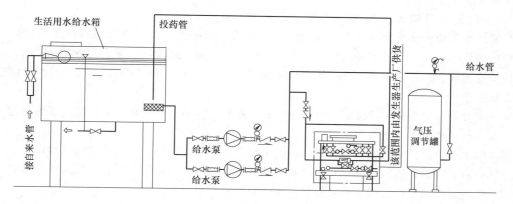

图 7-21　生活用水给水箱连接二氧化氯发生器系统图

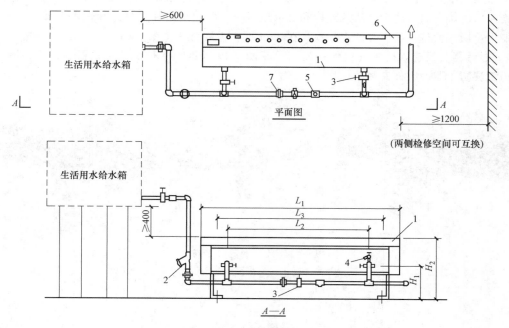

图 7-22　紫外线消毒器安装图

1—紫外线消毒器　2—丫形过滤器　3—全铜闸阀　4—取水样水嘴
5—泄水螺塞　6—电控箱　7—活接头

7.1.3　消防给水系统的安装

消防给水系统的施工及质量验收执行《建筑给水排水及采暖工程施工质量验收规范》（GB 50242）、《消防给水及消火栓系统技术规范》（GB 50974）、《自动喷水灭火系统施工及验收规范》（GB 50261）、《固定消防炮灭火系统施工与验收规范》（GB 50498）、《泡沫灭火系统施工及验收规范》（GB 50281）以及消火栓、消防水龙带、消防水枪的国家产品标准和相关行业的技术规程等。

消防给水及消火栓系统的施工必须由具有相应等级资质的施工单位承担。

1. 消防给水及消火栓系统施工前应具备的条件

消防给水及消火栓系统的施工应按照经国家相关机构审查批准或备案后的施工图进行。首先应校对审核图样是否同施工现场一致并进行复核，平面图、系统图（展开系统原理图）、详图等图样及说明书、设备表、材料表等技术文件应齐全；设计单位应向施工、建设、监理单位进行技术交底。

系统主要设备、组件、管材管件及其他设备、材料，应能保证正常施工；施工现场及施工中使用的水、电、气应满足施工要求。

消防给水及消火栓系统施工前应对采用的主要设备、系统组件、管材管件及其他设备、材料进行进场检查，应符合国家现行相关产品标准的规定，并应具有出厂合格证或质量认证书；主要设备和组件，应经国家消防产品质量监督检验中心检测合格。

各工序应按施工技术标准进行质量控制，每道工序完成后，应进行检查，检查合格后再进行下道工序；相关专业工种之间应进行交接检验，并应经监理工程师签证后再进行下道工序；施工过程质量检查组织应由监理工程师组织施工单位人员组成。

安装工程完工后，施工单位应按相关专业调试规定进行调试，调试完工后，施工单位应向建设单位提供质量控制资料和各类施工过程质量检查记录。

2. 消防给水管道的安装

（1）埋地管道　当系统工作压力小于或等于 1.20MPa 时，宜采用球墨铸铁管或钢丝网骨架塑料复合管给水管道；当系统工作压力大于 1.20MPa 且小于 1.60MPa 时，宜采用钢丝网骨架塑料复合管、加厚钢管和无缝钢管；当系统工作压力大于 1.60MPa 时，宜采用无缝钢管。钢管连接宜采用沟槽连接件（卡箍）和法兰，当采用沟槽连接件连接时，管径小于或等于 DN250 的沟槽式管接头系统工作压力不应大于 2.50MPa，公称直径大于或等于 DN300 的沟槽式管接头系统工作压力不应大于 1.60MPa。

城镇带有市政消火栓的市政环状管网给水管不应小于 DN150，枝状管网消防给水不应小于 DN200。小区应采用两路消防供水和环状管网，并应用阀门将其分成若干独立段，每段室外消火栓的数量不宜超过 5 个。

室外埋地管道的地基、基础、垫层、回填土压实密度等的要求，应根据刚性管或柔性管管材的性质，结合管道埋设处的具体情况，按现行国家标准《给水排水管道工程施工及验收标准》（GB 50268）的有关规定执行。当埋地管直径大于或等于 DN100 时，应在管道弯头、三通和堵头等位置设置钢筋混凝土支墩。埋地钢管和铸铁管，应根据土壤和地下水腐蚀性等因素确定管外壁防腐措施。

消防给水管道不宜穿越建筑基础，当必须穿越时，应采取防护套管等保护措施。

（2）架空管道　当系统工作压力小于或等于 1.20MPa 时，可采用热浸锌镀锌钢管；当系统工作压力大于 1.20MPa 时，应采用热浸镀锌加厚钢管或热浸镀锌无缝钢管；当系统工作压力大于 1.60MPa 时，应采用热浸镀锌无缝钢管。架空管道的连接宜采用沟槽连接件（卡箍）、螺纹、法兰、卡压等方式，不宜采用焊接连接。当管径小于或等于 DN50 时，应采用螺纹和卡压连接；当管径大于 DN50 时，应采用沟槽连接件连接、法兰连接；当安装空间较小时应采用沟槽连接件连接。

架空充水管道应设置在环境温度不低于 5℃ 的区域，当环境温度低于 5℃ 时，应采取电伴热等防冻措施；室外架空管道当温差变化较大时应校核管道系统的膨胀和收缩，并应采取相应的技术措施。空气潮湿、空气中含有腐蚀性介质的场所的架空管道外壁应采取相应的防腐措施。

（3）消防给水管材及管件的执行标准　消防给水系统使用的管材、管件应按照表 7-8 的标准执行。

表 7-8　消防给水管材及管件标准

序号	执行的国家现行标准	管材及管件
1	《低压流体输送用焊接钢管》（GB/T 3091—2015）	低压流体输送用镀锌焊接钢管
2	《输送流体用无缝钢管》（GB/T 8163—2008）	输送流体用无缝钢管
3	《柔性机械接口灰口铸铁管》（GB/T 6483—2008）	柔性机械接口铸铁管和管件
4	《水及燃气用球墨铸铁管、管件和附件》（GB/T 13295—2013）	离心铸造球墨铸铁管和管件
5	《流体输送用不锈钢无缝钢管》（GB/T 14976—2012）	流体输送用不锈钢无缝钢管
6	《自动喷水灭火系统第 11 部分:沟槽式管接件》（GB 5135.11—2006）	沟槽式管接件
7	《钢丝网骨架塑料（聚乙烯）复合管材及管件》（CJ/T 189—2014）	钢丝网骨架塑料（PE）复合管

（4）室内消防管道的安装　室内消防给水管网一般应布置成环状，并有两个或以上的引入

口，并用阀门将其分成若干独立段。

1）当室外消火栓设计流量小于或等于20L/s，且室内消火栓不超过10个时，可布置成枝状。建筑内的消防给水系统宜与生活或生产给水分开，当分开设置有困难时，合用系统除应满足室外消防给水设计流量以及生产和生活最大小时设计流量的要求外，还应满足室内消防给水系统的设计流量和压力要求；消防栓给水系统也宜与自动喷淋系统分开设置，当分开设置有困难时，应在报警阀前分开。

室内消防管道管径应根据系统设计流量、流速和压力要求经计算确定；室内消火栓竖管管径应根据竖管最低流量经计算确定，一般不变径，但不应小于DN100。由立管上引出的接消火栓的支管，应按照所需水量进行确定。

室内消火栓竖管应保证检修管道时关闭停用的竖管不超过1根，当竖管超过4根时，可关闭不相邻的2根或停止使用的消火栓不超过5个；每根竖管与供水横干管相接处应设置阀门。室内消火栓给水管网宜与自动喷水等其他水灭火系统的管网分开设置；当合用消防泵时，供水管路沿水流方向应在报警阀前分开设置。在消火栓立管最高处，应设置自动排气阀。在无供暖设施的地方，消防管道还应采取保温防冻措施。安装完成后应取屋顶层（或水箱间内）试验消火栓和首层两处消火栓做试射试验，达到设计要求为合格。

2）自动喷水灭火系统的管道可采用热镀锌钢管、不锈钢管、铜管和检测合格的涂覆其他防腐材料的钢管。当采用热镀锌钢管时，应采用沟槽（卡箍）连接，或采用螺纹、法兰连接。当DN≥100mm时，应分段采用法兰和沟槽卡箍连接。沟槽式管件连接时，其管道连接沟槽和开孔应用专用滚槽机和开孔机加工，并应做防腐处理；连接前应检查沟槽和孔洞尺寸，加工质量应符合技术要求；沟槽、孔洞处不得有毛刺、破损性裂纹和脏物。

当采用机械三通、四通分支时，三通与孔洞的间隙应均匀，开孔间距不应小于500mm，四通开孔间距不应小于1000mm，机械三通、机械四通连接时支管的口径应满足表7-9所示的规定。

表7-9 采用支管接头（机械三通、机械四通）时支管的最大允许管径

主管公称直径		DN50	DN65	DN80	DN100	DN125	DN150	DN200	DN250
支管公称直径	机械三通	DN25	DN40	DN40	DN65	DN80	DN100	DN100	DN100
	机械四通		DN32	DN40	DN50	DN65	DN80	DN100	DN100

水平管法兰间距不宜大于20m，立管法兰间距不超过3个楼层。净空大于8m，立管应装法兰。自动喷洒消防系统和水幕消防系统管道的连接如设计无要求时，充水系统可采用螺纹连接或焊接，充气或气水交替系统应采用焊接。横管应设坡度，充水系统的坡度不小于0.002；充气系统和分支管的坡度，应大于或等于0.004。图7-23所示为自动喷水灭火的管道布置形式。一般轻危险级可采用侧边末端进水、侧边中央进水，中危险级宜采用中央末端进水以及环状管网，严重危险级和仓库危险级宜采用环状管网和格栅状管网。

3）管道支架、吊架、防晃支架的形式、材质、加工尺寸及焊接质量等，应符合设计要求和国家现行有关标准的规定。支、吊架的安装位置不应妨碍喷头的喷水效果，管道支架、吊架与喷头之间的距离不宜小于300mm，与末端喷头之间的距离不宜大于750mm。配水支管上每一直管段、相邻两喷头之间的管段设置的吊架均不宜少于1个，吊架的间距不宜大于3.6m。当管道的公称直径等于或大于50mm时，每段配水干管或配水管设置防晃支架不应少于1个，且防晃支架的间距不宜大于15m，当管道改变方向时，应增设防晃支架。竖直安装的配水干管除中间用管卡固定外，还应在其始端和终端设防晃支架或采用管卡固定，其安装位置距地面或楼面的距离宜为1.5～1.8m。支吊架的间距要求参见表7-10，管道支架、吊架和防晃架的布置如图7-24所示。

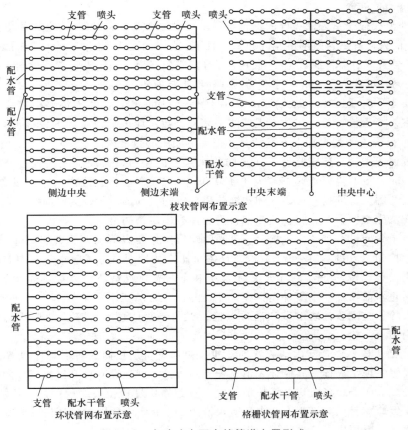

图 7-23 自动喷水灭火的管道布置形式

表 7-10 管道支架或吊架之间的距离

公称直径	DN25	DN32	DN40	DN50	DN70	DN80	DN100	DN125	DN150	DN200	DN250	DN300
距离/m	3.5	4.0	4.5	5.0	6.0	6.0	6.5	7.0	8.0	9.5	11.0	12.0

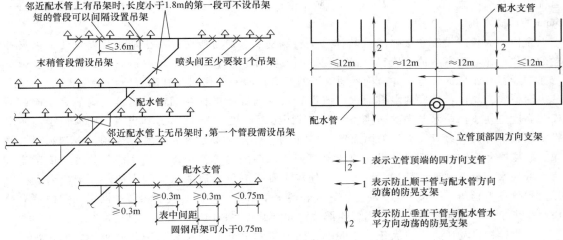

图 7-24 管道支、吊架及防晃架的布局

3. 消火栓的安装

（1）室外消火栓　室外消火栓的保护半径不应大于 150.0m，每个消火栓的出流量宜按 10~15L/s 设计。消火栓宜沿建筑周围均匀布置，且不宜集中布置在建筑一侧；扑救面一侧的室外消火栓数量不宜少于 2 个。人防工程、地下工程等建筑应在出入口附近设置室外消火栓，距出入口的距离不宜小于 5m 和大于 40m。停车场的室外消火栓宜沿停车场周边设置，且与最近一排汽车的距离不宜小于 7m，距加油站或油库不宜小于 15m。甲、乙、丙类液体储罐区和液化烃罐罐区等构筑物的室外消火栓，应设在防火堤或防护墙外，数量应根据每个罐的设计流量经计算确定，但距罐壁 15m 范围内的消火栓，不应计算在该罐可使用的数量内。

工艺装置区等采用高压或临时高压消防给水系统的场所，其周围应设置室外消火栓，间距不应大于 60.0m。当工艺装置区宽度大于 120.0m 时，宜在该装置区内的路边设置室外消火栓。当工艺装置区、罐区、堆场、可燃气体和液体码头等构筑物的面积较大或高度较高，室外消火栓的充实水柱无法完全覆盖时，宜在适当部位设置室外固定消防炮。

当市政给水管网设有市政消火栓时，其平时运行工作压力不应小于 0.14MPa，火灾时水力最不利市政消火栓的出流量不应小于 15L/s，且供水压力从地面算起不应小于 0.10MPa。室外消防给水引入管当设有倒流防止器，且火灾时因其水头损失导致室外消火栓不能满足压力要求时，应在该倒流防止器前设置一个室外消火栓。

室外消火栓处宜配置消防水带和消防水枪，工艺装置休息平台等处需要设置的消火栓的场所应采用室内型消火栓。

（2）室内消火栓　设置室内消火栓的建筑，包括设备层在内的各层均应设置消火栓。消防电梯前室应设置室内消火栓，并应计入消火栓使用数量。屋顶设有直升机停机坪的建筑，应在停机坪出入口处或非电器设备机房处设置消火栓，且距停机坪机位边缘的距离不应小于 5.0m。室内消火栓的布置应满足同一平面有 2 支消防水枪的 2 股充实水柱同时达到任何部位的要求，另行规定的建筑除外。屋顶应设置试验用消火栓。

室内消火栓应采用 DN65 规格，并与消防软管卷盘或轻便水龙设置在同一箱体内，配置公称直径 DN65 有内衬里的消防水带，长度不宜超过 25.0m；消防软管卷盘应配置内径不小于 19mm 的消防软管，其长度宜为 30.0m；轻便水龙应配置公称直径 DN25 有内衬里的消防水带，长度宜为 30.0m。宜配置当量喷嘴直径 16mm 或 19mm 的消防水枪；但当消火栓设计流量为 2.5L/s 时，宜配置当量喷嘴直径 11mm 或 13mm 的消防水枪；消防软管卷盘和轻便水龙应配置当量喷嘴直径 6mm 的消防水枪。

室内消火栓应设置在楼梯间及其休息平台和前室、走道等明显易于取用，以及便于火灾扑救的位置；住宅的室内消火栓宜设置在楼梯间及其休息平台；汽车库内消火栓的设置不应影响汽车的通行和车位的设置，并应确保消火栓的开启；同一楼梯间及其附近不同层设置的消火栓，其平面位置宜相同；冷库的室内消火栓应设置在常温穿堂或楼梯间内。建筑室内消火栓栓口的安装高度应便于消防水龙带的连接和使用，其距地面高度宜为 1.1m；其出水方向应便于消防水带的敷设，并宜与设置消火栓的墙面呈 90° 或向下。多层和高层建筑应在其屋顶设置消火栓，严寒、寒冷等冬季结冰地区可设置在顶层出口处或水箱间内等便于操作和防冻的位置；单层建筑宜设置在水力最不利处，且在靠近出入口处应设置带有压力表的试验消火栓。住宅户内宜在生活给水管道上预留一个接 DN15 消防软管或轻便水龙的接口。跃层住宅和商业网点的室内消火栓应至少满足一股充实水柱到达室内任何部位，并宜设置在户门附近。

消火栓栓口动压力不应大于 0.50MPa，当大于 0.70MPa 时须设置减压装置；高层建筑、厂房、库房和室内净空高度超过 8m 的民用建筑等场所，消火栓栓口动压不应小于 0.35MPa，且消防水枪充实水柱应不小于13m；其他场所，消火栓栓口动压不应小于0.25MPa，且消防水枪充实水柱不小于10m。

室内消火栓装置如图7-25所示，由消防龙头（也称消火栓、八字门，口径分为50mm和60mm两种）、水龙带（是由棉麻质纤维制成的，其口径与消火栓配套，长度可根据建筑物大小而定，一般有10m、15m和20m三种）、水枪（目前有铝合金制和硬质聚氯乙烯制的两种，喷水口径有13mm、16mm和19mm三种）组成。水枪与水龙带及水龙带与消火栓之间均采用内扣式快速接头连接。

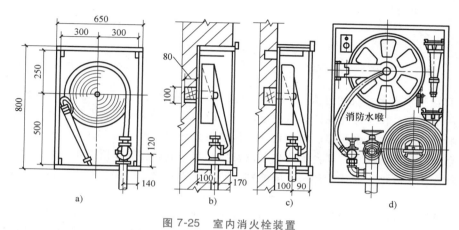

图7-25　室内消火栓装置
a）立面　b）暗装侧面　c）明装侧面　d）带有消防水喉的消火栓

对于生活消防共用系统，消火栓应从室内给水干管上直接接出，对于单独设置的消防给水系统，应在消防立管直接引出短支管接往消火栓箱。

消火栓栓口应朝外或朝下，阀门中心距地面为1.1m，允许偏差20mm。阀门距箱侧面为140mm，距箱后内表面为100mm，允许偏差5mm。消火栓水龙带和水枪与快速接头绑扎好后，应根据箱内构造将水龙带挂在箱内的挂钉上或盘在水龙带盘上。以便有火警时，能迅速展开使用。

室内消火栓一般应采用单阀单栓，除18层以下、每层不超过8户、总面积小于650m³的塔式住宅外，尽量不使用双出口型消火栓，禁止使用单阀双口消火栓。室内消火栓阀如图7-26所示。

当消火栓处静水压力≥0.8MPa，出水压力≥0.5MPa时，应在消火栓支管上设置不锈钢减压孔板或采用减压稳压消火栓。

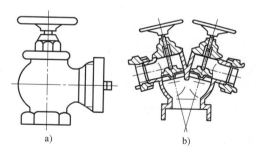

图7-26　室内消火栓阀
a）单阀单口栓　b）双阀双口栓

4. 自动喷水灭火系统的安装

自动喷水灭火系统由喷头、报警阀组、压力开关、水流指示器、消防水泵、稳压装置等专用产品组成。自动喷水灭火系统如图7-27所示，水幕灭火装置如图7-28所示。一般由水喷头、洒水管网、控制报警设备（信号阀、报警阀）和水源四部分组成。

自动喷水灭火系统其中管道的工作压力不应大于1.2MPa，且应使用内外壁热镀锌钢管，法兰连接、沟槽连接或螺纹连接。

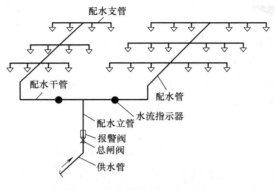

图 7-27　自动喷水灭火系统

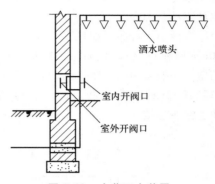

图 7-28　水幕灭火装置

（1）自动喷水灭火系统的分类　主要分闭式和开式系统。闭式系统包括湿式系统、干式系统和预作用系统等。在有可能冻坏管道的地区，一般推荐采用预作用式系统。开式系统包括雨淋系统、水喷雾系统、水幕系统等。雨淋系统，其喷头为开式洒水喷头，常设置在火灾危险性较大的厂房、仓库以及大型剧场、舞台葡萄架下以及播音室、电影棚等场所。水幕消防系统是将水喷洒成帘幕状，用于隔绝火源或冷却防火隔绝物，防止火势蔓延，以保护着火邻近地区的安全。分为开式喷头水幕系统、水幕喷头的水幕系统和加密喷头湿式系统三种形式。这种消防装置主要用于耐火性能较差而防火要求较高的门、窗、孔洞等处，防止火势窜入相邻的空间。

（2）自动喷水灭火系统的喷头安装　当设计无要求时，吊架与喷头的距离应不小于300mm，距末端喷头的距离应不大于750mm；吊架应设在相邻喷头间的管段上，当相邻喷头间距不大于3.6m时，可设一个吊架，当相邻喷头间距小于1.8m时，允许隔段设置吊架。在自动喷洒消防系统的控制信号阀前应设阀门，在其后面不应安装其他用水设备。

自动喷水灭火系统的喷头与构筑物部件间距如图7-29所示。顶棚上、下喷淋支管和上、下喷头安装形式如图7-30所示。

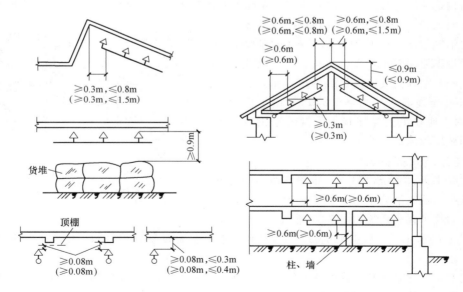

图 7-29　喷头与构筑物部件或其他物品的间距

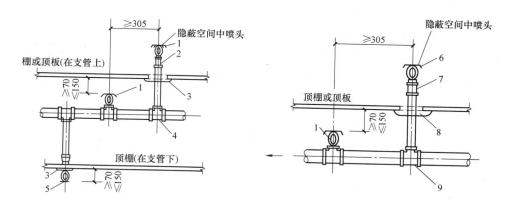

图 7-30 顶棚上、下支管及上、下喷头的安装形式

1—直立形喷头 2—异径喷头 3、8—装饰板 4、9—三通 5—下垂形喷头 6—闭式喷头 7—异径管接头

自动喷水灭火系统喷头安装时，喷头与障碍物相对位置关系如图 7-31 所示，喷头与不同障碍物的距离如图 7-32 所示，其 a、b 值可参见表 7-11 。

表 7-11 喷头与隔断、梁底、通风管道腹面的最大水平和垂直距离

喷头与梁、通风管道、排管、桥架以及障碍物的水平距离 a/mm	喷头溅水盘高于梁底、通风管道腹面、排管、桥架腹面以及障碍物的最大垂直距离 b/mm								
	喷头与隔断最小垂直距离	标准直立与下垂型喷头	边墙型喷头		扩大覆盖垂直与边墙型喷头			早期抑制快速响应ESFR喷头	特殊及直立、下垂家用喷头	
			与障碍物平行	与障碍物垂直	直立与下垂型	边墙型与障碍物平行	边墙型与障碍物垂直		特殊	家用
$a < 150$	80	0	30	不允许	0	0	不允许	0	0	0
$150 \leqslant a < 300$	150									
$300 \leqslant a < 450$	240	60	80							
$450 \leqslant a < 600$	310							40	40	
$600 \leqslant a < 750$	390					30				30
$750 \leqslant a < 900$		140	140		30			140	140	
$900 \leqslant a < 1200$		190	200		80	80		250	250	80
$1200 \leqslant a < 1350$		350	250	30	130	130		380	380	130
$1350 \leqslant a < 1500$										
$1500 \leqslant a < 1800$		450	320	50	180	180		550	550	180
$1800 \leqslant a < 1950$		600	380	100	230	230				230
$1950 \leqslant a < 2100$						280				280
$2100 \leqslant a < 2250$	450	440	180	350	350					
$2250 \leqslant a < 2400$										
$2400 \leqslant a < 2700$					380					
$2700 \leqslant a < 3000$					480	30				
$3000 \leqslant a < 3300$						50				
$3300 \leqslant a < 3600$	880					80		780	780	
$3600 \leqslant a < 3900$		—	280		—	100				350
$3900 \leqslant a < 4200$						150				
$4200 \leqslant a < 4500$						180				
$4500 \leqslant a < 4800$						230				
$4800 \leqslant a < 5100$						280				
$a \geqslant 5100$						350				

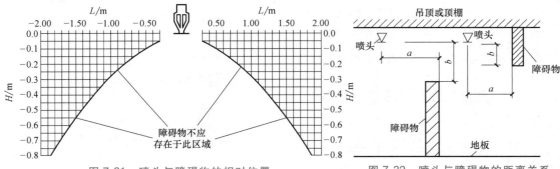

图 7-31 喷头与障碍物的相对位置　　　　图 7-32 喷头与障碍物的距离关系

消防喷淋头分为闭式喷头和开式喷头，闭式喷头分为玻璃球型和易熔元件型，又分为普通型、直立型、边墙型、吊顶型等，其中最重要的是动作温度，玻璃球喷头按规定动作温度分为 9 档，易熔合金喷头分为 7 档，每一档设定一种颜色，其颜色与动作温度的关系可参见表 7-12。现场应根据实际情况选用，不能选错。

表 7-12 喷头颜色与动作温度

喷头种类	额定动作温度/℃	颜色	环境最高温度/℃	额定动作温度/℃	颜色	环境最高温度/℃
玻璃球	57	橙	27	182	淡紫	152
	68	红	38	227	黑	197
	79	黄	49	260	黑	230
	93	绿	63	343	黑	313
	141	蓝	111			
易熔合金	55～77	本色	27～47	204～246	绿色	174～216
	80～107	白色	50～77	260～302	橙色	230～272
	121～149	蓝色	91～119	320～340	黑色	290～310
	163～191	红色	133～161			

安装前检查喷头的型号、规格、使用场所应符合设计要求。系统采用隐蔽式喷头时，配水支管的标高和吊顶的开口尺寸应准确控制。喷头安装时，溅水盘与吊顶、门、窗、洞口或障碍物的距离应符合设计要求。喷头安装必须在系统试压、冲洗合格后进行。喷头安装时，不应对喷头进行拆装、改动，并严禁给喷头、隐蔽式喷头的装饰盖板附加任何装饰性涂层。喷头安装应使用专用扳手，严禁利用喷头的框架施拧；喷头的框架、溅水盘产生变形或释放原件损伤时，应采用规格、型号相同的喷头更换。安装在易受机械损伤处的喷头，应加设喷头防护罩。

（3）自动喷水灭火系统组件的安装　组件均应在供水管网试压，冲洗合格后进行安装。

1）报警阀组安装时应先安装水源控制阀、报警阀，然后进行报警阀辅助管道的连接。

2）水源控制阀、报警阀与配水干管的连接，应使水流方向一致。

3）报警阀组安装的位置应符合设计要求，当设计无要求时，报警阀组应安装在便于操作的明显位置，距室内地面高度宜为 1.2m，两侧与墙的距离不应小于 0.5m，正面与墙的距离不应小于 1.2m，报警阀组凸出部位之间的距离不应小于 0.5m。

4）压力表应安装在报警阀上便于观测的位置。

5）排水管和试验阀应安装在便于操作的位置，水源控制阀安装应便于操作，且应有明显开闭标志和可靠的锁定设施。

6）湿式报警阀组应使报警阀前后的管道中能顺利充满水，压力波动时不应发生水力警铃误报警。报警水流通路上的过滤器应安装在延迟器前，且便于排渣操作的位置。湿式报警阀组的安装如图 7-33 所示。

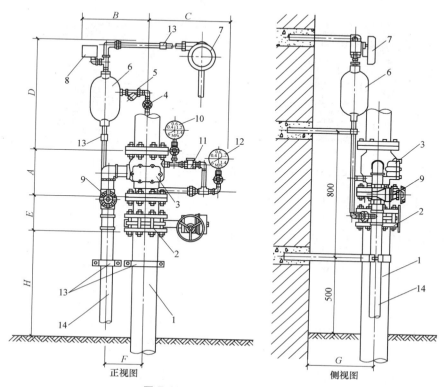

图 7-33　湿式报警阀组的安装

1—消防给水管　2—信号蝶阀　3—湿式报警阀　4、9—球阀　5—过滤器　6—延时器　7—水力警铃　8—压力开关
10—出口压力表　11—止回阀　12—进水口压力表　13—管卡　14—排水管

7）干式报警阀组应安装在不发生冰冻的场所，安装完成后，应向报警阀气室注入高度为 50～100mm 的清水，充气连接管接口应在报警阀气室充注水位以上的位置，且充气连接管的直径不应小于 15mm，止回阀、截止阀应安装在充气连接管上，气源设备的安装应符合设计要求和国家现行有关标准的规定，安全排气阀应安装在气源与报警阀之间，且应靠近报警阀。加速器应安装在靠近报警阀的位置，且应有防止水进入加速器的措施，低气压预报警装置应安装在配水干管一侧，报警阀充水一侧和充气一侧、空气压缩机的气泵和储气罐上以及加速器上应安装压力表，管网充气压力也应符合设计要求。干式报警阀的安装如图 7-34 所示。

安装报警阀组的室内地面应有排水设施，排水能力应满足报警阀调试、验收和利用试水阀门泄空系统管道的要求。

8）雨淋报警阀组可采用电动开启、传动管开启或手动开启，开启控制装置的安装应安全可靠。水传动管的安装应符合湿式系统有关要求，预作用系统雨淋报警阀组后的管道若需充气，其安装应按干式报警阀组有关要求进行，雨淋报警阀组的观测仪表和操作阀门的安装位置应符合设计要求，并应便于观测和操作，雨淋报警阀组手动开启装置的安装位置应符合设计要求，且在发生火灾时应能安全开启和便于操作。压力表应安装在雨淋报警阀的水源一侧。雨淋报警阀组的安装如图 7-35 所示。

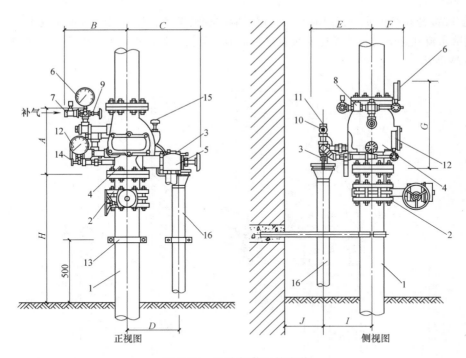

图 7-34 干式报警阀的安装

1—消防给水管 2—信号蝶阀 3—自动滴水阀 4—干式报警阀 5—主排水阀 6—气压表
7—补气接口 8—止回阀 9—补气截止阀 10—水力警铃接口 11—压力开关接口
12—压力表 13—立式管卡 14—排水阀 15—复位按钮 16—排水管

9）水流指示器的规格、型号应符合设计要求，安装应使电器元件部位竖直安装在水平管道上侧，其动作方向应和水流方向一致；安装后的水流指示器桨片、膜片应动作灵活，不应与管壁发生碰擦。水流指示器的安装如图7-36所示。

10）节流管、减压阀和减压孔板的安装应符合设计要求。水流方向应与供水管网水流方向一致。减压阀安装前应进行检查：其规格型号应与设计相符，阀外控制管路及导向阀各连接件不应有松动；外观应无机械损伤，并应清除阀内异物。在进水侧安装过滤器，并宜在其前后安装控制阀。可调式减压阀宜水平安装，阀盖应向上。比例式减压阀宜垂直安装；当水平安装时，单呼吸孔减压阀其孔口应向下，双呼吸孔减压阀其孔口应呈水平位置，安装自身不带压力表的减压阀时，应在其前后相邻部位安装压力表。

11）多功能水泵控制阀应在安装前检查其规格型号是否与设计相符。主阀各部件应完好，宜水平安装，且阀盖向上。紧固件应齐全，无松动，各连接管路应完好，接头紧固，出口安装其他控制阀时应保持一定间距，以便于维修和管理。安装自身不带压力表的多功能水泵控制阀时，应在其前后相邻部位安装压力表。进口端不宜安装柔性接头。

12）控制阀的规格、型号和安装位置均应符合设计要求，安装方向应正确，控制阀内应清洁、无堵塞、无渗漏；主要控制阀应加设启闭标志；隐蔽处的控制阀应在明显处设有指示其位置的标志。

13）不应在倒流防止器的进口前安装过滤器或者使用带过滤器的倒流防止器，倒流防止器且宜安装在水平位置，当竖直安装时，排水口应配备专用弯头。倒流防止器宜安装在便于调试和维护的位置，倒流防止器两端应分别安装闸阀，而且至少有一端应安装挠性接头，倒流防止器上

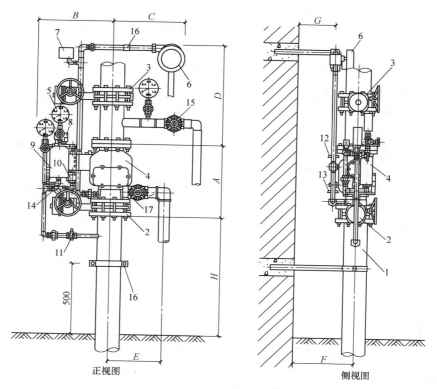

图 7-35　雨淋报警阀组的安装

1—消防给水管　2—信号阀　3—试验信号阀　4—雨淋报警阀　5—压力表　6—水力警铃　7—压力开关
8—电磁阀　9—手动开启开关　10—止回阀　11—控制管球阀　12—报警管球阀　13—试警铃球阀
14—过滤器　15—试验放水管　16—管卡　17—泄水阀

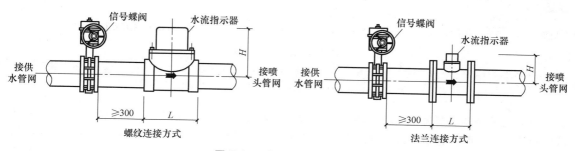

图 7-36　水流指示器的安装

的泄水阀不宜反向安装，泄水阀应采取间接排水方式，其排水管不应直接与排水管（沟）连接。安装完毕后首次启动使用时，应关闭出水闸阀，缓慢打开进水闸阀。待阀腔充满水后，缓慢打开出水闸阀。

14）信号阀应安装在水流指示器前的管道上，与水流指示器之间的距离不宜小于 300mm。

15）压力开关应竖直安装在通往水力警铃的管道上，且不应在安装中拆装改动。管网上的压力控制装置的安装应符合设计要求。压力开关、信号阀、水流指示器的引出线应用防水套管锁定。

16）水力警铃应安装在公共通道或值班室附近的外墙上，且应安装检修、测试用的阀门。水力警铃和报警阀的连接应采用热镀锌钢管，当镀锌钢管的公称直径为20mm时，其长度不宜大于20m；安装后的水力警铃启动时，警铃声强度应不小于70dB。

17）排气阀的安装应在系统管网试压和冲洗合格后进行；排气阀应安装在配水干管顶部、配水管的末端，且应确保无渗漏。

18）末端试水装置和试水阀的安装位置应便于检查、试验，并应有相应排水能力的排水设施。

（4）水泵结合器的安装　设有消防管网的住宅及超过5层的其他民用建筑、超过4层的厂房和库房，高层工业建筑，均应按照竖向分区设置水泵接合器。水泵接合器的形式有地上式、地下式和墙壁式三种，尽量采用地上式或墙壁式，在有结冰可能的地区应采用墙壁式和地下式，并应设有明显标志。水泵接合器可设置在建筑物周边墙体上或车道旁，距室外消火栓和消防水池的距离在15～40m。水泵接合器的数量应按室内消防用水量计算确定，每个水泵结合器的流量为10～15L/s，有2个DN100或DN150的接口。当消防给水为竖向分区供水时，在消防车供水压力范围内的分区，应分别设置水泵接合器，两个水泵接合器的间距应大于20m。图7-37所示为几种水泵结合器示意图。

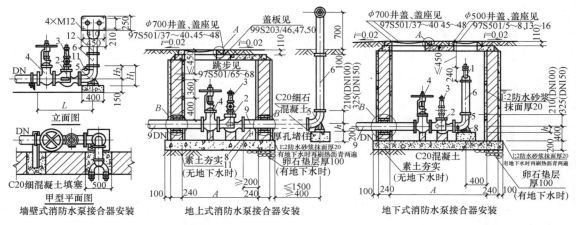

图 7-37　几种水泵结合器安装示意图

1—消防接口本体　2—止回阀　3—安全阀　4—闸阀　5—90弯头　6—法兰接管　7—截止阀　8—镀锌钢管
9—法兰直管　10—阀门井　11—泄水阀　12—法兰

（5）强度试验、严密性试验和冲洗　管网安装完毕后，必须对其进行强度试验、严密性试验和冲洗。强度试验和严密性试验宜用水进行。干式喷水灭火系统、预作用喷水灭火系统应做水压试验和气压试验。气压严密性试验压力应为0.28MPa，且稳压24h，压力降不应大于0.01MPa，介质宜采用空气或氮气。

1）当系统设计工作压力小于或等于1.0MPa时，水压强度试验压力应为设计工作压力的1.5倍，并不应低于1.4MPa；当系统设计工作压力大于1.0MPa时，水压强度试验压力应为该工作压力加0.4MPa。水压强度试验的测试点应设在系统管网的最低点。对管网注水时应将管网内的空气排净，并应缓慢升压，达到试验压力后稳压30min后，管网应无泄漏、无变形，且压力降不应大于0.05MPa为合格。水压严密性试验应在水压强度试验和管网冲洗合格后进行，试验压力应为设计工作压力，稳压24h，应无泄漏为合格。

2）自动喷水灭火系统的水源干管、进户管和室内埋地管道，应在回填前单独或与系统一起进行水压强度试验和水压严密性试验。

3）系统试压完成后，应及时拆除所有临时盲板及试验用的管道，并应与记录核对无误，且应按规定格式填写记录。管网冲洗应在试压合格后分段进行。冲洗顺序应先室外，后室内；先地下，后地上。室内部分的冲洗应按配水干管—配水管—配水支管的顺序进行。

4）管网冲洗的水流流速、流量不应小于系统设计的水流流速、流量；管网冲洗宜分区、分段进行。水平管网冲洗时，其排水管位置应低于配水支管，水流方向应与灭火时管网的水流方向一致，冲洗应连续进行。地上管道与地下管道连接前，应在配水干管底部加设堵头后对地下管道进行冲洗。当出口处水的颜色、透明度与入口处水的颜色、透明度基本一致时冲洗方可结束。管网冲洗宜设临时专用排水管道，排水管道的截面面积不得小于被冲洗管道截面面积的 60%。管网冲洗结束后，应将管网内的水排除干净，必要时可采用压缩空气吹干。

7.2　室内排水管道及卫生器具的安装

排水系统是建筑必备设施，由受水器（卫生器具）、水封（存水弯）、横支管、立管、横干管和排出管以及通气、清通和污水提升等设备组成，随着技术的发展，新管材、新卫生设备不断涌现，使得安装技术、安装工艺不断更新，这里只介绍一些基本的安装技术。

7.2.1　室内排水（雨水）管道及配件的安装

生活污水管道应使用塑料管、铸铁管，由成组洗面器或饮用喷水器到共用水封之间的排水管和连接卫生器具的排水短管，可使用钢管，埋地管道还可以使用混凝土管，雨水管道宜使用塑料管、铸铁、镀锌和非镀锌钢管或混凝土管等。悬吊的雨水管道可使用塑料管、铸铁管或塑料管。易受振动的雨水管道（如车间等）应使用钢管。

1. 基本规定

排水系统的安装工艺流程：安装准备→管道预制→排水干管的安装→排水立管安装→排水支管安装→灌水试验→竣工验收。

隐蔽或埋地的排水管道在隐蔽前必须做灌水试验，其灌水高度应不低于底层卫生器具的上边缘或底层地面高度。满水 15min 水面下降后，再灌满观察 5min，液面不降，管道及接口无渗漏为合格。

生活污水管道的铺设坡度应满足表 7-13 的要求。

表 7-13　生活污水管道的铺设坡度

管道	管径/mm	标准坡度（‰）	最小坡度（‰）
铸铁管道	50	35	25
	75	25	15
	100	20	12
	125	15	10
	150	10	7
	200	8	5
塑料管道	50	25	12
	75	15	8
	110	12	6
	125	10	5
	160	7	4

排水塑料管必须按设计要求及位置装设伸缩节，设计无要求时，伸缩节间距不得大于4m。高层建筑中明设排水塑料管道应按设计要求设置阻火圈或防火套管。

为了保证排水通畅，排水管道的横管与横支管、横管与立管的连接，应采用45°三通（斜三通）和四通或90°斜三通（顺水三通）和四通。立管与排出管端连接，宜采用两个45°弯头。

排水管道不得穿过烟道、风道、沉降缝、伸缩缝和居室。

排水主立管及水平干管管道均应做通球试验，通球球径不小于排水管道管径的2/3，通球率必须达到100%。

2．施工前的准备

室内排水管道安装前首先要根据设计图及施工预算书进行备料，并检查好管材和管件的质量，然后根据设计图及技术交底的内容，检查、核对预留孔洞的尺寸是否正确，将管道位置、标高进行画线定位。同时对管道转弯、分支以及管件比较多的结点处安装前需进行管道结点组合尺寸的核算，并绘出排水管道的加工安装草图。

正式安装前，对于地下排水管道的铺设，必须满足基础达到或接近±0.00标高，房心土回填到管或稍高的高度，房心内沿管线位置无堆积物，且在管道穿过建筑物基础处，按设计要求预留好管洞。对于各楼层内的排水管道，应与结构施工隔开一层以上，且管道穿结构部位的孔洞等均已预留完毕，室内模板或杂物已清除净，室内房间尺寸线及水平线已准确标出。

3．室内排水（雨水）管道及配件的安装

（1）基本要求　室内排水管道的安装应遵守先地下后地上（俗称先零下后零上）的原则。安装顺序依次为排出管（做至一层立管检查口）、一层埋地排水横管、一层埋地器具支管（做至承口突出地面）、埋地部分管道灌水试验与验收。此段工程完工俗称一层平口，其施工可在土建一层楼板盖好进行，其后的施工顺序是立管、各层的排水横管、器具支管。

1）排水管道上的吊钩或卡箍应固定在承重砖墙或其他可靠的支架上。固定支架间距，横管不得大于2m；立管不得大于3m。层高小于或等于4m的立管可安装一个固定件，立管底部的弯管处应设支墩，以防止立管下沉，造成管道接口断裂。

2）排水管道穿越基础、墙体和楼板时，应配合土建预留孔洞，预留孔洞尺寸大小如设计无规定时，可参见表7-14。

表7-14　穿砖墙预留孔洞尺寸

管径/mm	≤100	125~200	125~200
孔洞尺寸/mm	240×240	370×370	490×490
a/mm	120	185	245
图示			

（2）排出管的安装　排出管安装是整个排水系统安装工程的起点，必须严格保证施工质量，打好基础。安装中要保证管子的坡向和坡度，应该为直线管段，不能转弯或突然变坡。为了检修方便，排水管的长度不宜太长，一般检查井中心至建筑物外墙的距离不小于3m，不大于10m。排水管插入检查井的位置不能低于井的流水槽。图7-38所示为排出管穿过建筑物外墙的防水做法。

排出管应做至首层立管检查口和地面扫除口，其中间连接的排水横管的三通（或四通）应根据排水横管的埋深确定其位置。当排水管的承口必须装在预留洞内时，排出管宜采用预制，待接口强度达到后，再穿入基础孔洞安装。允许偏差和检验方法见表 7-15。

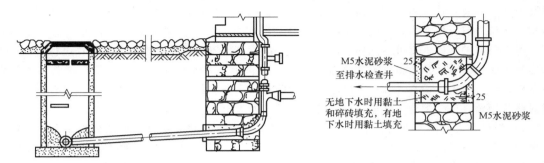

M5水泥砂浆
至排水检查井

无地下水时用黏土
和碎砖填充，有地
下水时用黏土填充

M5水泥砂浆

图 7-38　排出管穿过建筑物外墙的防水做法

表 7-15　允许偏差和检验方法

管径/mm	≤100	125~200
$\dfrac{a}{\text{mm}} \times \dfrac{b}{\text{mm}}$	250×350	350×450
图示		

一般情况下，排出管先做出建筑物墙外 1m 处，经室内排水管道通球试验和灌水试验合格后，再接至室外检查井。施工中，还要注意堵好室外管端敞口。

当仅设伸顶通气管时，排出管与最低立管的最小高差 h_1（图 7-39），应满足表 7-16 所示的要求。

（3）排水横干管、支管的安装
排水横干管按其所处位置不同，其安装有两种情形，一种是建筑物底层的排水横干管可直接铺设在底层的地下，另一种是各楼层中的排水横干管，可敷设在支、吊架上。

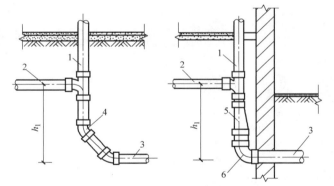

图 7-39　最低排水横管与立管连接处至排出管底的垂直距离
1—立管　2—横管　3—排出管　4—弯头
5—偏心异径管　6—大转弯半径弯头

表 7-16　最低排水横支管与立管连接处距排水立管管底垂直距离

立管连接卫生器具的层数/层	垂直距离 h_1/m	立管连接卫生器具的层数/层	垂直距离 h_1/m
≤4	0.45	13~19	3.0
5~6	0.75	≥20	6.0
7~12	1.2		

1）铺设在地下的排水管道，在挖好的管沟或房心土回填到管底标高处时进行，将预制好的管段按照承口朝向来水的方向铺设。由出水口处向室内顺序排列，挖好打灰口用的工作坑，将预

制好的管段慢慢地放入管沟内，封闭堵严总出水口，做好临时支撑，按施工图的位置标高找好位置和坡度，以及各预留管口的方向和中心线，将管段承插口相连，然后再将首层立管及卫生器具的排水预留管口，按室内地坪线及轴线找好位置、尺寸，并接至规定高度，将预留管口临时封堵。各接口养护好后，就可按照施工图对铺设好的管道位置、标高及预留分支管口进行自检，确认准确无误后即可从预留口处灌水做灌水试验，水满后观察水位不下降、各接口及管道无渗漏为合格，经有关人员检查，并填写隐蔽工程验收记录，办理隐蔽工程验收手续。验收合格后，临时封堵各预留管口，配合土建填堵洞、孔，按规定回填土。

2）敷设在支、吊架上的管道，要先搭设架子，将支架按设计坡度栽好或做好吊具，量好吊杆尺寸。将预制好的管道固定牢靠，并将立管预留管口及各层卫生器具的排水预留管口找好位置，接至规定高度，也将预留管口临时封堵。位于吊顶内的排水干管，也需按隐蔽工程项目办理检查验收手续。

3）排水横支管的安装也应先搭好架子，并将支、吊架按坡度栽好，将预制好的管段放到架子上，再将支管插入立管预留口的承口内，将支管预留口尺寸找准，并固定好支管，然后打麻、打灰口或抹胶粘接。如支管设在吊顶内，末端设有清扫口者，宜将管子接至上层地面上，以便于清扫。支管安装完毕后，可将卫生器具或设备的预留管安装到位，找准尺寸并配合土建将楼板洞堵严，预留管口临时封堵。

4）当使用塑料管时，由于塑料管道的抗拉和抗压强度不如金属管，其管道的支撑件、固定件会更多，其支吊架最大间距为管径的 10 倍，固定件如图 7-40 所示，吊卡及伸缩节的设置如图7-41 所示。

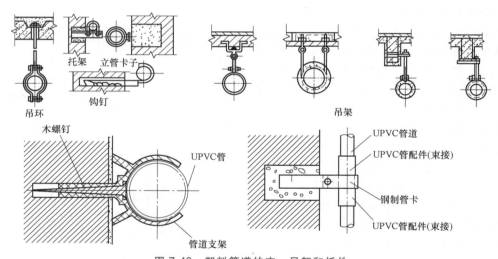

图 7-40　塑料管道的支、吊架和托件

5）排水横管还应安装清扫口，清扫口多采用地面式，有时可与地漏合用。连接 2 个及以上大便器或 3 个及以上卫生器具的污水横管上应设置清扫口。当污水管在楼板下悬吊敷设时，可将清扫口设在上一层楼地面上，污水管起点的清扫口与管道相垂直的墙面距离不得小于 200mm。若污水管起点设置堵头代替清扫口时，与墙面距离不得小于 400mm。在转角小于 135 °的污水横管上，应设置检查口或清扫口。污水横管的直线管段，应按设计要求的距离设置检查口或清扫口。各种清扫口的安装如图 7-42 所示，详细尺寸参见样本或施工安装图集。

（4）地漏的安装　随着排水技术和设备的发展，地漏的种类和安装方式都发生了一些变化。

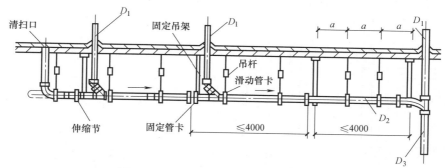

图 7-41　排水横管吊卡、伸缩节的安装

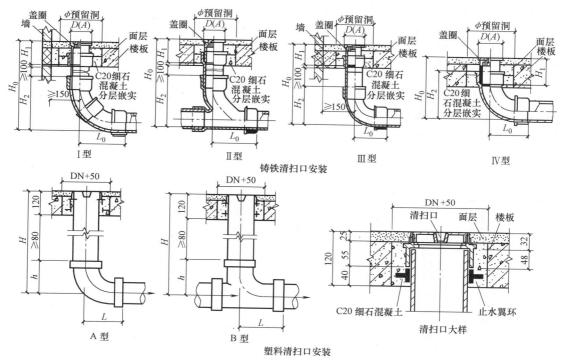

图 7-42　各种清扫口的安装示意图

从材料上可分为铸铁、不锈钢和塑料等品种，从形式上分为普通式地漏、直埋式地漏、无水封式地漏、密封式地漏、侧墙式带网筐式地漏、悬挂式多通地漏、同层排水地漏以及各种专用功能的地漏。地漏的安装应平整、牢固、低于排水表面，周边无渗漏，同时要求地漏的水封不得小于50mm。各种地漏的安装，可参见施工安装标准图集和产品说明书进行安装。

（5）排水立管安装　根据施工图校对预留管洞尺寸，如为混凝土预制楼板，则需凿楼板洞，如需断筋，必须征得土建有关人员同意，按规定处理。高层建筑的立管长，管内水流速度快，对立管底部会产生较大的冲击力，为减小立管水流速度，会在立管上安装消能器，其位置由设计者确定，通常 6~10 层安装一个。

1）立管检查口应按设计或施工验收规范要求设置，在立管上应每隔一层设置一个检查口，但在最底层和有卫生器具的最高层必须设置。仅为两层建筑时，可仅在底层设置立管检查口；如有乙字弯管时，则在该层乙字弯管的上部设置检查口。检查口中心高度距操作地面一般为 1m，允许偏差±20mm；检查口的朝向应便于检修。暗装立管在管槽或管井中时，在检查口处应安装检修门，如图 7-43 所示。

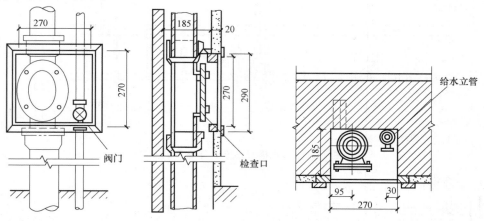

图 7-43　管道检修孔

2）当采用塑料管时，还需设置伸缩节。当层高 ≤4m 时，立管每层设一伸缩节，层高 >4m 时，应根据实际伸缩量确定设置数量。排水立管伸缩节的安装如图 7-44 所示。塑料管道穿越楼板、防火分区时，应加装防火套管或阻火圈，做法如图 7-45 所示。

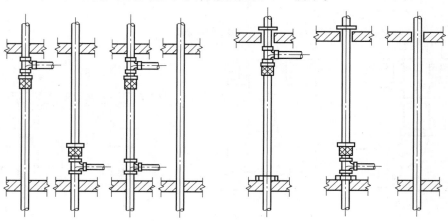

图 7-44　排水立管伸缩节的安装

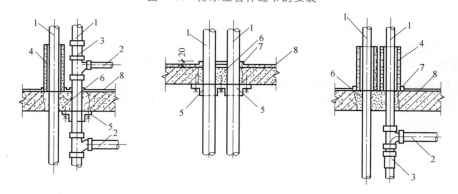

图 7-45　立管穿越楼层阻火圈、防火套管的安装

1—UPVC 立管　2—UPVC 横支管　3—立管伸缩管　4—防火套管　5—阻火圈

6—细石混凝土二次嵌缝　7—阻火圈　8—混凝土楼板

3）铸铁排水立管的管件构成如图 7-46 所示。

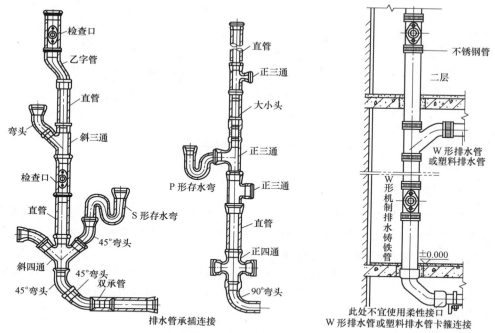

图 7-46　排水立管及管件

（6）通气管和辅助通气管的安装　为提高排水系统的排水能力，避免管内压力波动过大，排水系统一般利用最高层卫生器具以上并延伸到屋顶上的一段管道作为通气管，当层数较多或同一排水支管上卫生器具较多时，还应设置辅助通气管或专用通气立管，也可采用通气阀。通气管应高出屋面 0.3m 以上，并应大于最大积雪深度。对于上人屋面，通气管应高出屋面 2m 以上。辅助通气管的连接方式如图 7-47 所示，通气管与卫生器具的正确连接方法如图 7-48 所示。

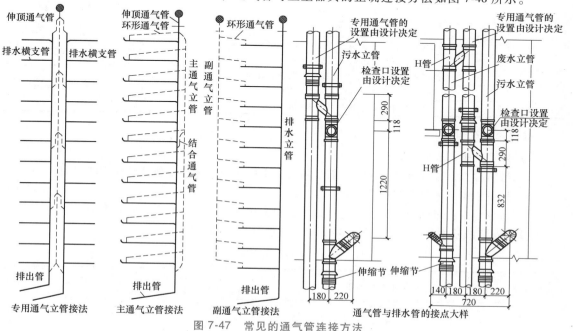

图 7-47　常见的通气管连接方法

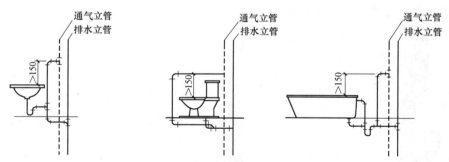

图 7-48　卫生器具与通气管的正确接法

7.2.2　卫生器具的安装

卫生器具是适用于便溺、盥洗和洗涤的器具，又是室内排水系统的污（废）水收集设备，其品种繁多，造型各异，故安装中必须在订货的基础上，参照实物确定安装方案。

1. 卫生器具的安装程序和一般要求

（1）安装前的质量检验　卫生器具安装前的质量检验是安装工作的组成部分。质量检验包括：器具外形的端正与否、瓷质的细腻程度、色泽的一致性、有无损伤，各部分几何尺寸是否超过表 7-17 所示的允许偏差等。

表 7-17　卫生器具安装允许偏差

序号	项　目		单位	偏差值
1	外形尺寸		%	±3
2	肥皂、手纸盒外观尺寸		mm	−3
3	安装尺寸	孔径≤15mm	mm	2
		孔径 16~29mm		±2
		孔径 30~80mm		±3
		孔径>80mm		±5
4	洗面器水嘴孔距		mm	±2
5	洗面器、水箱、洗涤槽、妇女用器下水口圆度变形直径		mm	3
6	小便器排出口圆度变形直径		mm	5
7	大便器及存水弯排出口、连接口圆度变形直径		mm	8
8	排出口中心距边缘尺寸公差≤300mm		mm	±10
	排出口中心距边缘尺寸公差>300mm		%	±3

质量检验的方法：

1）外观检查：表面是否有缺陷。

2）敲击检查：轻轻敲打，声音实而清脆是未受损伤的，声音沙裂是受损伤破裂的。

3）尺量检查：用尺实测主要尺寸。

4）通球检查：对圆形孔洞可做通球试验，检验用球直径为孔洞直径的 0.8 倍。

（2）安装的基本技术要求　卫生器具安装高度见表 7-18。

表 7-18　卫生器具的安装高度

项次	卫生器具名称	安装高度/mm		备　注
		居住和公共建筑	幼儿园	
1	污水盆架空式	800	800	
	落地式	500	500	

（续）

项次	卫生器具名称		安装高度/mm		备　注
			居住和公共建筑	幼儿园	
2	洗涤盆（池）		800	800	自地面至器具上边缘
3	洗面器和洗手盆（有塞、无塞）		800	500	
4	漱洗槽		800	500	
5	浴盆		520	—	
6	蹲式大便器	高水箱	1800	1800	自台阶至高水箱底
		低水箱	900	900	自台阶至低水箱底
7	坐式大便器	高水箱	1800	1800	自台阶至高水箱底
		低水箱　外露排出管式	510	—	自地面至低水箱底
		低水箱　虹吸喷射式	470	370	
8	小便器	立式	1000	—	自地面至上边缘
		挂式	600	450	自地面至下边缘
9	小便槽		200	150	自地面至台阶面
10	大便槽冲洗水箱		不低于 2000	—	自台阶至水箱底
11	妇女卫生盆		360	—	自地面至器具上边缘
12	化验盆		800	—	自地面至器具上边缘

卫生器具的安装位置是由设计决定的，在一些只有器具的大致位置而无具体尺寸要求的设计中，常常要现场定位。位置包括平面位置（即距某一建筑轴线或墙、柱等实体的距离尺寸和器具之间的间距）和立面位置（安装高度）。主面位置的确定主要考虑使用方便、舒适、易检修等因素，并尽量做到和建筑布置的整体协调美观。为此，必须在器具安装的后墙上弹画出安装中心线，作为排水管道安装和卫生器具安装时的安装基准线。排水卫生器具平面定位时的依据如下：蹲便器中心距 900mm；洗面器、小便器中心距 700mm；淋浴器中心距 900~1100mm；盥洗槽水嘴中心距 700mm。器具的安装位置应考虑到排水口集中于一侧，便于管道布置，门的开启方向，应避免门开启后碰撞器具。

安装中应特别注意卫生器具的底座、支架、支腿等的安装质量，以确保器具安装的稳固。卫生器具是室内的固定陈设物，在实用的基础上，还应该端正、平直地安装，达到美观要求，因此，在安装过程中应随时用水平尺、线坠等工具进行检测和校正，使安装控制在表 7-19 和表7-20规定的允许偏差范围内。

表 7-19　卫生器具安装的允许偏差

序号	项　目		允许偏差/mm
1	坐标	单独器具	10
		成排器具	5
2	标高	单独器具	±15
		成排器具	±10
3	器具水平度		2
4	器具垂直度		3

表 7-20　卫生器具给水配件安装标高的允许偏差

项次	项　目	允许偏差/mm
1	大便器高、低水箱角阀及截止阀	±10
2	水龙头	±10
3	淋浴器喷头下沿	±15
4	浴盆软管淋浴器挂钩	±20

严密性体现在卫生器具和给水、排水管道的连接及与建筑物墙体靠接两方面。卫生器具与给水配件（水嘴、浮球阀等）连接的开洞处应加橡胶软垫，并压挤紧密，使连接处不漏水；与排水管、排水栓连接的下水口应用油灰、橡胶垫圈等结合严密，不漏水；与墙面靠接时，应抹油灰，或以白水泥填缝，使靠接处结合严密，不污染墙面。

在使用和维修过程中，瓷质卫生器具可能被碰坏需要更换，安装时应考虑到器具的可拆卸特点。因此，卫生器具和给水支管连接处，必须装可拆卸的活节头；坐便器和地面的稳固，排出口和排水短管的连接，蹲便器排出口和存水弯的连接等，均应用便于拆除的油灰填塞连接，并且在存水弯上或排水栓处均应设螺母连接。

硬金属与瓷器之间的所有结合处，均应垫以橡胶垫、铅垫等，做软结合。和器具紧固的所有螺纹连接时，应先用手加力拧，再用紧固工具缓慢加力，防止加力过猛损伤瓷器。用管钳紧拧铜质、镀光质的给水配件时，应垫布，防止出现管钳加力后的牙痕。

卫生器具的安装应安排在建筑物施工的收尾阶段。器具一经安好，应进行有效的成品防护，如切断水源或用草袋加以覆盖等。防护最根本的措施是加强工种间的配合，避免人为破坏。卫生器具安装后，器具的敞开排水口均应加以封闭，以防堵塞。地漏常常被建筑工人用来排除水磨石浆、排除清洗地面水等，最易堵塞，更应加强维护。

2. 常用卫生器具安装

（1）蹲式大便器的安装　蹲式大便器由便盆、存水弯、冲洗水箱、水箱进水管、冲洗管等组成，在公共场所的卫生间内安装较多，分为自带存水弯和不带存水弯两种。不带存水弯的大便器需要在管道上设置存水弯，首层为S形存水弯，其他层为P形存水弯。蹲式大便器一般可采用高、中位水箱，也可采用手动冲洗阀及脚踏冲洗阀。公共场所推荐使用感应式冲洗阀。高位水箱、延时冲洗阀、脚踏冲洗阀的蹲式大便器的安装如图7-49~图7-51所示。

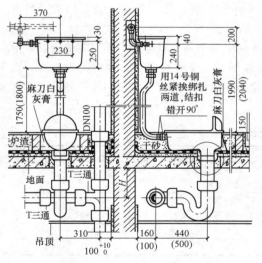

图7-49　高位水箱蹲式大便器的安装

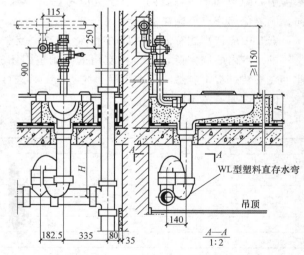

图7-50　冲洗阀蹲式大便器的安装

自带存水弯蹲式大便器的高度较高，需要做两步台阶，安装如图7-52所示。

蹲式大便器首先安装存水弯和大便器、冲洗水箱，然后再安装冲洗管、冲洗阀、水箱进水管等。安装前，对大便器、存水弯进行检查、校验，检查存水弯上下口和大便器及下水道接口是否吻合，并检查大便器、存水弯的外形是否端正，有无缺损、破裂、渗漏等现象。安装时，应根据卫生间设计图尺寸，事先按要求安好排水管，并堵灌楼板孔。排水管的承口内应先用油麻填塞，

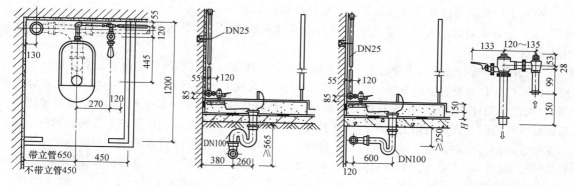

图 7-51　脚踏冲洗阀的安装

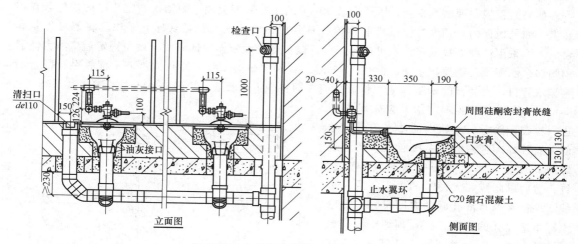

图 7-52　自带存水弯蹲式大便器安装

后用纸筋水泥（纸筋∶水泥＝2∶8）塞满刮平，插入存水弯，再用水泥固定牢。存水弯装稳后，将大便器排水孔对准存水弯承口，将大便器找平找正，再将油灰塞填在存水弯的承口内，大便器出水口周围也用油灰充填，并用砖作为支撑，再核对大便器的平正度，确认无误后，用水泥砂浆砌筑大便器托座，用砂子或炉渣填满存水弯周围空隙，最后用水泥砂浆压实和抹平。大便器与排水管的连接做法如图 7-53 所示。

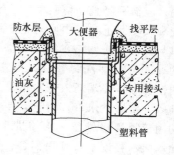

图 7-53　大便器与排水管的连接做法

　　水箱安装时，应按设计施工图的要求，在墙上画好水箱的横、竖中心线，以确定水箱的位置，并确定挂孔位置，预埋木砖或膨胀螺栓。在水箱挂装前，可首先在地上把水箱内冲洗附件安装好，使其灵活可靠，挂装水箱并将其固定。安装冲洗管时，应将密封垫圈和锁紧螺母套至冲洗管上端，把冲洗管插进水箱排水孔，与冲水装置相连，再将螺母锁紧即可。冲洗管（塑料管或镀锌管）的下端用铜丝将橡胶碗绑扎好，然后把已装好的水箱内浮球阀螺纹端加上橡胶垫圈从水箱内的进水孔穿出，再将水箱外的螺纹端加上橡胶垫用螺母锁紧即可。

　　大便器稳固后，按土建要求做好地坪，橡胶碗处要用砂土埋好，再在砂土上面抹水泥砂浆。

禁止用水泥砂浆把橡胶碗处全部填死，以免日后维修不便。

（2）坐式大便器的安装 坐式大便器分为分体式和联体式、普通型和静音型、下排水和后排水等形式。

1）分体式低水箱坐式大便器的安装方法是将大便器安装在卫生间的地面上，安装前应对大便器进行检查，检查合格后方可进行安装。安装时，将排水口插入预先在地面埋好的排水管内（有些大便器的底部有几个排水孔位置可供选择，到时将所用孔敲开即可），再将大便器底座外廓和螺栓孔眼的位置在地面上标出，移开大便器后，在孔眼位置处预埋木砖或预埋膨胀螺栓，用水泥砂浆固定。安装大便器时，取出大便器排水管口的管堵，把管口清理干净，并检查大便器内有无残留杂物。在大便器排水口周围和大便器底面抹以油灰或纸筋水泥，但不能涂抹得过多，按标出的外廓线将大便器的排水口插入 DN100 的排水管承口内，并用水平尺反复校正，慢慢嵌紧，把填料压实且稳正。

如果地板内预埋的是木砖，则应用长 70mm 的木螺钉配上铝垫圈插入底座孔眼内，拧紧在木砖上；如果地面内是预埋螺栓或膨胀螺栓，只要把螺栓插入大便器底座孔眼内，将螺母拧紧即可。无论采用何种方法固定，不可过分用力，以免瓷质大便器底部碎裂。就位固定后应将大便器周围多余水泥及污物擦拭干净，并用 1~2 桶水灌入大便器，防止油灰或纸筋水泥粘贴，甚至堵塞排水管口。大便器的木盖（或塑料盖）应在即将交工时安装，以免在施工过程中将其损坏。

2）在安装低水箱之前，应先对水箱进行检查，然后将水箱内的冲水附件在地面上组装好。画线时，先按照低水箱上边缘的高度，在墙上用石笔或粉袋弹出横线，然后以此线和大便器的中心线为基准线，根据水箱背部孔眼的实际尺寸，在墙上标出螺栓孔的位置，打孔预埋膨胀螺栓或预埋木砖，再用螺母加铝垫圈或用木螺钉将水箱固定在墙上，就位固定后的低水箱，应横平竖直、稳固美观，水箱冲水口应和大便器进水口中心对正。将水箱出水口与大便器进水口的锁母卸下，将 90°弯的冲洗管（冲洗管管材有钢管、塑料管、铜铝管等）一端插入低水箱出口，另一端插入大便器进水口，套上柔性垫片，两端均用锁紧螺母锁紧。水箱进水管上 DN15 角阀与水箱进水口处用铜管、塑料或柔性短管相连。分体坐式大便器的安装如图 7-54所示。

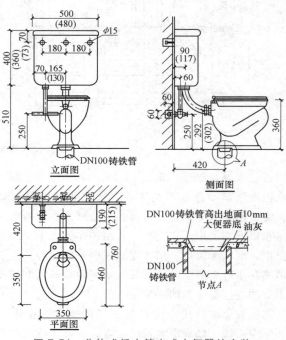

图 7-54 分体式低水箱坐式大便器的安装

3）连体式坐便器是将水箱和大便器结合为一体。安装连体式坐便器时，通常采用比量定位法。画出固定螺栓的位置，再将坐便器底盘上抹满油灰，下水口上缠上油麻并抹油灰，插入下水管口，直接稳固在地面上，压实后，抹去底盘挤出的油灰，在固定螺栓上加设垫圈，拧紧螺母即可。连体式坐便器的安装要平正、整洁、稳固和美观。连体式坐便器的安装如图 7-55 所示。

4）后出水座式大便器可实现同层排水，在一些民用建筑特别是住宅类建筑中有所应用，其安装如图 7-56 所示。

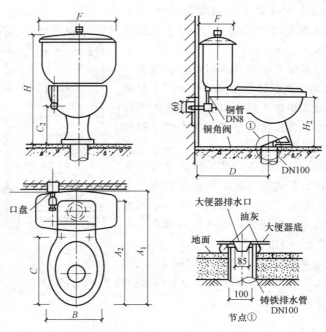

图 7-55　连体式坐便器的安装

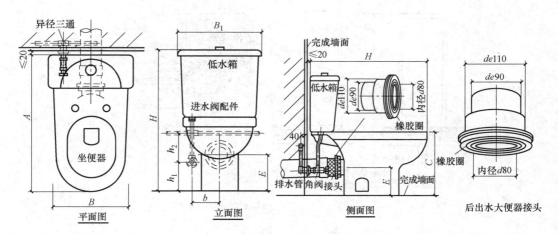

图 7-56　后出水座式大便器的安装

（3）小便器的安装　小便器分为斗式、立式和小便槽，排水形式分为下排水和后排水。

1）斗式小便器又称挂式小便器、小便斗，陶瓷制成，挂装在墙上，上部接冲水细管至斗内上部，水通过小孔可均匀分布淋洗斗内壁，可采用下排水或后排水。装设小便斗的地面附近应安装地漏，以排泄地面积水。成组安装的小便斗，中心距为 0.6~0.7m，由于小便斗具有一定的高度，公厕中还应安装儿童专用的斗式小便器。其安装如图 7-57 所示。

安装程序为先安装小便斗，再安装存水弯，最后安装冲洗管。根据设计图上要求安装的位置和高度，在墙上画出横竖中心线，找出小便斗两耳孔中心在墙上的具体位置，然后在该位置上打洞预埋木砖，通常木砖离安装地面的高度为 110mm，平行的两块木砖中心距为 340mm，木砖规格为 50mm×100mm×100mm，木砖预埋最好能与土建配合砌墙时埋入。小便斗用 4 个 65mm 长的木螺钉配铝垫片，穿过小便斗耳孔将其紧固在木砖上（也可用 M6×T0 的膨胀螺栓将其紧固），小便斗上沿离安装地面的高度为 600mm。

小便斗所用存水弯多为不锈钢件或塑料件，规格为 DN25～DN32，将其下端插入预留的排水管口内，上端套在已缠好麻和抹好铅油的小便斗排水嘴上，将存水弯找正，上端用锁紧螺母加垫后拧紧，下端与排水管的间隙处用铅油麻丝缠绕塞严即可。

将角阀安装在预留的给水管上，使护口盘紧靠墙壁面，用截好的小铜管背靠背地穿上铜碗和锁紧螺母，上端缠麻，抹好铅油插入角形阀内，下端插入小便斗的进水口内，用锁紧螺母与角阀锁紧，用铜碗压入油灰，将小便斗进水口与小铜管下端密封。

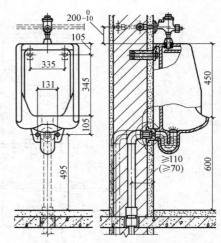

图 7-57　挂式小便器的安装

2）立式小便器又称落地式小便器，用陶瓷制成，上有冲洗进水口，进水口下设扁形布水口（也称喷水鸭嘴），下有排水口，靠墙立于地面上，立式小便器的安装如图 7-58 所示。

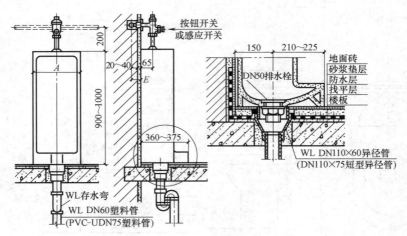

图 7-58　立式小便器的安装

立式小便器应先安装好排水管，存水弯设在楼板（地面）以下，将排水栓用 3mm 厚的橡胶圈及锁紧螺母固定在小便器的排水口上，再在其底部凹槽中嵌入纸筋水泥或石膏，排水栓突出部分涂抹油灰，即可将小便器垂直就位，使排水栓口与排水管口接合，并用水平尺校正。如果小便器与墙面或地面不贴合，可用白水泥补齐和抹光。

小便器安装完成后再安装冲洗管。上端镀铬冲洗管镶接时，先将角阀出水口对准铜质镀铬喷水鸭嘴锁口，测出实际尺寸，将铜管画线下料，套上锁紧螺母及扣碗，锁紧螺母与角阀连接，扣碗插入喷水鸭嘴内，缠绕好油浸盘根绳，拧紧锁紧螺母至松紧适度，在扣碗下加上油灰并抹平。如采用自动冲洗阀，则应将感应器安装在适合位置，水阀串联在冲洗水管上即可。

公共场所的冲水按钮，不宜采用手动冲水阀，多采用电子感应式自动冲洗，其安装可参见产品样本。

3）小便槽多用在使用密度较高公共卫生间，其形式分为砌筑式和不锈钢式。砌筑式可按照小便槽施工图集进行砌筑，不锈钢式可选用成型产品，由土建配合完成安装。设备专业负责上下水系统及设备的安装。

　　小便槽冲洗管通常采用镀锌钢管或硬质塑料管，冲洗孔斜向下方，冲洗角度与墙面呈 45°，其冲洗供水控制方式分为手阀控制、脚踏阀控制、水箱定时控制以及感应阀自动控制等方式。图7-59 所示为常规小便槽安装。

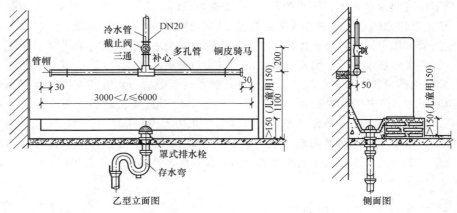

图 7-59　常规小便槽安装

　　4）免冲水小便器，就是使用后不用冲水的小便器，是当今推崇的节能减排、低碳环保的绿色产品，在机场、车站等公共场所应用很多。它采用油封、薄膜气相吸合封堵、板式下水封堵、单向阀等不同的技术手段，在小便器排出口处设置尿液阻集器，使均匀流入阻集器中的尿液穿过阻集液漂浮层进入中心管，该液体漂浮层形成一道屏障，密封了污水管中气体溢出的通道，使尿味不能散发到空气中。阻集液为 50mL 的蓝色液体，阻燃，-200℃ 不凝固，至少维持 6 个月的使用期限并很容易进行补充。阻集器可以存住长期使用过程中产生的残余尿碱，并可在阻塞时通过清理而轻易地去除。免冲水小便斗内部和表面也需进行一些特殊工艺处理，具有憎水和杀菌作用，同时也减小尿液的味道。免冲水小便器如图 7-60 所示。

　　（4）洗面器的安装　根据确定的洗面器安装位置及洗面器类型，在墙上画出横、竖中心线，

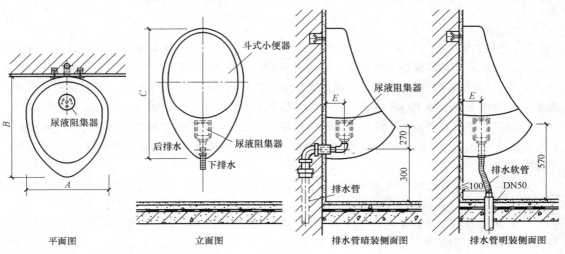

图 7-60　免冲水小便器

找出盆架的安装位置，按照盆架上的孔在墙上安装膨胀螺栓（也可在墙上打洞预埋木砖或预埋件）固定盆架，把洗面器稳定好放在盆架上，用水平尺测量平正，如盆不平，可用铅垫片垫平垫稳；将排水栓加胶垫，由盆排水口穿出，并加垫用根母锁紧，注意使排水栓的保险口与洗面器的溢水口对正。排水管暗装时用P形弯，明装时用S形弯，与存水弯连接的管口应套好螺纹，涂抹厚白漆后缠上麻丝，再用锁紧螺母锁紧。洗面器安装有冷热水管，两管应平行敷设，水平敷设时应为上热下冷（热水管在上，冷水管在下）；垂直敷设时，左热右冷（热水管在左侧，冷水管在右侧）。洗面器用水嘴垫上胶垫穿入洗面器进水孔，然后用锁紧螺母锁紧。冷热水嘴与角阀的连接可用铜短管，也可用柔性短管连接。洗面器水嘴的手柄中心有冷热水的标志，蓝色或绿色表示冷水嘴，红色表示热水嘴。水嘴安装应端正、牢靠和美观。

1）台式洗面器应将洗面器卧装在预先开好孔洞的台面上，给水方式有冷热水双水嘴式、带混合器的单水嘴式、红外线自动出水式等。平台的加工应根据洗面器的规格尺寸在平台上加工出洗面器孔，栽设支架，安装平台（平台由大理石、花岗石等制成），平台应平整、牢稳。将洗面器卧装于平台，平台与洗面器的结合应严密。洗面器安装稳妥后，即可进行配管和水嘴的安装。配管及给水配件的安装与墙架式洗面器相同。台式洗面器的安装如图7-61所示。

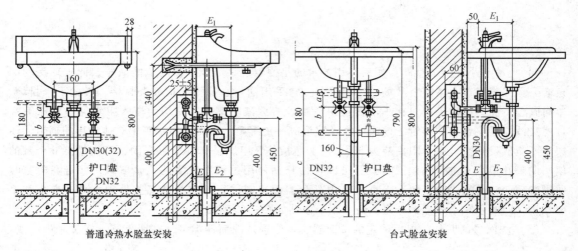

普通冷热水脸盆安装　　　　　　　　　　台式脸盆安装

图7-61　台式洗面器的安装

2）立柱式洗面器安装时，应先画出洗面器安装的垂直中心线及安装高度水平线，然后用比量法使立柱柱脚和背部紧固螺栓定位。安装过程为：将洗面器放在立柱上，调整安装位置对准垂直中心线，与后墙靠严后，在地面上画出支柱外轮廓线和背部螺栓安装位置；然后钻眼栽埋膨胀螺栓，在地面上铺上厚10mm的方形油灰，使宽度大于立柱下部外轮廓；按中心位置摆好立柱并压紧、压实，刮去多余油灰，拧紧背部螺栓固定。连接给排水管道同墙架式洗面器，存水弯要用P形或瓶形存水弯，置于空心的柱腿内，通过侧孔和排水短管暗接。立柱式洗面器的安装如图7-62所示。

目前，公共场所的水嘴大多采用感应式，有多种形式，其安装要求可参见样本，如图7-63所示。

（5）浴盆及淋浴器的安装　安装浴盆时，首先根据设计图和卫生间情况先安装浴盆，然后再安装给排水管道及淋浴装置，设计无要求时，软管淋浴器的挂钩距地1.8m。单独淋浴器的安装。

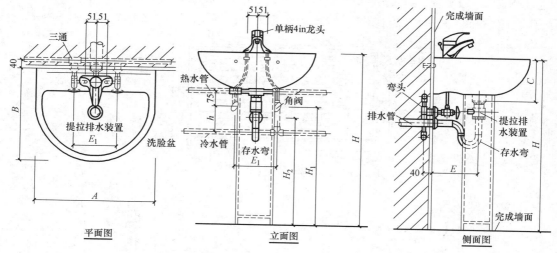

图 7-62　立柱式洗面器的安装

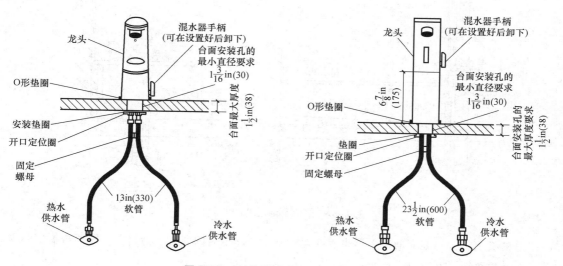

图 7-63　EAF 型感应水嘴的安装示意图

1）普通浴盆常用陶瓷、铸铁搪瓷、玻璃钢及水磨石等材料制成，形状多呈长方形。盆方头一端的盆沿下有 DN25 溢水孔，同侧下盆底有 DN40 的排水孔。浴盆分为普通浴盆和按摩浴盆等。

浴盆有溢、排水孔的一端应靠墙壁放置，在盆底砌筑两条小砖墩，距地面一般为 120～140mm，并使盆底本身具有 0.02 的坡度并坡向排水孔，以便排净盆内水。盆四周用水平尺校正，不得歪斜。在不靠墙的一侧，用砖块沿边砌平并贴瓷砖。盆的溢、排水管一端，池壁上应开一个检查门，尺寸不小于 300mm×300mm，便于修理和维护。在浴盆的方头端安装冷、热水嘴（或冷、热水混合水嘴），水嘴中心应高出盆面 150mm。浴盆排水管安装时，先将溢水管铜管弯头、三通等预先按设计尺寸量好各段的长度，下料并装配好，把盆下排水栓涂上油灰，垫上胶垫，由盆底穿出，并用锁紧螺母锁紧，多余油灰用手指刮平，再用管连接排水弯头和溢水管上三通。溢水管上的铜弯头用一端带短螺纹而另一端带长螺纹的短管连接。短螺纹一端连接铜弯头，另一端长螺纹插入浴盆溢水口内，最后在溢水口内外壁加橡胶支垫，并用锁紧螺母锁紧。三通与存水弯连接处装配一段短管，插入排水管内进行水泥砂浆抹口。浴盆及淋浴器的安装如图 7-64 所示。

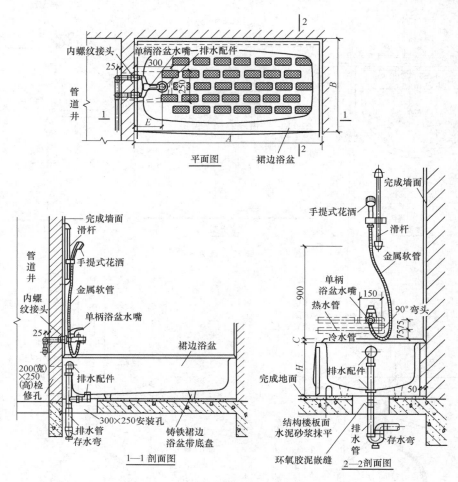

图 7-64　浴盆及淋浴器的安装

浴盆的类型较多，配套的淋浴器也多样化，其中按摩浴盆的安装较为复杂，需要根据实际情况结合产品样本实施安装。

2）普通淋浴器由莲蓬头、冷热水管、阀门、冷热水混合立管或其他控制装置组成，通常安装在浴室墙上。公共场所的淋浴器，可采用刷卡、脚踏阀、感应器等节水措施，图 7-65 所示为全自动刷卡式淋浴器的安装图示。

3）多功能按摩淋浴器目前也很流行，多与淋浴房配套，也有单独的多功能淋浴器需要进行安装，具体的安装还需参见产品说明书。图 7-66 所示为多功能淋浴器。

淋浴器安装时，在墙上先画出管子垂直中心线和阀门的中心线，一般连接淋浴器的冷水横管中心距地面 900mm，热水管距地面为 1000mm。冷热水管应平行敷设，由于冷水管在下，热水管在上，所以连接莲蓬头的冷水支管用元宝弯的形状绕过横支管。明装淋浴器的进水管中心离墙面的距离为 40mm。元宝弯的弯曲半径为 50mm，与冷水横管夹管为 60°。淋浴器的冷热水管可采用镀锌钢管、铜管、塑料管、铝塑管等，管径一般为 DN15，在离地面 1800mm 处设管卡 1 个，将立管加以固定。

冷热水管上的阀门过去多采用截止阀或球阀，阀门中心距地面高度为 1150mm，现多采用混合阀。

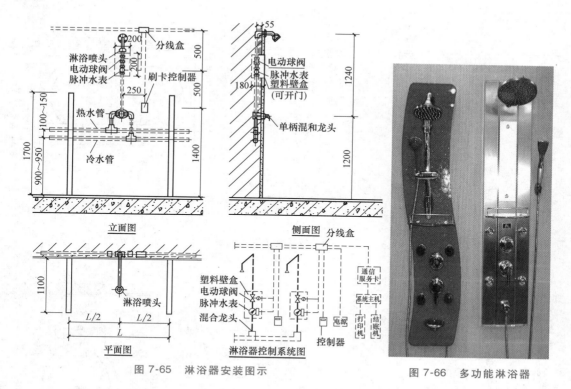

图 7-65　淋浴器安装图示

图 7-66　多功能淋浴器

　　两组以上的淋浴器成组安装时，阀门、莲蓬头及管卡应保持在同一高度，两淋浴器间距一般为 900~1000mm。安装时将两路冷热水横管组装调直后，先按规定的高度尺寸，在墙上固定就位，再集中安装淋浴器的成排支管、立管及莲蓬头。

　　（6）洗涤盆的安装　洗涤盆材料有陶瓷和不锈钢等，又分为单槽与双槽，多安装在厨房，安装高度为上沿距地面的安装高度为 800mm，其托架可由 L40×40×5 的角钢制作，埋进墙内的角钢应开角，栽埋深度不小于 150mm，安装时，盆的外边缘必须与墙面紧贴。厨房的洗涤盆也可与橱柜一起制作，放置在预留位置上。洗涤盆的排水管径多为 DN50，排水管安装 P 或 S 形存水弯。排水栓安装时，要装胶垫并涂油灰，将排水栓对准盆的排水孔，慢慢用水将排水栓嵌紧。用排水栓上的锁紧螺母向洗涤盆排水处拧紧，再将存水弯装到排水栓上拧紧。双槽洗涤盆的安装如图 7-67 所示。

　　（7）卫生盆的安装　卫生盆常被用在高档住宅、高级宾馆等场合。应根据设计图和卫生间的实际情况，确定卫生盆的方位。按排水短管中心定出卫生盆的安装中心线，并按盆的下水口距后墙的尺寸确定卫生盆的安装位置，画出盆底和地面的轮廓线，试安装后搬离卫生盆。在地面上画出的安装轮廓线处，抹上厚度为 10mm 的油灰层，把卫生盆稳固在油灰层上，用力压实，刮去多余的油灰，校正安装位置，固定卫生盆。连接冷、热水管时，先在铜管上套好压盖，将铜管外螺纹拧入墙内暗装的管箍内，在铜管上裹上布用管钳拧紧，并抹上油灰压紧管压盖。卫生盆的排水栓及拉杆机构应在卫生盆固定前装好，使排水铜管一端缠上石棉绳涂抹油灰，插入排水短管管口。卫生盆的安装如图 7-68 所示。

　　（8）其他卫生器具及设备　包括盥洗槽、拖布池、隔油器、厨房切碎机、污水提升设备、桑拿房等等。具体要求可参见产品样本，这里不再详述。

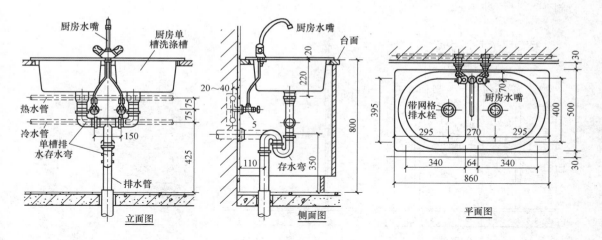

图 7-67 双槽洗涤盆的安装

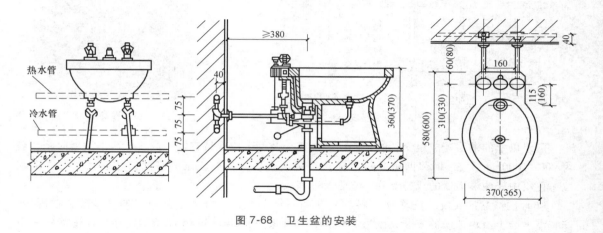

图 7-68 卫生盆的安装

7.3 室外给水、排水管网的安装

　　室外民用建筑群（小区）及厂区的室外给水、排水管网工程的施工及质量验收执行《建筑给水排水及采暖工程施工质量验收规范》（GB 50242），新建、扩建和改建城镇公共设施和工业企业的室外给排水管道工程的施工及验收质量验收执行《给水排水管道工程施工及验收规范》（GB 50268）。

　　室外给水排水管道工程的施工，主要包括土方工程、室外给水管道、阀门井、消火栓以及排水管道、化粪池、隔油池、检查井等，还包括质量验收的内容。

　　给水排水管道工程所用的原材料、半成品、成品等产品的品种、规格、性能必须符合国家有关标准的规定和设计要求，接触饮用水的产品必须符合有关卫生要求。严禁使用国家明令淘汰、禁用的产品。

　　地下室或构筑物外墙有管道穿过的，应采取防水措施。对有严格防水要求时，必须采用柔性防水套管。

7.3.1　开槽挖沟

室外给水与排水工程的共同点是都有土方工程，大规模施工采用机械开挖，小型工程多采用小型机械或人工开挖。为了防止地下水以及气象条件对基础施工的影响，避免扰动沟槽地基的土壤而造成塌方，对于较长管线施工时，可分段进行开挖沟槽工作，并应与后续工序密切的配合。

沟槽开挖以前，应充分地了解开槽地段的土质及地下水位情况，进行必要的地基勘察。根据不同情况及管道直径、埋设深度、施工季节和地面上的建筑物等情况来确定沟槽的形式。由于室外（庭院）给水排水管道埋设较浅，一般不超过2.0m，可以开直槽。

管道的基础一般由地基、基础和管座三部分组成，又分为沙石基础、混凝土枕基和混凝土条形基础。室外（庭院）的给水排水管道管径相对较小，故在铺设铸铁管、钢管、预应力管和高密度聚乙烯管（HDPE）双壁波纹管等，可直接敷设在用天然土基作为基础的沟槽中，沟槽要将天然地基整平或挖成与管子外形相符的弧形槽。当采用机械开挖沟槽时，机械挖至接近设计标高后，再用人工清理到设计标高。一定不要超挖，一旦超挖而破坏了天然土基，或土基被地面水所浸泡，应采用换土法，将这部分土壤挖掉，再铺垫级配砂石，加固地基，以保证管基的坚固性。沟槽的断面形式如图7-69所示。

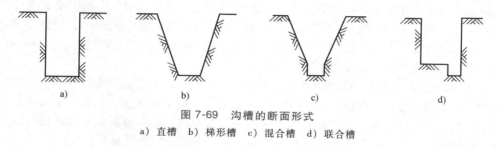

图7-69　沟槽的断面形式
a）直槽　b）梯形槽　c）混合槽　d）联合槽

较深的沟槽开挖时，应分层开挖，每层不宜超过2m，留台宽度不应小于0.8m，并注意放坡或及时进行支撑，以免槽壁坍塌。

在地下水位以下的沟槽，必须先采取有效排水措施才能继续开挖。沟槽排水是最简易的表面排水，即在沟槽底的一侧或两侧做排水沟，将地下水聚积到隔一定距离设置的集水井中，再用水泵将它排出，如图7-70所示。排水一般深为300mm，集水井的底应比排水沟低1m左右。集水井的距离一般为50~150m。可根据土质与地下水量的大小确定，集水井的结构形式，有木板支撑的集水井、木框集水井及钢筋混凝土管集水井等。

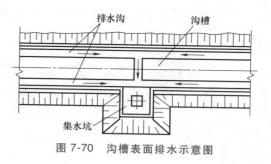

图7-70　沟槽表面排水示意图

管道的埋深受地面荷载的和气候的影响。北方地区的管道的埋深应在冰冻线以下，对于无法达到埋深要求又有冻坏可能的管道，应采取有效的保温防冻措施。

7.3.2　室外给水管网的敷设安装

室外给水管网工程主要包括土方工程、管道安装以及竣工验收。室外生活给水管网，一般采用给水铸铁管、塑料管、复合管和镀锌钢管，同时要求管材、配件，应是同一厂家的配套产品。

本节仅以给水铸铁管为例，重点阐述室外给水管道施工方法。

室外给水管道工程施工，包括开挖沟槽、下管、稳管、接口、试压、冲洗和覆土等主要施工工序。

1. 检查与清洗管子、管件

在沟槽开挖前应将管材运到施工现场，并沿管线走向按管径大小一字排开，注意铸铁管的承口应迎着水流方向，三通和阀门等管道配件也应按设计位置放好。

首先应检查铸铁管，看管道是否有砂眼、破裂等缺陷，可用小锤轻击管子，并通过声音来识别管子是否有裂纹。经检查合格的管子，要清洗管子内的泥土及铲除承口内和插口外的飞刺、铸砂等，然后用氧气乙炔焰或喷灯烧掉承口内和插口外的沥青保护层。其次，应检查阀门等管件是否开关灵活、严密，如果需要进行阀门的强度和严密性试验时，应填写试验报告。

2. 下管

管道经检验后，运至沟槽旁，按设计排好管道后，即可进行下管。管子下放到沟槽内的方法，可根据管子的口径、沟槽和施工机具装备情况来确定。当管径较大且施工机具装备较好时，可以采用汽车吊车或履带吊车下管。由于庭院管线的管径比较小，一般多采用人力配合小型机具进行下管。下面介绍几种常用的下管方法。

（1）压绳下管法 下管方法很多，压绳下管方法用得较为广泛，如图7-71所示，把下管人员分成两组，分别站在预下管的两端，将绳子套在管子上，靠近地面的一端固定在适当的地方（或地桩），另一端在地桩上绕1~2周后握在手中，借助管子的自重，靠绳子与地桩间的摩擦力，借助一些工具控制放松绳子，使管子沿着沟壁缓慢地溜入沟底。此法适用于管径为400~600mm以下的铸铁管及分段预制比较长的钢管。

（2）木槽溜管法 将管子沿着用两块长条木板构成的三角木槽溜入沟槽内的下管方法称为木槽溜管法。木槽设置的坡度至少是1:2。为了控制管子的下溜速度，以防管子损坏，较常用的方法是用带有铁钩的大绳，让铁钩自管内穿出并钩住管皮，由人力握住大绳来控制管子的下溜速度。木槽溜管法一般适用于直径小于300mm的陶土管及较短的混凝土下水管。

（3）塔架下管法 利用装在塔架上的复式滑车或导链等器具进行下管。塔架的种类比较多，有三角塔架、四角塔架及高凳等形式。管子先滚至塔架下横跨沟槽的跳板上，然后再将管子吊起，撤掉跳板后将管子缓慢下落至沟槽内。三脚架下管方法如图7-72所示。

图7-71 人工压绳下管

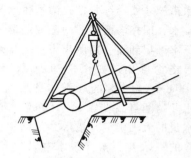

图7-72 三脚架下管

3. 稳管

稳管是将管子按设计的高程和平面位置固定在管道基础上，根据管道的接口不同，稳管的操作略有不同。放至沟底的铸铁管，应清理好管端的泥土。当采用橡胶圈石棉水泥接口时，应将橡胶圈套在插口上，对正后将管的插口顶入（或拉入）承口内，承插口对好后，要保持插口端到承口底有一定的间隙，一般不小于 3mm，最大间隙不得大于表 7-21 中的规定。

在接口工作开始之前，需在管道接口处挖好工作坑，其尺寸参见表 7-22。应保证对好的承插口同心，在承插口间可打入不少于 3 个的铁錾子。如果管道上设有阀门，接头时应先将阀门与其配合的两侧短管安装好，然后再安装阀门，使阀门找正及上紧螺栓很方便。

表 7-21　铸铁管承插口最大间隙

管径/mm	沿直线铺设/mm	沿曲线铺设/mm
75	4	5
100～200	5	7～13
300～500	6	14～22

表 7-22　铸铁管接口工作坑尺寸

管径/mm	工作坑尺寸/m			
	宽度	长度		深度
		承口前	承口后	
75～200	管径+0.6	0.8	0.2	0.3
200～700	管径+1.2	1.0	0.3	0.4

4. 管道接口

室外庭院给水管道的接口方式，主要取决于管材和不同给水的卫生标准。常规的有螺纹连接、法兰连接、承插连接、各种压兰连接、沟槽连接和热熔连接等方式，有时也采用焊接。常用的给水铸铁管可采用承插式接口，有条件可采用沟槽式连接。镀锌钢管一般采用螺纹连接或沟槽连接（需做防腐）。铸铁管或钢管在管件、阀门等处，或需要经常拆卸时，可采用法兰盘接口，但要注意接口螺栓的防腐。

给水铸铁管承插式接口有油麻石棉水泥接口、橡胶圈石棉水泥接口、油麻青铅接口和自应力水泥砂浆接口等，具体连接方法见第 2 章 2.2.2 节。

5. 管道接口的冬季施工

管道承插接口冬季施工时，宜用盐水洗刷管口，石棉水泥应采用温水拌和。水温不应超过 50℃。当气温比较低时，应按水泥用量掺入食盐，一般掺食盐量为：当气温在 -5℃ 以内时，掺食盐 1%；当气温在 -5～-10℃ 时，掺食盐 2%；当气温在 -10～-15℃ 时，掺食盐 3%；当气温在 -15℃ 以下时，石棉水泥接口应停止施工。

冬季进行膨胀水泥砂浆接口施工时，砂浆应用温度不超过 35℃ 的温水拌和。当气温低于 -5℃ 时，不宜进行膨胀水泥砂浆接口，必须进行时，应采取防寒保温措施或用掺盐法进行施工。

施工完毕的石棉水泥接口及膨胀水泥砂浆接口，可用盐水拌和的粘泥封口养护，并同时覆盖草帘。石棉水泥接口也可立即用暖土回填。膨胀水泥砂浆接口处，可用暖土临时填埋，但不得加夯。冬季进行铅接口施工时，应将承插口处预先用喷灯烤热，然后进行灌铅，并覆盖 1～2h，使其温度慢慢下降，打口时，要设有防风设备，防止骤冷造成的脆裂。

6. 管道支墩

承插式接口铸铁管和塑料管在输送流体时，转弯处、三通、变径处、盲板和阀门等处会产生向外的推力，致使承插口有脱节的危险，因此在该处应设置固定支墩，支墩分为水平转弯支墩、三通支墩、纵向向下支墩等形式，可根据需要设置。支墩应在坚固的地基上修筑，可用砖砌或用混凝土浇筑，要求砖的强度不低于 MU7.5 级、混凝土强度不低于 C10，砂浆不低于 M5。支墩应在管道接口完毕、位置确定后砌筑，管道安装时采用的临时支架，应在支墩的砌筑砂浆或混凝土达到规定的强度后拆除。通常 DN80 以上的管道都设置支墩。图 7-73 所示是管道支墩位置和几种管道支墩的做法。

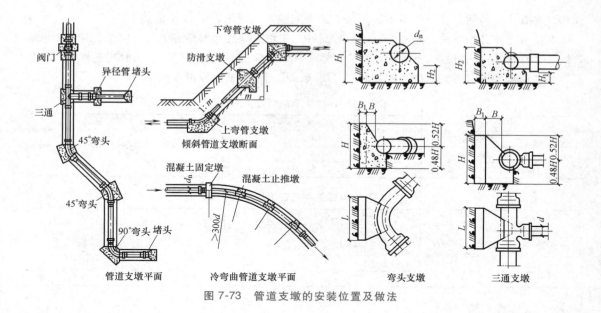

图 7-73　管道支墩的安装位置及做法

7.3.3　室外排水（雨水）系统的敷设安装

室外排水（雨水）系统的安装分为管道安装和设备设施安装。

1. 排水（雨水）管道的安装

室外排水管道的管材主要使用排水铸铁管、塑料管、混凝土管、钢筋混凝土管、陶土管和石棉水泥管较多，施工时，所采用的管材必须符合质量标准，不得有裂纹，管口不得有残缺。

（1）基本要求　排水管道安装质量，必须满足平面位置及标高要准确、坡度应符合设计要求；接口要严密，污水管道必须经闭水试验合格；混凝土基础与管壁结合应严密、坚固等技术条件。

管道的坡度必须符合设计要求，不能出现无坡或倒坡，且应做好灌水试验和通水试验，试验可按照检查井分段试验，试验水头为上游管顶加 1m，时间不少于 30min，逐段观察。

一般小管径采用"四合一"施工法，管径小于 300mm 的陶土管或较短的混凝土管，可以采用木槽溜管法下管。管径大且长的混凝土管或钢筋混凝土管，可以采用机具或前节中讲述的压绳法下管。大管径的污水管应在垫块上稳管，雨水管也应尽量在垫块上稳管。因为平基和管座宜于整体浇灌混凝土，施工时，应根据工人操作熟练程度，地基情况及管径大小等条件，合理地选择铺设方法。地基不良者，可先打平基。砂石基础一般也是先做平基，夯实后再基上铺管，然后再做管道部分。

（2）管道基础与基座　管道基础由管座和基础两部分组成，基础分为砂土基础（弧形素土基础、砂垫层基础）、混凝土枕基和混凝土条形基础等，可根据管径、施工现场地质情况、工人操作熟练程度等进行选择。对于地基不良者，可先打平基。由于庭院排水管道目前绝大多数使用非金属管，最小管径 DN150，且需要有 0.004～0.007 的坡度，因此，铺筑管基工序是非常重要的。其中，金属管、复合管一般采用弧形素土或砂垫层基础，塑料管一般采用砂基础。管道的基础做法如图 7-74。

（3）排水管道的接口　不同管材的接口方式有所不同。混凝土管及钢筋混凝土管的接口主要有承插式接口、抹带式接口和套环式接口三种；陶土管接口一般多为承插式接口，采用水泥砂浆连接；石棉水泥管接口分刚性接口和柔性接口两种；硬质塑料管的连接有焊接、螺纹连接、法兰连接、承插口连接和热熔连接等。有关工艺做法，参见第 2 章节有关内容。

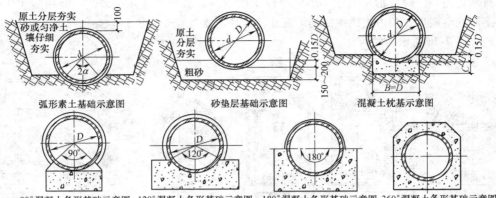

图 7-74　管道的基础做法

2. 排水（雨水）设备设施安装

（1）排水井的安装　排水井包括检查井、汇流井、跌水井、提升井等。排水（雨水）检查井、汇流井井体分为圆形和矩形，多采用 M10 水泥砂浆砌筑，内壁采用水泥砂浆勾缝，外壁抹 1∶3 水泥砂浆掺加 5% 防水粉，高度应高于水位线 250mm，厚度在 20mm 左右。圆形检查井分为直口和偏心收口，深度较大及需要安装爬梯的检查井多采用偏心收口。

在管道转弯处、分支汇合处、变径处均应设置检查井。直管段的检查井的最大间距为 30m（管径为 DN150）和 40m（管径大于或等于 DN200）。

检查汇流井内应做流槽，采用顺流方式，进出井内的排水管道无变径的可为管内底平或顶平，有变径的一律顶平。图 7-75 所示为检查井图示。

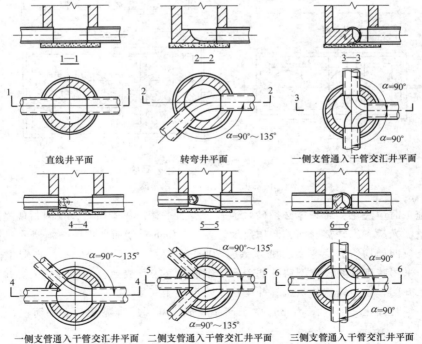

图 7-75　几种检查井、汇流井图示

当排水落差较大时（通常大于 1m），应设置跌落井，跌水井有几种形式，分别适用于不同管径、不同跌落高度，井内土建做法同汇流井，但井内立管应安装支架。且每隔 1.5m 必须安装一个支架。图 7-76 所示为跌落井图示。

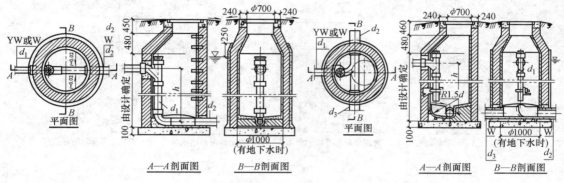

图 7-76 跌落井图示

（2）化粪池　化粪池是污水处理的简单形式。化粪池分为 0~10 号，有效容积从 2.0~30m³，结构形式主要分为砖砌（砌块）、钢筋混凝土和组合式形式。砌筑化粪池结构如图 7-77 所示。

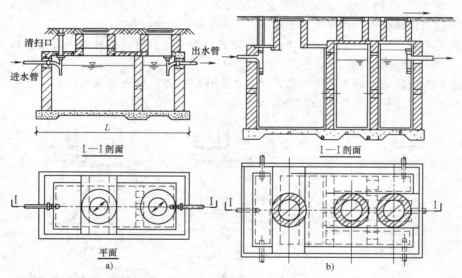

图 7-77 砌筑化粪池结构示意图
a) 两格化粪池　b) 三格化粪池

化粪池施工时应注意：砖砌体必须砂浆饱满，表面平整，灰缝均匀；预制、现浇混凝土构件必须表面平整、光滑、无蜂窝麻面，制作尺寸误差 ≤5.0mm；壁面处理前必须清除表面污物、浮灰等。回填土应四周均匀分层夯实，机夯每层 200mm，人工夯每层 150mm；砖砌化粪池及砖砌沉井化粪池，采用砖砌井圈，重型铸铁井盖座，钢筋混凝土化粪池及钢筋混凝土沉井化粪池，采用钢筋混凝土井圈，重型铸铁井盖座，井座用 C15 混凝土稳固。

近年来，组合式化粪池（图 7-78）由于产品集成度高、组合灵活、安装简便，被越来越广泛地使用。

（3）隔油池（井）　公共食堂和饮食业排放的污水中含有大量油脂，在污水排入水体和城市排水管网前，必须去除污水中的浮油（占含油量的 65%~70%），目前一般采用隔油池（井）。室内设置常采用成品不锈钢隔油池，放置在洗菜池下方。室外隔油池也有玻璃钢等成品埋地隔油池，也可砌筑隔油井。

隔油井砌体砂浆必须饱满，表面平整，砖缝均匀；混凝土构件必须表面平整、光滑、无蜂窝麻面，制作尺寸误差≤5.0mm；壁面处理前必须清除表面污物、浮灰等。回填土应四周均匀分层夯实，机夯每层 200mm，人工夯每层 150mm；采用重型铸铁井盖座，井座用 C15 混凝土稳固。砌筑的隔油井如图 7-79 所示。

图 7-78　组合式化粪池

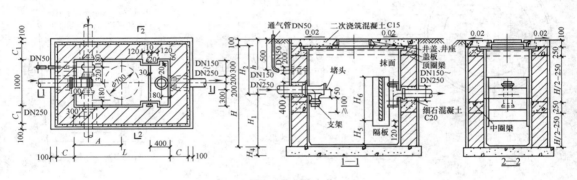

图 7-79　隔油井

（4）提升井　提升井是室内外排（雨）水工程重要的设施之一，多数在室外，外形分为圆形和矩形，采用污水潜水泵，可单泵或双泵工作。液位控制水泵自动运行，排污量、提升扬程和电功率因选用水泵的不同而不同。井体施工时，应预留好埋件，并提出电源和控制位置的要求。双泵提升井安装如图 7-80 所示。

3. 管道的回填

管道及设施铺设完毕，经试压、试水及隐蔽检查验收质量合格后，方可进行覆土。有时也可以在局部地段先行覆土，将要检查的部位留出，待检查验收后，再回填。沟槽在回填土之前应将沟内积水排除，回填土的质量也应满足要求，禁止使用烂泥、腐殖土等进行回填。沟底到管顶以上 300~500mm 处的回填土，不得掺有碎砖、石块及较大的坚硬土块。如冬期施工，应采用非冻土回填。

回填土应有密实度的要求，管子两侧部分，应同时分层回填并夯实，以防管道产生位移，泥土应均匀推开，用轻夯夯实。自管子水平直径到管顶以上 300~500mm 处，应用木夯轻夯或填较干松土后用脚踏实即可。此层以上部分回填土的密实程度，应根据具体情况而定，如短期内不修路，可以一般夯实。管槽回填密实程度要求见图 7-81。

采用机械回填土时，机械夯实的回填土虚铺厚度不大于 300mm，人工夯实的虚铺厚度为

200mm；管道接口工作坑处，必须仔细回填并夯实。沟底至管顶以上 300～500mm 范围内，应按上述要求用人工回填，管顶 500mm 以上可用机械回填，但机械不得在管沟上行走。

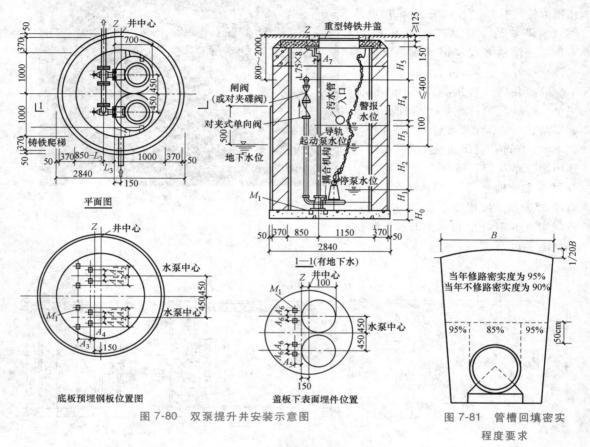

图 7-80　双泵提升井安装示意图　　　图 7-81　管槽回填密实程度要求

7.4　室内外给水排水管道的试压、通水、冲洗与验收

给水排水管道安装完毕，应进行质量检查。压力管道应进行强度试验和严密性试验，无压管道应进行外观检查和满水试验。

给水管道竣工后，必须对管道进行冲洗，饮用水管道还应进行消毒，保证满足卫生要求。

7.4.1　系统试压、灌水、冲洗

给水排水系统的各种承压管道系统和设备都应做水压试验（强度试验和严密性试验），非承压管道系统和设备应做灌水（通水、通球）试验。

1. 给水系统试压

给水系统属压力系统，安装完成后，应进行强度试验和严密性试验。

（1）室内给水系统　系统安装完成后，应根据不同的系统，按照不同的施工及验收规范或标准的要求进行系统强度试验、严密性试验和冲洗。各种室内给水系统的试验压力及合格标准参见表 7-23。

表 7-23　室内给水系统的试验压力及合格标准

序号	项　目	管材	试压要求(p为工作压力)	过程说明	合格标准
1	室内生活给水系统以及合用的给水系统(适用于工作压力 $p \leqslant 1\text{MPa}$)	金属管复合管	当设计未注明试验压力时,试验压力为1.5p,且 0.6MPa$\leqslant p \leqslant$1MPa	达到规定压力停止加压	观察在 10min,压力降≤0.02MPa,降至工作压力检查,不漏为合格
2		塑料管		试验压力下稳压1h,工作压力 1.15倍下稳压 2h	试验压力下稳压1h,压降≤0.02MPa,然后在1.15倍工作压力下稳压 2h,压降≤0.03MPa,不漏为合格
3	热水管道(适用于工作压力 $p \leqslant 1\text{MPa}$、温度≤75℃)	金属管复合管	当设计未注明试验压力时,试验压力为p+0.1MPa,同时顶点的压力≤0.3MPa	达到规定压力停止加压	系统试验压力下 10min 内压力降不大于 0.02MPa,降至工作压力检查压力应不降且不渗不漏为合格
4		非金属管		试验压力下稳压1h,工作压力 1.15倍下稳压 2h	试验压力下稳压1h,压降≤0.02MPa,然后在 1.15倍工作压力下稳压 2h,压降≤0.03MPa,外观检查接口不漏为合格
5	消防栓给水系统	钢管	系统工作压力 $p \leqslant$1.0MPa,试验压力为1.5p,且≥1.4MPa	水压试验:强度试验的测试点应设在管网最低点,缓慢排气、充水加压至试验压力 气压试验:气压严密性试验的介质宜采用空气或氮气,试验压力应为0.28MPa	水压试验:稳压 30mm,目测管网无变形且压降≤0.05MPa 为合格 气压试验:且稳压 24h,压力降≤0.01MPa
			系统工作压力 $p >$1.0MPa,试验压力为p+0.4MPa		
		球墨铸铁管	系统工作压力 $p \leqslant$0.5MPa,试验压力为2p		
			系统工作压力 $p >$0.5MPa,试验压力为p+0.5MPa		
		钢丝网骨架塑料管	系统工作压力p,试验压力为 1.5p,且≥0.8MPa		
6	自动喷水灭火系统	金属管	系统工作压力 ≤1.0MPa 时,试验压力1.5p,且≥1.4MPa,工作压力>1.0MPa 时,试验压力为p+0.4MPa		压力试验同消火栓给水严密性试验:工作压力,稳压 24h,应无泄漏

（2）室外给水系统　室外给水系统的试压，应在管件支墩做完并达到要求强度后进行。试验时，管道堵头应做临时后背，对大口径管道试压时，要特别注意堵头设置和后座支撑设置，后背墙的支撑面积，应根据土质和试验压力经计算后决定，一般土质可按承压 0.15MPa 考虑。管道试压支撑及布局如图 7-82 所示。

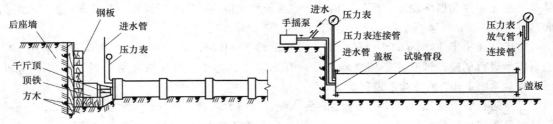

图 7-82　室外给水管道试压后背支撑及试压装置布局

管道应在管基检查合格，填土不小于 500mm 后进行试压，试压管段长度一般不超过 1000m。水压试验时，管道各最高点设排气阀，最低点设放水阀；水压试验所用的压力表必须校验准确；水压试验所用手摇试压泵或电动试压泵应与试压管道连接稳妥。管道试压前，其接口处不得进行油漆和保温，以便进行外观检查。所有法兰连接处的垫片应符合要求，螺栓应全部拧紧。室外管道试验压力及合格标准参见表 7-24。

表 7-24　室外压力管道水压试验压力及合格标准

管材	工作压力 p /MPa	试验压力 p_S /MPa	允许压降 /MPa	合格标准	标准来源
给水铸铁管 钢管	≤1.0	1.5p 且 ≥0.6	0.05	试验压力下，观察 10min，压力降不大于 0.05MPa，降至工作压力后不渗不漏	《建筑给水排水及采暖工程施工质量验收规范》（GB 50242—2002）适用于小区、园区室外给水管道验收
塑料管			0.05	试验压力下，稳压 1h，压力降不大于 0.05MPa，降至工作压力后，不渗不漏	
碳素钢管		$p+0.5$ 且 ≥0.9	0	预试验阶段：将管道内水压缓缓地升至试验压力并稳压 30min。如有压力下降可注水补压，但不得高于试验压力；检查管道接口、配件等处有无漏水、损坏现象，有则及时停止试压，查明原因并采取相应措施后重新试压 主试验阶段：停止注水补压，稳定 15min，压力下降不超过本表所列允许压力降数值时，将试验压力降至工作压力并保持恒压 30min，进行外观检查，若无漏水现象为合格	《给排水管道施工及验收规范》（GB 50268—2008）适用于城镇和工业区室外给水排水管道工程
铸铁管	≤0.5	2p	0.03		
	>0.5	$p+0.5$			
预（自）应力钢筋混凝土管、预应力钢筋混凝土管	≤0.6	1.5p			
	>0.6	$p+0.3$			
现浇钢筋混凝土管渠	≥0.1	1.5p			
化学建材管	≥0.1	1.5p 且 ≥0.8	0.02		
室外消防给水管道	同室内消防管道系统			除上述标准外，还应执行《消防给水及消火栓系统技术规范》（GB 50974—2014）、《自动喷水灭火系统施工及验收规范》（GB 50261—2017）	

（3）水压试验的步骤及注意事项　水压试验应用清洁的水作介质。向管内灌水时，应打开管道各高处的排气阀，待水灌满后，关闭排气阀和进水阀。用试压泵加压时，压力应逐渐升高，加压到一定数值时，应停下来对管道进行检查，无问题时再继续加压，一般应分 2～3 次使压力升至试验压力；当压力达到试验压力时，停止加压，保持恒压 10min，检查接口、管身无破损及漏水现象，即认为强度试验合格。对于管径小于或等于 400mm 的管道，当试验长度不超过 1km 时，可不测定渗水量，在试验压力下，观测 10min，压力降不大于 0.05MPa，且管道、附件和接口等处均未发生漏裂现象，即认为合格；在试压过程中，应注意检查法兰、螺纹接头、焊缝和阀件等处有无渗漏和损坏现象，试压结束后，将系统水放空，拆除试压设施，对不合格处进行补焊和修补。

对于管径小于 300mm 的小口径管道，当气温低于 0℃ 时，可在采取特殊防冻措施后用 50℃ 左右的水进行试验，试验完毕应立即将管内存水放净；对于大口径的管道，当气温在 -5℃ 时，可用掺盐 20%～30% 的冷盐水进行试压。

冬季进行管道试压，小口径的管道容易冻结，如压力表管、排气阀及放水阀短管等，都要预先缠好草绳或做好临时保温。此外，试压管段长度宜控制在 50m 左右，操作前做好各项准备工作，操作中行动要迅速，一般应在 2~3h 内试验完毕。

对于 UPVC 管道的试压，应先进行严密性试验，合格后再进行强度试验，并以漏水量来判断强度试验结果。管道允许漏水量见表 7-25。

表 7-25 UPVC 给水管道允许漏水量

管外径/mm	允许漏水量/[L/(min·km)]		管外径/mm	允许漏水量/[L/(min·km)]	
	粘接连接	橡胶圈连接		粘接连接	橡胶圈连接
63~75	0.20~0.24	0.30~0.50	200	0.56	1.40
90~110	0.26~0.28	0.60~0.70	225~280	0.70	1.55
125~140	0.35~0.38	0.90~0.95	280	0.80	1.60
160~180	0.42~0.50	1.05~1.20	315	0.85	1.70

检查各管道接口及节点处的盖堵设置合格后，缓慢向试压管道注水，同时注意排出管道中的空气，灌满水后，在无压情况下保持 12h。缓慢将管道内水加压到 0.35MPa，保持衡压 2h，检查各部位是否有渗漏和其他不正常现象，无渗漏和其他不正常现象即认为严密性试验合格。

在严密性检验合格后，继续进行强度试验，试验压力不超过工作压力的 1.5 倍，最低不宜小于 0.6MPa，并保持 2h，每当压力降落 0.02MPa 时，则应向管内补水，总补水量不超过表 7-26 中的允许渗水量即为强度试验合格。

表 7-26 UPVC 给水管道允许渗水量

公称外径/mm	双壁波纹管		直壁管	
	内径/mm	允许渗水量/[m³/(24h·km)]	内径/mm	允许渗水量/[m³/(24h·km)]
110	97	0.45	103.6	0.48
125	107	0.49	117.6	0.54
160	135	0.62	150.6	0.69
200	172	0.79	188.2	0.87
250	216	0.99	235.4	1.08
315	270	1.24	296.6	1.36
400	340	1.56	376.6	1.73
450	383	1.76		
500	432	1.99	470.8	2.17
630	540	2.48	593.2	2.73

对于粘接 UPVC 管道，应在安装完毕后 48h 后进行试压，强度试压应在沟槽回填至管顶以上 0.6m 并至少 48h 以后进行；试压管段上的管堵、管件，应有足够的支撑。

2. 排水（雨水）系统灌水（闭水）试验

室内污水、雨水管道安装后，在隐蔽或埋地之前应做灌水试验（满水试验、闭水试验），室外污水管道（含雨污合流）在埋设前要做灌水试验和通水试验。雨水管道和与雨水性质相近似的管道，除湿陷土、膨胀土地区及水源地区外，可不做闭水试验。

室内暗装或埋地排水管道，应在隐蔽或覆土之前做闭水试验，其灌水高度应不低于底层地面高度或底层卫生器具上边缘。以满水 15min 水面下降后，再灌满并延续 5min，液面不降管道及接口无渗漏为合格。室内雨水管道安装完毕，应做灌水试验，灌水高度必须到每根立管最上部雨水漏斗，时间持续 1h，不渗不漏为合格。图 7-83 所示为室内排水管道的灌水试验示意图。

室外埋地排水管道灌水及通水试验应在管道埋设前进行。灌水试验时，按排水检查井分段试验，试验水头应以试验段上游管顶加 1m，时间应不小于 30min，逐段观察，管道及接口不渗漏，为合格。通水试验应观察是否畅通无堵塞。图 7-84 所示为室外无压管道的闭水试验示意图。

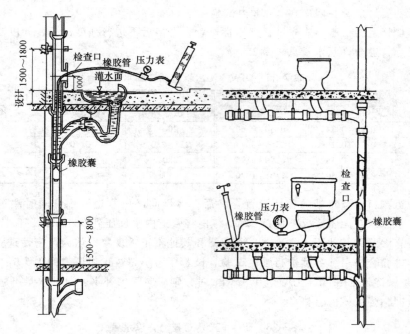

图 7-83 室内排水管道的灌水试验示意图

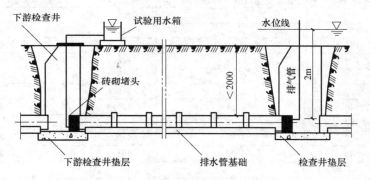

图 7-84 室外无压管道的闭水试验示意图

7.4.2 给水排水工程的验收

给水排水工程施工质量的验收，除遵循相关专业施工质量验收标准外，还应遵循《建筑工程质量验收统一标准》（GB 50300）。给水排水工程项目可根据工程实际情况按分项、分部或单位工程进行验收，并根据实际工程情况，分为隐蔽工程的验收、分项中间验收和竣工验收。各项验收均应在施工单位自检合格的基础上进行。分项、分部工程应由施工单位会同建设单位共同验收，单位工程应由主管单位组织施工、设计、建设和有关单位联合验收。并应做好记录、签署文件、立卷归档。

1. 隐蔽工程验收

隐蔽工程是指上一道工序做完后，将被下一道工序掩盖，无法进行复查的部位或工作内容。例如暗装的或埋地的给水排水管道，均属隐蔽工程。对这些工程项目，在隐蔽前，均应由施工单位组织有关人员进行检查验收，并填写好隐蔽工程的检查记录，纳入工程档案。

2．分项工程的验收

在管道施工安装过程中，其分项工程完工、交付使用时，应办理中间验收手续，并做好检查记录，以明确使用与保管的责任。在分项工程验收中，必须严格按照工程有关验收规范选择检查点数，然后计算出检验项目和实测项目的合格或优良的百分比，确定工程质量等级，从而确定是否验收。

3．竣工验收

工程竣工后，须办理验收证明书后，方可交付使用，对办理过验收手续的部分不再重新进行验收。竣工验收应重点检查和校验下列各项：

1）管道的坐标、标高和坡度是否合乎设计或规范要求。

2）管道的连接点或接口应清洁整齐、严密不漏；卫生器具和各类支架、挡墩位置正确，安装稳定牢固。

3）给水排水及消防系统的通水能力符合下列要求：室内给水系统，按设计要求同时开放的最大数量的配水点是否全部达到额定流量。消火栓能否满足组数的最大消防能力；室内排水系统，按给水系统的 1/3 配水点同时开放，检查排水点是否畅通，接口处有无渗漏；高层建筑可根据管道布置采取分层、分区段做通水试验。

对不符合设计图和规范要求的地方，不得交付使用，可列出未完成或保修项目表，修好后再交付使用。

单位工程的竣工验收，应在分项、分部工程验收的基础上进行，各分项、分部的工程质量，均应符合设计要求和规范的有关规定。验收时，应有下列资料：①开工报告；②施工图、设计变更及洽商文件；③设备、制品或构件和主要材料的质量合格证明书或试验记录；④隐蔽工程验收记录和分项中间验收记录；⑤设备试验记录；⑥水压试验记录；⑦管道冲洗记录；⑧工程质量事故处理记录；⑨分项、分部、单位工程质量检验评定记录。

上述资料是保证各项工程合理使用，并在维修、扩建时是不可缺少的。资料必须经各级有关技术人员审定，应如实反映情况，不得擅自伪造、修改和事后补办。

室外工程质量验收文件和记录，应包括：管道开挖记录；管道安装记录；阀门试压记录；回填土记录；管道吹扫、冲洗和消毒记录；强度试验和严密性试验记录；管道防腐防水记录；隐蔽工程记录；管沟回填记录；工程质量检验评定记录；工程事故处理记录；交工验收证书；工程竣工报告等。

工程交工时，施工单位一般还应保存下述技术资料：施工组织设计和施工经验总结；新技术、新工艺和新材料的施工方法及施工操作的总结；重大质量事故情况，原因及处理记录；有关重要的技术决定；施工日记及施工管理的经验总结等。

练 习 题

1．室内外给水、排水系统的施工及质量验收的依据有哪些？

2．室内给水系统、室内排水系统的施工安装流程是什么？

3．简述给水管、排水管穿越基础及结构的预留空洞尺寸及套管做法。

4．室内消防给水系统管道常采用的管材、连接方法及基本安装要求是什么？

5．简述自动喷水灭火系统管道的防晃支架作用及安装位置。

6．简述消防栓给水系统和自动喷水灭火系统的试压及验收合格标准。

7．简述消防系统的报警阀、水流指示器及水泵的基本安装要求。

8. 室内排水系统的最低横支管与排出管的距离有什么要求？

9. 简述非金属排水管的固定支架、防火圈、伸缩节的安装要求。

10. 简述常用卫生器具的基本安装要求。

11. 简述室外给水管道的试压标准和合格标准。

12. 简述室外排水管道的闭水试验过程。

13. 什么是管道渗水量？

14. 简述塑料给水管与金属给水管安装的不同之处和管道的安装流程。

（注：加重的字体为本章需要掌握的重点内容。）

第8章
室内外燃气管道及设备的安装

燃气是一种较为理想的清洁燃料,广泛应用在国民经济的各个领域。燃气分为天然气、人工燃气和液化石油气三大类,它具有热值高、宜输送、使用方便等优点;同时,也具有易燃、易爆和带有部分有害物质等特性。因此,在生产、储存、输配和使用过程中,如果发生泄漏,或在通风不畅的空间积聚,达到爆炸极限后遇火就会发生爆炸,因此,要引起高度的重视,避免发生重大事故。各种燃气成分的构成、低发热值与爆炸极限见表8-1。

表 8-1 燃气成分的构成、低发热值与爆炸极限

燃气类别			组成(体积分数)(%)									低热值 /(kJ/m³)	爆炸极限 (体积分数) (%)	
			可燃成分						不燃成分					
			CH_4	C_3H_8	C_4H_{10}	C_nH_m	CO	H_2	CO_2	O_2	N_2		下限	上限
天然气		天然气	98	0.3	0.3	0.4					1.0	36442	5	15.0
		油田伴生气	81.7	6.0	4.70	4.90			0.7	0.2	1.8	48383	4.2	14.2
		矿井气	52.4						4.6	7.0	36.0	18811	6.5	16.85
人工燃气	干馏煤气	焦炉煤气	23.4			2.0	8.6	59.2	2.0	1.2	3.6	17618	4.5	38.5
		直立炭化炉煤气	18			1.7	17	56.0	5.0	0.3	2.0	16136	4.9	40.9
		立箱炉煤气	25				9.5	55.0	6.0	0.5	4.0	16119	5.7	42.2
	气化煤气	发生炉煤气	1.8	0.4			30.4	8.4	2.2	0.4	56.4	5744	21.5	67.5
		水煤气	1.2				34.4	52.0	8.2	0.2	4.0	10383	6.2	70.4
		压力气化煤气	18			0.7	18	56.0	3.0	0.3	4.0	15407	5.5	47
	油制气	重油催化裂解气	16.6			5.0	10.5	58.1	6.6	0.7	2.5	16521	4.7	42.9
		重油蓄热热解气	28.5			32.17	2.7	31.51	2.12	0.6	2.4	34780	3.7	25.7
		重油氧化法制气	0.4				44.8	47.6	5.9	0.1	1.2	10940	6.4	72.5
		高炉煤气	0.3				28.0	2.7	10.5		58.5	3936	22.6	56.2
液化石油气			1.5	5.5	30	63						123306	1.7	9.7

燃气工程施工与质量验收执行《城镇燃气技术规范》(GB 50494)、《城镇燃气室内工程施工与质量验收规范》(CJJ 94)《城镇燃气输配工程施工及验收规范》(CJJ 33)、CJJ系列其他有关燃气的各种专业技术规程和地方规范的标准。

8.1 室外燃气管道及设备的安装

我国城市燃气管道一般按用途和输送压力分类,按用途分类可分为长距离输气管道、城市燃气管道和工业企业燃气管道;按输送压力分类可分为7类管道,详见表8-2。也可按照燃气系统压力级制分类,分为两级系统、三级系统和多级系统,其分级和组成见表8-3。

表 8-2　城市煤气管道的输送压力

燃气管道分类	压力范围
低压煤气管道	$p \leqslant 0.01\text{MPa}$
中压 B 煤气管道	$0.01\text{MPa} < p \leqslant 0.2\text{MPa}$
中压 A 煤气管道	$0.2\text{MPa} < p \leqslant 0.4\text{MPa}$
次高压 B 煤气管道	$0.4\text{MPa} < p \leqslant 0.8\text{MPa}$
次高压 A 煤气管道	$0.8\text{MPa} < p \leqslant 1.6\text{MPa}$
高压 B 煤气管道	$1.6\text{MPa} < p \leqslant 2.5\text{MPa}$
高压 A 煤气管道	$2.5\text{MPa} < p \leqslant 4.0\text{MPa}$

表 8-3　输气管道按压力级制分级和组成

系统名称	组成	适用范围
两级系统	低压-中压或低压-高压（<0.6MPa）	低压气源以低压一级管网系统供给燃气的输配方式，一般只适用于小城镇
三级系统	低压-中压-高压（<0.6MPa）	中压燃气管道经中-低压调压站调至低压，由低压管网向用户供气；或由低压气源厂和储气柜供应的燃气经压送机加至中压，由中压管网输气，再通过区域调压器调至低压，由低压管道向用户供气。在系统中设置储配站以调节用气不均匀性
多级系统	低压-中压-二级高压（<0.6MPa 或 <1.2MPa）	高压燃气从城市天然气接收站（天然气门站）或气源厂输出，由高压管网输气，经区域高-中压调压器调至中压，输入中压管网，再经区域中-低压调压器调成低压，由低压管网供应燃气用户。在燃气供应区域内设置储气柜，用于调节不均匀性，目前多采用管道储气来调节用气的不均匀性。适用于城市供气系统

8.1.1　室外燃气管网敷设与管道安装

室外燃气管网分为区域管网和庭院管网两部分，区域管网一般采用环状，庭院管网一般采用枝状。敷设方式可分为架空敷设和埋地敷设。室外管网的安装，又分为管道安装、附件安装、设备设施安装。

1. 室外管网敷设

燃气管网应保证安全、可靠地供应各类用户需要的具有正常压力、足够数量的燃气，同时要尽量缩短管线，以节省投资和费用。在城镇燃气管网供气规模、供气方式和管网压力级制选定以后，根据气源规模、用气量及其分布、城市状况、地形地貌、地下管线与构筑物、管材设备供应条件、施工和运行条件等因素综合考虑管线的布置。应全面规划，远近结合，做出分期建设的安排，并按压力高低，先布置高、中压管网，后布置低压管网。城镇及小区的燃气管道布置应遵循的原则如下：

1）高、中压燃气干管应靠近大型用户，并尽量靠近调压站，以缩短支管长度。为保证燃气供应的可靠性，主要干线应逐步连成环状。

2）城镇燃气管道应布置在道路下，尽量避开主要交通干道和繁华的街道，减少施工难度和运行、维修的麻烦，并可节省投资。沿街道敷设燃气管道时，一般单侧布置。当街道很宽、需要横穿道路的支管较多、道路上有轨道交通和输送燃气量较大时，也可采用双侧布置。

3）低压燃气干管应在小区内部的道路下敷设，既可保证管道两侧供气，又可兼作庭院管道，可以避免重复建设，节省初投资。

4）燃气管道应尽量避免穿越铁路、河流、主要公路和其他较大障碍物，也尽量不穿越其他管沟，当必须穿越时，应采取加装套管，设置局部管沟等具体的防护措施。燃气管道不准敷设在建筑物、构筑物下面，不准与其他管道上下重叠平行布置，禁止在机械设备和货物堆放地，易燃、易爆材料和腐蚀性液体的堆放场所以及高压电线走廊下敷设燃气管道。

5）燃气管道应敷设在冰冻线以下 0.1~0.2m，管顶覆土厚度不得小于 0.6~0.8m，埋设在庭院内时，不得小于 0.3m，道路下埋设的管道，埋深还应考虑路面荷载问题，必要时应采取保护措施。燃气管道与其他水平管道的净距不应小于 1m，与建筑物净距不应小于 2m。埋地燃气管道与建筑物及其他管线的最小距离参见表 8-4，与构筑物或相邻管道之间垂直净距参见表 8-5。

表 8-4　地下燃气管道与建筑物、构筑物或相邻管道之间的水平净距　　（单位：m）

项　　目		地下燃气管道				
		低压	中压		高压	
			B	A	B	A
建筑物基础		0.7	1.5	2.0	4.0	6.0
给水管		0.5	0.5	0.5	1.0	1.5
排水管		1.0	1.2	1.2	1.5	2.0
电力电缆		0.5	0.5	0.5	1.0	1.5
通信电缆	直埋	0.5	0.5	0.5	1.0	1.5
	在导管内	1.0	1.0	1.0	1.0	1.5
其他燃气管道	≤DN300	0.4	0.4	0.4	0.4	0.4
	>DN300	0.5	0.5	0.5	0.5	0.5
热力管	直埋	1.0	1.0	1.0	1.5	2.0
	在管沟内	1.0	1.5	1.5	2.0	4.0
电杆（塔的基础）	≤35kV	1.0	1.0	1.0	1.0	1.0
	>35kV	5.0	5.0	5.0	5.0	5.0
通信照明电杆（至电杆中心）		1.0	1.0	1.0	1.0	1.0
铁路钢轨		5.0	5.0	5.0	5.0	5.0
有轨电车钢轨		2.0	2.0	2.0	2.0	2.0
街树（至树中心）		1.2	1.2	1.2	1.2	1.2

表 8-5　地下燃气管道与构筑物或相邻管道之间垂直净距　　（单位：m）

项　　目		地下燃气管道（当有套管时，以套管计）
给水管、排水管或其他燃气管道		0.15
热力管的管沟底（或顶）		0.15
电缆	直埋	0.50
	在导管内	0.15
铁路轨道		1.20
有轨电车轨道		1.00

6）为防止金属埋地燃气管道的腐蚀，管道应采取防腐措施，必要时设置保护措施。

7）燃气管道应有不小于 0.003 的坡度，坡向凝水器。

8）如果敷设在地下管廊内，应采用钢管及焊接连接，并设置专门的燃气管道仓。其管仓的检测和防爆措施按照《城市综合管廊工程技术规范》（GB 50838—2015）的有关燃气管道敷设的规定执行。

2. 室外燃气管道的安装

燃气管道主要使用钢管、铸铁管和塑料管等。高压、中压管道通常采用钢管，中压和低压采用钢管或铸铁管，工作压力≤0.4MPa 的室外地下管道可以采用塑料管。

（1）燃气管道安装的主要程序　燃气管道的安装分为埋地管道安装和架空管道安装，大多数情况下，采用埋地安装。两者的安装程序稍有区别，图 8-1 和图 8-2 分别表示埋地燃气管道和架空管道的主要安装程序。

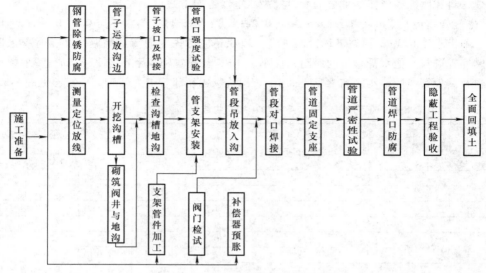

图 8-1 埋地燃气管道主要安装程序

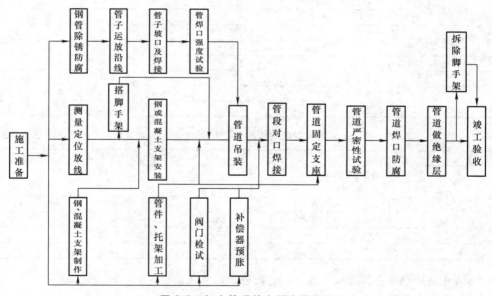

图 8-2 架空管道的主要安装程序

（2）金属管道的安装 地下敷设的金属燃气管道有钢管和铸铁管。

铸铁管的防腐性能良好，处理方法简单；钢管易被腐蚀，所以常用环氧煤沥青防腐绝缘层、煤焦油磁漆外覆盖层与石油沥青防腐绝缘层进行表面防腐处理。

钢管应做加强防腐层或特强防腐层，防腐绝缘层一般应集中预制，检验合格后，再运至现场安装。在管道运输、堆放、安装、回填土的过程中，必须妥善保护防腐绝缘层，以延长燃气管道使用年限和确保安全运行。预制防腐钢管分为煤焦油磁漆外覆盖层防腐钢管和环氧煤沥青防腐层、石油沥青涂层与聚乙烯胶粘带防腐层防腐钢管。管道运输、码放、安装施工时，应注意保护防腐绝缘层和保护层不被破坏。

　　钢管还应加装分段绝缘接头或法兰，必要时还应设置牺牲阳极法等保护措施。如图 8-3、图 8-4 所示。

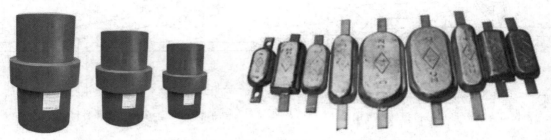

　　　　图 8-3　燃气管道整体式绝缘接头　　　　　　　图 8-4　电化学保护的镁阳极

　　钢管下管前，宜在沟边进行组对焊接，将管道连接成一定长度的管段，再下入地沟，这样可以避免在沟内挖掘大量的接口操作坑。管道焊接通常采用滚动焊接，每段管长度由管径大小及下管方式决定，通常以 30～40m 长为宜，不可过长，否则易造成移动困难，也不应在下管时管段弯曲过大而损坏管道或防腐层。由于煤焦油磁漆覆盖层防腐的钢管不允许滚动焊接，所以，只能将每根钢管放在沟内采用固定焊接。管道焊接完毕，在回填土前，必须用电火花检漏仪进行全面检查，并对电火花击穿处进行修补。

　　铸铁管材质较脆、塑性差，一般不在沟槽外预先连接，常采用单段管道下沟，沟内做接口连接的做法。

　　管道下沟的方法，可根据管子直径及种类、沟槽情况、施工场地周围环境与施工机具等情况确定。一般来说，大工程或管径较大时，应尽量采用机械下管；当道路狭窄，周围树木、电线杆较多或管径较小时，可采用人工下管。下管方式又可分为集中下管（将管道集中在某处统一下沟）、分散下管（沿途顺序下管）和组合下管。管道下沟前，应将管沟内塌方土、石块、雨水、油污和积雪等清除干净，检查管沟或涵洞深度、标高和断面尺寸是否符合设计要求。在石方段的管沟，松软垫层厚度不得低于 300mm，且沟底应平坦、无石块。机械下管时，必须用专用的尼龙吊具，起吊高度以 1m 为宜。将管子起吊后，转动起重臂，使管子移至管沟上方，然后轻放至沟底。起重机的位置应与沟边保持一定距离，以免沟边土壤受压过大而发生塌方。由人拉住管两端绑好的绳索，随时调整方向并防止管子摆动，缓慢放到沟里。

　　铸铁管常采用承插连接和机械接口，钢管道通常采用焊接。铸铁管承插接口分为刚性接口和柔性接口。施工中必须按设计要求使用柔性接口，一般铸铁管道每隔 10 个刚性接口，应有 1 个柔性接口。与套管内的燃气铸铁管接口应采用柔性接口。承插接口连接时，可利用承插口的间隙，进行小角度调整，以满足管道敷设的方向性要求。但调整角度不易过大，一般每个承插口的最大调整角度不应超过 2°，管径大于 500mm 时，不能超过 1°，当管道转弯角度大于以上角度时，应设置弯管。铸铁异径管不宜直接与管件连接，其间必须先装一段铸铁直管，其长度不得小于 1m。

　　机械接口分为 N_1 形接口和 S 形接口。S 形接口与 N_1 形接口的不同之处是 S 形接口插口端有一凹槽，槽内放一钢制支撑圈，使连接的管道保持同心度及均匀的接口间隙，并可防止管道拔出；接口环形间隙中多一道隔离胶圈，可阻挡燃气侵蚀密封胶圈，因此，具有良好可靠的严密性，而且在维修时可不停气更换密封胶圈。N_1 形接口和 S 形接口分别如图 8-5 和图 8-6 所示。

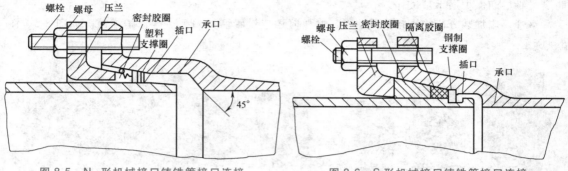

图 8-5　N_1 形机械接口铸铁管接口连接　　　　图 8-6　S 形机械接口铸铁管接口连接

（3）非金属管的安装　适用于燃气管道的塑料管主要是聚乙烯 PE 管，其性能稳定，脆化温度可达 -80℃，质轻、耐腐蚀，具有良好的抗冲击性能；材质伸长率大、内壁光滑，可弯曲使用；管子长、接口少，运输、施工方便。埋地管道和管件应符合《燃气用埋地聚乙烯（PE）管道系统　第 1 部分：管材》（GB 15558.1）和《燃气用埋地聚乙烯（PE）管道系统　第 2 部分：管件》（GB 15558.2）的规定。目前，国内聚乙烯燃气管分为 SDR11 和 SDR17.6 系列，前者系列宜用于输送人工煤气、天然气、液化石油气；后者系列宜用于输送天然气。聚乙烯燃气管道连接应采用电熔连接（电熔承插连接、电熔鞍形连接）或热熔连接（热熔承插连接、热熔对接连接、热熔鞍形连接），不得粘接。聚乙烯管与金属管道连接时，应采用专用钢塑过渡接头连接。

聚乙烯燃气管道不得从建筑物和大型构筑物的下面穿越；不得在堆积易燃、易爆材料和具有腐蚀性液体的场地下面穿越；不得与其他管道或电缆同沟敷设；不宜直接穿越河底；与供热管之间、与其他建筑物、构筑物的基础或相邻管道之间的水平净距应满足要求；管道的地基宜为无尖硬土石和无盐类的原土层，当原土层有尖硬土石和盐类时，应铺垫细砂或细土。凡可能引起管道不均匀沉降的地段，其地基应进行处理或采取其他防沉降措施；管道不宜直接引入建筑物内或直接引入附属在建筑物墙上的调压箱内，当直接用聚乙烯燃气管道引入时，穿越基础或外墙以及地上部分的聚乙烯燃气管道必须采用硬质套管保护。

聚乙烯燃气管道和其他材质的管道、阀门、管路附件等连接应采用法兰或钢塑过渡接头连接。

埋设燃气管道的沿线应连续敷设警示带。警示带敷设前应将敷设面压实，并平整地敷设在管道的正上方，距管顶的距离宜为 0.3 ~ 0.5m，但不得敷设于路基和路面里。当燃气管道设计压力大于或等于 0.8MPa 时，管道沿线宜在燃气管道的正上方设置路面标志，并标注"燃气"字样，或其他警示语。

8.1.2　室外燃气管道附件与设备的安装

燃气管道附件安装包括阀门、补偿器和排水器等设备的安装。

1. 阀门安装

阀门是燃气管道中重要的控制设备，用来切断和接通管线，调节燃气的压力和流量；也常用于管道的维修，减少放空时间，限制管道事故危害的扩大等。由于阀门经常处于备而不用的状态，又不便于经常检修，因此，对它的质量和可靠性有着严格的要求。燃气管道阀门主要有闸阀、截止阀、止回阀和安全阀等。阀门安装前应做渗漏试验，以闸阀为例，先将阀门关严，闸板一侧擦干净，涂上大白，从另一侧灌入煤油，1h 后未发现煤油渗出即为合格。检查合格后的阀门，方可进行安装。

　　燃气管网阀门分为直埋阀门和普通阀门，普通阀门多安装在阀门井中，通常与补偿器配合安装，注意阀门应做好支撑，如图 8-7 所示。

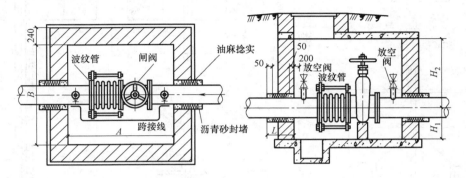

图 8-7　燃气直通单阀门井的安装

2. 补偿器安装

　　补偿器常用于架空管道和需要进行蒸汽吹扫的管道上，用来补偿管道的热胀冷缩。埋地管道补偿器通常安装在阀门的下侧（按气流方向），利用其伸缩性能，有利于检修时拆卸阀门。

　　燃气管道上多用碳钢波纹补偿器，一般多为 2~3 波，最多不超过 4 波。要求补偿器与管道保持同心，不得偏斜。水平安装时，套管有焊缝的一侧，应安装在燃气流入端，垂直安装时应置于上部；为防止波凸部位存水锈蚀，安装时应从注入孔灌满 100 号甲道路石油沥青，安装时注油孔应在下部。安装前不应将补偿器的拉紧螺栓拧得太紧，安装完时应将螺母松 4~5 扣，安装补偿器时，应按设计规定的补偿量进行预拉或预压试验。安装波纹管应根据补偿零点温度定位。碳钢波纹补偿器的结构如图 8-8 所示。

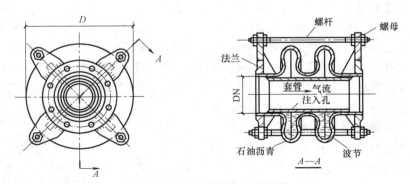

图 8-8　燃气管道用波纹补偿器

3. 凝水器安装

　　凝水器又称凝水缸、排水器，按制造材料不同可分为铸铁和钢制两种，从形式上可分为立式与卧式，按压力不同分为低压凝水器、中压凝水器和高压凝水器。高中压的凝水器体积较低压凝水器大。凝水器的安装如图 8-9 所示。

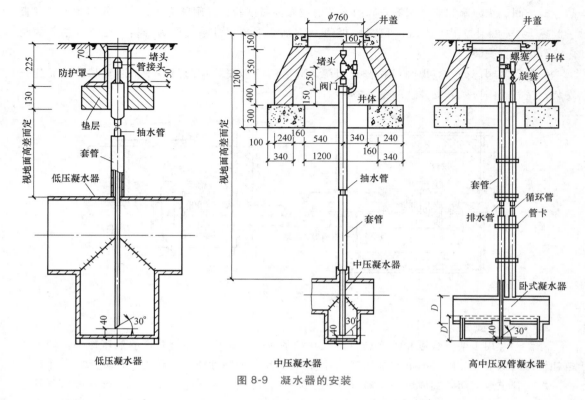

图 8-9 凝水器的安装

4. 储气装置安装

城市燃气系统通常设有储气装置，一般采用罐式或柜式储气装置。

罐式储气装置也称为球罐体。它是由球体（壳）、支撑杆件（架）、梯子、平台、管口和其他附件组成。球体是由钢板焊制成的球形壳，通常由几个环带组成。当球体的公称容积小于 $120m^3$ 时，分为三个环带；容积为 $120 \sim 1000m^3$ 时，分为五个环带；容积在 $2000m^3$ 以上时，分为七个环带。各环带均以地球纬度气温带名称命名，取名为上极带（北极）、赤道带和下极带（南极），五个环带在三环带基础上增加上温带（北温带）和下温带（南温带）；七个环带则在五环带基础上再增加上寒带（北寒带）和下寒带（南寒带）。球罐上的液化石油气进出液管、回流管、排污管、放散管、仪表管等各种管子接口应设置在上、下极带板上。罐体上的支撑件应能保证支撑整个球体的重量以及遭受荷载时可能产生的影响。罐体上，还应根据储气种类设置必要的附件，包括液位计、压力表、安全阀与其他各种阀门、防雷与防静电装置、消防喷淋装置等。球形储气罐的组成如图 8-10 所示。

湿式螺旋储气柜又称为螺旋导轨式储气柜，是较为常见的一种储气装置。储气罐规格以公称容积表示，容积范围为 $5000 \sim 10000m^3$，不同规格的气柜有着不同的塔节数，其高度与直径也有所不同。气柜由基础、水槽、塔节、塔顶、水封装置、螺旋导轨、塔梯等组成。气柜的水槽和塔节均为钢板焊接而成，由于各塔节的间隙较小，

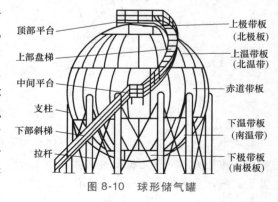

图 8-10 球形储气罐

加工时必须保证精度。塔节安装在水槽顶部环形平台上，塔节之间用水封装置密封，储存燃气或输出燃气时，随着柜内燃气压力的高低，塔节沿螺旋导轨可上升或下降。湿式螺旋储气柜的结构如图8-11所示。

储气装置安装完毕后，应进行压力试验。

球罐的压力试验应在整体热处理后进行，通常采用不含氯离子的工业用水做水压试验，碳素钢和16MnR钢球罐的试压水温不得低于5℃，其他低合金钢球罐的水温不低于15℃。水压试验压力为工作压力的1.25~1.5倍，试验时当压力升至试验压力的一半时，保持15min，检查各焊缝接口，

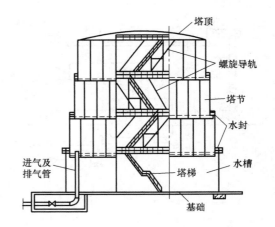

图 8-11　湿式螺旋储气柜

确无渗透水时，再继续升压，达到试验压力值的80%~90%时，再保持15min，再次做渗漏检查，无渗漏时，可继续升压，达到试验压力时，应保持30min，无渗透水为合格。

螺旋导轨式储气柜应进行总体试验，即水槽注水试验、塔节气密性试验及快速升降试验。

为了检查水槽壁板是否有渗漏水、水槽基础有无沉陷的情况，应进行水槽注水试验。注水前应清除水槽内所有杂物，注水试验时间不少于24h，并在水槽四周壁板设6~8个观测点，检查基础沉降情况，不均匀沉降的基础倾斜度不应大于0.0025。

进行塔节气密性试验时，应向柜内充注压缩空气，在充气过程中应注意各塔节上升状况，如有卡阻情况应立即停止充气，先消除故障后再行充气。在塔节上升过程中，应用肥皂水或其他检漏液体检查壁板焊缝、顶板焊缝有无渗漏现象，无渗漏者为合格。

气密性试验后，进行塔节快速升降试验，快速升降1~2次，升降速度一般为0.9~1.5m/min。

储气罐装置压力试验合格后，即可办理竣工验收手续。

5. 调压设备的安装

当燃气供气压力与用户使用压力不同时，需要设置调压站（室）、调压柜（箱）或专用调压装置。调压站的分类方式有所不同，按使用对象和作用功能分类，一般分为区域调压站、专用调压站和调压柜或调压箱。按进出口压力可分为高-高压、高-中压、中-中压、中-低压、低-低压调压站（箱）。调压器按结构可分为直接作用式和间接作用式。

高-高压调压站小时流量一般控制在3.0~5.0万 m^3，高-中压调压站小时流量一般控制在0.5~3.0万 m^3，中-低压调压站的小时流量一般控制在0.2~0.3万 m^3，作用范围控制在0.5km左右。

调压室内一般由调压器、阀门、过滤器、补偿器、安全装置和测量仪表组成；按调压器类别又可分为活塞式调压器室、T型调压器室、雷诺式调压器室、自立式调压器室以及箱式调压器装置。当燃气直接由中压管网（或次高压管网）经用户调压器降至燃具正常工作所需的额定压力时，常将用户调压器装在金属箱内挂在墙上，称为调压箱。图8-12~图8-14所示分别是雷诺式调压器、自立式调压器和箱式调压器。

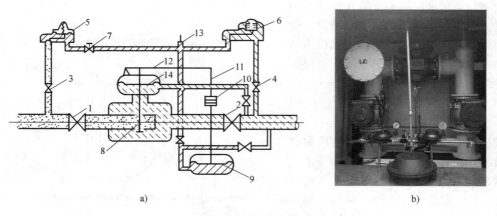

a)   b)

图 8-12 雷诺式调压器

1—进口阀　2—出口阀　3—中辅进口阀　4—低辅出口阀　5—中压辅助调节器　6—低压辅助调节器　7—针形阀

8—主调压器阀　9—中间压力调节器　10—重块　11—连杆　12—杠杆　13—放气阀　14—主薄膜

　　调压站的管道、设备和仪表安装工作完成后，应进行强度和气密性试验，通常采用压缩空气进行试验，试压的同时，用肥皂水或其他溶液涂抹接口、焊缝等处，观察有无渗漏情况。继续升压达到试压标准并稳定 6h，然后观察 12h，压力降不超过初始压力的 1% 为合格。

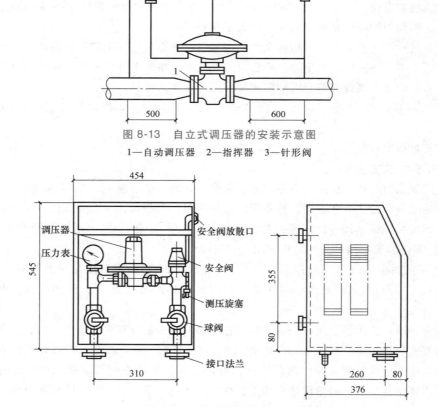

图 8-13 自立式调压器的安装示意图

1—自动调压器　2—指挥器　3—针形阀

图 8-14 箱式调压器的构造

8.1.3 室外燃气管道的吹扫、试压、验收

管道安装完毕后应依次进行管道吹扫、强度试验和严密性试验。

1. 管道吹扫

可根据其工作介质使用条件及管道内表面的脏污程度，常用空气吹扫或蒸汽吹扫。管道吹扫前，不应安装孔板、法兰连接的调节阀、主要阀门、节流阀、安全阀、仪表等，对于焊接连接的上述阀门和仪表，应采取流经旁路或卸掉密封件等保护措施。不允许吹扫的设备及管道应与吹扫系统隔离。试验前应按设计图检查管道的所有阀门且必须全部开启。

聚乙烯管道或钢骨架聚乙烯复合管道吹扫及试验时，进气口应采取油水分离及冷却等措施，确保管道进气口气体干燥，且其温度不得高于 40℃；排气口应采取防静电措施。试验时所发现的缺陷，必须待试验压力降至大气压后进行处理，处理合格后应重新试验。

球墨铸铁管道、聚乙烯管道、钢骨架聚乙烯符合管道和公称直径小于 100mm 或长度小于 100m 的钢质管道，可采用气体吹扫。吹扫介质宜采用压缩空气，严禁采用氧气和可燃性气体。吹扫气体流速不宜小于 20m/s。吹扫压力不得大于管道的设计压力，且不应大于 0.3MPa。

吹扫口应设在开阔地段并加固，吹扫时应设安全区域，吹扫出口前严禁站人，吹扫口与地面的夹角应在 30°~45°之间，吹扫口管段与被吹扫管段必须采取平缓过渡对焊。末端管道公称直径小于 DN150，吹扫口与管道同径，管径在 DN150~DN300 之间，吹扫口直径为 150mm，管径大于或等于 DN350，吹扫口直径为 250mm。

每次吹扫管道的长度不宜超过 500m；当管道长度超过 500m 时，宜分段吹扫。当管道长度在 200m 以上，且无其他管段或储气容器可利用时，应在适当部位安装吹扫阀，采取分段储气，轮换吹扫；当管道长度不足 200m，可采用管段自身储气放散的方式吹扫，打压点与放散点应分别设在管道的两端。当目测排气无烟尘时，应在排气口设置白布或涂白漆木靶板检验，5min 内靶上无铁锈、尘土等其他杂物为合格。

公称直径大于或等于 100mm 的钢质管道，宜采用清管球进行清扫。但管道直径必须是同一规格，不同管径的管道应断开分别进行清扫，对影响清管球通过的管件、设施，在清管前应采取必要措施；清管球清扫完成后，再做吹扫检验，如不合格可采用气体再清扫至合格。

2. 强度试验

燃气管道强度试验前应具备下列条件：

管道焊接检验、清扫合格，埋地管道回填土宜回填至管上方 0.5m 以上，并留出焊接口。试验方案已经批准，有可靠的通信系统和安全保障措施，并已进行了技术交底，试验用的压力计及温度记录仪应在校验有效期内。

管道可分段进行压力试验，试验管道分段最大长度可按照设计压力小于等于 0.4MPa，试验长度 1000m，设计压力在 0.4~1.6MPa 之间，试验长度 5000m，大于 1.6MPa 小于等于 4.0MPa 时，长度为 10000m。

管道试验用压力计及温度记录仪表均不应少于两块，量程应为试验压力的 1.5~2 倍，其精度不应低于 1.5 级。压力计应分别安装在试验管道的两端。

燃气管道强度试验压力和介质应符合表 8-6 中的规定。

水压试验时，试验管段任何位置的管道环向应力不得大于管材标准屈服强度的 90%。架空管道采用水压试验前，应核算管道及其支撑结构的强度，必要时应临时加固。试压宜在环境温度 5℃ 以上进行，否则应采取防冻措施。进行强度试验时，压力应逐步缓升，首先升至试验压力的 50%，应进行初检，如无泄漏、异常，继续升压至试验压力，然后宜稳压 1h 后，观察压力计，

不应小于 30min，无压力降为合格。

水压试验合格后，应及时将管道中的水放（抽）净，并应按要求进行吹扫。经分段试压合格的管段相互连接的焊缝，经射线照相检验合格后，可不再进行强度试验。

表 8-6 强度试验压力和介质

管道类型	设计压力 p_s/MPa	试验介质	试验压力/MPa
钢管	$p_s > 0.8$	清洁水	$1.5P_s$
	$p_s \leq 0.8$		$1.5p_s$ 且 ≥ 0.4
球墨铸铁管	p_s	压缩空气	$1.5p_s$ 且 ≥ 0.4
钢骨架聚乙烯复合管	p_s		$1.5p_s$ 且 ≥ 0.4
聚乙烯管	p_s（SDR11）		$1.5p_s$ 且 ≥ 0.4
	p_s（SDR17.6）		$1.5p_s$ 且 ≥ 0.2

3. 严密性试验

强度试验合格、管线回填后就进行严密性试验。严密性试验介质宜采用空气。

试验用的压力计应在校验有效期内，其量程应为试验压力的 1.5~2 倍，其精度等级、最小分格值及表盘直径应满足试验的要求。

设计压力小于 5kPa 时，严密性试验压力应为 20kPa。大于或等于 5kPa 时，试验压力应为设计压力的 1.15 倍，且不得小于 0.1MPa。

设计压力大于 0.8MPa 的管道试压，压力缓慢上升至试验压力的 30% 和 60% 时，应分别停止升压，稳压 30min，并检查，如无异常情况继续升压。管内压力升至严密性试验压力后，待温度、压力稳定后开始记录。严密性试验稳压的持续时间应为 24h，每小时记录不应少于 1 次，当修正压力降小于 133Pa 为合格。

所有未参加严密性试验的设备、仪表、管件，应在严密性试验合格后进行复位，然后按设计压力对系统升压，并采用发泡剂检查设备、仪表、管件及其与管道的连接处，不漏为合格。

4. 工程竣工验收

工程竣工验收应以批准的设计文件、国家现行有关标准、施工承包合同、工程施工许可文件和规范为依据。

工程竣工验收应完成工程设计和合同约定的各项内容；施工单位在工程完工后对工程质量自检合格，并提出工程竣工报告；工程资料齐全；有施工单位签署的工程质量保修书；监理单位应对施工单位的工程质量自检结果予以确认，并提出工程质量评估报告；工程施工中，工程质量检验合格，检验记录完整。

竣工资料的收集、整理工作应与工程建设过程同步，工程完工后应及时作好整理和移交工作。整体工程竣工资料宜包括：工程项目建议书、申请报告及审批文件、批准的设计任务书、初步设计、技术设计文件、施工图和其他建设文件；工程项目建设合同文件、招投标文件、设计变更通知单、工程量清单等；建设工程规划许可证、施工许可证、质量监督注册文件、报建审核书、报建图、竣工测量验收合格证、工程质量评估报告等。交接工程技术文件应齐全，包括施工资质证书、图纸会审记录、技术交底记录、工程变更单（图）、施工组织设计等；开工报告、工程竣工报告、工程保修书等；重大质量事故分析、处理报告材料，设备、仪表等的出厂的合格证明，材质书或检验报告，施工记录（隐蔽工程记录、焊接记录、管道吹扫记录、强度和严密性试验记录、阀门试验记录、电气仪表工程的安装调试记录等）；竣工图；以及各项检验合格记录。

工程竣工验收应由建设单位主持，在工程完工并要求完成验收准备工作后，向监理部门提出验收申请，监理部门对施工单位提交的工程竣工报告、竣工资料及其他材料进行初审，合格后提出工程质量评估报告，并向建设单位提出验收申请。建设单位组织勘探、设计、监理及施工单位对工程进行验收。验收合格后，各部门签署验收纪要。建设单位及时将竣工资料、文件归档，然后办理工程移交手续。验收不合格应提出书面意见和整改内容，签发整改通知，限期完成。整改完成后重新验收。整改书面意见、整改内容和整改通知编入竣工资料文件中。

8.2　室内燃气系统的施工安装

许多公共建筑、民用建筑以及工业建筑，需要在室内设置燃气供应系统，由于该系统一旦发生泄漏就会造成严重的后果，因此，安装质量要求十分严格。室内燃气系统包括引入管、总立管、水平干管、用户立管、支管、灶具连接管以及计量设备、用气设备等。

承担燃气室内工程和燃气室内配套工程的施工单位，应具有国家相关行政管理部门批准的与承包范围相应的资质。相关工种的操作人员需具有在有效范围内的资格证书或上岗证书。

8.2.1　室内燃气管道的安装

室内燃气工程系统，包含引入管到各用户燃具和用气设备之间的燃气管道（包括室内燃气道及室外燃气管道）、燃具、用气设备及设施。从用户引入管总阀门到各用户燃具和用气设备之间的燃气管道称为室内燃气管道。图 8-15 所示为某多层建筑室内燃气供应系统。

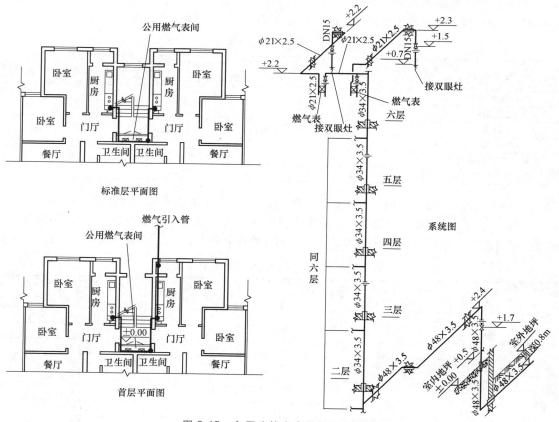

图 8-15　多层建筑室内燃气供应系统

1. 燃气引入管安装的一般规定

引入管包括室内和室外部分，敷设在室外的用户燃气管道应有可靠的防雷接地装置，埋地引入管应遵守《城镇燃气输配工程施工及验收规范》（CJJ 33）。在地下室、半地下室、设备层和地上密闭房间以及地下车库安装燃气引入管道时，若设计文件无明确要求，则应符合下列规定：引入管道应使用钢号为10、20的无缝钢管或具有同等及同等以上性能的其他金属管材；管道的敷设位置应便于检修，不得影响车辆的正常通行，且应避免被碰撞；管道的连接必须采用焊接连接。其焊缝外观质量应按现行国家标准《现场设备、工业管道焊接工程施工规范》（GB 50236）进行评定，Ⅲ级合格；焊缝内部质量检查应按现行国家标准《无损检测 金属管道熔化焊环向对接接头射线照相检测方法》（GB/T 12605）进行评定，Ⅲ级合格。紧邻小区道路和楼门过道处的地上引入管应设置必要的安全措施。

引入管穿过建筑物基础、外墙应考虑沉降的影响，必要时，应采取补偿措施。穿越墙体、管沟时，均应设置在套管中。引入管应设在厨房或走廊等便于检修的非居住房间内，不得敷设在卧室、浴室、地下室、易燃或易爆品的仓库、有腐蚀性介质的房间、配电室、变电室、电梯井、电缆（井）沟、烟道和进风道以及垃圾道等地方。进入密闭室时，密闭室必须进行改造，并设置换气口，其通风换气次数每小时不得少于3次，敷设在地下室、半地下室及通风不良的场所时，应设置通风、燃气泄漏报警等安全设施。引入管阀门宜设置在室内。

2. 室内燃气管道安装的一般规定

1）建筑物内部的燃气管道应尽量明装，当建筑和工艺有特殊要求时，也可暗装（暗封或暗埋），但必须便于安装和检修，并应采取相应的安全措施，且管道的最高运行压力不应大于0.01MPa。当管道的敷设方式在设计文件中无明确规定时，宜按表8-7选用。

表8-7 室内燃气管道敷设方式

管道材料	明设管道	暗设管道	
		暗封形式	暗埋形式
热镀锌钢管	应	可	—
无缝钢管	应	可	—
铜管	应	可	可
薄壁不锈钢管	应	可	可
不锈钢波纹软管	可	可	可
燃气用铝塑复合管	可	可	可

2）在有人行走的地方，燃气管道架设高度不应小于2.2m；在有车通行的地方，敷设高度不应小于4.5m；沿墙、柱、楼板和加热设备构架上明设的燃气管道，应采用支架、管卡或吊卡固定。其支、吊架还应满足建筑抗震设计的要求。燃气钢管的固定件间距不应大于表8-8中的规定。

表8-8 燃气钢管固定件的最大间距

管道公称直径 /mm	无保温层管道的固定件的 最大间距/m	管道公称直径 /mm	无保温层管道的固定件 的最大间距/m
15	2.5	100	7
20	3	125	8
25	3.5	150	10
32	4	200	12
40	4.5	250	14.5
50	5	300	16.5
70	6	350	18.5
80	6.5	400	20.5

3）暗装的燃气水平管，可装在吊平顶内或管沟中，暗装立管，可装在墙上的管槽或管道井中。工业和实验室用的燃气管道可敷设在混凝土地面中，其燃气管道的引进和引出处应设套管。套管应伸出地面 50~100mm。套管两端应采用柔性的防水材料密封，管道应设有防腐绝缘层；暗装燃气管道可以与空气、惰性气体、上水、热力管道等，一起敷设在管道井、管沟或设备层中，管道应采用焊接连接。

4）燃气管道不得敷设在可能渗入腐蚀性介质的管沟中，当敷设燃气管道的管沟与其他管沟相交时，管沟之间应密封，燃气管道应设在钢套管中。敷设有燃气管道的设备层和管道井应有良好的通风，每层的管道井应设与楼板耐火极限相同的防火隔断层，并应有进出方便的检修门。

室内燃气管道不得穿过易燃、易爆品仓库，配电间，变电室，电缆沟，烟道和进风道等地方；也不应敷设在潮湿或有腐蚀性介质的房间内。燃气管道严禁引入卧室，当燃气水平管道必须穿过卧室、浴室或地下室时，应采用焊接连接方式，且必须敷设在全程的套管中。立管不得敷设在卧室、浴室或厕所中，当室内燃气管道穿过楼板、楼梯平台、墙壁和隔墙时，必须安装在套管中。

地下室、半地下室、设备层敷设人工煤气和天然气管道时，房间的净高不应小于 2.2m，并有良好的通风设施，地下室或地下设备层内应有机械通风和事故排风设施。地下室内燃气管道末端应设放散管，并应引至地上。工业企业用气车间、锅炉房以及大中型用气设备的燃气管道上应设放散管，放散管管口应高出屋脊 1m 以上，放散管的出口位置应保证吹扫放散时的室内外的安全和卫生要求，位于防雷区之外时，放散管的引线还应接地。

5）必须考虑在工作环境温度下的极限变形。当自然补偿不能满足要求时，应设补偿器，但不宜采用填料式补偿器。高层建筑的燃气立管应有承重支撑和消除燃气附加压力措施。

6）室内燃气管道应在燃气表前、用气设备和燃烧器前、点火器和测压点前、放散管前、燃气引入管上均应设置阀门。

7）燃气燃烧设备与燃气管道的连接宜采用硬管连接，当符合下列要求时，可采用软管连接：①家用燃气灶和试验室的燃烧器，其连接软管的长度不应超过 2m，且不应有接口；②工业生产用的需要移动的燃气燃烧设备，其连接软管的长度不应超过 30m，接口不应超过 2 个。燃气用软管应采用耐油橡胶管；软管与燃气管道、接头管、燃烧设备的连接处，应采用压紧螺母或管卡固定；软管不得穿墙、窗和门。

8）室内燃气管道和电气设备、相邻管道之间的净距不应小于表 8-9 的规定。

表 8-9　燃气管道和电气设备、相邻管道之间的净距

管道和设备		与燃气管道的净距/cm	
		平行敷设	交叉敷设
电气设备	明装的绝缘电线或电缆	25	10①
	暗装的或放在管子中的绝缘电线	5（从所做的槽或管子的边缘算起）	1
	电压小于 1000V 的裸露电线的导电部分	100	100
	配电盘或配电箱	30	不允许
相邻管道		应保证燃气管道和相邻管道的安装、安全维护和修理	2

① 当明装电线与燃气管道交叉净距小于 10cm 时，电线应加绝缘套管，绝缘套管的两端应各伸出燃气管道 10cm。

3. 室内燃气管道常用管材与连接方式

1）室内燃气管道的管子公称尺寸小于或等于 DN50，且管道为低压时，宜采用热镀锌钢管和镀锌管件；管子公称尺寸大于 DN50 时，宜采用无缝钢管或焊接钢管；铜管宜采用牌号为 TP2 的铜管及铜管件。当采用暗埋形式敷设时，应采用塑覆铜管或包有绝缘保护材料的铜管；当采用

薄壁不锈钢管时，其厚度不应小于 0.6mm；不锈钢波纹软管的管材及管件的材质应符合国家现行相关标准的规定；薄壁不锈钢管和不锈钢波纹软管用于暗埋形式敷设或穿墙时，应具有外包覆层；当工作压力小于 10kPa，且环境温度不高于 60℃ 时，可在户内计量装置后使用燃气用铝塑复合管及专用管件。

2）镀锌钢管宜采用螺纹连接，施工中管螺纹应符合表 8-10 中的要求。管道加工后的螺纹应认真检查，同时检查管壁厚度，以防渗漏与断裂。螺纹接口连接时，不允许用铅油麻丝密封，应在管螺纹上缠聚四氟乙烯密封带。

表 8-10　管螺纹要求

管子公称尺寸	≤DN20	>DN20 且 ≤DN50	>DN50 且 ≤DN65	>DN65 且 ≤DN100
螺纹数	9～11	10～12	11～13	12～14

3）无缝钢管与焊接钢管的连接，一般采用焊接或法兰连接。

4）铜管（纯铜或黄铜管）的管径为 6～10mm，一般使用焊接或管件连接，管件使用铜制配件。

5）胶管被广泛应用于连接燃气旋塞阀与燃具。当使用铠装胶管（金属螺旋管加强的胶管）时，可以根据所需长度随意切断，切断时，顺螺纹方向略微后让再弯折切断，使中心胶管伸出一定长度与燃气旋塞阀直接连接。在螺旋管的切口处还须安装专用金属套卡。铠装胶管有 φ10 和 φ13 两种规格。胶管在安装使用时还应注意，一定要把胶管插到旋塞阀胶管接口的红线位置，使其不致轻易脱落。胶管卡的关键是要求紧固力均匀，具有一定强度，加工简便及使用方便。

4. 旋塞阀的安装

用于连接燃具的旋塞阀，按用途可分为以下几类。详见表 8-11。

使用煤气旋塞阀的目的是"开启"或"关闭"燃气，一般无须调节流量。中间旋塞阀也起同样的作用。因所用燃具不固定，在性能上则要求旋塞阀能通过该型号燃具要求的最大流量。

表 8-11　旋塞阀的用途

类别	安装场所	连接管类		功能、用途
		入口	出口	
燃气旋塞阀	室内	钢管	胶管	1. 表前立管 2. 不用燃气时，切断燃气
燃具旋塞阀	燃具	胶管	喷嘴、燃烧器接管	1. 为燃具点火熄火 2. 调节燃气流量 3. 选择分配使用
中间旋塞阀	室内燃气管道	钢管 胶管	钢管 胶管	1. 灶前阀门 2. 停止某管路用气

燃气旋塞阀的进气接口与户内管连接，通常都采用螺纹连接，并留有使用扳手的部位，出气接口为胶管接口。胶管接口应插装容易，一旦插上胶管后应不易脱落。燃具旋塞阀的进气接口为胶管接口，而出气接口则与燃具主体连接，用金属管连接的燃具，或是胶管接口与旋塞阀分离的燃具，其接口应与燃具内的管道相连。无论何种情况，安装时使用扳手的部分必须设在阀芯与接口的螺纹之间，以防止研配面变形。燃气旋塞阀的构造，如图 8-16 所示。

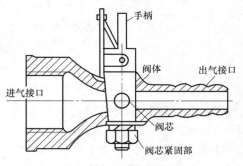

图 8-16　旋塞阀的构造

5. 室内管道系统安装

室内管道系统如图 8-17 所示，由用户引入管、水平干管、立管、水平支管、下垂管和接灶管等组成。如图 8-17 所示。

引入管与室外庭院管连接，从地下或地上进入室内。一个引入管可以连接 1 根或数根立管，立管与立管之间由水平干管连接。从立管引出水平支管、下垂管和接灶管或自立管直接引出接灶管。水平管道一般高于室内地坪 1.7m，与屋顶的距离不应小于 150mm。湿燃气水平管道应有不小于 0.002 的坡度，由煤气表分别坡向立管和下垂管。

（1）引入管的安装　引入管有地下引入和地上引入两种，管材有无缝管和镀锌钢管，如图 8-18 所示。管材采用无缝钢管时撤弯，采用镀锌钢管时使用管件，引入管地下部分距建筑物外墙 2m 以内不应有接口。引入管地下部分应做加强防腐层，埋地深度应大于冻土深度，且一般不应小于 0.8m。引入管管径不应小于 25mm，通常由室外或煤气间直接引入厨间，立管一般设在用气间、楼梯间或走廊内。水平管可沿楼梯间、走廊和辅助房间敷设。

（2）室内管道的安装　室内管道与墙的间距，当管径≤DN25 时，为 30mm；当管径>DN25 时，为 50mm。室内管道支架应牢固，管道应平稳地放在支架上，没有悬

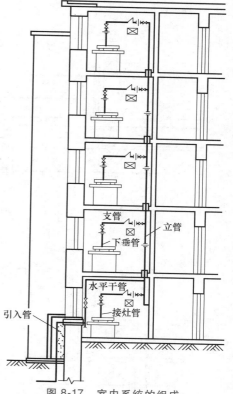

图 8-17　室内系统的组成

空现象。管卡应紧卡在管道上。支架、吊架上不允许有焊缝与接口、管件等。各支架、吊架连线的坡度必须一致。立管管卡的卡环与托钩的弧度必须与管道外径一致。立管与下垂管至少要有一个卡箍，管道拐弯处和接灶管长度超过 1m 时，应加托钩。

管道穿过承重墙基础、楼梯平台、楼板、墙体时，应装在钢制套管内。穿过楼板、地板和楼梯平台时，套管应高出地面 50mm（防止房间地面水渗漏到下层房间），下端与楼板平。管道与套管之间环形间隙用油麻填实，再用沥青堵严。套管与墙基础、楼板、地板、墙体间的空隙，用水泥砂浆堵严。管道套管的规格见表 8-12；套管做法如图 8-19 所示。

管子在安装前应检查是否有弯曲，对有弯曲的管子应认真调直。钢管使用前要清理内部污物，施工过程中要防止砖、石、铁块等杂物掉进管内，对外露管口要加临时包扎遮堵。

无缝钢管与焊接钢管应认真除锈、刷油漆。室内燃气管道和附件一般刷樟丹油一道，银粉漆或灰漆二道。检查合格后，方可安装。不准先安装管道，后除锈、刷油漆。

安装前应绘制安装草图，在现场实测出管道的建筑长度，量好管道系统中零件与相邻零件或设备的尺寸，逐段加工。

在配管过程中，应认真检查管壁厚度、管螺纹与管件，不符合质量要求的不可使用；管子切割时可用电动砂轮机、手工锯与机械锯，切口端面应与管子中心线垂直，不允许有毛刺；管螺纹可用管螺纹加工机、铰板等套制，必须符合螺纹连接的质量要求；螺纹上的填料，当设计无规定时可用聚四氟乙烯密封带，并顺螺纹旋向缠绕。安装管件时，应根据管径的不同选用管钳，管件安紧后，外露螺纹 2~3 扣。长螺纹垂直安装时，其根母位置在下端。管道分支或需要经常拆卸的部位应设置活接头。

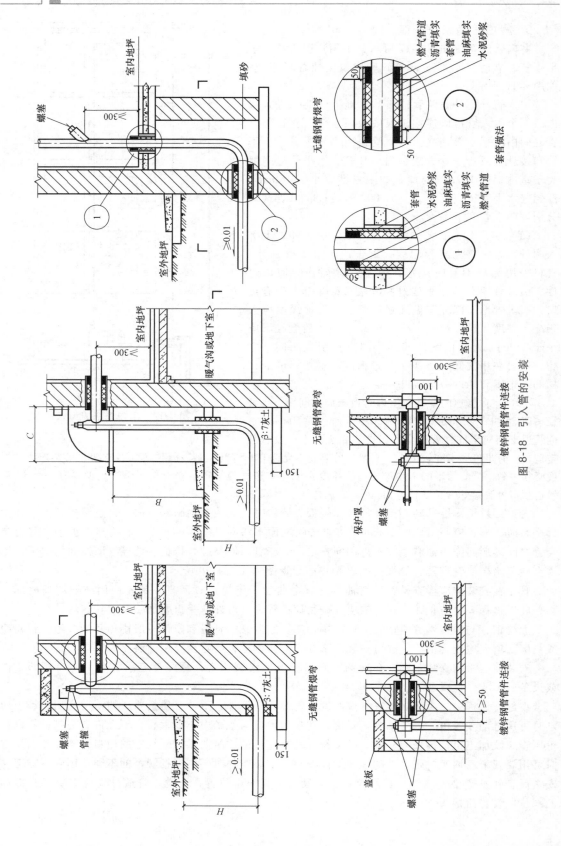

图 8-18 引入管的安装

表 8-12　套管直径　　　　　　　　（单位：mm）

管道公称直径	20	25	32	40	50	70	80	100	125	150
套管公称直径	32	40	50	70	80	100	125	150	150	200

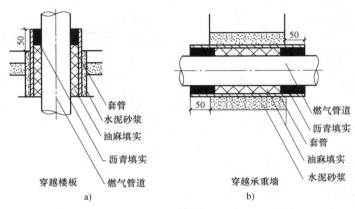

图 8-19　套管做法

a）穿越地板、楼板、隔墙　b）穿越承重墙基础

　　室内管道遇有障碍时，常用弯管绕过。室内燃气工程中常用的弯管有 90°弯头、乙字弯（来回弯）、抱弯（元宝弯）等。当两层楼的墙面不在同一平面上时，应采用乙字弯；当跨过其他管道时常用抱弯。安装管路前应将所用的弯管制好。

　　当有些饭店、酒楼等厨房或用气房间设在楼上时，燃气管道常沿外墙明敷，由高立管与水平管进入室内。在确定外墙明管施工部位时，应选择障碍物尽量少、墙面平整的位置，以减少管道的盘绕。并应设在建筑物背面或侧面，以免影响建筑物的美观，管道不宜贴近门窗和落水管。确定管位后，安装支架，开凿墙洞，预制管段；施工时，按规定搭设脚手架或装设吊架保证施工安全。

　　6. 高层建筑室内管道的特殊问题

　　（1）补偿高层建筑沉降　高层建筑自重较大，沉降量显著，易对引入管造成破坏。一般可在引入管处安装伸缩补偿接头来消除沉降的影响。伸缩补偿接头有波纹管接头、套筒接头和铅管接头等形式。图 8-20 所示为铅管补偿接头补偿方法。当建筑沉降时，由铅管吸收变形，避免管道被破坏。铅管前设一个控制阀，并砌筑检查井，便于检查和修理。

　　（2）克服高程差附加压头的影响　民用及公共建筑燃具使用压力的允许波动范围，根据产品样本提供的数据一般为 ±50mmH₂O（490Pa）。建筑高度在 50m 左右时，压力波动值在 100mmH₂O（980Pa）之内，故可不采取任何措施。建筑高度超过 50m 时，由于高度变化引起的压力上升，可由燃具调压器降低和稳定压力，以满足燃具的使用要求；也可采用高层供气系统和低层供气系统分开的办法，或按高层部分的实际压力设计、制造燃具的办法。如果压力增值不大，也可通过增加管道的摩擦阻力或局部阻力的办法来降低压力的增值。

　　（3）补偿温差产生的变形　高层建筑管道的立管长、自重大，需在立管底端设置支墩支撑。为了补偿温差产生的变形，需将管道两端固定，并在中间设置吸收变形的挠性管或波纹管补偿装置。采用挠性管和波纹补偿装置，可以消除建筑物振动时（地震、风震等）对管道的影响。图 8-21 所示为立管补偿装置。

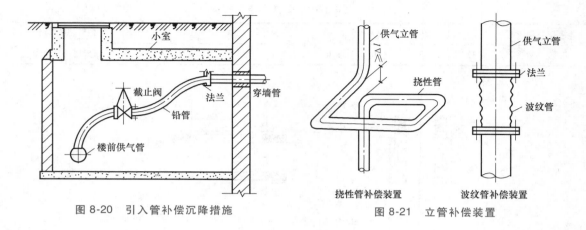

图 8-20 引入管补偿沉降措施

图 8-21 立管补偿装置

8.2.2 燃气表与燃气灶具的安装

1. 燃气表的安装

（1）燃气表的一般安装要求 燃气表必须有出厂合格证，距出厂校验日期或重新校验日期不超过半年，且无任何明显损伤方可进行安装。燃气表宜安装在室温不低于5℃的干燥、通风良好又便于查表和检修的地方，也可安装在室外。严禁将燃气表安装在卧室、浴室、锅炉房内以及易燃物品和危险品存放处。公共建筑用户应尽量设置在单独房间内。

（2）民用燃气表的安装 对于燃气用量≤3m³/h的居民用户，高表位安装时，燃气表底距地面≥1.8m；中表位安装时，表底距地面1.4~1.7m；低表位安装时，表底距地面不少于0.1m。一般只在表前安装一个旋塞。多表挂在同一墙面时，表与表之间的净距应大于150mm；燃气表只能水平放置在托架上，不得倾斜，表的垂直度公差为10mm。燃气表的进出口管道应用钢管或铅管，螺纹连接要严密，铅管弯曲后成圆弧形，保持铅管的口径不变，不应产生凹瘪。表前水平支管坡向立管，表后水平支管坡向灶具。低表位接灶水平支管的活接头不得设置在灶板内。燃气表进出口用单管接头与表连接时，应注意连接方向，单管接头侧端连进气管，顶端接出气管。进出气管分别在表的两侧时，人面对表字盘左侧为进气管，右侧为出气管。安装时，应按燃气表的产品说明书安装，以免装错。

当室内燃气管道均已固定，管道系统严密性试验合格后，即可进行室内燃气表的安装，同时安装表后支管。智能型燃气表一般安装在厨具侧下方或橱柜内等油烟较少的地方，还应便于插卡。燃气表的高位安装如图8-22所示。

燃气表安装完毕，应进行严密性试验。试验介质用压缩空气，压力为300mmH$_2$O（2940Pa），5min内压降不大于20mmH$_2$O（196Pa）为合格。

（3）公用建筑用户燃气表的安装 公用建筑用户燃气表分为干式皮膜式燃气表、罗茨表和流量计等几种形式。

燃气表安装的进出气口的配管连接方向应正确，表底部应设置在支架或砖台上，垂直平稳，垂直度公差为10mm。配管应先配燃气表两侧管，法兰组对合适后，再做其他管道，防止法兰间隙过大强行组对，以免燃气表焊口裂开。燃气表前后立管的下部应装螺塞或法兰堵板，以便清扫和排污。气体腰轮流量计必须垂直安装，高进低出，过滤器与表直接连接。过滤器和流量计在安装时方可将防尘板（帽）取掉，以防杂质进入仪表。安装前，应洗掉流量计计量室内的防锈油。用汽油从流量计的进口端倒进去，出口端用容器接住。反复数次，直至除净为止。腰轮流量计安

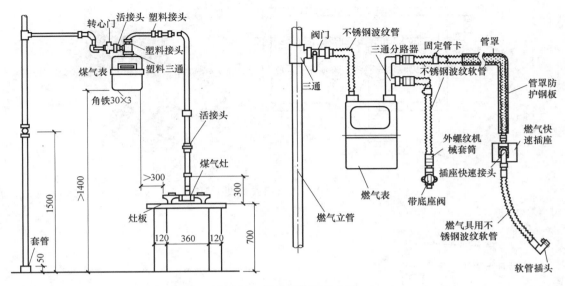

图 8-22　燃气表的高位安装

装完毕，先检查管道、阀门、仪表等连接部位有无渗漏现象，确认各处密封后，再拧下腰轮流量计上的加油螺塞，加入润滑油，其油位不能超过指示窗上刻线，拧紧螺塞。使用时，应慢慢开启阀门，使腰轮流量计工作，同时观察流量计指针是否均匀地平稳转动，如无异常现象就可正式工作。

1）干式皮膜式燃气表的安装。对于燃气用量在 $3\sim57m^3/h$ 时的干式皮膜燃气表，即可设置在地面上，也可设置在墙上。以表中盘中心距地 1.4m 为宜；对于燃气用量 $\geqslant57m^3/h$ 时的干式皮膜燃气表，应设置在地面的砖台上，砖台高度一般为 100～200mm。燃气表与下列设备的最小水平投影净距为：与砖烟囱净距为 0.3m，与金属烟囱净距为 0.6m；与家庭灶净距为 0.3m，与食堂灶净距为 0.7m；与开水炉净距为 1.5m，与低压电器净距为 1m。设置于砖台上的燃气表如图 8-23 所示。表两侧配管及旁通管的连接为螺纹连接，也可采用焊接连接。

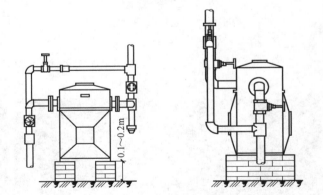

图 8-23　设置于砖台上的燃气表

2）罗茨表的安装。图 8-24 所示是罗茨表的安装图及外形图。

3）气体腰轮流量计的安装，如图 8-25 所示。

4）民用建筑燃气表的下位安装、上位安装以及计量装置的安装，如图 8-26 所示。

燃气锅炉房及计量间的安装，如图 8-27 所示。

2. 灶具的安装

燃气灶具分家用灶具与公共建筑灶具。燃气灶具的位置及各项要求关系到用户的使用方便和安全。

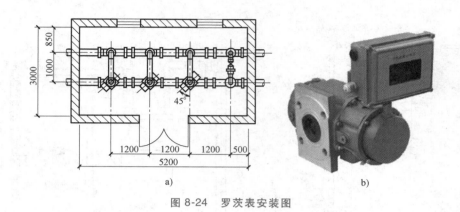

图 8-24 罗茨表安装图

图 8-25 气体腰轮流量计的安装图

图 8-26 燃气表的下位安装、上位安装以及计量装置的安装实例

（1）家用灶具 居民用户通常使用单独厨房作为用气房间。用气房间的高度不应低于2.2m，装有热水器的房间不应低于2.6m。家用灶具一般为炊事用灶具，某些用户还包括带烤箱的多眼灶、快速热水器以及红外线采暖炉等。灶具安装要求如下：

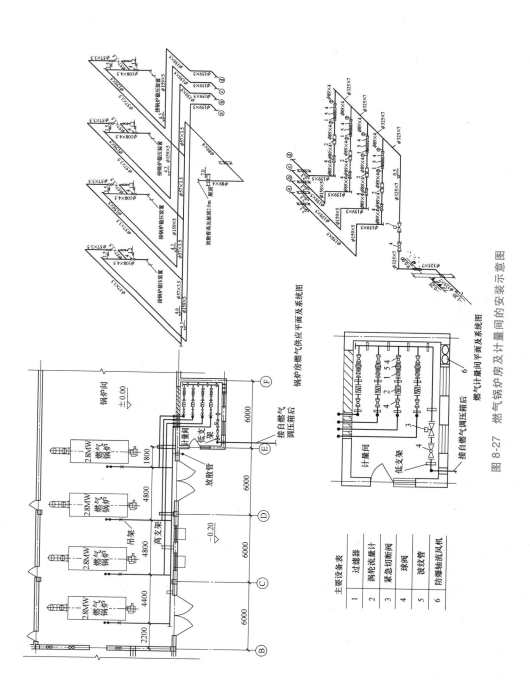

图 8-27　燃气锅炉房及计量间的安装示意图

家用灶具分为普通式和内嵌式。灶具背面与墙净距不小于100mm，侧面与墙净距不小于200~250mm。若墙面为易燃材料时，必须加设隔热防火层，突出灶板两端及灶面以上不少于800mm。同一厨房安装一台以上灶具时，灶与灶之间的净距不小于400mm。内嵌式灶具还用注意灶台下部的通风问题。

安装灶具的灶板应采用难燃材料，灶台高度一般为650~700mm，灶架平稳牢固。

灶具安装后应平稳居中，所以下垂管的配管加工尺寸应准确。软镶连接灶具的活接头设置在灶前水平方向，如图8-28所示。在用气管末端的弯头上，装旋塞，手柄朝上，用胶管与灶具连接。若灶具装于窗口时，灶面应低于窗口200mm。

（2）燃气壁挂炉的安装 燃气壁挂炉应安装在通风良好的厨房或单独房间内，当条件不具备时也可装在通风良好的过道内或封闭的阳台。安装壁挂炉的房间门或墙的下部应预留有效面积不小于0.06m²的百叶窗，或在门与地面之间留有高度不小于30mm的间隙。快速壁挂炉应安装在耐火的墙壁上，壁挂炉的外壳距墙的净距离不得小于20mm，当安装在非耐火的墙壁上时，应垫以隔热板，隔热板每边应比壁挂炉外壳尺寸大100mm。壁挂炉应装在不宜被碰撞的地方，其前面的空间宽度应大于0.8m。强制排烟装置的排烟出口必须通向室外，其固定方式如图8-29所示。

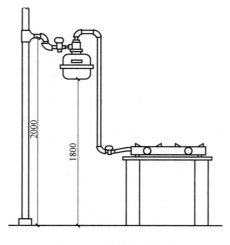

图8-28 软镶连接灶具

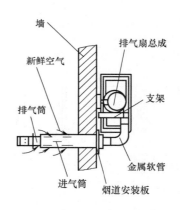

图8-29 强制排气壁挂热水炉的安装

直排式壁挂炉已禁止使用，目前多采用带有熄火保护的强制排气壁挂炉。壁挂炉禁止装在室外，也不能安装在强风吹到的地方。

安装壁挂炉之处要有不小于0.03MPa压力的给水及有220V的交流电，以保证壁挂炉正常运行，在离壁挂炉不远的适当地点安装一个给水阀，以便于修理时能关水源。壁挂炉距顶棚与墙应大于500mm，要远离灶具与易燃及危险物品。

（3）红外线燃具和其他燃具的安装 红外线燃具及其他采暖用具安装时，应装两只控制开关。一只安装在采暖房间外便于操作之处，另一只装在采暖房间的踢脚线处，一般离地面高200~300mm。

（4）公共建筑用户灶具的安装 公共建筑的用气房间应有良好的通风和自然采光条件，房间高度不宜低于2.8m。计量表装在室内引入管附近。安装计量表的房间应有自然通风条件，房间温度不低于-5℃。装表的地方应便于检查和抄表。

3. 烟道

燃气锅炉等燃烧设备会产生烟气，一旦操作不当，产生不完全燃烧或燃气泄漏，以及倒灌，就会发生重大事故。解决问题的方法就是安装烟道。烟道分为燃烧设备独立烟道和共用烟道。

（1）独立烟道　独立烟道就是为单一燃烧设备使用的烟道，由一次烟道防风器（安全排气罩）、风帽所组成，如图 8-30 所示。烟道和风帽可用不锈钢、铜、铝合金板材以及经过处理的钢板制作，板材厚度在 0.3mm 以上，这种烟道适用于普通灶具、壁挂炉和低压模块式锅炉等。

（2）共用烟道　若设两个以上燃气用具用一个烟道将烟气排至室外时，在保证不倒流的情况下，可以设置共用烟道，为避免倒灌以及相互影响，室内烟道的垂直部分尽可能高些，并按照设计要求设置导向装置或措施。且共用烟道的断面积应大于各分支烟道的断面积之和。居民用气设备的水平烟道长度不宜超过 5m，商业用户不宜超过 6m，并应有 1% 坡度坡向燃具，如图 8-31 所示。

烟道可用镀锌钢板及普通钢板制作，也可采用非金属预制块砌筑，但均要求保持严密，一般还应按照设计要求做好保温。

（3）防风器　燃气燃具与烧油、烧煤的设备不同，由于热效率高、烟气温度较低，在烟道产生的抽力小、燃气的燃烧火焰容易因空气从烟道倒灌而不稳定，甚至熄灭。为防止这种情况发生，必须装设防风器。由于其内设挡板，使倒灌的空气改变流向，不妨碍燃烧。当烟道较长时，因从防风器开口处吸入空气，防止因烟道抽力的增加而降低热效率，同时降低烟道的温度，有助于防止发生火灾。常用的防风器有立式、卧式和弯头式三种，构造如图 8-32 所示。防风器要直接装设在燃气燃具的排气口上，条件不具备时要尽量装设在靠近排气口的位置。防风器与燃具要装在同一房间内，不能装在顶棚、邻室或屋外等处，且不允许防风器周围与燃烧用的空气产生压差。安装燃具时，防风器倒灌风出口不应受燃具壳体或墙面的影响。为避免风、雨、雪进入烟道，还应在烟道顶端装设风帽。

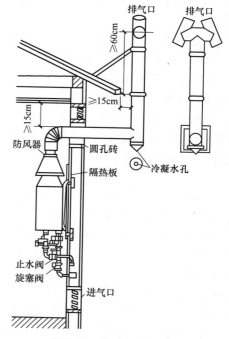

图 8-30　独立烟道做法

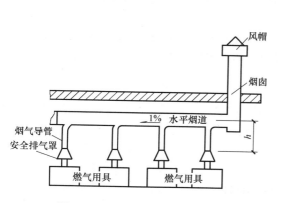

图 8-31　单层共用排烟道系统

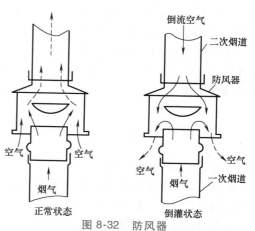

图 8-32　防风器

8.2.3 室内燃气系统的试验与验收

室内燃气管道安装完毕后，应用空气进行清扫，并按照《城镇燃气室内工程施工及验收规范》（CJJ 94）进行强度和严密性试验。试压介质应采用空气或氮气。

1. 强度试验

强度试验压力应为设计压力的 1.5 倍且不得低于 0.1MPa。

在中压、低压燃气管道系统达到试验压力时，稳压不少于 0.5h 后，应用发泡剂检查所有接头，无渗漏、压力计量装置无压力降为合格。中压管道还可以采用稳压不少于 1h，观察压力计量装置，无压力降为合格的方式。

当中压以上燃气管道系统进行强度试验时，应在达到试验压力的 50% 时停止不少于 15min，用发泡剂检查所有接头，无渗漏后方可继续缓慢升压至试验压力并稳压不少于 1h 后，压力计量装置无压力降为合格。

2. 严密性试验

严密性试验范围应为引入管阀门至燃具前阀门之间的管道。通气前还应对燃具前阀门至燃具之间的管道进行检查。室内燃气系统的严密性试验应在强度试验合格之后进行。

对于低压管道系统，试验压力应为设计压力且不得低于 5kPa。在试验压力下，居民用户应稳压不少于 15min，商业和工业企业用户应稳压不少于 30min，并用发泡剂检查全部连接点，无渗漏、压力计无压力降为合格。当试验系统中有不锈钢波纹软管、覆塑铜管、铝塑复合管、耐油胶管时，在试验压力下的稳压时间不宜小于 1h。除对各密封点检查外，还应对外包覆层端面是否有渗漏现象进行检查。低压燃气管道严密性试验的压力计量装置应采用 U 形压力计。

对于中压及以上压力管道系统，试验压力应为设计压力，且不得低于 0.1MPa。在试验压力下稳压不得少于 2h，用发泡剂检查全部连接点，无渗漏、压力计量装置无压力降为合格。

3. 验收

施工单位在工程完工自检合格的基础上，监理单位应组织进行预验收。预验收合格后，施工单位应向建设单位提交竣工报告并申请进行竣工验收，建设单位应组织有关部门进行竣工验收。

新建工程应对全部施工内容进行验收，扩建或改建工程可仅对扩建或改建部分进行验收。

工程竣工验收前应具有：全套设计文件，设备、管道组成件、主要材料的合格证、检定证书或质量证明书，并按验收要求的格式填写相关检查和试验记录的表格，质量事故处理记录，城镇燃气工程质量验收记录以及其他相关记录。

工程竣工验收应包括：工程的各参建单位向验收组汇报工程实施的情况；验收组应对工程实体质量（功能性试验）进行抽查；对竣工资料规定的内容进行核查；全部合格后，签署工程质量验收文件。

练 习 题

1. 简述室外燃气管道的分类方法。
2. **室外燃气管道的敷设基本技术要求是什么？**
3. 室外燃气管道常用管材是什么？施工安装要求和常规做法有哪些？
4. 室外燃气管道的防腐做法有哪些？

5. 燃气管道、附件及设备的基本安装要求是什么？

6. 简述燃气带气接线和燃气置换的流程及要求。

7. **室内外燃气管道的试压标准与合格标准是什么？**

8. 简述室内燃气管道和燃气表的安装要求。

9. **燃气与供暖、给水排水管道安装的区别有哪些？**

10. **简述燃气管道伸缩补偿器的安装位置及设置原则。**

（注：加重的字体为本章需要掌握的重点内容。）

第9章
管道及设备的防腐与保温

管道和设备安装的最后两道工序是防腐和保温。其中，防腐工程关系到管道和设备的使用寿命，绝热工程关系到系统运行的经济性和节能效果。因此，两道工序必须足够重视。

9.1　管道及设备的表面除污和防腐

在供暖空调、建筑给水排水及其他系统中，常因为管道及设备被腐蚀而引起系统漏水、漏汽（气）等事故，既浪费了能源，又影响了正常的生产和生活。对于输送有毒、易燃、易爆等介质的系统，管道及设备的腐蚀问题还会造成环境污染，甚至造成事故带来重大损失。因此，为保证正常的生产秩序和生活秩序，延长系统的使用寿命，除了正常选材外，采取有效的防腐措施是延缓腐蚀的重要手段。

防腐的方法很多，如采取金属镀层、金属钝化、衬里及涂料工艺以及电化学保护等。在管道及设备的防腐方法中，采用最多的是涂料工艺。对于明装的管道和设备，一般采用油漆涂料，对于设置在地下的管道，则多采用沥青涂料。

9.1.1　管道及设备表面的除污

钢材表面的除锈质量分为四个等级。一级要求彻底除净金属表面上的油脂、氧化皮、锈蚀等一切杂物，并用吸尘器、干燥洁净的压缩空气或刷子清除粉尘，使表面无任何可见残留物，呈现均一的金属本色，并有一定粗糙度。二级要求完全除去金属表面的油脂、氧化皮、锈蚀产物等一切杂物，并用工具清除粉尘，使残留的锈斑、氧化皮等引起的轻微变色的面积在任何部位100mm×100mm 的面积上不得超过 5%。一、二级除锈标准，一般必须采用喷砂除锈和化学除锈的方法才能达到。三级标准要求完全除去金属表面的油脂、疏松氧化皮、浮锈等杂物，并用工具清除粉尘，使紧附的氧化皮、点锈蚀或旧漆等斑点状残留物面积在任何部位 100mm×100mm 的面积上不得超过 1/3。三级除锈标准可用人工除锈、机械除锈和喷砂除锈方法达到。四级要求除去金属表面上油脂、铁锈、氧化皮等杂物，允许有紧附的氧化皮、锈蚀产物或旧漆存在。四级除锈标准用人工除锈即可达到。建筑设备安装中的管道、设备一般要求表面除锈质量达到三级。

常用除锈的方法有人工除锈、喷砂除锈、机械除锈和化学除锈。

（1）人工除锈　人工除锈常用的工具有钢丝刷、砂布、刮刀、手锤等。当管道设备表面焊渣或锈层较厚时，先用手锤敲除焊渣和锈层；当表面油污较重时，先用熔剂清理油污。待干燥后用刮刀、钢丝刷、砂布等刮擦金属表面直到露出金属光泽。再用干净废棉纱或废布擦干净，最后用压缩空气吹洗。钢管内表面的锈蚀，可用圆形钢丝刷来回拉擦。

人工除锈劳动强度大、效率低、质量差，但工具简单、操作容易，适用各种形状表面的处理。由于安装施工现场多数不便使用除锈机械设备，所以在建筑设备安装工程中人工除锈仍是一种主要的除锈方法。

（2）喷砂除锈　喷砂除锈采用 0.35～
0.5MPa 的压缩空气，把粒度为 1.0～2.0mm
的砂子喷射到有锈污的金属表面上，靠砂粒
的打击来去除金属表面的锈蚀、氧化皮等，
除锈装置如图 9-1 所示。喷砂时工件表面和
砂子都要经过烘干，喷嘴距离工件表面 100～
150mm，并与之呈 70°夹角，喷砂方向尽量顺
风操作。用这种方法能将金属表面凹处的锈
除尽，处理后的金属表面粗糙而均匀，使油
漆能与金属表面很好地结合。喷砂除锈是加
工厂或预制厂常用的一种除锈方法。

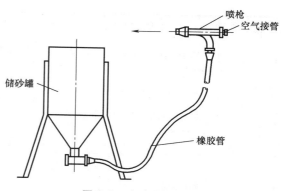

图 9-1　喷砂除锈装置

喷砂除锈操作简单、效率高、质量好，
但喷砂过程中产生大量的灰尘，污染环境，影响人们的身体健康。为减少尘埃的飞扬，可用喷湿
砂的方法来除锈。喷湿砂除锈是将砂子、水和缓蚀剂在储砂罐内混合，然后沿管道至喷嘴高速喷
出。缓蚀剂（如磷酸三钠、亚硝酸钠）能在金属表面形成一层牢固而密实的膜（即钝化），可以
防止喷砂后的金属表面生锈。

（3）机械除锈　机械除锈是用电动机驱动的旋转式或冲击式除锈设备进行除锈，除锈效率
高，但不适用于形状复杂的工件。常用除
锈机械有旋转钢丝刷、风动刷、电动砂轮
等。图 9-2 所示是一小型电动钢丝刷内壁
除锈机，它由电动机、软轴、钢丝刷组
成，当电动机转动时，通过软轴带动钢丝
刷旋转进行除锈，能用来清除管道内表面
上的铁锈。也有大型除锈机可实现大口径
管道的除锈工作。

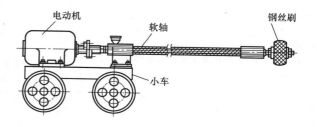

图 9-2　电动钢丝刷内壁除锈机

（4）化学除锈　又称酸洗，是使用酸
性溶液与管道设备表面金属氧化物进行化学反应，使金属氧化物溶解在酸溶液中。用于化学除
锈的酸液有工业盐酸、工业硫酸、工业磷酸等。酸洗前先将水加入酸洗槽中，再将酸缓慢注入水
中并不断搅拌。当加热到适当温度时，将工件放入酸洗槽中，掌握酸洗时间，避免清理不净或侵
蚀过度。酸洗完成后应立即进行中和、钝化、冲洗、干燥，并及时涂涂料。

9.1.2　管道及设备的防腐

1. 涂料防腐

（1）涂料的种类与特性　涂料的防腐原理就是靠漆膜将空气、水分、腐蚀介质等隔离，保
护金属表面不受腐蚀。常用的金属管道、风道的防腐涂料有近 30 种，按照施工工艺可分为底漆
和面漆。一般先用底漆打底，再用面漆罩面。常用防腐涂料的品种及特性可参见表 9-1。

表 9-1　常用防腐涂料的品种及特性

序号	类别	名称及型号	用途及特性
1	底漆	乙烯磷化底漆 X06-1	有色及黑金属底层防锈材料，能代替金属的磷化处理，增加附着力，延长有机涂料寿命，不宜单独作为防锈底漆使用，可作金属表面涂刷打底

（续）

序号	类别	名称及型号	用途及特性
2	底漆	锌黄、铁红过氧乙烯底漆 G06-4	适合于金属表面打底,可与各种同类面漆配合使用。具有一定的缓蚀性(防锈性)及耐化学腐蚀性,但附着力不强,但在60~65℃温度下烘烤2h可增强附着力。涂刷前金属表面应除锈后先涂 X06-1 磷化底漆一层
3		铁红、铁黑、锌黄环氧树脂底漆 H06-2	铁红、铁黑环氧树脂底漆用于黑色金属表面打底,锌黄环氧树脂底漆用于有色金属表面打底。涂前去锈、去油后,先涂一层磷化底漆,再涂本漆。涂层坚硬耐久,附着力良好。如与磷化底漆配套使用,可提高漆膜的耐潮耐盐雾性能
4		铁红醇酸底漆 C06-1	适用于一切黑色金属表面打底,涂层不宜过厚,涂后最好能在(105±2)℃下烘干。有良好的附着力和缓蚀性,它与硝基、醇酸、醇酸磁漆、氨基磁漆、硝基磁漆、沥青漆、过氯乙烯磁漆等多种面漆的结合力好,易喷涂,价廉
5		铁红、锌黄醇酸底漆 C06-12	锌黄醇酸底漆适用于铝、镁合金等轻金属表面打底防锈,铁红醇酸底漆适用于黑色金属表面打底防锈。需烘干,对金属有较好的附着力
6	防腐漆	红丹油性防锈漆 Y53-1	适用于黑色金属,不适用于涂刷铝、锌合金等,需涂刷2遍,表面需涂其他面漆,缓蚀性良好,易涂刷,涂层有较好的坚韧性、防水性和附着力,且能起阳极阻蚀剂作用。对表面处理要求不高,耐温150℃以下。但干燥慢,且有一定毒性,易沉淀结块,不便喷涂,只能手工涂刷。现已逐渐被铁红酚醛底漆、铝粉铁红酚醛底漆等代替
7		铁红油性防锈漆 Y53-2	可用于室内外要求不高的黑色金属表面防锈打底。缓蚀性仅次于红丹防锈漆,附着力强。耐温150℃下
8		铁黑油性防锈漆 Y53-4	既可用于室内外钢铁结构打底防锈,也可用于面漆。涂刷方便,具有良好的耐晒性和一定的缓蚀性
9		各色过氯乙烯油性防腐漆 G52-1	具有优良的耐蚀性、耐酸碱性、防霉、防潮性。但附着力较差,如与其他合适的漆配合使用,可以弥补。在60~65℃温度下烘烤2h可增强附着力。应与过氯乙烯底漆(G06-4)及过氯乙烯防腐清漆(G52-2)配套使用,喷涂在各种管道、风管等金属表面,以防酸碱等气体侵蚀
10		过氯乙烯防腐清漆 G52-2	干燥快,有良好的防化学腐蚀性能,耐无机酸、碱、盐类及煤油。单独使用时附着力差,要求配套使用。耐温60℃。配套要求喷 G06-4 底漆一至二遍,再喷 G52-1 二至三遍。最后喷本漆三至四遍
11		锌灰油性防锈漆(底面合一漆)Y53-5	耐气候性好,不易粉化,缓蚀性良好,易涂刷。既可作为防锈漆,又可作为面漆
12		锌灰油性防锈漆	底面合一漆,可作防锈漆和面漆。不易粉化,缓蚀性良好,易涂刷
13		各色过氯乙烯防腐漆	与过氯乙烯底漆(G06-4)及过氯乙烯防腐清漆(G52-2)配套使用,喷涂在各种管道、风管等金属表面,以防酸碱等气体侵蚀。具有优良的耐蚀性、耐酸碱性、防霉和防潮性。但附着力较差,如与其他合适的漆配合使用,可以弥补。在60~65℃温度下烘烤2h可增强附着力
14		过氯乙烯防腐清漆	干燥快,有良好的防化学腐蚀性能,耐无机酸、碱、盐类及煤油。单独使用时附着力差,要求配套使用。耐温60℃。配套要求喷 G06-4 底漆一至二遍,再喷 G52-1 二至三遍。最后喷本漆三至四遍
15		锌黄酚醛防锈漆 F53-4	适用于铝及其他轻金属构件表面涂刷,作防锈打底用。锌黄能使金属表面钝化,故有良好的保护性和缓蚀性
16		铝粉铁红酚醛防锈漆 F53-8	可作防锈底漆打底涂层和金属结构防锈用。漆膜坚韧,附着力强,能受高温烘烧(如装配切割、电焊火工校正等),不会产生有毒气体,其防锈性能与 Y53-1 红丹油性防锈漆相同,并有干燥快速、施工方便等优点。但耐溶剂性较差,不耐酸碱

（续）

序号	类别	名称及型号	用途及特性
17	防腐漆	各式油性调和漆 Y03-1	耐候性较好,但干燥时间较长,漆膜较软。适用于室内外一般金属构件表面的涂刷,作保护和装饰用。T03-1 比 Y03-1 干燥快,硬度大
18		各式酯胶调和漆（磁性调和漆）T03-1	
19		各式酚醛防火漆 F60-1	漆膜中含有耐温颜料与防火剂,燃烧时漆膜内的防火剂受热产生烟气,能起延迟着火、制止火势蔓延的作用
20		红丹醇酸防锈漆 C53-1	用于钢铁等黑色金属表面打底防锈。缓蚀性良好,比红丹防锈漆的附着力及干燥性好,漆膜坚韧
21		锌黄醇酸防锈漆 C53-3	有一定缓蚀性,干燥较快。适用于铝金属及其他轻金属表面,作为防锈打底涂层
		铁红、锌黄醇酸底漆 C06-12	对金属有较好的附着力,锌黄适用于铝、镁合金等轻金属表面打底防锈使用,铁红适用于黑色金属表面。需要烘干
22		各式醇酸磁漆 C04-2	有较好的光泽和机械强度,能常温干燥,耐候性比调和漆及酚醛漆好,适合室外使用。耐水性较差,但在 60~70℃ 下烘烤后可提高耐水性。适宜涂刷金属表面。配套要求:先涂 C06-1 醇酸底漆 1~2 遍,并以 C07-1 醇酸腻子补平,再涂 C06-10 醇酸底漆 2 遍,最后涂本漆
23		各式环氧防腐漆 H52-3	有一定的耐腐蚀和黏结能力。专用于具有耐腐蚀要求的金属、混凝土贮槽等表面或用于粘贴陶瓷、耐酸砖
24		各式酚醛耐酸漆 FS0-1	有一定的耐稀酸性,对抗御酸性气体腐蚀较为适宜。但不宜浸渍在稀酸溶液内,只适用于有酸性气体侵蚀的金属、木材表面防腐
25		沥青耐酸漆 L50-1	有一定的耐硫酸腐蚀性能,附着力良好。适用于防硫酸气体侵蚀的金属、木材表面
26		黑酚醛烟囱漆 F83-1	用于钢板烟囱及锅炉等外部表面,作防锈防腐蚀用,耐温 300℃ 以下,短时能耐 400℃ 高温不脱落
27		环氧耐热漆 H61-1	有较好的耐水性、耐汽油性及耐温变性,尤以耐热性和耐化学腐蚀性为好。可常温干燥,供铝及镁合金等轻金属的防腐蚀用
28		环氧树脂漆（有烘干型和自干型两种）	由环氧树脂、溶剂、填料、增塑剂和颜料研磨而成。加胺固化剂后成为自干型。耐碱力强,耐有机溶剂,耐寒,耐磨。但对苯、丙酮、乙醇、硝基苯、硝酸、硫酸等不耐蚀。耐紫外线照射性能差,适用于室内制品或化学腐蚀环境中制品的涂装。有毒,施工需注意
29		酚醛树脂漆	酚醛树脂为主,掺入不同材料配制而成,有清漆和磁漆两种。能耐酸、碱及盐类腐蚀,且有一定耐稀酸性能,能抗御酸性气体,但不耐浓磷酸、硝酸。适用于涂刷钢材表面
30		环氧沥青漆	由 601 号高分子环氧树脂、煤焦油沥青、颜料、填料及溶剂等配制而成,在使用时加入一定量的胺固化剂。涂层有极好的抗蚀蚀气体侵蚀的性能,坚牢度、柔韧性突出,能在常温和湿度较高环境下固化成膜。但透水、透蒸汽性很低。适用于涂刷金属、木材、水泥和混凝土表面,室内外均可用
31		漆酚环氧防腐漆 T09-16	由天然生漆为漆基,经化学改性工艺改良而成。产品保持了天然生漆的优良性能,消除了生漆的缺陷,且对人无过敏反应。用于石油贮罐及管道、化工设备、金属制品等的防腐
32		漆酚耐候耐热重防腐漆	由天然生漆为漆基,经化学改性工艺改良而成,产品保持了天然生漆的优良性能,消除了生漆的缺陷,且对人无过敏反应。适用于各种石油化工管道、铁路、桥梁等户外大型钢铁结构及机械设备的重度防腐

不同金属对底漆的要求不同, 参照表 9-2 选择。

表9-2　不同金属对底漆的选择

金属	底漆品种
黑色金属	铁红醇酸底漆,铁红纯酚醛底漆,硼钡酚醛底漆,铁红酚醛底漆,铁红环氧底漆,铁红油
铁、铸铁、钢	锌黄油性底漆,红丹底漆,过氯乙烯底漆,沥青底漆,磷化底漆等
铝及铝镁合金	锌黄油性、醇酸或丙烯酸底漆,磷化底漆,环氧底漆
锌金属	锌黄底漆,纯酚醛底漆,磷化底漆,环氧底漆,锌粉底漆等
镉金属	锌黄底漆,环氧底漆
铜及其合金	氨基底漆,铁红醇酸底漆,磷化底漆,环氧底漆
铬金属	铁红醇酸底漆
铅金属	铁红醇酸底漆
锡金属	铁红醇酸底漆,磷化底漆,环氧底漆

常用面漆性能和用途参见表9-3。

表9-3　常用面漆性能和用途

名称	型号	性能	主要用途
各色厚漆(铅油)	Y02-1	涂膜较软,干燥慢,在炎热潮湿的天气有发黏现象	用清油稀释后,用于室内钢铁、木材表面打底或盖面
各色油性调和漆	Y03-1 (HG2-567-74)	附着力强,耐候性较好,不易粉化、龟裂,在室外使用优于磁性调和漆	用于室内外金属、木材、建筑物表面防护和装饰
银粉漆	C01-2	银白色,对钢铁与铝表面具有较强的附着力,涂膜受热后不易起泡	作供暖管道及散热器的面漆
各色酚醛调和漆	F03-1	附着力强,光泽好,耐水,涂层坚硬,但耐候性稍差	作室内外金属和木材的一般防护面漆
各色醇酸调和漆	C03-1	附着力强,涂膜坚硬光亮,耐候性、耐久性和耐油性都比油性调和漆好	作室外金属防护面漆
生漆(大漆)	—	附着力好,涂膜坚硬,耐多种酸,耐水,但毒性大	用于钢铁、木材表面的防潮、防腐
过氯乙烯防腐漆	G52-1	有良好的缓蚀性,能耐酸、碱和化工介质腐蚀,并能防霉防潮	用于钢铁和木材表面,以喷涂为佳
漆酚树脂漆(自干漆)	—	与钢铁附着力强,涂膜坚韧,耐酸、耐水,由生漆脱水、聚缩、稀释而成,改变了生漆毒性大、干燥性等缺点	由于它保持了生漆耐腐蚀的优点,适宜于金属表面,作耐腐涂剂
过氯乙烯防腐清漆	G52-2	防水、耐酸、碱、盐、煤油的腐蚀,可与各色过氯乙烯防腐漆配套,也可单独使用	可用于室外设备、管道等须防腐的地方
煤焦沥青清漆	L01-17	干燥快,耐水性强,有较好的防腐、缓蚀性能,但耐候性、耐油性、机械强度差,涂漆不少于2遍	用于阴湿处钢铁及木材表面防腐
沥青清漆	L01-21	硬度大,耐水性良好,可以防腐防锈,但耐候性不好	适用于钢铁、镀锌(或锡)薄钢板、木材、竹等表面防腐
铝粉沥青磁漆	L04-2	有良好的耐水、耐盐水、耐候性能,能防锈	钢梁经磷化底漆和红丹防锈漆涂刷后,再涂2遍此漆,涂层耐久6~8年
环氧沥青清漆(分装)	H01-4	漆膜坚硬,附着力好,有良好的耐潮和防腐性能。但不宜阳光照射	用于涂刷地下管道,贮槽及金属或混凝土表面
各色环氧磁漆(分装)	H04-1	有良好的附着力、柔韧性和硬度,耐碱性强,耐油耐水性均好	适用于金属、非金属及混凝土表面涂刷
各色分装环氧防腐漆	H52-3	有一定耐强溶剂和耐碱液腐蚀能力,附着力及耐盐水性能良好,漆膜坚韧耐久	适用于金属、混凝土表面涂刷,可粘贴陶瓷、砖等
各色醇酸磁漆	C04-42 (HG2-591-74)	户外耐久性、附着力较好,表面干燥时间长	用于室内外钢铁表面

（续）

名称	型号	性　能	主要用途
白丙烯酸磁漆	B04-6 （HG2-634-67）	有良好的耐光性、耐久性、对湿热带气候有良好的稳定性	适用于各种金属表面及有底漆的硬铝表面
各色环氧硝基磁漆	H04-2 （HG2-603-75）	漆膜坚硬,耐候性、耐油性好,防大气腐蚀	涂于已涂有环氧底漆的金属表面
铝粉醇酸耐热烘漆	C61-1 （HG2-596-74）	有较好的耐水性和防潮性,附着力好,受热后不易起泡	适用于钢铁和铝表面,作耐热和防腐涂层
草绿有机硅耐热烘漆	W61-24 （HG2-637-74）	耐热（400℃）,耐汽油、耐盐水性能良好	用于涂覆各种耐高温又要求常温干燥的钢铁表面
铝粉有机硅耐热烘漆	W61-25 （HG2-638-74）	耐500℃高温,耐腐蚀	用于高温钢铁表面,如烟囱,散热器管等
各色脂胶调和漆	T03-1 （HG2-781-74）	漆膜硬,干燥快,耐候性差	适用于室内外一般金属,作保护装饰用

通风空调系统的金属钢板风道的防腐涂料，参见表 9-4 选择。

表 9-4　通风空调系统金属钢板风道常用涂料

序号	风管部位及所输送的气体介质	油漆类别		涂装遍数
1	不含有粉尘且输送空气温度不高于70℃时	内表面涂防锈底漆		2
		外表面涂防锈底漆		1
		外表面涂面漆（调和漆等）		2
2	不含有粉尘且输送空气温度高于70℃时	内外表面各涂耐热漆		2
3	含有粉尘或粉屑的空气	内表面涂防锈底漆		1
		外表面涂防锈底漆		1
		外表面涂面漆		2
4	含有腐蚀性介质的空气	内外表面涂耐酸底漆		>2
		内外表面涂耐酸面漆		>2
5	空气洁净系统 中效过滤器前的送风管及回风管（薄钢板）	内表面	醇酸类底漆	2
			醇酸类磁漆	2
		外表面	保温风管-铁红底漆	2
			非保温风管　调和漆	1
			铁红底漆	2
6	空气洁净系统 中效过滤器后和高效过滤器前的送风管	镀锌钢板	一般不涂漆	0
		薄钢板内表面	醇酸类磁漆	2
			醇酸类底漆	2
		薄钢板外表面（保温）	铁红底漆	2
		薄钢板外表面（非保温）	调和漆	2
			铁红底漆	1
	空气洁净系统 高效过滤器后的送风管	镀锌钢板内表面	磷化底漆	1
			锌化醇酸类底漆	2
			面漆	2
		镀锌钢板外表面	一般不涂漆	0

也有一些由改性酚醛树脂、环氧树脂、聚氨酯树脂、转化液、防锈颜料、助剂及溶剂制成的单组分或双组分系列可带锈施工的涂料。该涂料可带锈、带微油、带湿施工，具有化锈、磷化、缓蚀、底漆等作用，同时在钢铁表面生成薄层的磷化膜，抑制腐蚀的发展，有良好的缓蚀功能。常用带锈涂料性能及做法见表 9-5。

表9-5　常用带锈涂料性能及做法

名称	性能及做法
环氧酯稳定型带锈涂料	缓蚀性能良好，可在带锈钢铁上涂刷，但被涂物表面的松散锈层及污物、水分均需清除干净，需涂2遍，每遍涂层40~50μm为宜。配套面漆有醇酸漆、过氯乙烯漆、氨基漆、环氧漆或聚氨酯漆。两种带锈涂料中以环氧酯稳定型为好
醇酸稳定型带锈涂料	
70型带锈涂料	与金属表面结合力强，有较好的化锈磷化、缓蚀作用，涂于钢铁表面打底用。使用温度150℃，应与面漆配套使用
S-01金属带锈防锈涂料	金属表面不用除锈，单组分，黏度低，无毒无味，便于施工，使用温度300℃
PV-150耐温防腐涂料	需喷砂除锈，底漆、面漆各涂2遍，耐温150℃，可用于钢铁表面打底

（2）涂料防腐的做法　常用的管道和设备表面涂防腐涂料的方法有手工涂刷、空气喷涂、静电喷涂和高压喷涂。

1）手工涂刷是将涂料稀释调和到适当稠度后，用刷子分层涂刷。这种方法操作简单，适应性强，可用于各种漆料的施工；但工作效率低，涂刷的质量受操作者技术水平的影响较大，漆膜不易均匀。手工涂刷应自上而下、从左至右、先里后外、纵横交错地进行。涂层厚度应均匀一致，无漏涂和挂流现象。

2）空气喷涂是利用压缩空气通过喷枪时产生的高速气流来将贮漆罐内的漆液引射混合成雾状，喷涂于物体的表面。空气喷涂用喷枪如图9-3所示，所用空气压力为0.2~0.4MPa，一般距离工件表面250~400mm，移动速度10~15m/min。空气喷涂涂层厚薄均匀、表面平整、效率高，但涂层较薄，往往需要喷涂几次才能达到需要的厚度。为提高一次涂层厚度，可采用热喷涂施工。热喷涂施工就是将油漆加热到70℃左右，使油漆的黏度降低，增加被引射的漆量。采用热喷涂法比一般空气喷涂法可节省2/3左右的稀释剂，并提高近一倍的工作效率，同时还能改变涂层的流平性。

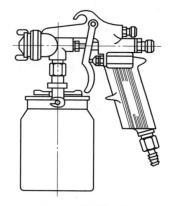

图9-3　油漆喷枪

3）高压喷涂是使用高压喷枪将涂料加压经喷口喷出，涂料随之剧烈膨胀雾化成极细漆粒喷涂到构件上。由于涂层内没有压缩空气混入而带进的水分和杂质等，涂层质量较空气喷涂高，同时由于涂料是扩容喷涂，提高了涂料黏度，雾粒散失少，也减少了溶剂用量。

4）静电喷涂是使用静电喷枪将涂料细化成雾粒，同时静电发生器中的高压电场产生荷电附着在涂料雾粒上，带电涂料微粒在静电力的作用下被吸引贴覆在异性带电荷的构件上。由于飞散量减少，这种喷涂方法较空气喷涂可节约涂料40%~60%。

其他涂刷方法还有滚涂、浸涂、电泳涂、粉末涂等，因在建筑安装工程管道和设备防腐中应用较少，这里不再赘述。

（3）涂刷的施工程序及要求　涂刷的施工程序一般分为涂底漆或防锈漆、涂面漆、罩光漆三个步骤。底漆或防锈漆直接涂在管道或设备表面，一般涂1~2遍，每层涂层不能太厚，以免起皱和影响干燥。若发现有不干、起皱、流挂或露底现象，要进行修补或重新涂刷。面漆一般涂刷调和漆或磁漆，漆层要求薄而均匀，无保温的管道涂一遍调和漆，有保温的管道涂两遍调和漆。罩光漆层一般由一定比例的清漆和磁漆混合后涂一遍。不同种类的管道设备涂刷涂料的种类和涂刷次数见表9-6。

表 9-6　管道设备涂刷涂料的种类和涂刷次数

分类	名称	先涂刷涂料名称和次数	再涂刷涂料名称和次数
不保温管道和设备	室内布置管道设备	防锈漆 2 遍	油性调和漆 1~2 遍
	室外布置的设备和冷水管道	环氧底漆 2 遍	醇酸磁漆或环氧磁漆 2 遍
	室外布置的气体管道	云母氧化铁酚醛底漆 2 遍	云母氧化铁面漆 2 遍
	油管道和设备外壁	醇酸底漆 1~2 遍	醇酸磁漆 1~2 遍
	管沟中的管道	防锈漆 2 遍	环氧沥青漆 2 遍
	循环水、工业水管和设备	防锈漆 2 遍	沥青漆 2 遍
	排气管	耐高温防锈漆 1~2 遍	
保温管道设备	介质<120℃的设备和管道	防锈漆 2 遍	
	热水箱内壁	耐高温涂料 2 遍	
其他	现场制作的支吊架	防锈漆 2 遍	银灰色调和漆 1~2 遍
	室内钢制平台扶梯	防锈漆 2 遍	银灰色调和漆 1~2 遍
	室外钢制平台扶梯	云母氧化铁酚醛底漆 2 遍	云母氧化铁面漆 2 遍

涂刷涂料前应清理被涂表面上的锈蚀、焊渣、毛刺、油污、灰尘等，保持涂物表面清洁干燥。涂刷施工宜在 15~30℃，相对湿度不大于 70%，无灰尘、烟雾污染的环境下进行，并有一定的防冻防雨措施。涂层应附着牢固、完整，没有损坏、剥落、起皱、气泡、针孔、流淌等缺陷。涂层的厚度应符合设计文件要求。对安装后不宜涂刷的部位，在安装前要预先涂刷；焊缝及其标记在压力实验前不应涂刷涂料。有色金属、不锈钢、镀锌钢管、镀锌钢板和铝板等表面不宜涂刷，一般可进行钝化处理。

不保温管道及支吊架涂刷防腐做法见表 9-7，保温管道外保护层防腐做法见表 9-8。

表 9-7　不保温管道及支吊架涂刷防腐做法

管道种类	敷设环境	底漆		面漆	
		名称	层数	名称	层数
燃气管道(煤气、天然气、液化气)、各种气体管道(氧气、乙炔、氢气、二氧化碳、压缩空气)	室内架空	铁红酚醛底漆,铁红酚醛防锈漆,灰酚醛防锈漆,铁红醇酸底漆	2	各色油性或脂胶调和漆	2
	室外架空			各色醇酸磁漆	2
低温热力管道(地沟中包括同沟敷设的其他管道)	室内架空			铝粉调和漆	1
	室外架空	铁红环氧酯底漆	2	各色醇酸磁漆	2
	地沟敷设	铁红环氧酯底漆	2	煤焦沥青清漆	2
支吊架	—	铁红酚醛防锈漆	2	调和漆	1
各种燃气管道、各种气体管道	直接埋地	根据土壤腐蚀性处理			

表 9-8　保温管道外保护层涂刷防腐做法

保护层结构	保护层表面防腐涂料		
	使用环境	涂料名称	层数
卷材、玻璃布等复合保护层	室内架空	醇酸磁漆或者调和漆	2
	室外架空		2
	地沟	沥青冷底子油或乳化沥青	2
石棉水泥保护层	室内架空	调和漆	2
	地沟	可不涂刷	—
金属薄板	室内外架空管道	金属薄板内外表面涂铁红醇酸底漆	2
		金属薄板外表面涂醇酸磁漆	2

（4）涂料涂层的质量检验等级标准　涂料涂层的质量检验等级标定，目前还没有定量的技术数据指标，只是用目测定性的模糊级别标准，分为四级：

一级：漆膜颜色一致、亮光好、无漆液流挂、涂层平整光滑、镜面反映好、不允许有划痕和肉眼能看到的疵病、装饰感强。

二级：涂层颜色一致、底层平整光滑、光泽好、无流挂、无气泡、无杂纹、用肉眼看不到显著的机械杂质和污油、有装饰性。

三级：面漆颜色一致、无漏漆、无流挂、无气泡、无触目颗粒、无起皱。

四级：底漆涂后不露金属、面漆涂后不漏底漆。

管道工程一般参照三级精度要求施工。

2. 防腐层

埋地管道腐蚀是由土壤的酸性、碱性、潮湿、空气渗透以及地下杂散电流的作用等因素所引起的，其中主要是电化学作用。防止腐蚀的方法主要是涂沥青涂料。

（1）防腐结构分类　埋地管道腐蚀的强弱主要取决于土壤的性质。根据土壤腐蚀性质的不同，可将防腐层结构分为普通防腐层、加强防腐层和特加强防腐层三种类型，普通防腐层适用于腐蚀性轻微的土壤，加强防腐层适用于腐蚀性较强烈的土壤，特加强防腐层适用于腐蚀性极为强烈的土壤。防腐结构组成及做法参见表 9-9。

（2）沥青防腐结构层的组成及做法

1）石油沥青防腐层结构。石油沥青防腐层由石油沥青、玻璃布、塑料膜、底漆组成。石油沥青一般分为四个组分：饱和分、芳香分、胶质、沥青质。石油沥青防腐适用于潮湿、高温、海洋、化学、有空气污染等一般防腐环境，在镀锌钢结构、桥梁、船舶、铁路等范围使用。石油沥青防腐层结构及做法见表 9-9。

表 9-9　石油沥青防腐层结构及做法

防腐等级		普通级	加强级	特加强级
防腐层总厚度		≥4	≥5.5	≥7
防腐层结构		三油三布	四油四布	五油五布
防腐层数	1	底漆一道(冷底子油)	底漆一道(冷底子油)	底漆一道(冷底子油)
	2	石油沥青　厚度≥1.5mm	石油沥青　厚度≥1.5mm	石油沥青　厚度≥1.5mm
	3	玻璃布一层	玻璃布一层	玻璃布一层
	4	石油沥青　厚度1.0~1.5mm	石油沥青　厚度1.0~1.5mm	石油沥青　厚度1.0~1.5mm
	5	玻璃布一层	玻璃布一层	玻璃布一层
	6	石油沥青　厚度1.0~1.5mm	石油沥青　厚度1.0~1.5mm	石油沥青　厚度1.0~1.5mm
	7	外保护层	玻璃布一层	玻璃布一层
	8		石油沥青　厚度1.0~1.5mm	石油沥青　厚度1.0~1.5mm
	9		外保护层	玻璃布一层
	10			石油沥青　厚度1.0~1.5mm
	11			外保护层

埋地管的石油沥青防腐层结构如图 9-4 所示。

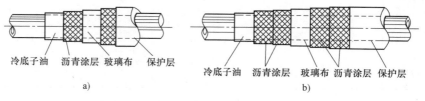

冷底子油　沥青涂层　玻璃布　保护层　　　　冷底子油　沥青涂层　玻璃布　沥青涂层　保护层

a)　　　　　　　　　　　　　　　　b)

图 9-4　埋地管的石油沥青防腐层结构示意图

a）普通防腐层　b）加强防腐层

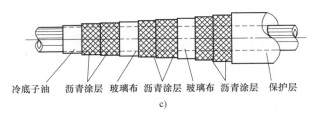

图 9-4　埋地管的石油沥青防腐层结构示意图（续）

c）特加强防腐层

2）环氧煤沥青防腐层结构。环氧煤沥青防腐层由玻璃布、面漆、底漆组成。环氧煤沥青是一种由环氧树脂、煤沥青、颜料、助剂和溶剂组成的化学防腐涂料。适用于重防腐环境，适用范围包括输气、输油、输水管道、管道、炼油厂、化工厂、污水处理厂及管道设备防腐，亦可用于船舶海洋、水上水下区域等。环氧煤沥青防腐层结构及做法见表 9-10。

表 9-10　环氧煤沥青防腐层结构及做法

防腐等级	做法简述	防腐层结构	总厚度/mm
普通级	底漆 1 道,面漆 3 道,玻璃布 2 层	底漆—面漆—玻璃布—面漆—玻璃布—面漆	>0.3(一般 0.5～0.6)
加强级	底漆 1 道,面漆 4 道,涂层间缠绕玻璃布 3 层	底漆—面漆—玻璃布—面漆—玻璃布—面漆—玻璃布—面漆	>0.4(一般 0.7～0.8)
特加强级	底漆 1 道,面漆 5 道,涂层间缠绕玻璃布 4 层	底漆—面漆—玻璃布—面漆—玻璃布—面漆—玻璃布—面漆—玻璃布—面漆	>0.6(一般 0.9～1.0)

（3）石油沥青防腐层的施工要求　为了保证沥青涂料与钢管表面的黏结力，在涂沥青涂层之前一般要在管道或设备表面先涂刷冷底子油。沥青涂层温度保持在 160～180℃ 时进行涂刷作业，涂刷时冷底子油层应保持干燥清洁，涂层应光滑均匀。沥青涂层中间所夹的加强包扎层可采用玻璃丝布、石棉卷材、麻袋布等材料，其作用是为了提高沥青涂层的机械强度和热稳定性。施工时包扎料最好用长条带呈螺旋状包缠，圈与圈之间的接头搭接长度应为 30～50mm，并用沥青粘贴紧密，不得形成空气泡和折皱。防腐层外面的保护层多由塑料布或玻璃丝布包缠而成，其施工方法和要求与加强包扎层相同，保护层可提高整个防腐层的防腐性能和耐久性。

（4）沥青防腐层的施工质量检验　沥青防腐层施工完成后应进行外观检验、厚度检验、黏结力检验和绝缘性能检验等质量检验。按施工作业顺序连续跟班对除锈、涂冷底子油、涂沥青涂层、缠玻璃丝布等各个环节进行外观检验。要求各层间无气孔、裂缝、凸瘤和混入杂物等缺陷，外观平整无皱纹。沿管线每 100m 检查厚度一处，每处沿周围上下左右四个对称点测定防腐层厚度，并取其平均值，大小应满足厚度要求。沿管线每 500m 处或认为有怀疑的地方取点进行黏结力检验。用小刀在防腐层上切出一夹角为 45°～60° 的切口，然后从角尖撕开防腐层，以防腐层不成层剥落，只由冷底子油层撕开为合格。绝缘性能检验在管子下沟回填土前用电火花检验器沿全管线进行。检测用的电压：普通防腐层 12kV，加强防腐层 24kV，特强防腐层 36kV。

3. 电化学防腐

电化学保护又称阴极保护，是利用外部电流使金属腐蚀电位发生改变以降低其腐蚀速率的防腐蚀技术，主要用于埋地金属管道的保护，可执行《埋地钢质管道阴极保护技术规范》（GB/T 21448），这里只做简单介绍。

埋地钢质管道阴极保护分为强制电流阴极保护和牺牲阳极阴极保护或两种方法结合，应视工程规模、土壤环境、管道防腐层质量等因素，合理地选用。对于高温、防腐层剥离、隔热保温层、屏蔽、细菌侵蚀及电解质异常污染等特殊条件下，阴极保护可能无效或部分无效。

强制电流阴极保护主要适用于地下管网单一地区的燃气主管道或城镇燃气环网。优点是输出电流大而且可调，不受土壤电阻率限制，保护半径较大，系统运行寿命长，效果好。保护系统输出电流的变化可反映出管道涂层的性能改变。缺点是需设专人维护管理，要求有外部电源长期供电，易产生屏蔽和干扰，特别是地下金属构筑物较复杂的地方。

牺牲阳极阴极保护主要适用于人口稠密地区和城镇各种压力级制燃气管道。优点是不需外加电源，施工方便，不需进行经常性专门管理，不会产生屏蔽，对其他构筑物也不会产生干扰，保护电流分布均匀，利用率高。缺点是输出电流小，保护范围有限，需定期更换电极，不能实时监测输出电流的变化，不能反映管道涂层的状况。

阴极保护管道应与公共或场区接地系统电绝缘。当管道处在交流高压输电系统感应影响范围内时，管道上可能产生超过绝缘接头绝缘能力的高压危险电涌冲击，因此电绝缘装置应当采用接地电池、极化电池或避雷器保护。阴极保护管道应与非保护构筑物电绝缘。

新建管道多采用防腐层加阴极保护的联合防护措施，或采用其他已证明有效的腐蚀控制技术。保护工程应与主体工程同时勘察、设计、施工和投运。当阴极保护系统在管道埋地六个月内不能投入运行时，应采取临时性阴极保护措施，在强腐蚀性土壤环境中，管道在埋入地下时就应加临时阴极保护措施，直至正常阴极保护设施投产。对于受到直流杂散电流干扰影响的管道，阴极保护（含排流保护）应在 3 个月之内投入运行。

9.2　管道及设备的绝热保温

9.2.1　对保温材料的要求及保温材料的选用

1. 绝热层的作用

绝热层的作用是减少能量损失，节约能源，提高经济效益；保障介质运行参数，满足用户生产生活要求。同时，对于保温绝热层来说，可降低绝热层外表面温度，改善环境工作条件，避免烫伤事故发生。对于保冷绝热层来说，可提高绝热层外表面温度，改善环境工作条件，防止绝热层外表面结露结霜。对于寒冷地区，管道绝热层能保障系统内的介质——水不被冻结，保证管道安全运行。

2. 保温绝热与保冷绝热

绝热也称保温，工程上分为保温绝热和保冷绝热。保温绝热是减少系统内介质的热量向外界环境传递，保冷绝热是减少环境中的热量向系统内介质传递。

保温绝热层和保冷绝热层，本身没有什么区别，但由于热量传递的方向不同和应用的温度范围不同，性质上就产生了质的差别，因此在保温结构上也有所不同。

作为保冷绝热层，必须在绝热层外设置防潮隔汽层，阻止水蒸气向绝热层内部渗流。保温绝热层无须设置防潮隔汽层。但对于室外架空管道，由于要防雨防雪，也要在保温绝热层外设防潮防水层，这样保温绝热层和保冷绝热层构造就基本相同了，也被统一称为绝热层。

3. 绝热材料的选用

绝热材料种类繁多，管道系统的工作环境多种多样，有高温、低温，有空中、地下，有干燥、潮湿等，所选用的绝热材料要能适应这些条件。在选用绝热材料时，首先考虑热工性能，然后考虑其他因素，还要考虑施工作业条件，如高温系统应考虑材料的热稳定性、振动的管道应考虑材料的强度、潮湿的环境应考虑材料的吸湿性、间歇运行系统应考虑材料的热容量等。

在工程上，根据绝热材料适应的温度范围对绝热材料的应用进行分类，见表9-11，供选用参考。

表9-11　绝热材料应用分类

序号	介质温度/℃	绝热材料
1	0~250	酚醛玻璃棉制品，水玻璃珍珠岩制品，水泥珍珠岩制品，沥青及玻璃棉制品
2	>250且≤350	矿渣棉制品，水玻璃珍珠岩制品，水泥珍珠岩制品，沥青及玻璃棉制品
3	>350且≤450	矿渣棉制品，水玻璃珍珠岩制品，水泥珍珠岩制品，水玻璃蛭石制品，水泥蛭石制品

9.2.2　保温结构施工

1. 保温结构的组成

保温结构一般由防锈层、保温层、防潮层、保护层、防腐层和识别标志等组成。

1）防锈层即管道及设备表面除锈后涂刷的防锈底漆。防锈层一般涂刷1~2遍。

2）保温层即为减少能量损失，起保温、保冷作用的主体层。保温层附着于防锈层外面。

3）防潮层是防止空气中的水蒸气浸入绝热层的构造层。防潮层常用沥青卷材、玻璃丝布、塑料薄膜等材料制作。

4）保护层是保护防潮层和绝热层不受外界机械损伤的构造层。保护层的材料应有较高的强度，常用石棉石膏、石棉水泥、玻璃丝布、塑料薄膜、金属薄板等制作。

5）防腐及识别标志用不同颜色的涂料涂抹而成，既作防腐层又作识别标志。

2. 保温层的施工方法

保温层的施工方法取决于保温材料的形状和特性。常用的保温方法有以下几种。

（1）涂抹法　适用于石棉粉、碳酸镁石棉粉和硅藻土等不定形的散状材料，施工时，把这些材料用水调成胶泥涂抹于需要保温绝热的管道设备上。这种保温方法整体性好，绝热层和绝热面结合紧密，且不受被保温绝热物体形状的限制。

涂抹法多用于热力管道和设备的保温绝热，其结构如图9-5所示。施工时应分多次进行，为增加胶泥与管壁的附着力，第一次可用较稀的胶泥涂抹，厚度为3~5mm，待第一层彻底干燥后，用干一些的胶泥涂抹第二层，厚度为10~15mm，以后每层厚度为15~25mm，均应在前一层完全干燥后进行，直到达到要求的厚度为止。

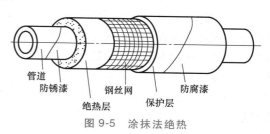

图9-5　涂抹法绝热

涂抹法不得在低于0℃的环境下施工，以防胶泥冻结。为加快胶泥的干燥速度，可在管道或设备内通入温度不高于150℃的热水或蒸汽。

（2）绑扎法　适用于预制绝热瓦或板块料，施工时，用镀锌钢丝绑扎在管道的壁面上，它是热力管道最常用的一种保温绝热方法，其结构如图9-6所示。

为使绝热材料与管壁紧密结合，绝热材料与管壁之间应涂抹一层石棉粉或石棉硅藻土胶泥（厚度一般为3~5mm），然后再将保温材料绑扎在管壁上。因矿渣棉、玻璃棉、岩棉等矿纤维材料预制品抗水性能差，采用这些绝热材料时可不涂抹胶泥而直接绑扎。绑扎绝热材料时，应将横向接缝错开，如绝热材料为管壳，应将纵向接缝设置在管道的两侧。采用双层结构时，第一层表面必须平整，不平整时矿纤维材料用同类纤维材料填平，其他材料用胶泥抹平，第一层表面平整后方可进行下一层绝热。

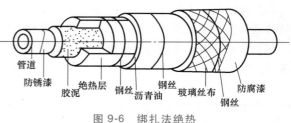

图 9-6 绑扎法绝热

（3）粘贴法 适用于各种加工成形的预制品绝热材料，主要用于空调系统及制冷系统保冷绝热。它是靠黏结剂与被绝热的物体固定的，其结构如图9-7所示。

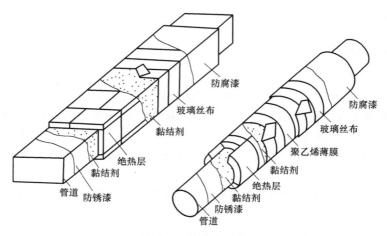

图 9-7 粘贴法绝热

常用的黏结剂有石油沥青玛蹄脂、聚酯预聚体胶、醋酸乙烯乳胶、酚醛树脂和环氧树脂等，其中石油沥青玛蹄脂适应大部分绝热材料的粘接，施工时应根据绝热材料的特性选用。涂刷黏结剂时，要求粘贴面及四周接缝上各处黏结剂均匀饱满。粘贴绝热材料时，应将接缝相互错开，错缝的方法及要求与绑扎法绝热相同。

（4）钉贴法 这是矩形风管采用得较多的一种绝热方法，它用保温钉代替黏结剂将泡沫塑料绝热板固定在风管表面。施工时，先用黏结剂将保温钉粘贴在风管表面，然后用手或木方轻轻拍打绝热板，保温钉便穿过绝热板而露出，然后套上垫片，将外露部分扳倒（自锁垫片压紧即可），即将绝热板固定，如图9-8所示。为了使绝热板牢固地固定在风管上，外表面也可采用镀锌胶带或尼龙带包扎。

（5）风管内绝热保温 该法是将绝热材料置于风管的内表面，用黏结剂和保温钉将其固定，是粘贴法和钉贴法联合使用的一种绝热方法，其目的是加强绝热材料与风管的结合力，以防止绝热材料在风力的作用下脱落。风管内绝热保温层的结构如

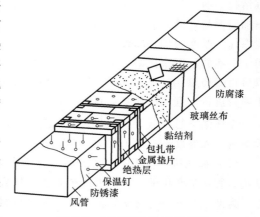

图 9-8 风道钉贴法绝热保温

图 9-9所示。

风管内绝热一般采用涂有胶质保护层的毡状材料（如玻璃棉毡）。施工时先除去风管粘贴面上的灰尘、污物，然后将保温钉刷上黏结剂并粘贴在风管内表面，待保温钉贴固定后，再在风管内表面满涂一层黏结剂，随后迅速将绝热材料铺贴上，最后将垫片套上。内绝热的四角搭接处，应小块顶大块，以防止上面一块面积过大下垂。管口及所有接缝处都应涂上黏结剂密封。风管内保温一般适用于需要进行消声的场合。

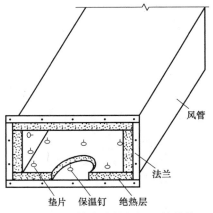

图 9-9　风管内绝热保温层的结构

（6）聚氨酯硬质泡沫塑料的绝热　聚氨酯硬质泡沫塑料由聚醚和多元异氰酸酯加催化剂、发泡剂、稳定剂等原料按比例调配而成。施工时，应将这些原料分成两组（A 组和 B 组）。A 组为聚醚和其他原料的混合液，B组为异氰酸酯。只要两组混合在一起，即起泡而生成泡沫塑料。

聚氨酯硬质泡沫塑料一般采用现场发泡，其施工方法有喷涂法和灌涂法两种。喷涂法施工就是用喷枪将混合均匀的液料喷涂于被绝热物体的表面上。为避免垂直壁面喷涂时液料下滴，喷涂法要求发泡的时间短一些。灌涂法施工就是将混合均匀的液料直接灌注于需要成型的空间或事先安置的模具内，经发泡膨胀而充满整个空间。为保证有足够操作时间，灌涂法要求发泡的时间长一些。

施工操作应注意以下事项：

1）聚氨酯硬质泡沫塑料不宜在低于 5℃的环境下施工，否则应将液料加热到 20~30℃。

2）被涂物表面应清洁干燥，可以不涂防锈层。为便于喷涂和灌注后清洁工具和脱模顺利，在施工前可在工具和模具内表面涂上一层油脂。

3）调配聚醚混合液时，应随用随调，不宜隔夜，以防原料失效。

4）异氰酸酯及其催化剂等原料均为有毒物质，操作时应戴上防毒面具、防毒口罩、防护眼镜、橡胶手套等防护用品，以免中毒和影响健康。

聚氨酯硬质泡沫塑料现场发泡工艺操作简单方便、施工效率高、没有接缝、不需要任何支撑件、材料热导率小、吸湿率低、附着力强，可用于−100~120℃的环境温度。

（7）缠包法　适用于卷状的软质绝热材料（如各种棉毡等）。施工时需要将成卷的材料根据管径的大小剪裁成适当宽度（200~300mm）的条带，以螺旋状缠包到管道上，如图 9-10a 所示。也可以根据管道的圆周长度进行剪裁，以原幅宽对缝平包到管道上，如图 9-10b 所示。不管采用哪种方法，均需边缠、边压、边抽紧，使绝热后的密度达到设计要求。一般矿渣棉毡缠包后的密度不应小于 150~200kg/m³，玻璃棉毡缠包后的密度不应小于 100~130kg/m³，超细玻璃棉毡缠包后的密度不应小于 40~60kg/m³。如果棉毡的厚度达不到规定的要求，可采用两层或多层缠包。缠包时接缝应紧密结合，如有缝隙，应用同等材料填塞。采用层缠包时，第二层应仔细压缝。

绝热层外径不大于 500mm 时，在绝热层外面用直径为 1.0~1.2mm 的镀锌钢丝绑扎，间距为 150~200mm，禁止以螺旋状连续缠绕。当绝热层外径大于 500mm 时还应加镀锌钢线网缠包，再用镀锌钢丝绑扎牢。

（8）套筒式　就是将矿纤维材料加工而成的绝热筒直接套在管道上，这是冷水管道较常用的一种保冷绝热方法，只要将绝热筒上轴向切口扒开，借助矿纤维材料的弹性便可将绝热筒紧紧地套在管道上。为便于现场施工，在生产厂多在绝热筒的外表面加有一层胶状保护层，因此在

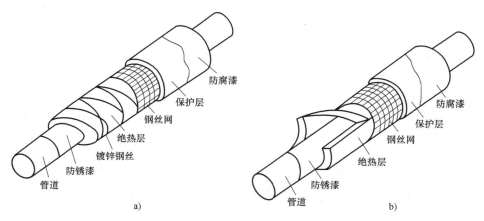

图 9-10 缠包法绝热保温

一般室内管道绝热时，不需再设保护层。对于绝热筒的轴向切口和两筒之间的横向接口，可用带胶铝箔粘贴，套筒式绝热保温如图 9-11 所示。

3. 管道伴热保温

为防止寒冷地区输送液体的管道冻结或由于降温增加流体黏度，有些管道需要伴热保温。伴热保温是在保温层内设置与输送介质管道平行的伴热管，通过加热管散发的热量加热主管道内的介质，使介质保持在一定的温度范围内。这种形式的保温主要作用是减少伴热管热量向外的散失。管道伴热保温多采用毡、板或瓦状保温材料，用绑扎法或缠包法将主管道和伴热管统一置于保温结构内，为便于加热，主管道和伴热管之间的缝隙不

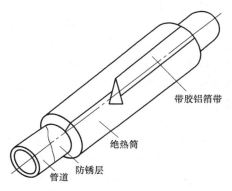

图 9-11 套筒式绝热保温

应填充保温材料。管道伴热形式如图 9-12 所示。伴热管内一般通入蒸汽或高温水。由于热电缆技术日趋成熟，许多地方多采用热电缆伴热方式。

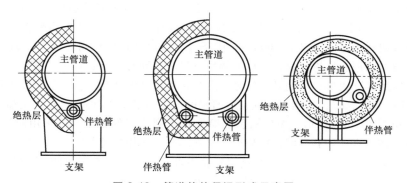

图 9-12 管道伴热保温形式示意图

4. 管道附件的绝热保温

管道系统的阀门、法兰、三通、弯管和支架、吊架等附件需要绝热时可根据情况采用图 9-13~图 9-19 所示的形式。

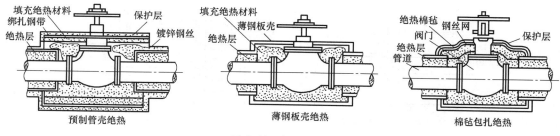

图 9-13　阀门绝热

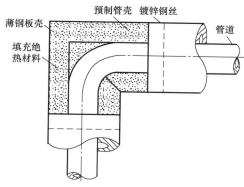

图 9-14　弯管的绝热保温

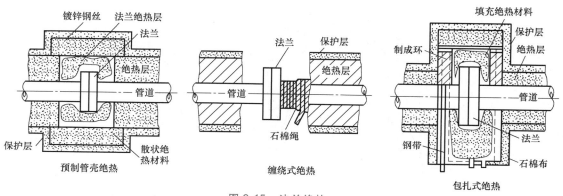

图 9-15　法兰绝热

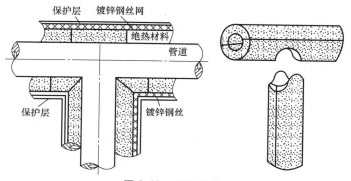

图 9-16　三通绝热

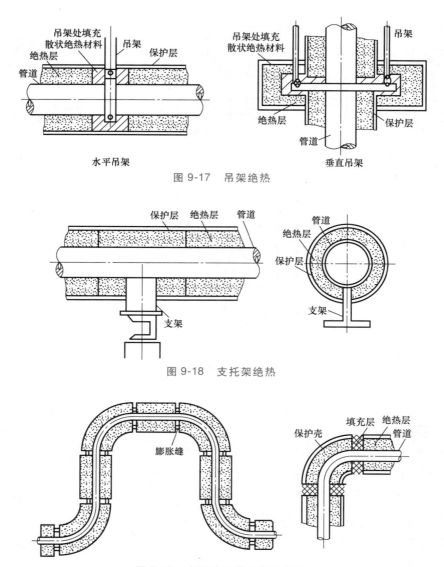

图 9-17 吊架绝热

图 9-18 支托架绝热

图 9-19 方形补偿器的绝热保温

5. 设备的绝热保温

设备一般表面积大，保温层不容易附着，因此设备保温时要在设备表面焊制钉钩并在绝热层外设置镀锌钢丝网，将钢丝网与钉钩扎牢，以帮助绝热材料附着在设备上。设备绝热结构如图9-20所示，具体结构形式有湿抹式、包扎式、预制式和填充式等。

湿抹式适用于石棉硅藻土等绝热材料，涂抹方式与管道涂抹法相同，涂抹完后罩一层镀锌钢丝网，并将钢丝网与钉钩扎牢。包扎式适用于半硬质板、毡等保温材料，施工时绝热材料应搭接紧密。湿抹式和包扎式钉钩间距以250～300mm为宜，钉网布置如图9-21所示。预制式绝热材料为各种预制块。绝热时预制块与设备表面及预制块之间需用胶泥等绝热材料填实，预制块应错缝拼接，并用钢丝网与钉钩扎牢固定。预制式钉网布置如图9-22所示。填充式多用于松散绝热材料。绝热时先将钢丝网绑扎到钉钩上，然后在钢丝网内衬一层牛皮纸，再向牛皮纸和设备外壁之间的空隙填入绝热材料。填充式钉网布置如图9-23所示。

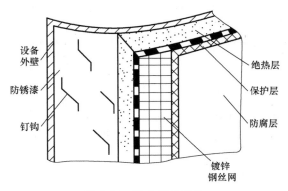

图 9-20 设备绝热结构

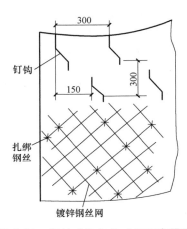

图 9-21 湿抹式和包扎式钉网布置图

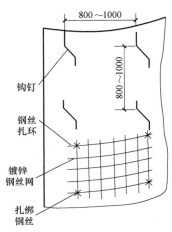

图 9-22 预制式钉网布置图

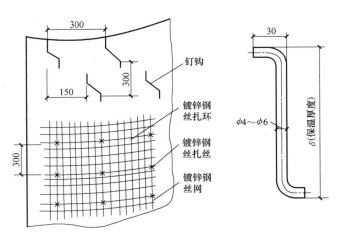

图 9-23 填充式钉网布置图

6. 常用管道及设备保温、保冷层的厚度

工程中保温层的厚度原则上应在设计中确定，当设计中未明确时，依据有关规范和技术规程、技术措施的数据整合，可参照表 9-12～表 9-19 选用。

表 9-12 热水管柔性泡沫橡塑经济绝热厚度

介质最高温度/℃		保温厚度/mm								
		22	25	28	32	36	40	45	50	55
室内	45	≤DN40	DN50~DN100	DN125~DN450	≥DN500					
	60		≤DN20	DN25~DN40	DN50~DN125	DN150~DN400	≥DN450			
	80				≤DN32	DN40~DN70	DN80~DN125	DN150~DN450	≥DN500	
室外	45			≤DN32	DN40~DN70	DN80~DN150	DN200~DN800	≥DN900		
	60				≤DN32	DN40~DN70	DN80~DN125	DN150~DN400	≥DN450	
	80					≤DN32	DN40~DN50	DN70~DN100	DN125~DN250	DN300~DN900

注：1. 柔性泡沫橡塑的热导率 $\lambda = 0.034 + 0.00013 t_m$ [λ 单位为 W/(m·K)]。

2. 热价按照 85 元/GJ，还贷 6 年，利息 10% 计算。

3. 室内环境温度取 20℃，风速取 0m/s；室外温度取 0℃，风速取 3m/s，当室外温度非 0℃时，必须进行修正。

4. 使用期按供暖 120d，2880h 计。

表 9-13 热管道硬质酚醛泡沫经济绝热厚度

介质最高温度/℃		保温厚度/mm						
		30	35	40	50	60	70	80
室内	60	≤DN40	DN50~DN125	DN150~DN450	≥DN500			
	80		≤DN32	DN40~DN80	DN100~DN500	≥DN600		
	95		≤DN20	DN25~DN40	DN50~DN150	≥DN200		
	130				≤DN50	DN70~DN150	DN200~DN500	≥DN600
室外	60		≤DN40	DN50~DN80	DN100~DN600	≥DN700		
	80			≤DN40	DN50~DN150	DN200~DN1000	≥DN1100	
	95			≤DN25	DN32~DN80	DN100~DN250	≥DN300	
	130				≤DN32	DN40~DN100	DN125~DN250	DN300~DN1000

注：1. 酚醛泡沫热导率 $\lambda = 0.026 + 0.00013 t_m$ [λ 单位为 W/(m·K)]。

2. 热价按 85 元/GJ，还贷 6 年，利息 10% 计算。

3. 室内环境温度按 20℃，风速取 0m/s；室外温度取 0℃，风速取 3m/s，当室外温度非 0℃时，必须进行修正。

4. 使用期按供暖 120d，2880h 计。

表 9-14　热管道硬质聚氨酯泡沫经济绝热厚度

介质最高温度/℃		保温厚度/mm						
		25	30	35	40	50	60	70
室内	60	≤DN25	DN32~DN70	DN80~DN300	≥DN350			
	80		≤DN20	DN25~DN50	DN70~DN125	≥DN150		
	95			≤DN32	DN40~DN70	DN80~DN350	≥DN400	
	120				≤DN32	DN40~DN100	DN125~DN450	≥DN500
室外	60		≤DN25	DN32~DN50	DN70~DN150	≥DN200		
	80			≤DN25	DN32~DN50	DN70~DN300	≥DN350	
	95				≤DN40	DN50~DN150	DN200~DN1000	≥DN1100
	120				≤DN20	DN25~DN70	DN80~DN200	DN250~DN1000

注：1. 硬质聚氨酯泡沫热导率 $\lambda = 0.024 + 0.00014t_m$ ［λ 单位为 W/(m·K)］。

　　2. 热价按 8585 元/GJ，还贷 6 年，利息 10%计算。

　　3. 室内环境温度按 20℃，风速取 0m/s；室外温度取 0℃，风速取 3m/s，当室外温度非 0℃时，必须进行修正。

　　4. 使用期按供暖 120d，2880h 计。

表 9-15　热管道离心玻璃棉经济绝热厚度

介质最高温度/℃		保温厚度/mm										
		35	40	50	60	70	80	90	100	110	120	130
室内	60	≤DN25	DN32~DN50	DN70~DN300	≥DN350							
	80		≤DN20	DN25~DN70	DN80~DN200	≥DN250						
	95			≤DN40	DN50~DN100	DN125~DN300	≥DN350					
	125			≤DN40	DN50~DN100	DN125~DN300	≥DN350					
	150				≤DN25	DN32~DN50	DN70~DN125	DN150~DN200	DN250~DN500	DN600~DN2000		
	175				≤DN40	DN50~DN70	DN80~DN125	DN150~DN250	DN300~DN500	DN600~DN1500		
	200				≤DN25	DN32~DN50	DN70~DN80	DN100~DN150	DN200~DN250	DN300~DN500	DN600~DN1000	
室外	60		≤DN20	DN25~DN80	DN100~DN250	DN300~DN1000						
	80			≤DN40	DN50~DN100	DN125~DN250	DN300~DN1000	≥DN1000				
	95			≤DN25	DN32~DN70	DN80~DN150	DN200~DN400	≥DN450				
	125				≤DN32	DN40~DN70	DN80~DN150	DN200~DN300	DN350~DN800	≥DN900		
	150				≤DN20	DN25~DN40	DN50~DN80	DN100~DN150	DN200~DN300	DN350~DN700	≥DN800	
	175					≤DN32	DN40~DN50	DN70~DN100	DN125~DN150	DN200~DN350	DN400~DN700	≥DN800
	200					≤DN20	DN25~DN40	DN50~DN70	DN80~DN125	DN150~DN200	DN250~DN350	DN400~DN700

注：1. 离心玻璃棉热导率 $\lambda = 0.031 + 0.00017t_m$ ［λ 单位为 W/(m·K)］。

　　2. 热价按 85 元/GJ，还贷 6 年，利息 10%计算。

　　3. 室内环境温度按 20℃。

　　4. 室外温度取 0℃，风速取 3m/s；当室外温度非 0℃时，必须进行修正。

　　5. 使用期按供暖 120d，2880h 计。

表 9-16 室内空调冷水管保冷最小绝热层厚度（介质温度≥5℃）

绝热材料	柔性泡沫橡塑		离心玻璃棉	
	公称尺寸	厚度/mm	公称尺寸	厚度/mm
室内	≤DN25	25	≤DN25	25
	DN32~DN50	28	DN32~DN80	30
	DN70~DN150	32	DN100~DN400	35
	≥DN200	36	≥DN450	40

注：1. 按满足防结露要求与经济厚度计算确定，冷价按照 75 元/GJ，还贷 6 年，利息 10% 计算。
    2. 柔性泡沫橡塑热导率 $\lambda = 0.034 + 0.00013t_m$ ［λ 单位为 W/(m·K)］，安全系数取 1.18。
    3. 离心玻璃棉热导率 $\lambda = 0.031 + 0.00017t_m$ ［W/(m·K)］，安全系数取 1.25。
    4. 室内系指温度不高于 33℃，相对湿度不大于 80% 的房间。

表 9-17 室内蓄冰系统管道保冷最小绝热层厚度（介质温度≥-10℃）

绝热材料	柔性泡沫橡塑		硬质聚氨酯发泡	
	公称尺寸	厚度/mm	公称尺寸	厚度/mm
室内	≤DN50	40	≤DN50	35
	DN70~DN100	45	DN50~DN125	40
	DN125~DN250	50	DN125~DN500	45
	DN300~DN2000	55	≥DN600	50
	≥DN2100	60		

注：1. 按满足防结露要求与经济厚度计算确定，冷价按照 75 元/GJ，还贷 6 年，利息 10% 计算。
    2. 柔性泡沫橡塑热导率 $\lambda = 0.034 + 0.00013t_m$ ［λ 单位为 W/(m·K)］，安全系数取 1.18。
    3. 硬质聚氨酯发泡热导率 $\lambda = 0.0275 + 0.00009t_m$ ［W/(m·K)］，安全系数取 1.25。
    4. 室内环境系指温度不高于 33℃，相对湿度不大于 80% 的房间。

表 9-18 空调冷凝水管防结露最小绝热层厚度 （单位：mm）

位置	材料	
	柔性泡沫橡塑管套	离心玻璃棉管壳
在空调房间吊顶内	9	10
在非空调房间内	13	15

表 9-19 室内空气调节风管绝热层的最小热阻要求

风管类型	适用介质温度/℃		最小热阻
	冷介质最低温度	热介质最高温度	/［(m²·K)/W］
一般空调风管	15	30	0.81
低温风管	6	39	1.14

注：1. 建筑物内环境温度：冷风时为 26℃，暖风时为 20℃。
    2. 冷价按照 75 元/GJ、热价按照 85 元/GJ 计算。
    3. 以玻璃棉为代表材料，热导率 $\lambda = 0.031 + 0.00017t_m$ ［λ 单位为 W/(m·K)］。

9.2.3 防潮层

保冷管道及室外保温管道露天敷设时，均需在保温结构中增设防潮层。目前，防潮层材料有两种，一种是以沥青为主的防潮材料，另一种是以聚乙烯薄膜作为防潮材料。

以沥青为主体材料的防潮层有两种结构及施工方法：一种是用沥青涂层或卷材；一种是以玻璃丝布作为胎料，两面涂刷沥青或沥青涂料。沥青卷材因过分卷折，易断裂，只能用于平面及大直径管道的防潮。而玻璃丝布能用于任意形状的粘贴，故应用范围更广泛。

以聚乙烯薄膜作防潮层是直接将薄膜用黏结剂粘贴在保温层表面，施工方便，但由于黏结剂价格较高，此法目前应用尚不广。

　　以沥青为主体材料的防潮层施工时，先将卷材裁剪下来，用单块包裹法施工，裁剪宽度为保温层外圆长度再加搭接宽度 30~50mm，对玻璃丝布则裁剪成适当宽度，用螺旋缠绕法包在管道保温层表面上。包（缠）防潮层前应先在保温层上涂刷一层 1.5~2.0mm 厚的沥青，再包缠卷材或玻璃丝布，包缠应自下而上包缠，纵向接缝应设在管道外侧，且搭接口向下，接缝用沥青封口，外面再用镀锌钢丝绑扎，间距为 250~300mm。钢丝接头接平，不得刺破防潮层。当保温层表面不易涂刷沥青时，可先缠绕一层玻璃丝布后，再涂刷沥青。缠绕玻璃丝布时，搭接宽度为 10~20mm，应边缠、边拉紧、边整平，缠至布头时用镀锌钢丝扎牢。卷材或玻璃丝布包缠好后，最后在上面刷一层沥青，厚度为 2~3mm。

　　有些管道及设备需要防结露处理，一般应在绝热保温完成后进行。法兰和阀门的防结露做法如图 9-24 所示。

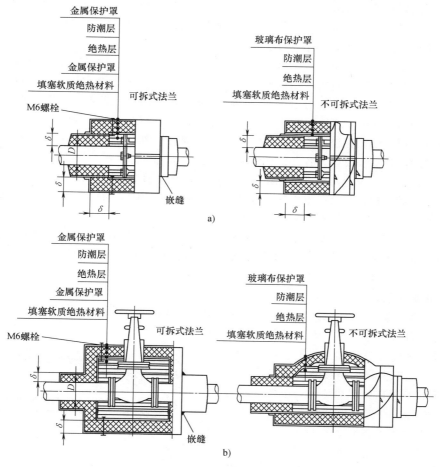

图 9-24　法兰和阀门的防结露做法
a）法兰防结露　b）阀门防结露

9.2.4　保护层

　　无论是保温结构还是保冷结构，都应设置保护层。用作保护层的材料很多，应根据需要和具体情况适当选用。保护层材料不同，施工方法也不同。

1. 沥青卷材和玻璃丝布构成的保护层

先将沥青卷材按保温层（或加防潮层）外圆长度加搭接长度（50mm）裁剪成块状，包裹在管子上，用镀锌钢丝绑扎紧固，其间距为250～300mm。包裹应自下而上进行，使纵向接缝留在管道外侧，接口朝下。在包裹的卷材表面再用螺旋式缠绕的方法缠绕玻璃丝布，搭接宽度为玻璃丝布宽度的一半，缠绕的起点和终点均应用钢丝扎牢，缠绕的玻璃丝布应平整无皱纹且松紧适当。

沥青卷材和玻璃丝布保护层一般用于室外露天敷设的管道保温，在玻璃丝布表面还应根据需要涂刷一遍耐气候变化的、可区别管内介质的不同颜色涂料。

2. 单独用玻璃丝布缠包的保护层

当保温层或防潮层表面只用玻璃丝布缠绕作为保护层时，其施工方法同上述方法缠绕，多用于室外不易受到碰撞的管道。当管道未做防潮层而又处于潮湿空气中时，为防止保温材料吸水受潮，可先在保温层上涂刷一道沥青或沥青玛蹄脂，然后再缠绕玻璃丝布。

3. 石棉石膏、石棉水泥等保护层

采用石棉石膏、石棉水泥、石棉灰水泥麻刀、白灰麻刀等材料做保护层时，均采用涂抹法施工。施工时，先将选用的材料按一定比例用水调配成胶泥（应先干拌和再加水，以使拌和均匀省力），如保温层（或防潮层）外径大于或等于200mm，还应在保温层（或防潮层）外先用30mm×30mm～50mm×50mm网孔的镀锌钢丝网包扎，并用镀锌钢丝将网口扎牢，然后将胶泥涂抹在镀锌钢丝网外面。胶泥涂层厚度为：保温层（或防潮层）外径小于或等于500mm时为10mm，大于500mm时为15mm；设备、容器的保温层不小于15mm。

涂抹保护层时，一般分两次进行。第一次为粗抹，厚度为设计厚度的1/3左右，胶泥可干一些，待凝固干燥后，再进行第二次细抹，细抹的胶泥应稍稀一些。细抹必须保证设计厚度，并使表面光滑平整，不得有明显裂纹。

石棉石膏、石棉水泥保护层一般用于室外及有防火要求的非矿纤材料保温的管道。为防止保护层在冷热应力影响下产生裂缝，可在细抹胶泥未干时，缠绕一道玻璃丝布，使搭接宽度为10mm，待胶泥凝固干燥后即与玻璃丝布结为一体。

4. 金属薄板保护层

金属薄板保护层一般用厚度为0.5～0.8mm的镀锌薄钢板或普通薄钢板制作，当用普通薄钢板时应在内外刷两遍防锈漆。施工时先按管道保护层（或防潮层）外径加工成形，再套在管道保温层上，使纵向横向搭接宽度均保持30～40mm，纵向接缝朝向背视线一侧。接缝一般用螺栓固定，可先用手提式电钻打孔，打孔钻头直径为螺栓直径的0.8倍，再穿入螺栓固定，螺栓间距为200mm左右。禁止手工冲孔。对有防潮层的保温管不能用自攻螺钉固定，应用镀锌薄钢板卡具扎紧防护层接缝。弯管金属薄板保护层结构如图9-25所示。

金属壳保护层工程造价高，仅适用于有防火、美观特殊要求的管道。

5. 对保护层施工的技术要求

1）保护层施工不得伤损保温（防潮）层。

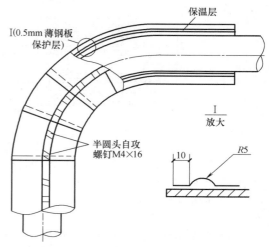

图9-25 弯管金属薄板保护层结构

2）用涂抹法施工的保护层应配料准确，厚度均匀，表面平整光滑，无明显裂缝。

3）用玻璃布、塑料布作保护层时应搭接均匀，松紧适当。

4）用沥青卷材作保护层时，搭接处应顺水流方向，并以沥青粘贴，间断捆扎牢固，不得有脱壳现象。

5）室外管道（风管）用金属薄板作保护层时，连接缝应顺水流方向，以防渗漏。

9.2.5 管道标识

为了操作、管理和检修的方便，应在不同介质的管道表面或保温层表面，涂不同颜色的油漆及色环，以区别管道输送的介质种类。管道涂漆及色环颜色的规定见表9-20。

表9-20 管道外部涂漆（色）的规定

管道名称	颜色		管道名称	颜色	
	基本色	色环		基本色	色环
过热蒸汽管	红	黄	压缩空气管	浅蓝	黄
饱和蒸汽管	红	—	净化压缩空气管	浅蓝	白
废蒸汽管	红	绿	乙炔管	白	—
凝结水管	绿	红	氧化管	浅蓝	
余压凝结水管	绿	白	氢气管	深蓝	白
热水供水管	绿	黄	氮气管	深蓝	黄
热水回水管	绿	褐	氨管	橘黄	
疏水管	绿	黑	酸管	橘黄	褐
高热值煤气管	灰	—	碱液管	橘黄	黑
低热值煤气管	灰	黄	工业用水管	绿	—
天然气管	灰	白	生活饮水管	绿	—
液化石油气管	灰	红	消防用水管	绿	红蓝
油管	橙	—	排水管	黑	—

色环宽度及间距应根据管径大小确定。管径小于DN150的管道，色环宽度为30mm，间距为1.5~2m；管径为DN150~DN300的管道，色环宽度为50mm，间距为2~2.5m；管径大于DN300的管道，色环宽度和间距还可适当加大。双色环的两个色环之间的距离，等于色环的宽度。涂刷色环时，要求间距均匀、宽度一致。

练 习 题

1. 简述常用的管道与设备的除锈工艺及流程。

2. 常用的管道与设备防腐工艺程序及防腐做法有哪些？

3. 简述常用防腐涂料的特点及适用条件。

4. 简述埋地管道的防腐层级别和防腐结构做法。

5. 常用绝热材料的主要性能要求有哪些？绝热保温层的做法有哪些？

6. 简述保温和保冷做法上的区别。

7. 空调金属风道的保温做法有哪几种常用形式？

8. 管道电伴热的做法是什么？

9. 管道保护层的做法有哪些？

10. 简述管道外部涂色的基本规定。

（注：加重的字体为本章需要掌握的重点内容。）

参 考 文 献

[1] 邵宗义. 施工安装技术技术 [M]. 北京：机械工业出版社，2011.

[2] 邵宗义. 实用供热供燃气管道工程技术 [M]. 北京：化学工业出版社，2005.

[3] 刘耀华. 安装技术 [M]. 北京：中国建筑工业出版社，1997.

[4] 刘耀华. 施工技术及组织 [M] 北京：中国建筑工业出版社，1988.

[5] 丁云飞. 建筑设备工程施工技术与管理 [M]. 北京：中国建筑工业出版社，2008.

[6] 丁崇功. 工业锅炉设备 [M]. 北京：机械工业出版社，2009.

[7] 黄翔. 空调工程 [M]. 3 版. 北京：机械工业出版社，2017.

[8] 美国制冷空调工程师协会. 地源热泵工程技术指南 [M]. 徐伟，等译. 北京：中国建筑工业出版社，2001.

[9] 陆耀庆. 实用供热空调设计手册 [M]. 2 版. 北京：中国建筑工业出版社，2008.

[10] 邢丽珍. 给水排水管道设计与施工 [M]. 北京：化学工业出版社，2004.

[11] 柳金海. 工业管道施工安装工艺手册 [M]. 北京：中国计划出版社，2003.

[12] 全国一级建造师执业资格考试用书编写委员会. 机电工程管理与实务 [M]. 北京：中国建筑工业出版社，2017.

[13] 全国一级建造师执业资格考试用书编写委员会. 市政公用工程管理与务实 [M]. 北京：中国建筑工业出版社，2017.

信息反馈表

尊敬的老师：您好！

感谢您多年来对机械工业出版社的支持和厚爱！为了进一步提高我社教材的出版质量，更好地为我国高等教育发展服务，欢迎您对我社的教材多提宝贵意见和建议。另外，如果您在教学中选用了《建筑设备施工安装技术》第 2 版（邵宗义　邹声华　郑小兵　主编），欢迎您提出修改建议和意见。索取课件的授课教师，请填写下面的信息，发送邮件即可。

一、基本信息

姓名：_____　性别：_____　职称：_____　职务：_____

邮编：_____　地址：_____

学校：_____院系：_____任课专业：_____

任教课程：_____手机：_____电话：_____

电子邮箱：_____QQ：_____

二、您对本书的意见和建议

（欢迎您指出本书的疏误之处）

三、您对我们的其他意见和建议

请与我们联系：

100037　机械工业出版社·高等教育分社

Tel：010-8837 9542 （O）刘涛

E-mail：Ltao929@ 163. com　QQ：1847737699

http：//www. cmpedu. com（机械工业出版社·教育服务网）

http：//www. cmpbook. com（机械工业出版社·门户网）